米軍基地問題の基層と表層

髙作 正博 著

関西大学出版部

【本書は関西大学研究成果出版補助金規程による刊行】

はしがき

1 『米軍基地問題の基層と表層』は、これまで平和主義や基地問題に関して公表してきた拙稿を1つにまとめたものである。1997年4月に沖縄県の琉球大学に職を得てから11年間勤務し、その後、現在の大学に移籍して同じく11年目を迎える節目の年に、これまでの研究を振り返る機会をもつことができ、とても感慨深いものがある。琉球大学在職中は、毎日のように発生する基地被害や、県民の苦しみ、怒り、落胆等の感情に接する中で、米軍基地問題と向き合うことが非常に苦しかった。本書をまとめるには、その苦しさから一度距離を置く時間が必要であったように思う。その意味で、沖縄を離れてからの10年余りは、米軍基地問題に対する向き合い方を再確認するよい期間であった。

2 本書は、米軍基地問題の「基層」と「表層」を取り扱う。叙述の順序は、主権や安全保障法制といった「基層」から始まり、米軍基地の固定化から生じる諸問題である「表層」の検討を行うように配置している。第1部は、自衛隊の海外派遣とその拡大路線、また、集団的自衛権の行使を目途とする自衛隊・米軍の一体化路線を検討し、その傾向を確定させるものとしての改憲論(「解釈改憲」としての「安保法制」を含む。)を取り扱う。改憲に絡んで生じる主権をめぐる議論は、序論で検討している。第2部は、沖縄米軍基地に関する法制度として日米地位協定や関連する国内法を取り上げ、それをめぐる問題点を検討するものである[1]。第3部では、沖縄米軍基地に抗い続ける市民について、歴史、民主主義、市民的自由の観点から検討を行っている[2]。基地問題の存在が、民主主義や法治主義といった憲法原理にどのような影響を与えるのかという点は、終章で考察している。

---

1 本書所収の諸論稿で取り上げた先行業績に加え、明田川融『日米地位協定——その歴史と現在』(みすず書房、2017)、前泊博盛編『本当は憲法より大切な「日米地位協定入門」』(創元社、2013)等参照。

2 民衆史の視点から沖縄基地問題に迫るものとして、森宣雄『沖縄戦後民衆史』(岩波現代全書、2016)参照。

3 2019年2月1日現在、米軍基地をめぐる沖縄県と国との対立は、重大な局面を迎えている。名護市辺野古の埋立をめぐり、元沖縄県知事の仲井眞弘多が行った埋立承認について、前沖縄県知事の翁長雄志が埋立承認の取消処分を行ってから (2015年10月13日)、司法の場で基地建設の是非を問う構図となっている[3]。国交大臣が沖縄県知事を被告として提起した不作為の違法確認請求訴訟 (地方自治法第251条の7第1項) で、最高裁は、沖縄県知事が「本件指示に係る措置として本件埋立承認取消しを取り消す義務を負う」こと、また、「本件指示に係る措置として本件埋立承認取消しを取り消さないことは違法である」ことを認め、国交大臣の請求を認容した[4]。また、現在、国は、埋立工事に必要な岩礁破砕許可を得ることなく工事を続行しているところ、沖縄県が国を被告として、主位的に岩礁破砕行為の差止、予備的に不作為義務の存在確認を求める訴えを提起した。これに対し、那覇地方裁判所は、本件訴えが「法律上の争訟」に該当せず不適法と判断した (那

---

[3] 辺野古埋立をめぐる国と沖縄県との対立・争訟について全体的に検討を加えるものとして、白藤博行「沖縄の自治への闘争から考える立憲地方自治」法学館憲法研究所編『日本国憲法の核心――改憲ではなく、憲法を活かすために』(日本評論社、2017) 75頁以下、岡田正則・白藤博行・人見剛・本多滝夫「座談会・辺野古訴訟と行政法上の論点」『法学セミナー』751号 (2017) 18頁以下、紙野健二・本多滝夫編『辺野古訴訟と法治主義――行政法学からの検証』(日本評論社、2016) 等参照。

[4] 最高裁平成28年12月20日判決・民集70巻9号2281頁。本判決については、稲葉一将「判例批評」『民商法雑誌』153巻5号 (2017) 751頁、稲葉馨「是正の指示を受けた知事が公有水面埋立承認処分取消を取り消さないことの違法確認請求」ジュリ臨増『平成29年度重要判例解説』(2018) 53頁以下、衣斐瑞穂「最高裁時の判例」『ジュリスト』1506号 (2017) 87頁、同「最高裁判所判例解説」『法曹時報』69巻8号351頁、岡田正則「行政判例研究」『自治研究』94巻2号 (2018) 136頁以下、同「『政治的司法』と地方自治の危機――辺野古訴訟最高裁判決を読み解く」『世界』891号 (2017) 93頁、杉原丈史「国土交通大臣の是正の指示に対する県の不作為が違法であると認められた事例」法セミ増刊『新・判例解説Watch』21号 (2017) 55頁以下、武田真一郎「判例研究」『成蹊法学』86号 (2017) 177頁、野口貴公美「判例セレクトMonthly」『法学教室』439号 (2017) 123頁、山下竜一「最新判例演習室」『法学セミナー』748号 (2017) 117頁等参照。

覇地裁平成30年3月13日判決)[5]。沖縄県による埋立承認の「撤回」[6]（2018年8月31日）、翁長氏急逝に伴う県知事選挙での玉城デニー氏当選（9月30日）、日本政府による承認撤回の執行停止（10月30日）と、情勢が動く中で今後の動向が注目されるが、これらの諸問題については、本書において検討することができなかった。他日を期すこととしたい。

4　本書の刊行に際し、研究生活を始めた頃にお世話になった上智大学大学院法学研究科の先生方、就職したばかりの未熟な私を導いて下さった琉球大学法文学部及び法務研究科の先生方、本書を刊行する機会を与えて下さった関西大学法学部の先生方に、心から感謝の念を伝えたい。特に、大学院の頃から現在までご指導下さり、温かく見守って下さっている栗城壽夫先生（上智大学・大阪市立大学名誉教授）には、学問に対する誠実さと謙虚さとを学ばせていただいた。いつも遅くまで研究室で研究をされている栗城先生の背中を見ながら、指導教授のあるべき指導方針は「君臨すれども指導せず」なのか、「指導は優しく評価は厳しく」なのか等をめぐって、先輩や後輩と激論（お酒？）を交わした頃が懐かしく思い起こされる。

5　本書を出版するにあたって、2018年度関西大学研究成果出版補助金の交付を受けた。ここにその旨を記して、謝意を表する次第である。

2019年2月1日　書籍や資料、さらには仕事の山に囲まれた研究室にて

著者

---

[5]　沖縄県ホームページ http://www.pref.okinawa.jp/site/chijiko/henoko/latest.html 参照。

[6]　「撤回権限は、都道府県知事の広い自由裁量に委ねられており、本件埋立承認の撤回が公益性を有することは、明白であり、撤回以外に、埋立を回避する手段がないことも明らかであるから、沖縄県知事は、その判断をなしうるものである」と指摘する撤回問題法的検討会『意見書——撤回問題に関する意見書』（2015年5月1日）17頁。意見書の内容は、自治労連・地方自治問題研究機構のホームページ http://www.jilg.jp/topics/2015/05/11/917 で入手できる。

目次

序章　主権・自衛権・安全保障
　　――「危機」の概念としての憲法制定権力…………………………… 1
　序――「主権」の問題状況……………………………………………………… 1
　1　「主権」を取り巻く秩序――「転換のパラダイム」の転換？ ……… 2
　2　「主権」の論理の可能性――2つの「リアリズム」との対話 …… 8
　結――主権者は覚醒できるか？…………………………………………………15

第1部　安全保障の法構造と変容……………………………………………21
第1章　自衛隊による海外派遣の拡大路線…………………………………23
　第1節　立憲主義と「周辺事態法」……………………………………………23
　　1　立憲主義と平和主義………………………………………………………23
　　2　立憲主義と平和主義の緊張関係…………………………………………27
　　3　「周辺事態法」の立憲的統制 ……………………………………………31
　　4　立憲主義の展望……………………………………………………………36
　第2節　「周辺事態法」と沖縄の米軍基地 ……………………………………38
　　序――はじめに…………………………………………………………………38
　　1　修正周辺事態法の問題点…………………………………………………39
　　2　沖縄にとっての周辺事態法の意味………………………………………47
　　結――「この国のかたち」の変質……………………………………………53
第2章　自衛隊と米軍との一体化路線………………………………………55
　第1節　「米軍再編」と平和主義 ………………………………………………55
　　序――はじめに…………………………………………………………………55
　　1　米軍再編から生じる問題点………………………………………………55
　　2　平和主義に関する理論的課題……………………………………………59
　　結――おわりに…………………………………………………………………64
　［附論1］民主政治の中の「合意」と「保護」………………………………65

第2節　「米軍再編」と「国民保護法」…………………………………68
　序——はじめに……………………………………………………68
　1　「米軍再編」における軍事の論理 ……………………………70
　2　「国民保護法」における軍事の論理 …………………………73
　結——平和主義の対抗力…………………………………………78
第3節　「集団的自衛権」の改憲論と問題点 ………………………80
　1　個別的自衛権の解釈……………………………………………80
　2　個別的自衛権の問題……………………………………………81
　3　集団的自衛権の概念……………………………………………84
　4　集団的自衛権の解釈……………………………………………86
　5　集団的自衛権の問題……………………………………………89

第3章　改憲論と「安保法制」………………………………………93
第1節　憲法第9条解釈論の軌跡と到達点…………………………93
　序——憲法改正の環境……………………………………………93
　1　廃墟の中から生まれた思想——第9条の制定と平和主義の原点…94
　2　環境に翻弄された平和主義——第9条の運用…………………96
　3　「規範」と「現実」の乖離1——「現実」の第9条解釈 ……… 103
　4　「規範」と「現実」の乖離2——「規範」の第9条解釈 ……… 110
　結——混迷の果てに還るべき思想……………………………… 115
第2節　集団的自衛権と「安保法制」……………………………… 118
　1　「戦争法制」と民主主義——私たちはどう対抗すべきか …… 118
　2　動き出した「安保法制」を考える
　　——「学問」と「政治」の共振……………………………… 124
第3節　安保法制の違憲性と立法行為の違法性…………………… 136
　序——問題の所在………………………………………………… 136
　1　国家賠償法第1条における違法性と損害…………………… 136
　2　立法行為の違憲性・違法性…………………………………… 151
　結——違憲性・違法性判断の出口……………………………… 168

第2部　沖縄米軍基地の法運用……………………………………………… 171
第1章　日米地位協定の立憲的統制…………………………………… 173
　　序――憲法学からのアプローチ……………………………… 173
　　1　基地の提供……………………………………………… 176
　　2　基地の返還……………………………………………… 185
　　3　基地の管理……………………………………………… 191
　　結――憲法学へのフィードバック……………………………… 195
第2章　米軍基地の移設と住民・地方公共団体………………………… 199
　第1節　米軍基地の移設と住民投票…………………………… 199
　　序――問題の所在……………………………………………… 199
　　1　事件の背景と経緯……………………………………… 199
　　2　住民投票の拘束力の有無……………………………… 201
　　3　住民投票に反する行為の違法性……………………… 209
　　結――違法性以外の論点……………………………………… 211
　第2節　米軍基地の移設と地方公共団体……………………… 212
　　序――問題設定………………………………………………… 212
　　1　日米地位協定と基地返還……………………………… 214
　　2　自治体と基地返還……………………………………… 222
　　結――本節のまとめ…………………………………………… 246
第3章　米軍基地と爆音訴訟の諸論点………………………………… 249
　第1節　「主権免除」による裁判権の限界……………………… 249
　　1　在沖米軍基地をめぐる諸問題………………………… 249
　　2　主権免除の概念と主権の絶対性……………………… 251
　　3　立憲主義と主権免除…………………………………… 254
　　4　主権免除の憲法学的意味……………………………… 257
　　5　主権免除と差止訴訟…………………………………… 260
　第2節　米軍司令官に対する民事裁判権――普天間爆音訴訟の論点… 265
　　序――問題の所在……………………………………………… 265
　　1　本件訴訟の経緯……………………………………… 265

    2　日米地位協定第18条第5項と米軍司令官の被告適格 ………… 268
    3　民事特別法第1条と米軍司令官の賠償責任…………………… 271
   結──被告の出頭拒否の効果………………………………………… 289
 ［附論2］普天間爆音訴訟・控訴審判決を読む ……………………… 290
 第3節　第3次嘉手納爆音訴訟第1審判決……………………………… 294
    1　事実………………………………………………………………… 294
    2　判旨（那覇地裁沖縄支部平成29年2月23日判決・判時2340号
       3頁）；一部認容、一部却下、一部棄却 ……………………… 295
    3　評釈………………………………………………………………… 297

第3部　沖縄米軍基地と市民・民主制・自由……………………………… 311
第1章　米軍基地に抗う市民性──沖縄戦の歴史の継承……………… 313
 第1節　沖縄戦「集団自決」検定意見をめぐる状況と憲法学……… 313
    1　文脈──新自由主義から新保守主義へ……………………… 313
    2　制度──教科書検定の憲法問題……………………………… 314
    3　記憶──「集合的記憶」と国民概念…………………………… 316
 第2節　表現・歴史・民主政──教科書検定と沖縄の「民意」……… 319
    1　表現の自由と民主政…………………………………………… 319
    2　沖縄戦の「歴史」と教科書検定………………………………… 322
    3　沖縄戦「軍命」削除の違憲性と沖縄の「民意」………………… 326
 ［附論3］沖縄戦「集団自決」裁判 ……………………………………… 329
第2章　米軍基地に抗う市民の直接行動
       ──民主主義の「質」と憲法学…………………………………… 331
   序──問題の所在…………………………………………………… 331
    1　民主主義と議会制の接続と対抗……………………………… 333
    2　議会制民主主義の展開と民主主義の「質」…………………… 337
    3　民主主義の「質」の向上とその条件…………………………… 345
   結──沖縄の基地問題と民主主義の展望………………………… 351
 ［附論4］民意へのアプローチ ………………………………………… 353

第3章　米軍基地に抗う表現の自由論——刑事法の適用とその合憲性… 357
　序——問題の所在………………………………………………………… 357
　1　表現の自由の規制態様と違憲審査基準………………………… 359
　2　本件表現行為に対する規制の合憲性…………………………… 369
　結——適用上違憲の判断と法的安定性…………………………… 389
　［附論5］刑事法の適用の合憲性に関する判断方法
　　　　　——第1審判決についてのコメント ………………… 391
　［附論6］「喪失」の日本、「可能性」の沖縄 ……………………… 397

終章　辺野古が問う平和主義——民主主義と法治主義の「質」を問う… 401
　序——日・米・沖縄をめぐる秩序………………………………… 401
　1　民主主義の「質」を問う——移設「先」で生じる諸問題……… 404
　2　法治主義の「質」を問う——移設「元」で生じる諸問題……… 414
　結——「民意」も「法」も守らない基地運営の実態…………… 423
　［附論7］自衛隊派遣と「官庁間協力」論批判 ………………… 426

序章　主権・自衛権・安全保障
——「危機」の概念としての憲法制定権力

序——「主権」の問題状況

　「憲法制定権力」論の「復権」が指摘されるようになって久しい（辻村2002：第1章第3節）。①旧ソ連・東欧圏での新国家・新憲法の誕生、②憲法制定の際における「国民」とは何かをめぐる問い（樋口1997）、③欧州統合の過程で見られた憲法改正（山元1997、山元2000、辻村2003）等の現実政治に呼応して、議論が盛んに為されている。また、例外状態に関するシュミット再読を通じて、政治と法、生と法、アノミーとノモスの「あいだ」を解明しようとするアガンベン（Agamben 2003）、絶対的権力である憲法制定権力の「主体」の構造に迫ろうとするネグリ（Negri 1997）等、思想界での議論もその背景に横たわる。本稿は、憲法制定権力による法秩序の「構成」力に着目し、国家の安全保障の領域で現れるその意義や可能性、限界等の検討を試みるものである。

　考察に先立ち、憲法制定権力をめぐる「危機」に触れておかなければならない。第1は、憲法制定権力自体の危機である。憲法制定権力は、万能であるが故に憲法的規範化に抗う性質を有する。国家秩序をラディカルに構成する力を持つこと、これが憲法制定権力の本質であろう。しかし、一度それが発動され憲法が制定されると、瞬時に時間的・空間的開放性を失う。それを飼い慣らそうとして、法的に統制しようとする議論も主張されよう。このような法的規制化の動きを、ネグリは、憲法制定権力の「危機」として描く（Negri 1997：pp.1-18. 杉村・斉藤訳 1999：19頁以下）。カール・シュミットは、憲法制定権力を「法的形式や手続には拘束されない」とするが（Schmitt 1928：p.79. 尾吹訳 1972：100頁）、ネグリのいうそれも、同様の性質を有するものであろう。

　また、第2に、憲法制定権力の覚醒による憲法秩序の危機である。万能の権力が現実政治の舞台に登場するようになると、既存の法秩序が破壊される

1

おそれが生じる。こうした状況は、現存秩序の側から見れば、「危機」と捉えることもできよう。シモーヌ・ゴワイヤール－ファーブルは、主権概念が抱えることとなる2つのジレンマについて検討する。第1は、主権の絶対性と自由主義・個人主義との矛盾からくるジレンマであり、第2は、主権の単一・不可分性から導かれる一元論と、公論の多元性に由来する多元論との間のジレンマである。このうち、前者につき、ジョン・ロック、モンテスキュー、バンジャマン・コンスタン、エデュアール・ラブレー等を援用しながら、市民の自由にとって人民主権の制限が必要であることを指摘している（Goyard-Fabre 1997：p.151 et s.）。

　さらに、第3に、憲法制定権力の「簒奪」の危機である。憲法制定権力の発動によらなければ変更ないし決定できないはずの政治的決断を、憲法制定権力を登場させないまま進めようとする状況が日本では見られる。いわゆる「解釈改憲」によって生じる権限の「簒奪」は、憲法制定権力の側から見れば、「危機」と捉えうるであろう。こうして、①万能性・絶対性の危機、②現存秩序の危機、③権限の「簒奪」の危機、三重の危機の狭間で、憲法制定権力それ自体を問いなおす試みが必要であろう。

　そこで、以下では、憲法第9条の制定を条件づけたものを探り、改憲論の背景にあるその条件の変化を読み解く（1）。その上で、2つの「リアリズム」との対話を通じて、上記の第3の「危機」から憲法制定権力を救出する可能性を検討し、同時に、憲法制定権力の条件の再検討を行うことにより第2の「危機」に備える論理を考察したい（2）。なお、本章では、国家主権の語は、最高・独立性を指す用語として用い、単に主権とする場合は、憲法制定権力を表すものとする。また、憲法制定権力の語は、特に断りのない場合は、「統治権」と対置される概念として、「始源的憲法制定権力」と「派生的憲法制定権力」とを含む意味に用いることとする。

1　「主権」を取り巻く秩序――「転換のパラダイム」の転換？

　（1）「転換のパラダイム」としての憲法第9条

　大日本帝国憲法の基本原理を転換させた日本国憲法は、その第9条で、戦

争違法化・侵略戦争の放棄という世界史的潮流を継承すると同時に、武力によらない平和の実現を希求する点でそれと「断絶」(樋口1994) しながら理念の深化を図った。これをパラダイムの転換と性質決定しうるならば、それを支えた要因は何だったのか。また、それを再び転換させようとする改憲論の主張が幾度となく繰り返されるのは何故なのか。ここでは、憲法第9条の成立を実現させた諸条件を整理し、その思考枠組が再考を迫られている状況を描いた後に、憲法第9条における「画期性」の揺らぎの原因を探ることとしたい。

まず、憲法第9条の制定の意義を主権との関連で整理すれば、戦争・軍事力・自衛権の問題の位置づけをめぐる、「民主主義」から「立憲主義」への視座転換にあると指摘しうる。民主主義では戦争を抑止できなかった戦前日本の経験を踏まえ、民主的統制を超えた立憲的統制の問題として、即ち、憲法による国家権力の制限の問題として位置づけたという点である。各国の憲法典を比較すれば、憲法を頂点とする国法秩序に軍事力に対する民主的統制のメカニズムを組み込む例が見られるが、日本の場合、主権者が国家機関に対し軍事力に関する権限を授権しないという決断をしたものと捉えうるのである。

この点、集団的自衛権に関し、それが「固有の権利」である以上、日本も主権国家としてそれを放棄し得ないのではないか、とする議論がある（佐瀬2001)。この立場は、集団的自衛権を立憲的統制から解放し、国会による民主的統制の議論に位置づけ直そうとするものであり、それを企図して次の政府見解を批判する。①「国際法上、国家は、集団的自衛権……を有している」。②「憲法第9条の下において許容されている自衛権の行使は、我が国を防衛するため必要最小限度の範囲にとどまる」。③「集団的自衛権を行使することは、その範囲を超えるものであって、憲法上許されない」(稲葉誠一議員提出質問趣意書に対する1981年5月29日の答弁書（内閣衆質94第32号))。集団的自衛権を「持っているが使えない」とする政府見解の不当性を問う議論はここを基点とする。

しかし、この指摘は当たらない。理由として、第1に、国際法上の議論と

憲法上の議論との異なる次元の結論のみを結びつける点で適切でなく、集団的自衛権は、憲法上「持っていないと言っても結論的には同じ」「ゼロ」だとする見解（1981年6月3日の第94回国会・衆議院法務委員会における角田禮次郎内閣法制局長官の答弁）への配慮を欠いているという点である。また、第2に、対外的には、主権国家として全統治権力を保持するとしても、国家内部での権限のあり方（戦争遂行権の有無・主体・手続等）は、憲法制定権力と国家機関との間での授権関係で決定されるという点である。軍事力の保有と行使は統治権の一部ではあるが、その内容や配分についての決定権は憲法制定権力に属する。それ故、国家機関に配分されない権限はいまだ憲法制定権力者に留保されていると解され、国家全体としてみれば全権力が存在すると考えられる。上記政府見解は、憲法上は、日本の国家機関が集団的自衛権を保有もせず行使もできない旨を示したもので、論理的な難点はない。

(2) 日本国憲法による「構成」の条件

もっとも、ここで現れる万能の国家主権及び国内主権（憲法制定権力）という理解は、ネグリの説く憲法制定権力の「危機」論や「国家主権と国民主権との統一的把握」の議論（長谷川1970：49頁以下）には沿うであろうが、いくつか問題点をも孕んでいる。第1に、日米安保体制下の従属国家状況では、対外的独立性という意味での主権観念は実質上欠損状態にあり、その意味で現実に適合しないという点である。第2に、グローバル化の中での主権国家の黄昏や相対化という流れとは適合しないという点である。この両者の批判は、主権観念と現実との不適合を指摘する点で共通のものであるが、その意図するところは異なる。前者は、条約によって欠損した国家主権の回復を意図するものであり、主権自体の限界を主張するものではない。他方、後者からは、主権の限界を積極的に容認する見解が主張され、特に、「地球の時代」に相応しい「人類主権」への展望を示すもの（小林1991）、「軍事高権」の放棄・制限の意義を強調することの重要性を指摘するもの（山内1994）、「欧州統合における主権委譲等の議論をふまえて問題にしていく必要」を指摘するもの（辻村2002：70頁）等が参考になる。

序章　主権・自衛権・安全保障——「危機」の概念としての憲法制定権力

　この2つの問題点が示唆するのは、条約による主権制限の違憲性の指摘と国家主権自体の限界ないし条件づけという異なる次元での議論の区別である。これらは、近代立憲主義が有する権力の「制限」の側面と「構成」の側面（千葉2009）にそれぞれ対応するのであり、条約による国家主権の制限は、条約の締結権・承認権という統治権の合憲性を問う議論として権力の「制限」の課題となるのに対し、国家主権自体の限界・条件づけは、憲法体制の構築に際しての前提となるもので権力の「構成」の課題である。どちらも重要ではあるが、ここでは、後者の次元に焦点を当てて、日本国憲法の「構成」条件を検討することとしたい。なお、国家主権が国際秩序や国際法規範の影響から逃れられず、その制約の元で憲法制定権力も決定を迫られるとすれば、やはり万能の国家主権・国民主権の貫徹は困難ということになろうが、この点については後に改めて取り上げることとする。

　日本国憲法、特に第9条を制定する際、憲法制定権力を条件づけたものは何だったのであろうか。第1に、それが「敗戦」を受けた決定であり、歴史に規定されているという点である。「憲法制定の存在論は、絶対的な変化に関係する」（Negri 1997：p.133）のであり、「敗戦」という「絶対的な変化」によって特徴を与えられることとなる。具体的には、例えば①日本が受け入れた「ポツダム宣言」「戦犯裁判」である。これこそが戦後の日本を生み出した基点であり、それを否定したのでは現在の存在自体が根拠を失う「出生」の事実と考えられる。また、②連合国総司令部の対日占領政策である。ここには、天皇制の存続やそれを条件とする脱軍事化の要求が含まれていた。さらに、③市民の戦争体験も重要であろう。被害者意識も加害者意識も、どちらも戦争に対する深い後悔の情を広く浸透させるものであった。

　第2に、国連の集団安全保障体制のごとき「国際平和団体」を前提とするもので、国際環境に規定されていたという点である。この文脈で1946年6月28日の第90回帝国議会・衆議院本会議における吉田茂首相の答弁は、象徴的である。「交戦権抛棄に關する草案の條項の期する所は、國際平和團體の樹立にあるのであります、國際平和團體の樹立に依つて、凡ゆる侵略を目的とする戰爭を防止しようとするのであります」。「正當防衞、國家の防衞權

に依る戦争を認むると云ふことは、偶々戦争を誘發する有害な考へであるのみならず、若し平和團體が、國際團體が樹立された場合に於きましては、正當防衛權を認むると云ふことそれ自身が有害であると思ふのであります」。憲法第9条は、国連の世界秩序・集団安全保障によって支えられるものとして構想・提案され、代表者はこの答弁を拍手で歓迎した。

（3）「パラダイムの転換」としての改憲論？

憲法第9条の見直しや改憲論が主張される背景には、その歴史規定性ないし環境規定性への眼差しがある。即ち、第1に、憲法第9条を生みだした精神や規範意識が年月の経過とともに薄れ歴史観が変容して、憲法制定を支えた敗戦の「物語」を共有しにくくなったことである。また、第2に、「国際社会において、名誉ある地位を占めたい」（憲法前文第2段）と願い、国際社会を牽引しようとした理念ないし精神が、国際社会の現実（「国際立憲主義」の危機、領土問題・歴史認識問題等をめぐる緊張）によって動揺させられ、それが、軍事力への依存へと回帰する誘惑を抱かせるようになっていることである。

しかし、このような捉え方だけでは、改憲論の背景を明らかにするには十分ではない。何より、改憲論を主張する権力担当者から、「立憲主義」や「個人の尊重」の無知・無理解が公然と語られたり、敗戦の「物語」を自分に都合のよい「物語」に置き換えようとしたりする言動が見られるが、これは、時間の経過や環境の変化だけでは説明できないからである。ここでは、現在にも大きな影を落としている戦前との連続性、また、自然権・自然法といった近代思想の受容に見られた複雑な行程を指摘したい。

第1に、戦前体制との連続性である（石田2009：第1章第2節）。まず、①指導層の公職追放が行われたにもかかわらず、多くの政治家・官僚・司法官僚が追放から免れ、追放された指導者もやがては公職への復帰を果たすようになった（人的連続性）。また、②戦前において、日本の「国体」を乱す共産主義勢力を畏怖した反共主義は、戦後にも存在し続け、共産主義と労働運動を「内なる外敵」「国内における異質分子」として敵視していくこととなった（イデオロギーの連続性）。さらに、③吉田茂は、新憲法制定の牽引

序章　主権・自衛権・安全保障――「危機」の概念としての憲法制定権力

役であると同時に、戦前との連続性を志向し、さらに、占領当局との窓口をも務めていたのであり、「現実主義」路線を歩むこととなる（戦後保守リーダーの役割）。パラダイムの転換が生じたにもかかわらず、こうした様々な要因が戦前体制との連続性を強調する圧力を構成し、ともすれば戦前への回帰をも志向する政治勢力の伸長を許したのである。

　第2に、思想や理論の受容過程に見られる複雑な行程である。この点で、「近代の道徳秩序」理論の受容や拡散の道程に着目するチャールズ・テイラーの議論が重要な示唆を与える（Taylor 2004）。まず、テイラーは、「道徳秩序」について、「つねに完全な実現にいたる途上にある」もので、めざすべき方向を示し、その完全な実現を要求する秩序であるとする。近代の道徳秩序は「自然法理論」によって示されたが、その拡張は、①一領域から多領域への拡散という軸、②理論から「社会的想像」への拡散という軸、③我々に対する要求の仕方についての推移という軸で生じてきた。

　③の軸は、「解釈学的なもの」（指令を与えるのではなく、現実を理解するための鍵・手がかり）から「指令的なもの」（まだ実現されていないとしても、実現されることを要求する秩序）への推移として説明され、道徳秩序の構成要素には、「存在」から「規範」への変化が認められるとする。しかし、「存在」の契機が消滅するわけではなく、個々の規範が実現可能なものであるための文脈もまた指し示される。実現されるべき規範を実現可能なものの領域に留保し、「存在」に引き止めておくもの、それが道徳秩序である（Taylor 2004：ch.1. 上野訳 2011：1頁以下）。また、②で用いられる「社会的想像」とは、「理論」ではなく、人が自分の社会的な実存について想像する仕方であるとされており、道徳秩序について人々が抱いているイメージに着目する概念である（Taylor 2004：ch.2. 上野訳 2011：31頁以下）。新しい秩序が「理論」として提示されるだけでは拡張・定着するはずもなく、それが人々の間で受容され拡張・定着していく過程が肝要なのである。

　それ故、強調されるべき点は、近代的な道徳秩序理論が規範として提示され、それが人々の「社会的想像」を媒介として変容させながらも浸透していくという点である。その過程は複雑なものであり、「理論」を受けとる主体

7

も変化し、変容した「社会的想像」によってさらに「理論」を理解しようとするため、実現過程は一様ではない。こう考えてくると、近代的価値を実現し、さらにそれを深化させようとした日本国憲法の基本原理は、制定後に即座に受容され順調に拡散したわけではなく、前進と後退を繰り返し、混乱や停滞を見せつつも進められていく「未完のプロジェクト」なのである。こうした事情に、戦後の支配層に見られた、戦前体制との連続性の要素が加わって、戦前の価値体系への回帰が主張される素地を作り上げてきたのであろう。このような文脈で憲法制定権力による「決断」を強調することが危険であることは間違いない。しかし、憲法制定権力に委ねるべき重大な決定を、選挙で民主的正統性を得た（にすぎない）統治権が「簒奪」する事態にどのように対処すべきであろうか。「主権」の論理は「パンドラの箱」にはならないのであろうか。

2 「主権」の論理の可能性──2つの「リアリズム」との対話

(1) 憲法「解釈」による憲法「改正」？──「リアリズム」の解釈理論

「八月革命」を経て憲法秩序を「構成」した憲法制定権力は、憲法第9条により、「軍事力によらない平和」ないし「武力なき自衛権」説が描く平和国家を実現しようとした。それ故、第9条第2項で「保持しない」とされた「戦力」は、「警察力を超える実力」説に基づき理解されてきた（憲法制定当時の政府見解）。しかし、戦後の日本政治は、憲法第9条を成文としては維持しながらも「軍事力による平和」へとシフトしてきたのであり、これは、主権によって制限された統治権の限界を、統治権の側が憲法「解釈」によって乗り越える企図であった（それでも、第9条が軍事力の統制という課題に機能し続けてきたことは重要である。石川1997、青井2009）。ここで問題となりうるのは、憲法典と憲法解釈者との関係であり、憲法解釈者は憲法典によって拘束されないのかという点である。

この点でよく知られているのはミシェル・トロペールの見解であり、彼は、有権解釈による憲法解釈こそが憲法規範の創設であると主張する。その主張は次のように言い表しうる。①基本的な立場は、「リアリズム」の法理

論である。これは、法が理念的に機能するであろうあり方ではなく、現実に機能しているあり方を述べる立場である。②「リアリズムの解釈理論」によれば、法秩序によって解釈権を与えられている機関が述べる有権解釈は、意思行為とされる。それ故、法解釈は、真か偽かということではなく、ただ、有効かそうでないかということでのみあり得る。③法解釈は自由であり、条文によっては拘束されず、それ故、それ自体規範を創造する作用と考えられる。こうして、有権解釈者は、憲法規範を適用するだけなのではなく、憲法条文による拘束を受けずに自ら憲法規範の創造者として現れるのである（Troper 1994：ch.19）。

この見解は、即座に様々な反応を引き起こしたが（批判的に検討するものとして、樋口1989：170頁以下、長谷部1991：第1章等）、Seinとしての法の分析に限られる「法科学」として捉えれば、その因果説明的方法は注目されるべきものと考えられる。トロペール説は、憲法制定者が法の解釈・適用の権限を裁判所に認めたことの結果として、裁判所が違憲審査（合憲性の統制）権を通じて憲法規範の創設者として機能するということを、法解釈機関＝憲法規範創設者と定式化したものと考えられる。但し、日本に引き写して考える場合、特に、憲法第9条に関しては、自衛権の意義や限界、自衛隊・駐留軍の合憲性等について、最高裁判所による明確な有権解釈は示されてはいない。違憲審査制が憲法上の制度として盛り込まれながらも、それを免れる国家行為が存在する場合、有権解釈者による憲法解釈は行われない。一見すると「違憲」と考え得る国家行為が有効であるがごとく存続することとなるが、トロペールによれば、違憲審査を免れる国家行為の問題についても、それぞれの国家機関が自らの憲法解釈により憲法規範を創造するのである。

いわゆる「解釈改憲」が許容される余地はここにある。国会や内閣による憲法解釈は憲法規範を創造するものであり、憲法解釈の変更も憲法規範の再創造と捉えうる。しかし、それにもかかわらず、ここでは次の2点を指摘しなければならない。

第1に、トロペール自身も、解釈作用に一定の制約（法システムに帰因する「法的制約」）が存することを認めている点である。憲法裁判官の解釈の

自由を論じる中で、トロペールは、「実践上の必要」（①自らの解釈的決定が「最大多数の行動に影響を及ぼす」ことを考慮する必要性、それ故、②決定に対して「最大の安定性を与える」必要性）が、「自らの判例および自らの解釈方法に従うよう裁判官を制約する」と指摘している（Troper 2001：p.96-97. 南野訳 2013：41 頁）。仮に、憲法裁判官が気まぐれな解釈の変更を続けて行うならば、立法者は、判例の安定性という意識を持つことができないために、自らの行為の適法性を合理的に推定できなくなってしまう。このような憲法裁判官の解釈の自由に対する「法的制約」の存在は、憲法裁判官以外の有権解釈者についても同様に見られるであろうし、その解釈によって影響を受ける他の諸機関の中には、憲法制定権力者も含まれると考えてよいだろう。そうであれば、「解釈改憲」は、政治的機関による憲法解釈の安定性という制約を逸脱するものとして位置づけ得ることとなろう（「解釈の解釈」を行う者の存在が「解釈の制約」において果たす重要な役割につき、南野 2007、同 2009）。

　「リアリズム」の解釈理論によっても、解釈行為には「法的制約」が認められることの意義は大きい。もっとも、「法的制約」を逸脱した憲法解釈が実際になされた場合、解釈理論ではその事実を追認する効果を生じさせることとなるのではないか。そこで第 2 に、解釈理論のこうした限界を越えて、憲法制定権力の存在論に着目する必要があろう。憲法制定権力による法秩序の「構成」力への視点を取り入れることで、権力の「簒奪」の危機から憲法制定権力を救出しようとする構想である。他方、トロペールの解釈理論からは存在論の視座を導くことはできない。①制定行為、②条文、③解釈行為、④規範、という一連のプロセスにおいて、トロペールは、②による④の創造を否定し、③による④の創造の意義を指摘した。そのことを受け入れたとしても、①の意義への視点が充分に示されていないように思われる。これは、トロペールの関心が、国法秩序の樹立以降の諸問題（憲法の最高法規性ないし違憲の下位規範の有効性）へと向けられており、③によって理論的な解明を図るため、②以降の流れの検討に限定していることに起因するのではないだろうか。しかし、憲法制定権力の「構成」力に着目する本稿の見地からす

れば、③による④の創造性を認めたとしても、①の意義が失われることはない。①が存在しなければ、国家機関や国家権限どころか、国家それ自体が「構成」されていないはずだからである。

　(2)　ホッブズ的秩序観とアナーキー――「リアリズム」の国際政治理論

　「軍事力による平和」へのシフトを支える思想の系譜は、「リアリズム」の国際政治理論に見ることができる。これは、現にあるがままの諸事実に基づいた理論を志向するものであり、世界を不合理なもの、諸利益の対立の中で道義的な原理原則が完全に実現されることはありえないものと捉える理論である。無秩序な国際社会の現実を前に、日本の軍事力を憲法の拘束から解放するため、憲法改正を行うべきではないのかが問われうる。

　ハンス・J・モーゲンソーは、次の6つの基本原則を指摘する（Morgenthau 1978 : ch.1. 現代平和研究会訳：第1章）。①政治は、一般社会と同様、人間性に根源を持った客観的法則に支配されている（政治法則の客観性）。②国際政治は、「力として定義される利益」の概念によって特徴づけられるのであり、政治家もまた、それに基づいて思考し行動する（「動機」や「イデオロギー」を解明の手がかりとすることの誤り）。③「力として定義される利益」の概念は、普遍的な妥当性を持つ客観的カテゴリーである。④リアリズムの立場は、政治行動の道義的意味も、また、道義的要請と政治行動の成功の要請との緊張関係も、よく理解している。この緊張関係をごまかしたりもみ消したりはしない。⑤ある特定の国家の道義的願望と、世界を支配する道徳律とを混同しない。特定のナショナリズムと神の助言とを同一視することは、「傲慢の罪」に陥るために道義的に支持できず、また、判断の誤りを招きやすいために政治的には有害だからである。⑥「力として定義される利益」の思考は、「政治的領域の自律性」を表すものであり、それ故、政治の領域における「法万能主義的＝道義主義的アプローチ」を排する。

　「リアリズム」の国際政治理論が、「力として定義される利益」に基づく政治法則の客観性・自律性を主張するのは、国際体系の構造をアナーキーと見るからである。中央政府も「主権者」も不在の国際社会は、あたかもホッブズのいう自然状態（リヴァイアサンの生まれる以前の状態）であり、「万人

の万人に対する闘争」と捉えるからにほかならない。自然状態である以上は、国家は自らの安全保障に第一義的責任を負うこととなり、自衛による安全強化を優先的な政策課題とすることとなる。この考え方によれば、軍事力によって自国の利益を確保しようとする行動は合理的なものと映る。

　しかし、「リアリズム」の国際政治理論には、次のような難点も指摘される（以下の点につき、土山 2014：第 2 章参照）。第 1 に、アナーキーの理解や位置づけに関する次の諸点である。①リアリストは、国際関係を「平等で、非中央集権的で、命令系のない体系」であると強調するが、実質上は、全ての国家が平等であるわけではなく、上下関係がないわけでもない。国際関係は階層構造になっているという意味で、一定の秩序の存在を語りうる。②リアリストは、国内政治と国際政治との違いを強調するが、国内社会でも国際社会同様、暴力の独占、権威の一元化、政権・政策の正統性があるとは限らないし、秩序維持のためには究極的には暴力の手段に依存する。その意味で、両者の違いは程度の差に過ぎない。③国際社会には、政府はなくとも「ガバナンス」（「基本的価値を獲得するための集団的意思決定とその履行」）がある場合もあり、全くの無秩序ではない。

　また、第 2 に、国内の「自然状態」を国際社会のモデルとして援用することへの 2 つの疑念である。①ホッブズの思想自体は国内における内戦を元にしており、国際社会モデルとして援用することを可能にするものではないのではないか、という点である。シュミットによれば、リヴァイアサンの登場は、人々が自然状態の恐怖によって結合に駆り立てられ、それが頂点に達したとき、「理性（Ratio）の閃光がひらめいて——突如我等の前に新たな神が立つ」（Schmitt 1938：p.48. 長尾訳 2007：55 頁）と説明される。もし、国内で理性による結合が可能なのであれば、国際関係でそれができないのは何故か。ホッブズモデルが一貫していないように見えるのは、そもそもホッブズが国内における支配権力への服従の正当化を目的としていたからではないか、と考えられる。②ホッブズの思想は、国内におけるアナーキー問題を解決しようとして、国際社会にアナーキーを作りだしてしまった、という点である（ホッブズのパラドックス）。すなわち、国内での「万人の万人に対す

序章　主権・自衛権・安全保障――「危機」の概念としての憲法制定権力

る闘争」を解消するため、一人の人間に権力を集中化させたが、今度は、権力者間に「闘争」が生じる国際社会を生み出すことになったのである。

このパラドックスは、ホッブズ自身気付いていなかったのかもしれず、あるいは自らの思想を国際関係に適用しなかったからかもしれない。いずれにしても、「リアリズム」の国際政治理論は、ホッブズの真意を反映していないように思われる。このようなことから、「リアリズム」の国際政治理論を前提に、憲法制定権力による現存秩序を変更しようとする方向性は、性急にすぎるように思われる。

(3) 万能の憲法制定権力の困難性

憲法制定権力の構成力と破壊力に配慮しつつ、冒頭で述べた「第2の危機」に備える論理をどのように構築すべきか。従来から、様々な見解が主張されてきた。派生的憲法制定権力については、万能の権力たる始源的憲法制定権力には見られない限界があるとする見解もその1つであるが、ここでは、始源的憲法制定権力の限界論について見ておこう（最近の業績として、山内 2012：第1章、第2章、南野 2013）。

次の見解が従来から主張されてきた。第1に、憲法制定権力概念自体に否定的な議論がある。①憲法制定権力を法「外」のものとし法学では扱わない見解（法実証主義）、②近代立憲主義体系を揺さぶることとなる憲法制定権力を「永久的に凍結」すべきとし、権力の正当性の所在の問題とする見解（樋口 1973：301頁）、③派生的憲法制定権力（憲法改正権）をも含む憲法制定権力を「不要な剰余物」として消去可能とする見解（長谷部 2009：第1章）等である。第2に、憲法制定権力に一定の制約を認めようとする議論も見られる。④超実定法である自然法による限界を認める見解（自然法論）、⑤「人間価値の尊厳」という実定化された超実定的な法原則（根本規範）によって制約されるとして内容上の限界を認める見解（芦部 1983：39頁以下、清宮 1979：32頁参照）等である。第3に、憲法制定権力には「登場場面」での制約が存するとする見解もある。これは、「主権者とは、例外状況にかんして決定をくだす者をいう」とするシュミットの有名な定式（Schmitt 1922：p.11. 田中・原田訳 1971：11頁）が、「人民主権の発動を、極限的か

つ例外的な場合に封じ込めるという動機」に基づくものであったとする理解（千葉2009：73頁）を前提とした位置づけである（もっとも、「例外状況」の認定自体が主観的な決定によるものだとすれば、「場面」の制限は制限たり得ないこととなろう）。

　以上の憲法制定権力の規範的制約論は、理論的に十分追究されるべきテーマであるが、ここでは、制約の内容について次の2点に注目したい。第1に、先に言及した課題、日本国憲法の「構成」条件が持つ拘束性である。日本国憲法の制定に際しての前提であった「秩序」（敗戦時に受け入れた国際秩序）は、現在でも事実上の拘束力を有するものと解される。憲法制定権力は、戦後の日本国を条件づけてきた「秩序」の存在を政治上・外交上無視できないのであり、この点で、憲法制定権力は、文字通り万能であるわけではない。第2に、憲法制定権力は、自らの決断の「帰結」を考慮しなければならないという点である。憲法制定権力による「構成」の帰結を無視することはできない故に、ここでも事実上の拘束力が作用しうる（決定の影響を考慮する必要性を「法的制約」と位置づけるトロペールの議論については既に触れた）。では、どのような「帰結」が考慮されるべきであろうか。ここでは、アラン・ジョクスの「帝国」と「共和国」という概念を参考に検討する。

　まず、ジョクスがいう「帝国」とは、「軍事と経済のふたつの地球規模の全自動システムの結託」した米国を指す。米国は、「今日、その友好的および従属的同盟国に対し、保護者的役割を引き受けることを拒否し」、また、「金融上の基準をあらたに設けたり、派兵を実施することによって、専ら無秩序の調整役に徹する」存在である（Joxe 2002：p.9, p.10. 逸見訳 2003：13頁、15頁）。今や国際社会は、「米国の至上権力［＝帝国］が支配権を掌握しながら、リーダーシップを放棄した帝国的混沌」として統一された。「秩序ある確然と二分された『冷戦』期の世界」から「『混沌』としての世界」へと完全に入れ替わったと指摘される（Joxe 2002：p.15, p.17. 逸見訳 2003：22頁、25頁）。

　次に、「共和国」について、ジョクスは、帝国の未来に対する「批判的視

序章　主権・自衛権・安全保障——「危機」の概念としての憲法制定権力

点」として提示すると断言する。「帝国への抵抗の正当なかたちは、社会的な共和国としてとどまることであ」る（Joxe 2002：p.9. 逸見訳 2003：14頁）。「複数的な権力をそなえ、数々の大陸の交叉点に位置する欧州が、たんにイデオロギー的な面ばかりではなく、政治的・安全保障的な面にもおよぶ構造的なもろもろの理由から、この帝国に対する抵抗の拠点となるであろうというのがわたしの自説である」（Joxe 2002：p.12. 逸見訳 2003：18頁）。フランスないし欧州における「友愛の原理」を国際社会で力強く表出することのできる政治的な媒介装置が「共和国」であるとする（歴史的展開について、Joxe 2002：pp.25-39. 逸見訳 2003：34～56頁参照）。

　「帝国」と「共和国」との対抗から、主権国家の「保護者機能」というホッブズに由来するテーマが浮上する。ホッブズにとって「主権者」は、平和と保護を人間に保障する地上の神として現れるのであり、保護と服従との連結点に位置する。即ち、主権者の権力は、「人びとがかれら自身のあいだで協定して、ある人または人びとの合議体に、すべての他人に対して保護してくれることを信頼して、意志的に服従する」ことにより獲得されるのであり（Hobbes 1991：p.121. 水田訳第2分冊 1992：34頁）、また、「戦争……において、敵が究極の勝利をえて、……忠誠をつくす臣民たちに対する、それ以上の保護がないまでになったときには、……コモン-ウェルスは解体されたのであ」るとする（Hobbes 1991：p.230. 水田訳第2分冊 1992：254頁）。それ故、ジョクスにとって「帝国」は、軍事（軍事優先主義）と経済（新自由主義）の両面で、国家の「保護者機能」を失わせる状況となる。ここに、憲法制定権力が考慮すべき自らの決断の「帰結」が示される。「帝国」への従属を通じた「混沌」への荷担へと進む選択は、認められないといわざるを得ない。その選択は、軍事と経済の両面で国家の「保護者機能」が失われる方向を意味し、主権者が主権者であることを放棄させ、自然状態へ回帰することとなるからである。

結——主権者は覚醒できるか？

　本章は、憲法制定権力の危機に対処するための論理を再構築することを目

指すものであった。安全保障をめぐる明文改憲や解釈改憲に対し、主権者が自らの制約を自覚しつつ覚醒できるかどうかが重要となる。しかも、この覚醒は、立憲主義や「戦後」法秩序の否定へと転化しないよう注意が必要である。結びとして、以下の点を強調しておきたい。

　第 1 に、本章が意識していたのは、憲法第 9 条をめぐるテーマが統治行為論等により裁判所で解決されにくい問題であったことを踏まえ、裁判規範としてだけではなく、政治規範としての憲法理論を追求する必要性であった。「政治法（droit politique）」の視角に注目が集まっていることは、この点からして望ましいものといえる（山元・只野編訳 2013）。第 2 に、憲法制定権力の動態に着目し、その構成力と破壊力とを重視して、一方では「簒奪」の危機からの解放を、他方では「破壊」の危機の抑止を、2 つのリアリズムとの対話を通して検討する、という作業を行った。その結果、憲法制定権力が万能の権力ではなく、①日本国憲法の「構成」条件（敗戦時に受け入れた国際秩序）、②自らの決断の「帰結」（主権の「保護者機能」の喪失、「帝国」による「混沌」への荷担）への考慮による制約を受けるということが重要である。第 3 に、事実上の拘束力にとどまるように思われる条件や帰結が、実定憲法システムに統合されて、憲法制定権力を法的に制約する論理として提示される可能性も考えられうる。個々の条文やその総体にとどまらず、かつ、自然法論とも異なる法理解の可能性については、「制度理論」（モーリス・オーリウ）や「具体的秩序思想」（シュミット）等との格闘を通じて明らかにする必要がある。最後の点については他日を期すこととしたい。

【参考文献】

青井未帆（2009）「9 条・平和主義と自衛隊」安西文雄他『憲法学の現代的論点［第 2 版］』有斐閣 83 頁以下
芦部信喜（1983）『憲法制定権力』東京大学出版会
石川健治（1997）「前衛への衝迫と正統からの離脱」『憲法問題』8 号 105 頁以下
石田　憲（2009）『敗戦から憲法へ――日独伊　憲法制定の比較政治史』岩波書店
清宮四郎（1979）『憲法 I［第 3 版］』有斐閣
小林直樹（1991）「戦後日本の主権論（上）（下）――一つの総合的検討の試み」『国

家学会雑誌』104 巻第 9・10 号、第 11・12 号
佐瀬昌盛（2001）『集団的自衛権』PHP 新書
千葉　眞（2009）『「未完の革命」としての平和憲法』岩波書店
辻村みよ子（2002）『市民主権の可能性――21 世紀の憲法・デモクラシー・ジェンダー』有信堂高文社
辻村みよ子（2003）「欧州統合と憲法改正」中村睦男・高橋和之・辻村みよ子編『欧州統合とフランス憲法の変容』有斐閣 21 頁以下
土山實男（2014）『安全保障の国際政治学――焦りと傲り［第 2 版］』有斐閣
長谷川正安（1970）『国家の自衛権と国民の自衛権』勁草書房
長谷部恭男（1991）『権力への懐疑――憲法学のメタ理論』日本評論社
長谷部恭男（2009）『憲法の境界』羽鳥書店
林　博史（2010）『戦犯裁判の研究――戦犯裁判政策の形成から東京裁判・BC 級裁判まで』勉誠出版
樋口陽一（1973）『近代立憲主義と現代国家』勁草書房
樋口陽一（1989）『権力・個人・憲法学――フランス憲法研究』学陽書房
樋口陽一（1994）「戦争放棄」樋口陽一編『講座・憲法学　第 2 巻　主権と国際社会』日本評論社 109 頁以下
樋口陽一（1997）「2 つの"戦後"と憲法制定――そのなかで日本国憲法は？」『法学教室』199 号 6 頁以下
南野　森（2007）「『憲法』の概念――それを考えることの意味」長谷部恭男編『岩波講座・憲法 6　憲法と時間』岩波書店 27 頁以下
南野　森（2009）「憲法・憲法解釈・憲法学」安西文雄他『憲法学の現代的論点［第 2 版］』有斐閣 3 頁以下
南野　森（2013）「憲法改正限界論再考――その意義についての序説」高橋和之先生古稀記念『現代立憲主義の諸相・上』有斐閣 123 頁以下
山内敏弘（1994）「国家主権と国民主権」樋口陽一編『講座・憲法学　第 2 巻　主権と国際社会』日本評論社 11 頁以下
山内敏弘（2012）『改憲問題と立憲平和主義』敬文堂
山元　一（1997）「最近のフランスにおける『憲法制定権力』論の復権」『法政理論』29 巻 3 号 1 頁以下［『現代フランス憲法理論』（信山社、2014）所収］
山元　一（2000）「『憲法制定権力』と立憲主義――最近のフランスの場合」『法政理論』33 巻 2 号 1 頁以下［『現代フランス憲法理論』（信山社、2014）所収］
山元　一・只野雅人編訳（2013）『フランス憲政学の動向――法と政治の間』慶應義塾大学出版会

Agamben, Giorgio（2003）*État d'exception, Homo sacer, II, 1*；traduit de l'italien par Joël Gayraud, Édition du Seuil （上村忠男・中村勝巳訳『例外状態』未来社、2007）

Goyard-Fabre, Simone（1997）*Les principes philosophiques du droit politique moderne*, Paris, PUF.

Hobbes, Thomas（1991）*Leviathan*；edited by Richard Tuck, Cambridge University Press （水田 洋訳『リヴァイアサン（1）～（4）』岩波文庫、1992（第1分冊、第2分冊）、1982（第3分冊）、1985（第4分冊））

Joxe, Alain（2002）*L'Empire du chaos. Les Républiques face à la domination américaine dans l'après-guerre froide*, Paris, Éditions La Découverte（逸見龍生訳『〈帝国〉と〈共和国〉』青土社、2003）

Morgenthau, Hans J.（1978）*Politics among Nations : The Struggle for Power and Peace*, 5th ed., Revised, Knopf（現代平和研究会訳『国際政治――権力と平和』福村出版、1998）

Negri, Antonio（1997）*Le pouvoir constituant : Essai sur les alternatives de la modernité*；traduit de l'italien par Étienne Balibar et François Matheron, Paris, PUF（杉村昌昭・斉藤悦則訳『構成的権力――近代のオルタナティブ』松籟社、1999）

Schmitt, Carl（1928）*Verfassungslehre*, Duncker & Humblot（尾吹善人訳『憲法理論』創文社、1972）

Schmitt, Carl（1934）*Politische Theologie : vier Kapitel zur Lehre von der Souveränität*, 2. Ausg. Duncker & Humblot（田中浩・原田武雄訳『政治神学』未来社、1971）

Schmitt, Carl（1938）*Der Leviathan in der Staatslehre des Thomas Hobbes : Sinn und Fehlschlag eines politischen Symbols*, Hanseatische Verlagsanstalt（長尾龍一訳「レヴィアタン――その意義と挫折」同編『カール・シュミット著作集Ⅱ』慈学社、2007、33頁以下）

Taylor, Charles（2004）*Modern Social Imaginaries*, Duke University Press（上野成利訳『近代――想像された社会の系譜』岩波書店、2011）

Troper, Michel（1994）*Pour une théorie juridique de l'État*, Paris, PUF, coll. Léviathan（ch.6につき、吉田邦彦訳「裁判作用か、それとも司法権力か」山口俊夫編訳『フランスの司法』ぎょうせい、1987、1頁以下、ch.8, ch.11, ch.13につき、南野 森訳『リアリズムの法解釈理論』勁草書房、2013）

Troper, Michel（2001）*La théorie du droit, le droit, l'État*, Paris, PUF, coll. Léviathan

序章　主権・自衛権・安全保障──「危機」の概念としての憲法制定権力

(ch.5, ch.6, ch.7, ch.17, ch.18 につき、南野 森訳『リアリズムの法解釈理論』勁草書房、2013)

第 1 部

安全保障の法構造と変容

第1章　自衛隊による海外派遣の拡大路線

第1節　立憲主義と「周辺事態法」[1]

1　立憲主義と平和主義
（1）立憲主義の意味

　立憲主義とは、「国民の参加による国家権力の制約を通じて国民の権利・自由を保障しようとする志向」を意味し、「全員の福利を目的とする、全員の意思に基づく、公的権力の行使」という社会契約の理念の具体化・制度化として理解される[2]。したがって、立憲主義は、①「全員の福利」という目的の具体化・制度化としての「国民の権利・自由の保障」、②「全員の意思に基づく」という要素の具体化・制度化としての「国民・国民代表の参加」、③前二者の制度的要素による国家権力の制約を内容とする憲法の制定を要請する。

　立憲主義の具体的存在形態は、多種多様である。立憲主義の具体的存在形態を多様化させる契機には、社会契約の理念に対する次のような態度の違いがある。①社会契約の理念の具体化・制度化の程度、②社会契約の理念の捉え方如何（法的原理か政治的原理か）、③社会契約の理念の具体化の態

---

[1] 2015年9月19日、平和安全法制関連2法（「我が国及び国際社会の平和及び安全の確保に資するための自衛隊法等の一部を改正する法律」（平和安全法制整備法）、「国際平和共同対処事態に際して我が国が実施する諸外国の軍隊等に対する協力支援活動等に関する法律」（国際平和支援法））が成立し（「安保法制」）、同月30日に公布され、2016年3月29日に施行された。これに伴い、「周辺事態に際して我が国の平和及び安全を確保するための措置に関する法律」（「周辺事態法」）は、「重要影響事態に際して我が国の平和及び安全を確保するための措置に関する法律」（「重要影響事態法」）と名称を変え、重要な変更を受けている。以下の記述は、初出の内容のままであるが、安保法制については第1部第3章で検討する。

[2] 栗城壽夫「立憲主義と国家主権――ドイツの憲法理論史をたどりながら」法律時報臨時増刊『憲法と平和主義』（1975）71頁。

様(ストレートな具体化か間接的・屈折した形での具体化か)という点である。ここから、立憲主義の多様な具体的存在形態から距離を置く「理念型」としての普遍的立憲主義とこの具体的存在形態に着目した個別的立憲主義との区別[3]、また、社会契約の理念がどの程度徹底されているかという点に着目した徹底した立憲主義と不徹底な立憲主義との区別を行いうるであろう。特に後者の区別は、立憲主義の「よりよい具体化・現実化」の視点に立って、「より徹底した立憲主義」を求めることを可能とするものとして意義をもつ。

(2) 平和主義——立憲主義の第1要素「国民の権利・自由の保障」との関係で

立憲主義の観点からいかなる平和主義が最も適当であるか。次の類型がある。第1に、一切の戦力を放棄し完全な非武装を実現することにより平和を維持しようとする絶対平和主義である。これは、自国の平和を国際機関や他の同盟国の軍事力にも委ねない「非武装中立」の原則を内容とするものと理解できる[4]。第2に、諸国家を一つの国際社会へ組織化し、平和を破壊する国家に対しては、全加盟国共同の組織的権力の行使によって平和を維持・回復するという集団安全保障体制である。国連の平和保障のあり方がこれに該当する。第3に、利益を共通とする他国との間の軍事同盟的な条約や合意に基づき、締約国のいずれか一方が第三国からの武力攻撃を受けた場合に、他方もその第三国に対し共同して軍事行動に出る権利を意味する集団的自衛権である。これは、国連安保理による集団安全保障のための措置が執られるまでの緊急措置である。第4に、急迫または現実の不正な侵害に対して、自国を防衛するためやむを得ず一定の実力を行使する権利を意味する個別的自衛権である。これも、国連安保理による措置が執られるまでの緊急措置である。

立憲主義に最も適合的な平和主義は、絶対平和主義であるといえる。なぜならば、武力行使を伴う他の平和主義は究極的に人権保障を危うくするから

---

[3] 栗城壽夫「立憲主義の現代的課題」『憲法問題』4号(1993)8頁参照。

[4] 「非武装中立」については、澤野義一『非武装中立と平和保障——憲法9条の国際化に向けて』(青木書店、1997)等参照。

である[5]。カントが国家間の永遠平和のためには常備軍の全廃が必要であると述べ、その理由として、①常備軍が他の諸国を絶えず戦争の脅威にさらし、結果的にその存在自体が先制攻撃の原因となること、②人を殺したり殺されたりするために雇われることは、人間を単なる機械や道具として使用することを意味し、このことは人格における人間性の権利と調和しないことを挙げているのも同旨である[6]。

(3) 平和主義——立憲主義の第2要素「国民・国民代表の参加」との関係で

立憲主義は、国民の権利を「国民・国民代表の参加」を通じて保障することを内容とする。したがって、第1に、立憲主義は、社会契約の理念に含まれる諸原理が、「規範化された機構」を通じて表明される国民の意思によって承認されることを要求する。このことは、立憲主義が、社会契約の理念に含まれている諸原理の実定法化をもたらすとともに、社会契約の理念がそれ自体として実定法的効力を持つことを否定するということを意味する[7]。したがって、日本国憲法の解釈に際し、自然法を持ち出すことで軍事力による平和を基礎づける見解は認容され得ない。また、憲法により禁止されていない権力行使は憲法に根拠がなくとも許されると解すべきではなく、軍事力を根拠づける積極的な規定が存在しない限り、国民の意思によって承認されていないものと解される。第2に、立憲主義は、国民代表議会の意思が国民の意思を形式的・実質的に具体化していなければならないことを要請する（選挙制度・選挙過程の民主化）。第3に、立憲主義は、国民代表議会が定めた法律に基づいて国政運営がなされなければならないことを要請する（法治主

---

[5] 浦田一郎『現代の平和主義と立憲主義』（日本評論社、1995）40頁以下、清水睦「近代立憲主義の『価値』の今日的位相」『憲法問題』8号（1997）83頁、澤野・前掲（4）112頁以下。また、「日本社会における批判の自由を下支えする」日本国憲法第9条の意義を指摘するものとして、樋口陽一「戦争放棄」樋口陽一編『講座・憲法学 第2巻 主権と国際社会』（日本評論社、1994）120頁。

[6] カント、宇都宮芳明訳『永遠平和のために』（岩波文庫、1985）16、17頁。

[7] 栗城・前掲（2）77、78頁、同「憲法と自然法」水波朗他編『自然法——反省と展望』（創文社、1987）385頁以下参照。

義)。議会による行政の直接的・間接的コントロールを平和主義との関係で制度化したものが、シビリアン・コントロールである。近代立憲主義は、軍隊による軍事力の行使を議会の意思によるコントロールの下におくことにより、武力行使との整合性を維持してきたのであった[8]。

　立憲主義の徹底は、「国民・国民代表の参加」の程度に依存する。したがって、「国民・国民代表の参加」の徹底は徹底した立憲主義を実現し、また、平和主義との関連でいえば、絶対平和主義の理念の実現をも可能なものにする。国民主権や民主主義が達成されていなかった大日本帝国憲法の下で、「戦争の惨禍」が非民主的な「政府の行為によって」引き起こされたという歴史的経験（日本国憲法前文第１段）が、このような理解を支えている。しかし、絶対平和主義が立憲主義に最も適合的であるとすれば、国家＝国民主権が武力行使を通じての国家＝国民の自己決定の貫徹を含意していたはずであったとする「近代国民国家の論理」と、武力行使を否定することに伴い新しい国家＝国民主権の観念の模索を必要とする「国家の相対化の論理」との間での自覚的な選択が必要であるとする樋口陽一の問題提起が重要な意味をもってくる[9]。この点につき武力行使と不可分の近代立憲主義自体も不徹底な立憲主義であったとする認識に立ち、「国家の相対化の論理」を追求することが、立憲主義の徹底という観点から見て望ましいものといえる。その意味で、「国民の参加」の徹底も立憲主義の第１要素との関係で一定の制限を受けるものと解される。

　(4) 平和主義——立憲主義の第３要素「国家権力の制限」との関係で
　この要素を実現する制度として法秩序の段階構造及び権力分立原理が挙げられる。特に後者については、国家機関内部及び国家機関相互間で作用する水平的コントロールと、《連邦・支分国》間ないし《中央・地方》間で作用する垂直的コントロールとの区別が重要である。しかしそれだけでなく、憲法制定の要請に着目すれば、立憲主義を徹底するための手段としていかなる規範形式が憲法規定に制度化されるかという点もまた重要となってくる。

---

[8]　和田進『戦後日本の平和意識——暮らしの中の憲法』（青木書店、1997）37頁。
[9]　樋口・前掲 (5) 121頁以下。

通常は、国家権力を禁止規範により拘束するという形式と国家権力を命令規範により拘束するという形式とが採られている。両者の規範形式のうち、どちらを重視するかは、いかなる自由観、国家観、民主制観を念頭に置くかによって異なる。

規範形式の議論を平和主義と関係づけるならば、平和主義には「国家・軍事力によらない平和」と「国家・軍事力による平和」との対比が為されうるであろう。前者は、国家が非武装・絶対平和を守ることで平和が維持されるということを意味するのに対し、後者は、国家が平和の維持に向けて軍事力の行使をも厭わないということを意味する。絶対平和主義を制度面で支える法規範のあり方については、国家による戦力の保持を禁止するという意味での禁止規範、即ち「国家・軍事力によらない平和」が選択されなければならない。さらに、絶対平和主義が「非武装中立」の原則を含むとする理解によれば、「国家・軍事力によらない平和」とは、外国軍隊駐留の禁止、交戦当事国の一方への軍事援助（武力的援助、財政援助、軍事基地の提供等）の禁止等を意味するものと解される[10]。

もちろん、武力行使の禁止による平和の志向と、いわゆる「構造的暴力」[11]を解消するために国家の積極的役割を求める志向とが矛盾しないのはいうまでもない。人類が殲滅戦に突入することを防止するための禁止規範としての予備条項と、永遠平和の創設へ向けた命令規範としての確定条項とを提示したカントもまた、禁止と命令の両方の規範を通じた平和の実現を目指していた点で、同様の構想を示すものといえよう。

2 立憲主義と平和主義の緊張関係

(1) 個人主義

もっとも以上の理解に対して、立憲主義と平和主義との緊張関係を指摘する見解がある。まず、平和主義と個人主義との間の緊張関係を説く見解が存

---

[10] 澤野・前掲（4）176頁。
[11] ヨハン・ガルトゥング、高柳先男・塩屋保・酒井由美子訳『構造的暴力と平和』（中央大学出版部、1991）。

する[12]。浦田一郎は、軍事産業への従事や国連関係の軍事活動への個人単位での参加など、国民個人の軍事活動への関わりが他の国民にとっての平和主義・平和的生存権に対する侵害と考えられる場合に、平和主義や平和的生存権の保障のために個人活動を制限することも人権保障の限界の問題として捉えられ得るとする。長谷部恭男もまた、日本国憲法第9条の解釈として、外敵の攻撃に対しては警察力の行使や群民蜂起で対抗することが残されているとする説、非武装・無抵抗で対処すべきとする説があるが、これは個人主義的立憲主義と整合せず、両者を整合させるためには国外へ「逃亡する自由」を認める必要があると述べている。

　以上の点については、日本国憲法の解釈に関する限り、両者の緊張関係を認めることはできないと解される。第1に、平和主義は国家に対して向けられた規範であるという点である。日本国憲法上の平和主義は、国家が一切の武力を持たないことが平和の維持にとり不可欠であるとする「国家・軍事力によらない平和」を意味するものであり、したがって、この平和主義は、国家の徹底した非武装を求める禁止規範として理解されなければならない。第2に、平和主義は個人の「良き生」のあり方を決定しないという点である。個人は、逃げる自由を含め、群民蜂起、パルチザン、国連軍への参加、個人単位・家族単位の正当防衛、無抵抗・不服従など、自らの自律的決定に基づいた選択を行うことができると考えなければならない。

(2)「合理的選択」モデル

　絶対平和主義の選択が国家間の関係を不安定にするという指摘がある[13]。これは、自然状態の一類型である国家間の関係をチキン・ゲームと見る国家からすれば、軍事力の不保持、外敵からの攻撃に対する降伏という選択は合理的選択であるといえるが、チキン国家の存在は侵略者の存在を合理的に

---

[12] 浦田・前掲（5）133頁以下、長谷部恭男「国家権力の正当性とその限界」岩村正彦他編『岩波講座・現代の法1・現代国家と法』（岩波書店、1997）160頁注（25）［長谷部恭男『比較不能な価値の迷路——リベラル・デモクラシーの憲法理論［増補新装版］』（東京大学出版会、2018）所収］、水島朝穂他「特集・憲法学の可能性を探る」『法律時報』69巻6号（1997）19頁［長谷部恭男発言］。

[13] 長谷部・前掲（12）［現代の法1］150頁以下。

し、国家間の関係を不安定にする危険があると主張する。自然状態をチキンゲームと見る者の存在は、政府の権威を正当化する。そこで、政府が「自衛のための実力組織の保持を全否定しない選択」に基づいて「傭兵」と「志願兵」とから構成される防衛サービスを提供することが合理的と考えられる（「穏和な平和主義」）。

　ここでは、以上の推論の前提たる「合理的選択」モデル自体の問題点を指摘することができよう[14]。第1に、総じてこの議論は、「力の均衡」を「思考の枠組み」とするリアリズムの政治思想と共通の基礎をもつものと思われるが、まさにそれ故にリアリズムと共通の問題点を抱えているといわざるを得ない。それは、リアリズムの思想が、リアルな視点から見て現実性を失っている点にあらわれているといってよい。すなわち、リアリズムは、①国際政治における基本的な行為主体は主権国家であり、強い主要な国家（群）が国際秩序の提供者となるという国家観（「国家中心性格」）、②国際関係の本質は、主権国家間の紛争であって協調ではないとする紛争観、③国際政治のノーマルな状況は、パワー・ポリティクス（権力政治）であるとする世界観等を特徴とするが、このそれぞれの点につき問題点を指摘することができる（例えば、①につき、平和の実現におけるNGOや自治体（自治体連合）等の非軍事的介入、行為主体としての国家連合（EU等）や国際諸機構の役割、②につき、大国の「一国主義」（ユニラテラリズム）ではなく、貿易・金融・財政等の諸分野における主権国家間の共存の論理や外交の行動規範が必要とされていること等）。

　第2に、「力の均衡」が政策上の規範として用いられる側面に関しても問題がある。すなわち、「力の均衡」が安定性をもたらすには、国家間での国内政治体制の類似性や軍事技術の均衡、「力の均衡」を正当とする国際世論の存在等の諸条件が必要であり、これらの条件が存在しない限り「力の均

---

[14] 鴨武彦「リアリズムの再検討――パラダイム変化」鴨武彦他編『リーディングス国際政治経済システム第1巻』（有斐閣、1997）349頁以下、アマルティア・セン、大庭健・川本隆史訳『合理的な愚か者――経済学＝倫理学的探求』（勁草書房、1989）120頁以下、S・P・ハーグリーブズ・ヒープ、Y・ファロファキス著、荻沼隆訳『ゲーム理論［批判的入門］』（多賀出版、1998）8頁以下等参照。

衡」は不安定さを払拭できず、覇権への志向や戦争への誘惑をも内在していると見なければならない。したがって、「力の均衡」が安定や平和の自動制御装置であると考えるのはあまりに楽観的すぎる議論であるといえる。

　第3に、合理性・効率性の追求という特徴についても問題点を指摘することができる。効率性の最大化理論の前提たる、①個人を「自己利益を追求する利己主義者」であり常に合理的に行動する存在として理解する人間観、②合理性の概念を、「感情」が決定する目的に最適な行動を選択する能力として理解する「道具主義的合理性」、③行為の選好を全て比較可能な数値（基数的効用）に捉え直し、人間を単一の選好順序をもつと想定しうるとの仮定等の点それぞれが問題を孕むからである[15]。まず、①及び③については、現実との符合に対する疑問、すなわち、個人は常に「利己主義」的に行動するわけではなく、したがって常に合理的に行動するわけではないという事実、及び、個々人が多元的な価値観・選好を持つが故に、単一の選好順序を持つとは想定できないという個人主義的人間像を指摘することができる。また、②については、この合理性の理解ではしばしば民主主義や手続的正義等の価値が評価されない危険性があるという問題や、自己利益以外の「目的」を排除するのは恣意的にすぎるのではないかという問題等がある。国家行為の「合理性」については、特定の目的を達成しうる政治的行為の選択の幅を立憲主義によって枠づけるだけでなく（手段における立憲主義的統制）、政治的行為の目的自体に対しても立憲主義によって枠づける（目的における立憲主義的統制）という視座が必要となろう。

　(3)　公共財としての防衛サービス

　これは、自国の軍備の不保持が、公共財の提供についての国民・国民代表の決定という観点から見て問題があるとする批判である。長谷部恭男は、①防衛サービスは、それが提供されなければ国家間の関係を不安定にするが故に、警察、消防、外交、公衆衛生等と同様に公共財として国家によって提供

---

[15]　モデルが現実によって反駁可能であるという点は、必ずしもその有意味性を奪うことにならないかもしれない。この点は留意しておくに止めたい。セン・前掲(14) 131頁。

されなければならない、②公共財としての防衛サービスの量と費用負担については、国政の最終的な決定権者である国民が投票により、あるいは国民の代表である議会が、その時々の国際情勢や技術進展を考慮して決定する、③この考え方を推し進めれば、自国の軍備の保有を禁ずることは非現実的であり、また、制定時における国際情勢や技術状況により、将来における防衛サービス提供に関する主権者の決定を拘束することになると述べている[16]。

　この点については、次の２点を指摘することができる。第１に、絶対平和主義の非現実性に対する批判については、公共財の提供の必要性に最高の価値をおく点が問題である。立憲主義の観点からすれば、政府による公共財の提供、すなわち「公共の福祉」の具体化も憲法に基づき命令され、あるいは禁止されるはずである。公共財の提供の必要性を第一次的な要請とすることはこの立憲主義的な論理に反することになる。第２に、主権者の決定に対する拘束性への批判については、「規範化された機構」を通じた国民意思の表明を要求する立憲主義の要請と相容れない点が問題である。主権者たる国民の意思は、憲法上の「規範化された機構」である憲法改正手続を経て現実のものとなる。しかし、平和主義は改正権の限界を超えるとする通説的立場は、改正権を通じた国民意思の表明を否定する。したがって、主権者の決定に対する拘束性は立憲主義の要請として認められなければならない。

3　「周辺事態法」の立憲的統制

(1)　「周辺事態法」を考える視点

　従来の憲法第９条に関する論争は、絶対平和主義とリアリズムの平和主義との対立を中核とするものであった。この対立は通約不可能な価値観の衝突をもたらし、それ故、憲法第９条に関する論争は「理性と事実認識により解決しえない異なるパラダイム同士のぶつかり合いとなっているから、国内平和の創出という近代憲法の役割と齟齬を来たし、閉塞感を生み出している」

---

[16]　長谷部恭男『憲法［第７版］』（新世社、2018）63、64頁、樋口陽一編『ホーンブック憲法』（北樹出版、1993）113頁以下［長谷部恭男執筆］。

とする指摘がある[17]。ポパーも同様に、このような通約不可能な価値観の衝突をもたらす議論を「ユートピア的合理主義」と呼んで批判する[18]。

この点、次の3つの対応が可能であろう。第1に、両者の間での選択は通約不可能であることを認めた上で、通約不可能な議論にこそ意義があるとする態度である[19]。第2に、両者の間での選択が通約可能であることを肯定し、究極的には絶対平和主義かリアリズムかを議論しうるとする態度である。第3に、絶対平和主義かリアリズムかではなく、通約可能な個別的・具体的な選択の問題に議論を限定するという態度である。ここでは基本的に第2の態度をとる。それは、人権や「人間の尊厳」といった「近代」の価値を前提とする限りにおいては、「平和」の確保に関する立場の当否を判断することも可能と考えるからである。その上で、第3の態度に立ち、立憲主義の個別的要請に従って具体的な問題点を検討する意義を認める。ポパーが、抽象的な善の実現ではなく具体的な悪の除去を目指すことを要求する「真の合理主義」と呼ぶものも同様の構想に基づくものといえよう。

(2)「周辺事態法」の検討[20]

(ⅰ) 人権保障の観点からは次の3点を指摘することができる。第1に、「武器の使用」を認めている点である。「周辺事態法」は、「生命又は身体の防護のためやむを得ない必要があると認める相当の理由がある場合には、その事態に応じ合理的に必要と判断される限度で武器を使用することができる」(第11条第1項、第2項)と定めている。この「武器の使用」は、「武力による威嚇又は武力の行使」(第2条第2項、憲法第9条第1項)にエス

---

[17] 長谷部恭男「発言」『憲法問題』8号(1997)124頁。また、「通約不可能」の概念につき、ジョセフ・ラズ、森際康友編訳『自由と権利』(勁草書房、1996)105頁以下参照。

[18] カール・R・ポパー、藤本隆志・石垣壽郎・森博訳『推測と反駁――科学的知識の発展』(法政大学出版局、1980)653頁以下。

[19] 樋口・前掲(5)129頁、愛敬浩二「『読み替え』の可能性――長谷部恭男教授の憲法学説を読む」『法律時報』70巻2号(1998)65頁参照。

[20] 破防法研究会編『「周辺事態」と有事立法』(アール企画、1998)、社会批評社編集部編『最新有事法制情報』(社会批評社、1998)、森英樹・渡辺治・水島朝穂編『グローバル安保体制が動きだす』(日本評論社、1998)等参照。

カレートする危険性を孕んでいる。その理由として、①「合理的に必要と判断される限度」という要件は、「武器の使用」が相手の攻撃の程度に応じて拡大する可能性を有しており、「武器の使用」の制限として機能しないこと、②海外での武器使用の根拠として、武器等の防護のために武器使用を認める自衛隊法第95条が期待されているが、これを認めることは、「周辺事態法」における「武器の使用」が「生命又は身体の防護」に限定されていることを無意味にしてしまうこと、③「船舶検査活動」は、「要請」、「説得」、「接近、追尾、伴走及び進路前方における待機」（第7条第3項第5、6、7号）等により行われるものとされているが、通常、武器の使用を含む実力行使を伴わずには実施されえないこと等である。

　第2に、後方地域と戦闘地域との区別についてである。「周辺事態法」は、「後方地域」の定義を置いているが（第3条第1項第4号）、その趣旨は、戦闘地域で行われない後方支援は安全な活動であり、また、それは武力行使ではないというものと解される。しかし、このような考え方は妥当ではない[21]。なぜならば、武力紛争の状態において、戦闘地域と他の地域との区別が単に敵の攻撃を受けていないという事実のみに基づきうるとすれば、後方地域支援も捜索救助活動も、攻撃目標となりうることは否定できないからである。

　第3に、民間への協力要請（第9条第1項、第2項）である。これは、罰則規定の有無にかかわらず、事実上も法上も義務の遵守を強制することとなる。このことは、「国家への忠誠」ならぬ「日米安保への忠誠」を求めるものであり、個人が自らの「善き生」のあり方を追求することを保障した「個人の尊重」原理に反することとなる。

　（ⅱ）国民・国民代表の意思の観点からいえば、次の2点が問題となる。第1に、国会の関与の限定である。法案は、「周辺事態」の認定につき認定基準も手続規定も置いておらず、また、対応措置の実施とその基本計画につ

---

[21] 浦田一郎「後方支援の論理――新ガイドラインと周辺事態法案」『法律時報』70巻7号（1998）2頁以下、小沢隆一「周辺事態措置法の論理と構造」『法律時報』70巻10号（1998）70頁以下参照。

いて「閣議の決定」で足りるとし（第4条第1項）、さらに、基本計画の決定・変更について国会への事後報告でよいとする（第10条）。このように国会の関与を排除する姿勢は、法治主義に基づく民主的統制と相容れない。「外部からの武力攻撃」に対処するための自衛隊の防衛出動には国会の承認を必要とする自衛隊法（第76条）と比較してみても、その不当性は際だっている。

　第2に、「対応措置」の白紙委任である。「周辺事態法」は、周辺事態に対応するために必要な措置（対応措置）の一部を具体的に規定しているが、それ以外の事項は政令で定めるとする（第2条第1項、第12条）。しかし、新ガイドラインで列挙されていた項目の中に「周辺事態法」から除外されたものがあり（運用面における日米協力としての警戒監視、機雷除去、海・空域調整等）、いかなる事項につき委任されているのかが明らかではない。

　（ⅲ）国家権力の統制の観点からいえば、次の3点が問題となる。第1に、「周辺事態」の不明確性である。「我が国周辺の地域における我が国の平和及び安全に重要な影響を与える事態」（第1条）を意味する「周辺事態」は、新ガイドラインでは、「地理的なものではなく、事態の性質に着目したものである」と説明されている。しかし、この「周辺事態」の概念は不明確であって、具体的な行動範囲が明らかにされていない。「周辺事態」が地理的な概念ではないということを強調することは、アジア諸国を刺激しないという効果を超え、これが地理的限定をもたないこと、したがって対米協力を実施する地理的限定も存在しないということを意味することとなる。このことは、国家権力の恣意的行使を際限なく認めることにつながるだけでなく、「部隊としての自衛隊の行動が早まることとあいまって、実質的に、『専守防衛』政策との最終的決別を意味する」こととなる[22]。

　第2に、後方支援の内容と従来の政府見解との整合性である。「周辺事態法」は、「物品の提供」から武器・弾薬の提供等を除外する（別表第1、第2）。しかし、武器・弾薬の「輸送」についてはこのような制約は規定されて

---

[22]　水島朝穂「憲法と新ガイドライン下の『有事法制』」社会批評社編集部編・前掲（20）［最新有事法制情報］22頁。

おらず、自衛隊による米艦隊に対する武器・弾薬の輸送が想定される内容となっている。自衛隊による米軍へのこのような後方地域支援は戦闘行動そのものである。以上から、①「周辺事態」に際しての後方支援は、日本に対する武力攻撃が存在しない場合を想定しているため、政府が合憲としてきた個別的自衛権に該当せず違憲の行為といわざるを得ないこと、②米軍の武力行使に対する後方支援は、政府が違憲としてきた集団的自衛権に該当する行為であること、あるいは、米軍の武力行使が自国に対する武力攻撃を発端とせずに行われうることに鑑みれば、日米の武力行使は集団的自衛権にすら該当しない違法な活動であること等が指摘されうる。

　第3に、地方自治体に対する協力要請である。これは、民間に対する協力要請と相俟って、国家総動員体制の構築を目論むものであり、具体的には、自治体が管理する一般の港湾や空港、公共建物、公立病院、救急車、公営バス等の利用、都道府県警察の協力などを挙げることができる。「周辺事態法」は、「必要な協力を求めることができる」と規定しており、強制力を伴うものではないかのようにも読める。しかし、政府の説明によれば、これは「一般的義務規定」であり、「正当な理由なく拒否すれば違法な状態になる」ということを意味するものである。自治体に対し広範な領域にわたって協力義務を課すことは、地方自治権の侵害ないし垂直的権力分立の観点から問題があるといえる。

　（ⅳ）根本的な問題点として、次の2点を指摘することができる。第1に、軍事的合理性の優先という点である。国会の関与の排除や武器使用等が、軍事的合理性優先の発想を示している。しかし、国家行為は、目的・手段の両面において立憲主義的統制をうけることにより「合理的」なものとなるのであって、立憲主義を度外視する「合理性」は道具主義的合理性と同様、不合理なものといわなければならない。

　第2に、国内法体系の複雑化という点である。日米安保条約は、①自衛隊の活動を「日本国の施政の下にある領域における、いずれか一方に対する武力攻撃」が加えられた場合に制限する（第5条第1項）。また、②米軍に対する基地提供・使用を日本を含む「極東」の「平和及び安全の維持に寄与す

るため」という目的に限定する（第6条）。ところが、新ガイドラインは、「日本国の施政の下」にはない「周辺事態」に際しての軍事行動を規定し、また、「極東」の範囲を超え、地球的規模で日本がアメリカの軍事戦略に利用される体制へと安保体制を変化させている。この新ガイドラインによる実質的な条約改定は、日米安保条約自体に反する行為である。また、条約締結手続を規定する憲法にも違反する行為である（憲法第61条、第73条第3号）。安保再定義及びこれを受けた新ガイドライン策定以降の流れは、従来の憲法体系と安保法体系との併存を超えて、安保法体系からも距離を置く独立した法体系を形成するものといえる（「3つの法体系」）。

4 立憲主義の展望

徹底した立憲主義の下では、いかなる軍事力の行使も正当化されない。しかし、真の平和を実現するためには、自国の軍事力を放棄するだけではなく国際的な絶対平和主義の理念の共有が不可欠となる。そこで、立憲主義の国際的徹底という視点が必要となる。第1に、立憲主義の国際的徹底は、いわば「共生の条件」を創出するものとして重要な意義を有する。ここでいう「共生の条件」とは、立憲主義の理念、ひいては社会契約の思想の共有を意味するが、特にラセットの「民主的平和（the Democratic Peace）」論に言及しておきたい。彼の分析は、民主的国家どうしが戦争をすることはほとんどありえないというテーゼを計量分析の手法を駆使して科学的に実証した点で重要な意義を有するからである[23]。第2に、立憲主義の国際的徹底は、絶対平和主義実現の前提としての平和の環境整備を国家に対して義務づけることの基礎となる。立憲主義の国際的徹底へ向けた具体的施策を講じる義務は、憲法の命令規範的側面として認めることができるであろう。この点に関し、立憲主義の国際的徹底のための軍事的な国際貢献の必要性が指摘されてきた。しかしながら、憲法第9条の禁止規範的側面を遵守してこなかった政府のあり方を前提とすれば、軍事力の存在を肯定したままでの命令規範的側

---

[23] ブルース・ラセット、鴨武彦訳『パクス・デモクラティア——冷戦後世界への原理——』（東京大学出版会、1996）。

面の強調には慎重でなければならず、国内における絶対平和主義の徹底が実現されてはじめて立憲主義の国際的徹底への義務を語ることが許されるのではないだろうか。それ故、安易な軍事的貢献論に与することはできない。

第2節 「周辺事態法」と沖縄の米軍基地

序――はじめに

　安保再定義とは、現安保軍事体制の見直し・強化を意味する。周辺事態法は、新「日米防衛協力の指針（ガイドライン）」（1997年9月）に結実した安保再定義という流れの一つの結果であった。この流れは、90年代を通底する日本の外交政策の「対米一辺倒」の必然であり、冷戦後の日米関係のあり方を方向づけるものであった。国正武重氏によれば、90年から91年にかけての湾岸戦争が、日本の外交・安全保障政策についての「戦後の日本政治の転換点」となったとされる[24]。途中、貿易摩擦問題などが原因となって、日米同盟の「漂流」[25]ともいうべき状況が生み出されたが、それも1993年の核兵器疑惑に始まる北朝鮮問題もあって、日米同盟の強化の政策が打ち出されたのである。「半島の戦争で、日本がものの役に立たないことが判明したときの、日米担当者が抱いた危機意識が、やがて、米国で『ナイ・レポート』を産み、95年の橋本・クリントンによる日米共同宣言、さらには96年のガイドライン見直しへの原動力となるのである」[26]。

　このような背景をもって成立した周辺事態法については、既に法案の段階で様々な問題点が指摘されていた[27]。筆者もいくつかの機会に、①新ガイドライン体制が日米安保条約に違反する点、②「周辺事態」概念が不明確である点、③民主的コントロールが否定されている点、④後方地域と戦闘地域の区別が不可能であるという点、⑤後方地域支援が政府の自衛権概念の解釈を

---

[24] 国正武重『湾岸戦争という転回点』（岩波書店、1999）参照。
[25] 栗山尚一『日米同盟　漂流からの脱却』（日本経済新聞社、1997）参照。
[26] 小川彰「安全保障政策のアクターと意思決定過程：1991～98年」外交政策決定要因研究会編『日本の外交政策決定要因』（PHP研究所、1999）156頁。
[27] 森他編・前掲（20）、山内敏弘編『日米新ガイドラインと周辺事態法』（法律文化社、1999）、水島朝穂『この国は「国連の戦争」に参加するのか』（高文研、1999）、社会批評社編集部編・前掲（20）、小西誠・片岡顕二・藤尾靖之『自衛隊の周辺事態出動』（社会批評社、1998）等参照。

第1章　自衛隊による海外派遣の拡大路線

前提としても合憲とは解されないものであるという点、⑥「武器の使用」が憲法上禁止されている武力行使に発展するおそれがあるという点、⑦自治体協力ないし民間協力が国家総動員体制を目論むものであるという点等を指摘してきた[28]。本稿は、修正され制定をみた周辺事態法について、拙稿との重複を避けつつ再度問題点を指摘し（1）、周辺事態法が発動された場合に予想される事態をいくつかの実例を通して考察し、その上で、最近の動向と合わせて基地の強化へと向かいつつある沖縄の現状を批判的に検討することを目的とする（2）。これらの考察から明らかになる日本「再軍備」の現実を考える一つの契機となることを期待したい。

1　修正周辺事態法の問題点

ここでは、周辺事態法が、1999年5月24日に参議院で可決成立されるまでにいかなる修正を受けたのかについての簡単な整理を試みた後で、同法が孕む問題点を指摘していきたい。

（1）周辺事態法案の修正

（ⅰ）周辺事態法案の修正の過程は、4月7日に自民党が与野党修正協議に提示する原案を固めたことに始まる。その背後には、小渕恵三首相（当時）の訪米前に衆院を通過させようとする政府の意図があった。第1に、周辺事態法の目的に「日米安保条約の効果的な運用に資する」との文言を加え、安保条約の枠内であることを明確に位置づけることである。

第2に、国会承認に関連し、①その対象とする自衛隊の活動につき、「後方地域支援」「後方地域捜索救助」「船舶検査」の3分野と明示し、また、領土、領海内の活動は対象外とし、「領域外」に限定する、②事後承認とする、③自衛隊の活動終了後に改めて国会報告を行うとする修正を行うことである。①については、現行の自衛隊法で実施可能な航空機や艦船による警戒

---

[28] 拙稿「周辺事態法案・議論すべき問題点は何か」『世界』659号（1999）34頁以下、同「『周辺事態措置法』案とは何か——新ガイドライン関連法案の実像」『法学セミナー』530号（1999）4頁以下、同「立憲主義と周辺事態法」『憲法問題』10号（1999）92頁以下（本書23〜37頁）参照。

監視、邦人救出、機雷掃海なども、国会承認が得られるまで実施できなくなる恐れがあることを考慮した結果とされる。

　第3に、船舶検査の前提としての「国連決議」について、「条約その他の国際取り決めおよび確立された国際的な法規」に修正することである。これは、「一部の常任理事国の反対で決議ができなかった場合に何もしなくていいのか」との自由党の要求に配慮したものである。但し、自民党は、「その場合でも検査を行う船舶が所属する国（旗国）の同意が前提。現実的に国連決議がなければできない」（幹部）としている。

　(ⅱ) これに対し、公明党は4月13日、27日の衆院本会議での法案可決に協力する方針を決定する。公明党が提示する法案修正の最低条件は、①自衛隊出動の可否を国会の事前承認とすること、②船舶検査の前提として国連決議を明記することの2点である。さらに、自民、公明両党は15日、新ガイドライン関連法案についての修正案に合意するにいたった。すなわち、①自衛隊が後方地域支援、捜索救助、船舶検査の3活動で出動する場合は、領域の内外を問わず「原則として事前の国会承認、緊急時は事後承認」の対象とする点、②船舶検査と捜索・救助で認めている武器使用を後方地域支援でも適用する点で合意したのである。

　さらに、政府、自民党は17日、船舶検査の前提条件として「国連決議」を明記する方針を決定した。法案は、「国連安全保障理事会の決議または確立された国際慣行に基づき」というような表現に改められることとなる。これは、国連決議に拘束されることに反対する自由党の合意をとりつけつつ、国連決議が明記されることで公明党の容認を引き出す手法といえる。また、19日には、緊急の際の自衛隊出動に対する国会の事後承認について、①出動を命じた日から20日以内に国会に付議し、承認を求める、②衆参両院のいずれかが不承認なら撤収を命じるとする修正方針を固めた。

　(ⅲ) 4月23日、自民、自由両党は周辺事態の定義について合意した。その合意によれば、周辺事態の定義を「放置すればわが国に対する直接の武力攻撃に至る恐れのある事態」を例示として掲げて修正するとされた。これは、周辺事態を「準有事」に限定すべきとの自由党の主張を一部受け入れた

ものであった。

　以上の協議を受けてまとめられた修正案が、次のものである。第1に、①法案の目的に「日米安保条約の効果的な運用に寄与し」との文言を加えるとする点である。第2に、船舶検査の要件につき、「国連決議」と「（対象船舶を管轄する）旗国の同意」を併記するとする点である。第3に、周辺事態の基本計画のうち、後方地域支援、捜索救助、船舶検査については、国会の事前承認を必要とし、緊急の場合は実施後に速やかに承認を求めるとする点である。第4に、基本計画の終了後に国会に報告するとする点である。第5に、後方地域支援活動でも、正当防衛などの目的で武器使用を可能とする点である。特に、最後の点は、法案の段階で、活動の性質上批判を予想して除外されていた後方地域支援における武器使用を、新たに認めようとするものであった。

　4月25日に、自自公3党合意が成立し、①船舶検査活動の条項を削除し、別法律で定める、②周辺事態の定義に「準有事」に相当する事態を例示する修正の解釈について、3党間で統一見解を示す、③邦人救出の準備行為としての自衛隊機などの派遣は閣議決定事項とする等の点が確認された。

　そうして、4月27日には衆議院通過、また、5月24日には参議院も通過し、新ガイドライン法は成立した。

　(2) 周辺事態法の問題点

　以上の修正協議を受けて成立した周辺事態法については、さらに次の点を指摘することができよう。

　（ⅰ）日米安保条約と周辺事態法

　新ガイドラインに対しては、日米安保条約の実質的改定であるとの批判がなされてきたが、周辺事態法案についても、日米安保条約との関連が不明確であるなどとの問題点が指摘されてきた。この種の批判を受けて、同法では、日米安保条約との関係を明確にするための修正が加えられている。第1条の目的規定の中に、「日本国とアメリカ合衆国との間の相互協力及び安全保障条約（以下『日米安保条約』という。）の効果的な運用に寄与し」という一節を入れた点である。確かに、法案の目的規定にその旨を明記するよう

修正することは、元の法案よりは望ましいものである。しかし、日米安保条約との関係を明確にせよという要請は、単に言葉を挿入せよという形式的な問題ではなく、自衛隊および米軍の活動範囲ないし存在理由を日米安保の枠内に止めよという要請であるはずである。したがって、両者の関係を明確にすることができたかどうかは、主として周辺事態の概念がどのようなものであるのかという点に依存するであろう。

(ⅱ)「周辺事態」の概念

「周辺事態」の概念については、その不明確性が指摘されてきた。そこで、周辺事態法は、「周辺事態」の例示を示すことでこの批判に応えようとしている。すなわち、第1条の「周辺事態」の定義の前に「そのまま放置すれば我が国に対する直接の武力攻撃に至るおそれのある事態等」を加え、さらに、統一見解で周辺事態の6類型を示している。

①わが国周辺の地域で、武力紛争の発生が差し迫っている場合。

②わが国周辺の地域で、武力紛争が発生している場合。

③わが国周辺地域での武力紛争そのものは一応停止したが、いまだ秩序の回復・維持が達成されていない場合。

④ある国で内乱、内戦等の事態が発生し、それが純然たる国内問題にとどまらず、国際的に拡大している場合。

⑤ある国における政治体制の混乱等により、その国で大量の避難民が発生し、わが国への流入の可能性が高まっている場合。

⑥ある国の行動が国連安保理によって平和に対する脅威、平和の破壊、または侵略行為と決定され、その国が国連安保理決議に基づく経済制裁の対象となるような場合。

これらには、いずれも「わが国の平和と安全に重要な影響を与える場合」との条件が付けられているが、このような修正案には問題はないのか。残念ながら、上記の批判に耐えるものにはなっていないのが現実である。まず第1に、第1条に加えられた事例は単なる例示であって、「周辺事態」の概念を限定する機能を有するものではない。第2に、統一見解での6類型も、およそあらゆる事態がいずれかの類型にあてはまるものといえるような抽象的

な説明にしかなっていない。そうである以上、「周辺事態」の地理的限定もやはり存在しないこととならざるをえない。したがって、「周辺事態」の概念を日米安保条約が定める「極東」に限定し、自衛隊の活動範囲を明らかにしておくことが法治主義の観点からみて必要である。

（ⅲ）民主的コントロールの不備

民主的コントロールとの関連では、「周辺事態」の認定につき日本の主体的判断の可能性が担保されていない点、対応措置の実施とその基本計画に対する国会の関与が排除されている点、後方地域支援・後方地域捜索救助活動・船舶検査活動以外の必要な措置については、政令に白紙的に委任されている点等が、法案の段階で指摘されていた。制定された周辺事態法では、自衛隊が実施する後方地域支援及び後方地域捜索救助活動、また、関係行政機関が後方地域支援として実施する措置については、①内閣総理大臣が当該措置の実施及び基本計画について閣議の決定を求めなければならないこと（第4条第1項）、②基本計画に定められた自衛隊の活動については国会の事前承認がなければならないこと（第5条第1項）等が規定されている。

しかし、この内容でもやはり問題は残されている。第1に、「周辺事態」の認定に関する日本の主体的判断の可能性に対する疑問である。これは、先の「周辺事態」の定義ないし6類型の不明確性に由来するものである。すなわち、この6類型の中には、ある程度判断が客観的になされうるものも含まれているようにも思われるが（例えば②④⑥）、しかし、必ずしもそうではない。すべての条件に付けられている「わが国の平和と安全に重要な影響を与える場合」との条件については、客観的な判断が可能とは解されないからである[29]。結局は、ある地域で一国のあるいは国家間の緊張が高まっている状況を「周辺事態」と認定するかどうかは、政治的判断に委ねられているといえる。

そこで重要なのは、米軍が日本にある米軍基地から出撃する状況の下で、日本の政府が「周辺事態」の認定を否定する場面が果たして存在するのかど

---

[29] 中富公一「国会審議からみた『周辺事態法』の問題点」『部落問題・調査と研究』139号（1999）43頁。

うかということである。これが不可能であれば、日本の対応は、アメリカの軍事戦略に地滑り的に引きずられるものにしかならない。他方、国会や裁判所（仮に司法審査の対象となり得たとして）は、当該状況が「周辺事態」に該当しないと考え、政府の対応を統制する可能性もないわけではない。しかし、国会や裁判所にこの種の判断を期待することは、現実問題としては難しいであろう。したがって、周辺事態法の枠組みでは、日本の主体的判断を期待することはできないのではなかろうか。

　第2に、国会による民主的コントロールの不十分さである。周辺事態法では、①自衛隊が後方地域支援と捜索救助の2活動で出動する場合は、領域の内外を問わず原則として事前の国会承認、「緊急の必要がある場合」は事後承認の対象とする、②緊急時の場合には、対応措置の実施から「速やかに」国会に付議し、承認を求める、③不承認なら「速やかに」「終了」を命じると定められている（第5条）。

　これは、国会の事前承認を原則とする点で民主的コントロールが及んでいるようにも思われる。しかし、「緊急の必要がある場合」に事後承認で足りるとする点についてはどうだろうか。第1に、同法は自衛隊法第76条の防衛出動の規定を参考としていることは容易に推察され、「国会の不承認の議決」があった場合の「終了」という対応も「自衛隊の撤収」（自衛隊法第76条第2項）になるのは理解できるが、その場合、自衛隊法の「直ちに」の文言が同法では「速やかに」にすり替えられている点に何か意図があるのではないか、そもそも現実に活動している自衛隊に対し撤収を命じることが可能なのかどうかが問題となろう。第2に、「緊急の必要」の意味についても検討の余地がある。自衛隊法上の防衛出動は「外部からの武力攻撃」を想定しており、そこでの「緊急の必要」もわが国の防衛の必要性に関する緊急性を意味している。しかし、「周辺事態法」上の「緊急の必要」とは、日本の防衛の場合とは異なる事態を前提とするものである。したがって、国会承認が「事後」とされるためには、自衛隊法上の「緊急の必要性」とは別の理由が必要とされなければならない。この理由がはっきりとしなければ、結局、国会承認を必要とした意味が失われ、報告事項とすることと何ら変わらないこ

ととなってしまう。自衛隊法の趣旨の安易なスライドには慎重でなければならない。

また、国会承認が求められる事項を後方地域支援と後方地域捜索救助活動に限定している点も問題である。日本が行う活動には、これらだけでなく、関係行政機関が行う活動、さらに自治体や民間が行う活動も予定されており、すべての事項について国会の承認を求めるのでなければ、民主的コントロールは十分とはいえないであろう。

さらに、対応措置の委任について、やはり白紙的委任に止まっているといわざるをえない点も問題である。

(ⅳ) 自治体協力・民間協力の問題

自治体協力・民間協力双方についていえることであるが、国が求めてくる協力内容が不明確という点についても問題である。全国基地協議会と防衛施設周辺整備全国協議会に対して、内閣安全保障・危機管理室は、具体的な協力内容の一部を説明している (1998 年 7 月 16 日)[30]。これによれば、具体的には、自治体が管理する一般の港湾や空港、公共建物、公立病院、救急車、公営バス等の利用、都道府県警察の協力などを挙げることができる。また、協力に伴う損失補償については、自治体加入の保険などで対応できない「特別な場合」に限って支払われるということになる。

また、1999 年 2 月 3 日付で作成された協力項目例として、10 項目が例示されている。すなわち、①地方公共団体の長に対して求める協力項目例として、地方公共団体の管理する港湾の施設の使用、地方公共団体の管理する空港の施設の使用、建物、設備などの安全を確保するための許認可、②民間に対して依頼する協力項目例として、人員及び物資の輸送に関する民間輸送事業者の協力、廃棄物の処理に関する関係事業者の協力、民間病院への患者の受け入れ、民間企業の有する物品、施設の貸与、③地方公共団体に対して依頼する協力項目例として、人員及び物資の輸送に関する地方公共団体の協力、地方公共団体による給水、公立病院への患者の受け入れである。しか

---

[30] 澤野義一「自治体による『協力』」山内編・前掲 (27) 161 頁。

し、これらは例示でしかなく、これ以外にも協力項目がありうることが示唆されているため、自治体・民間の不安は解消されてはいない。

　この点、政府は、自治体協力・民間協力についての解説書を提示し、批判に応えようとした(「周辺事態安全確保法第9条(地方公共団体・民間の協力)の解説」(2000年7月25日)。現「重要影響事態安全確保法第9条(地方公共団体・民間の協力)の解説」(2016年3月29日))。これは、①地方公共団体の長に対して求める協力項目例への、消防法上の救急搬送の追加、②民間に対して依頼する協力項目例への、自治体の管理する港湾、空港の施設使用に関する民間船会社・航空会社の協力の追加、③地方公共団体に対して依頼する協力項目例への、自治体の有する物品の貸与などの追加を規定するものであった。但し、それだけではなく、第1に、港湾や空港の使用、燃料貯蔵所の新設など自治体への協力要請に際し、「米軍のオペレーションが対外的に明らかになってしまう」場合を例に、米軍の機密を守るために協力内容の「公開を差し控えていただくよう」依頼を行うこと、第2に、病院への負傷兵らの受入れはベッドが満杯でも受け入れる事態を想定し、「臨機応急に定員を超過して患者を収容できる」とする医療法施行規則第10条を適用すること、第3に、自治体の協力拒否は、「使用内容が施設の能力を超える場合等、正当な理由がある場合」とし、正当かどうかは各権限を定めた「個別の法令に照らして判断される」と従来の見解を踏襲していることなどを特徴とする。自治体や民間が協力要請を事実上拒否できずに戦争に巻き込まれていく協力要請の仕組みが次第に具体化されてきている。

　また、空港及び港湾の提供に関し、日米地位協定第2条第4項(b)の適用が検討されていることとの関連でも問題が多い。野呂田芳成防衛庁長官(当時)は、新ガイドライン関連法案に関連して、日米地位協定の適用を検討対象とする考えを明らかにした(1999年3月23日)。これは、通常米軍が空港・港湾を使用する根拠とされる同協定第5条第1項が、軍事基地的な使用については適用されないとする政府見解[31]を前提に、米軍による使用の

---

[31]　本間浩『在日米軍地位協定』(日本評論社、1996) 237頁。

根拠を他の規定に求めようとする動きである。同協定第2条第4項（b）では、日米間の合意を前提に、米軍が日本の施設、区域を一定期間使用することが認められている。もともとこの規定は、「米軍が日本国の自衛隊基地を、一定の期間を限って使用することができることを認めるものである、と理解されている」。このことからすれば、米軍が使用することができる範囲については、「日本国政府が日本国法令上負うべき規制または負担の範囲内に、留めなければならない」と考えるべきであろう[32]。周辺事態においても同協定が適用されることになれば、米軍の使用が米軍基地、自衛隊基地だけでなく、空港、港湾など自治体が管理する施設までに拡大される。そうなれば、周辺事態法における自治体協力・民間協力が強制力の伴わないものであるとする政府答弁と齟齬をきたすこととなる。なぜならば、周辺事態法上強制的に管理権を取得できない、基地以外の施設についても、米軍による使用を許可するということになるからである。これは明らかに違法である[33]。

2　沖縄にとっての周辺事態法の意味

　新ガイドライン法、とりわけ周辺事態法が制定された今、沖縄にとっての影響は甚大である。その理由として、第1に、「沖縄戦において後方支援が戦争遂行にどのような意味を持つか住民が体験的に知って」いること、第2に、沖縄は「米軍統治時代に後方支援の役割を果たしてきた」こと、第3に、「現在も自治体や民間の活動に、米軍の戦略が後方支援絡みで政治的・経済的に大きな影響を与えている」こと、第4に、「米軍基地が集中する沖縄で周辺事態の初動対応がなされる可能性が高い」ことを指摘することができるであろう[34]。ここでは、周辺事態において、いかなる自治体協力・民間協力が要請されるのかについて整理し、沖縄から発する選択肢を提示したい。

---

[32]　本間・前掲（31）186、187頁。
[33]　本間・前掲（31）189頁。
[34]　高良鉄美「新ガイドライン関連法体系と憲法原理」『琉大法学』62号（1999）29頁。

第1部　安全保障の法構造と変容

(1)「周辺事態」の真実

　過去の戦争の際に、自治体協力・民間協力は現実に実施されてきた。例えば、以下の事実を挙げることができる。第1に、第2時世界大戦時の民間協力である。①日本の商船隊は「後方」で潰滅した。日本殉職船員顕彰会によると6万人を超す船員が死亡し、戦死率は軍隊より高かった[35]。②沖縄は、沖縄戦で「周辺事態」と「有事」（地上戦）を同時に体験したが、その際にも本土の兵器工場への動員、航空部隊を支援するための沖縄での後方基地の建設、県による輸送課・動員課の新設、飛行場建設のための土地の接収などが行われ、自治体の協力、県民の動員が為された[36]。第2に、朝鮮戦争時の協力である。1950年6月29日、米空軍板付基地（現在の福岡空港）で空襲警報が鳴り、板付基地から米軍機が攻撃に直接出動し、また博多港が兵員や武器、弾薬類の重要輸送基地となった。福岡は完全に、朝鮮戦争の「前線基地」となった。戦闘激化に伴い、国連軍病院が福岡市に近い志賀村に開設され、九州の日本赤十字社各支部から看護師が動員された[37]。第3に、ベトナム戦争時の協力である。①1965年4月10日、日本の海運会社所属の貨物船「無難丸」が沖縄からベトナムまで物資を運ぶために那覇軍港に入港した。しかし、物資の中身が弾薬や戦車であったことを知らされていなかった船長は、軍事物資の積み込みを拒否し、那覇軍港をそのまま離れていった[38]。②1965年11月、牧港地区に米陸軍第二兵站部隊が配備され、西太平洋地域の一大補給基地となる。補給基地は、戦車や車両の修理・営繕の作業、軍事物資の搬出等戦争に直結する業務を伴うものであった[39]。③1969年2月17日、米軍所属の大型タグボートLT535（505トン）が全軍労の反対にも関わらず出港した。ベトナム海域で故障した米国船をフィリピンや台湾、タイの修理

---

[35] 『朝日新聞』1999年2月17日。
[36] 「周辺事態から有事へ——沖縄戦と戦争協力1～5」『琉球新報』1999年6月2日、21日、22日、23日、24日。
[37] 『沖縄タイムス』1999年4月9日。
[38] 『沖縄タイムス』1999年4月16日。
[39] 『沖縄タイムス』1999年4月17日。

工場にえい航していくことが任務であった(タグボート事件)[40]。

　日本の自治体協力・民間協力は、日米安保条約が予定する米軍の活動範囲である極東の範囲をこえることも予想される。そのことは、次の実例を示すことでわかるであろう[41]。第1に、在沖米軍が、1990年の湾岸戦争に参戦していたことである。第2に、1998年11月から約4ヶ月間、イラクへの攻撃に備え、在沖海兵隊の第31海兵遠征部隊がペルシャ湾岸に展開し、嘉手納基地のF15戦闘機が飛行禁止空域の監視にあたったことである。第3に、湾岸から1999年3月14日に帰還した第31海兵遠征部隊のデイビッド・フルトン司令官が明らかにしたことによれば、2月上旬、エリトリアとエチオピアの領土紛争が激化したため、湾岸地域で待機していたことである。

(2) 予想される自治体協力・民間協力

　周辺事態法における自治体・民間協力の内容が不明確であるとする点については既に指摘した。そこで予想される自治体・民間協力の内容を推し量るためには、新ガイドラインの先取りといわれる事実をながめてみることが一つの参考になるものと考えられる。

　第1に、長に対する要請として、港湾、空港、建物・設備等の安全を確保するための許認可(例えば、米軍の貯油施設を新設する際に消防法に基づく許認可を優先的に出すこと)が想定されているが、これとの関連では以下の事実が注目される。①1999年1月5日、米軍機が那覇空港に緊急着陸した。米軍機の民間空港への着陸は、1998年度、全国21空港で719回に上るとされる[42]。②在韓米軍が韓国在住の米民間人を九州に非難させる訓練を実施し、福岡空港が使用された[43]。③米軍艦船の寄港は、1994年度から増加した[44]。

　第2に、自治体に対する要請として、具体的には人員・物資の輸送、給水、公立病院への受け入れなどが考えられているが、以下の事実が重要で

---

[40] 『沖縄タイムス』1999年4月15日。
[41] 『琉球新報』1999年4月27日。
[42] 『沖縄タイムス』1999年4月13日夕刊。
[43] 『沖縄タイムス』1999年3月27日。
[44] 『沖縄タイムス』1999年4月14日夕刊。

ある。① 1998年5月、「太平洋・ナイチンゲール」という作戦名で、韓国の4基地から東京の横田基地へ重傷者を運ぶ米運の訓練が実施された[45]。② 米軍が自治体病院に赴き、緊急連絡網や治療費についての打ち合わせ、収容能力などの調査を行っていた。また、1999年3月3日、米海軍と海上自衛隊が合同で、米軍横須賀基地と自衛隊横須賀病院で衛生訓練を実施した[46]。③ 1997年9月5日に横須賀を母港とする空母インディペンデンスが小樽に入港した。これに伴い、自治体は様々な協力を求められた。第1に、着岸の際に小樽市所有のタグボートと民間のタグボートが使用された。また、岸壁との間の台船に民間の船が使われた。第2に、小樽の市営水道のホースが岸壁から引かれ、5日間で合計35キロリットルの給水が行われた。市の水道職員は深夜作業に従事させられた。第3に、小樽市が民間委託した清掃車が延べ17台、5日間で37トンのゴミを処分した。第4に、空母の見物客の交通整理等の名目で市の職員が1000人港に張り付いた。第5に、職員の時間外手当、警備用のガードフェンスや見学者用の仮設トイレなど市が用意したものの費用について、市は1700万円の出費と計算し、政府に請求書を回して、1998年の3月に特別地方交付税として支払われた[47]。

　第3に、民間に対する要請には、人員・物資の輸送、廃棄物処理、民間病院、物品・施設の貸与などが含まれるが、次の事実に注目すべきである。① 1999年2月の大分県日出生台演習で、米海兵隊実弾演習に使用される弾薬類を、日本通運が運んだ[48]。② 1998年1月、那覇空港で関西空港行きの日本航空の定期旅客便に国連で定められた容器4つに入った在日米軍の訓練用小火器と弾薬類計約57キロが搭載された。結局、積み荷は降ろされた[49]。③ 1997年度中に在沖米海兵隊が実施した実弾砲撃演習の本土移転経費が6億2600万円、日本側の費用負担は約2億円に上った。訓練に参加する海兵

---

[45] 『朝日新聞』1999年2月18日。
[46] 『沖縄タイムス』1999年4月15日夕刊。
[47] 新倉裕史「地方・民間の活用はすでに進んでいる」『世界』661号（1999）50頁以下。
[48] 『朝日新聞』1999年2月18日。
[49] 『沖縄タイムス』1998年2月17日。

第1章　自衛隊による海外派遣の拡大路線

隊員や155ミリりゅう弾砲、車両、弾薬等の物資輸送に民間航空機、民間船舶及び民間車両を使用した[50]。④在沖米海兵隊が1997年に本土で1回目の実弾砲撃訓練を山梨県の北富士演習場で行った際、米軍が海兵隊員を輸送した全日空機に自動小銃や短銃、弾薬を積み込んで輸送していたことが分かった[51]。⑤1997年9月5日に横須賀を母港とする空母インディペンデンスが小樽に入港した。これに伴い、民間は様々な協力を求められた。第1に、食料の積み込みは、民間業者が契約を結んで行った。第2に、空母へNTTの電話回線が引き込まれた[52]。⑥1997年夏に、在沖米全軍の軍事物資輸送を担い、那覇軍港に司令部を置く米陸軍軍事輸送管理軍（MTMC）が県トラック協会を訪ね、米軍緊急時の県内トラックの多数借り上げが可能かどうかについて打診していたことが分かった[53]。

(3)　沖縄から発する選択肢

以上の状況から、周辺事態法についていかなる態度をとるべきであろうか。

まず、日本全土の0・6％の面積の土地に米軍専用基地の75％が集中し、県の面積の11％を米軍基地が占めている沖縄県は、アメリカの軍事戦略上、発進基地・兵站補給基地として重要な位置づけを与えられている。しかも、普天間飛行場や那覇軍港の移設がこのまま進むようであれば、基地の整理・縮小の名の下に基地強化へと向かうことは必至である。こうした条件のもとで、周辺事態法が発動されることになれば、沖縄は確実に米軍の軍事活動に巻き込まれていくことになる。したがって、米軍の行う戦争に巻き込まれないようにするために周辺事態法に反対すべきだという論理が必要であろう。

但し、これを「戦争巻き込まれ」論と呼ぶとすれば、周辺事態法を批判するためにはこの論理だけでは不十分である。なぜならば、自分の生活や利益よりもみんなの生活や利益という意味での「公共性」を考えるべきだ、とい

---

[50]　『沖縄タイムス』1999年3月6日。
[51]　『沖縄タイムス』1999年3月15日。
[52]　新倉・前掲（47）52頁。
[53]　『琉球新報』1999年4月20日。

う立場によれば、「戦争巻き込まれ」論は、自分のことしか考えないエゴイズムの主張と捉えられかねないからである。そこで次の論理を持ち出すことが必要となろう。戦後、わが国は、アジア諸国に甚大な被害を与えたこと、また、国民とりわけ沖縄県民が多大なる被害を被ったことを深く反省し、2度と戦争をしないという決断を行った（憲法第9条）。この決断をもう一度呼び起こす必要があるのである。これは、戦後日本の基本的なあり方を方向付けるものである。この方向性を確認し、これに基づいて周辺事態法、ひいては新ガイドラインを批判することこそが重要であろう。

　もっとも、新ガイドライン関連法の制定に賛成する者は、わが国の安全保障の問題をしっかり議論する必要性を唱えていた。この議論の必要性自体については否定することはできないであろう。しかし、この論調は、安易に「武力による平和」を選択するところに問題がある。議論すべきなのは、憲法第9条の「武力によらない平和」の理念を守るのか、それともこれを放棄して「武力による平和」の途を歩むのかとの間での選択の問題であろう。この種の議論を望む者たちの多くは、憲法第9条の非現実性を指摘する。しかし、憲法第9条は本当に非現実的な理念なのであろうか。

　第2時世界大戦後、2度と戦争をしないという日本の決断は、少なくとも当時としては極めて現実的な選択であったといえる。その現実性は、戦争の記憶に支えられていたといってよい。したがって、この限りにおいて憲法第9条が非現実だとする批判は当たらない。しかし、戦後50年余りすぎた現在、戦争の記憶は過去のものとなりつつあり、同時に2度と戦争をしないという決断がゆらいできているのである。現時点では憲法第9条の現実性は遠のいているようにも見える。ところが、ここで考えておかなければならないのは、憲法第9条の理念を現実から遠ざけた責任は誰にあるのかということである。本来であれば、政府は憲法第9条の平和主義を前提に、これに基づく国際平和の取り組みを進めなければならなかった。しかし、実際に政府は、①自衛隊を創設し、日米軍事同盟を締結したこと、②戦後補償を十分に行わなかったこと、③国際平和の環境づくりに十分な貢献をしてこなかったこと等の点で、平和へ向けた取り組みを行ってこなかったといってよい。こ

れが戦後政治の現実である。憲法第9条の理念を実現するための努力を怠ってきた政府には、第9条の非現実性や「武力による平和」の選択の是非を議論する資格はないのではなかろうか。

結──「この国のかたち」の変質

　以上の検討を踏まえ、新ガイドライン関連法、とりわけ周辺事態法の成立を受けて確認しておくべき点をいくつか指摘することとしたい。

　第1に、周辺事態法第1条が掲げる「わが国の平和および安全の確保に資すること」という目的が本当に達成されるのかという疑問である。まず、関連法はアジア諸国の理解を十分に得られた上で成立したものとはいいがたい。この状況のままで日米防衛協力を強化すること、およびその旨宣言することは、アジアにおけるさらなる不安定要因となり、無用の軍拡競争さえ誘発することになりうる。また、関連法は、日米が協力して軍事行動をとることを内容とするものである。そうである以上、後方地域支援や後方地域捜索救助活動を行う自衛隊のみならず、協力活動に従事する自治体や民間も、米軍による軍事攻撃の相手国から攻撃を受ける「軍事目標」となる。このように考えれば、自衛隊がいわゆる「周辺事態」に際して出動するための法律を整備すること自体が「わが国の平和および安全に重要な影響を与える事態」となってしまうのではないか。

　第2に、関連法によって、国の基本的なあり方がさらにゆがめられてしまったという点である。先に指摘した、憲法第9条における2度と戦争をしないという決断は、戦後日本の国家のあり方を決める基本的な態度であり、まさに「この国のかたち」の本質を形成するものといえる。それにもかかわらず、戦後すぐに自衛隊を組織し、日米安保条約を締結することで、国の基本的なあり方が憲法を改正することなく変えられてきた。関連法は、憲法第9条の態度からさらに乖離する、「軍事大国化」の方向性を確定するものであって、とうてい容認されるものではない。

　また第3に、「軍事大国化」の方向性は、関連法だけではなく、他の法律や政策によっても打ち出された非常に大きな流れのものという認識を得てお

く必要がある。例えば、軍事情報の不開示を認める情報公開法や、危機管理のため内閣総理大臣の権限強化を図る中央省庁等改革基本法、安保に関係する自治体の権限を国へ吸い上げようとする地方分権、憲法改正を視野に置く憲法調査会の設置などが、こうした方向性を支えている。個々の法律を個別に捉えるのではなく、全体の中で位置づけていくという視点が求められる。今後も、様々な側面から「この国のかたち」が変質させられようとしていることに警戒しなければならないであろう。

関連法の制定は、私たちの生き方にかかわる重大な意味を持つ。今ここで、2度と戦争をしないという決断をした憲法第9条の意味を再確認し、「周辺事態」の際に何を為すべきかという点について、理解を深めておく必要があろう。重要なのは、あらゆる手段を講じて新ガイドライン体制に拒否の姿勢を貫くことではなかろうか。

第2章　自衛隊と米軍との一体化路線

第1節　「米軍再編」と平和主義

序――はじめに

　日米両政府は、2005年10月29日の日米安全保障協議委員会（「2プラス2」）において、米軍再編に関する合意に達した。その合意文書は、『日米同盟：未来のための変革と再編』（いわゆる「中間報告」と呼ばれるものである）と題されたもので、①日米の役割・任務・能力の検討、②在日米軍の兵力態勢の再編を柱とする。この米軍再編は、経済的に効率的な覇権主義体制を追求してきた90年代の米国の政策を受けて、同盟国の役割分担の増大及び米国自身の負担軽減を追求しようとするものである。米軍再編論の背景には、経済効率の追求という本質があるといってよい[1]。本節は、米軍再編が、憲法第9条の平和主義との関わりでどのような問題を提起しているのかについて検討するものである。

1　米軍再編から生じる問題点
（1）米軍との一体化と自衛隊の役割の変化

　米軍再編には、どのような問題点が存するのであろうか。以下、3点について指摘したい。まず、米軍再編に関する「中間報告」は、自衛隊と米軍との一体化を推し進めることを強調している。そのため、従来の日米同盟の中での役割とは異なる位置づけが、自衛隊に与えられている。これが第1の問題点である。

　自衛隊と米軍との一体化は、様々な場面で表れている。すなわち、計画策

---

[1]　米軍再編については、『世界』734号（2004）、746号（2005）、751号（2006）掲載の各論稿、江畑謙介『米軍再編』（ビジネス社、2005）、久江雅彦『米軍再編――日米「秘密交渉」で何があったか』（講談社現代新書、2005）等参照。

定、訓練・演習、基地使用、情報共有・情報協力[2]の各場面での一体化である（「中間報告」Ⅱ4参照）。特に、施設の共同使用が、一体化の顕著な表れであると考えられる。例えば、①横田基地の共同使用である。これは、「共同統合運用調整所」の共同使用、及び、「米第5空軍司令部」と「航空自衛隊航空総隊司令部」との併置によって、自衛隊と米軍との連接性・調整・相互運用性を不断に確保し、また、防空・ミサイル防衛の司令部組織間の連携を強化するとともに、センサー情報を共有することを目指すものである。②キャンプ座間に陸上自衛隊の「中央即応集団司令部」を設置し、また、「米軍相模総合補給廠」を一部返還してそこに「防災・危機管理センター」を新設することである。これは、同じくキャンプ座間に移設される「第一軍団司令部」との一体化・相互運用性の向上が狙いとされる。

　但し、現行法上、軍事活動ないし武力行使の一体化には問題がある。政府の憲法解釈によれば、個別的自衛権を超えて武力行使等を行うことは違憲であり、また、わが国に対する武力攻撃がなく仮に自らは直接武力攻撃をしていない場合でも、他国が行う武力行使への関与の密接性などからわが国も武力行使をしたという法的評価を受ける場合には、違憲となる（いわゆる「一

---

[2] 日米両国の情報共有・情報協力は、軍事秘密保持の強化を要請する。この点に関し、既に、日米両政府は、防衛秘密の漏洩を防ぐための「軍事情報に関する一般保全協定（GSOMIA）」（「General Security of Military Information Agreement」の略）を締結する方針を固めている。従来の法制度では、保護の対象となる情報の範囲が限定され、また、処罰対象者も限られていたため、罰則の強化や処罰対象者の拡大を含む、包括的な秘密保全のための取り決めを結ぶことが狙いである。こうした動きは、米軍との一体化の流れによるだけでなく、情報保護に関するシステムや意識に問題がある日本においては、当然に予想されるものといえよう。これまでに制定されている法律として、日米相互防衛援助協定等に伴う秘密保護法、日米安保条約6条に基づく刑事特別法第6条、自衛隊法第96条の2、第122条（現「特定秘密の保護に関する法律」（平成25年法律第108号）第3条、第23条）がある。軍事機密保護法制については、水島朝穂『現代軍事法制の研究——脱軍事化への道程』（日本評論社、1995）172頁以下、田島泰彦「テロに乗じた『防衛秘密』保護法制の創設」原寿雄他『メディア規制とテロ・戦争報道』（明石書店、2001）91頁以下、藤井治夫「自衛隊の変質と軍事秘密法制」山内敏弘編『有事法制を検証する——「9・11以後」を平和憲法の視座から問い直す』（法律文化社、2002）168頁以下等参照。

体化」論)[3]。自衛隊と米軍の一体化には、憲法上の制約が存する。

ここに、改憲論の「真の理由」が存する。集団的自衛権の容認という点は、現行憲法を改正しなければ実現できない政策であり、その意味で、憲法改正の真の理由はここにある。しかも、自衛隊と米軍との一体化は、集団的自衛権の容認を前提としたものである。米軍再編は、集団的自衛権の容認を先取りするもの、憲法改正を待たずに既成事実を積み上げようとするものとして、問題があるということとなろう。

(2) 沖縄の米軍基地と沖縄県民の合意・支持の不存在

第2の問題点として、在沖米軍基地の再編について、地元の合意や支持なしに日米両政府のみによって議論が進められているという点を挙げることができる。

最大の問題が、普天間基地移設である。これは、沖縄の負担を大幅に軽減するものとして既にSACO最終報告に盛り込まれていたものである。しかし、中間報告には、次の問題点が含まれていた。第1に、代替施設につき、県内移設を条件とする点である。沖縄県側は、普天間基地の早期返還及び国外・県外移設を訴えてきたが、なぜ、県内移設と決定されたのか。今の政権担当者には沖縄問題への情熱はなく、また、これに積極的に取り組む実力者もいないこと、問題解決を官僚に丸投げしたことが、よりハードルの低い県内移設を決定させたこと、したがって、「県内移設とするよう仕向けたのは、小泉政権そのものといっても過言ではない」ことが、真の理由であろう[4]。

第2に、代替施設につき「沿岸案」を決定した点である。しかし、この案に対して、沖縄県側は、一斉に拒否姿勢を示した。その理由としては、①海上施設の建設を行うとするSACO最終報告を覆すものである、②地元の頭ごしには決定しないとしてきたこれまでの説明とも矛盾する、という点であ

---

[3] 拙稿「9条解釈論から診る──軌跡と到達点からの選択肢は」水島朝穂編『改憲論を診る』(法律文化社、2005) 46頁以下 (本書93～117頁)、同「個別的および集団的自衛権──日米両政府の思惑と現実」全国憲法研究会編『法律時報増刊・憲法改正問題』(日本評論社、2005) 126頁以下 (本書80～91頁) 等参照。

[4] 半田滋「米軍再編の『上げ底』と『下げ底』」『世界』746号 (2005) 136頁。

る。また、③在沖米軍基地について、自衛隊との共同使用が提案されている反面、軍民共用は見送られた、という点である。軍民共用化は、沖縄県と名護市による県内移設の条件であった。横田飛行場の軍民共用については検討事項とされていることとの比較から考えても、反発は当然であろう。

もっとも、名護市の島袋吉和市長（当時）は、2006年4月7日、滑走路をV字型に2本建設する修正案で額賀福志郎防衛庁長官（当時）と合意に達した。その際交わされた「普天間飛行場代替施設の建設に係る基本合意書」では、滑走路を二本V字型に建設すること、これにより、辺野古地区、豊原地区、安部地区等の上空の飛行ルートを回避すること、名護市との間で基地使用協定を締結すること等が盛り込まれている。名護市長による合意が、県知事の対応や住民の意思にどのように影響するかによって、沖縄県側の対応は変わりうる。

(3) 負担軽減の実効性・意義についての疑問

第3の問題点として、米軍基地の負担軽減について、その実効性や意義に疑義が存するという点である。具体的には、次の3点が指摘されうる。第1に、普天間飛行場の返還についてである。市街地の中にあり危険な使用状態にある普天間飛行場を閉鎖・返還することは、沖縄県にとって負担軽減となる。しかし、その代替施設案として挙げられた「沿岸案」によれば、海岸を埋め立てることによって、環境問題が生じること、また、一部陸上も利用することとなり、飛行ルートの関係で住民の環境被害などの問題が生じること等、新たな負担が発生することが明らかである。現在の負担よりも将来の負担の方が軽い、と断定する根拠はない。他方、名護市長が合意した修正「沿岸案」でも事情は変わらない。滑走路を2本にした点は、米軍基地の明白な強化にすぎず、また、基地使用協定が締結されても、それが厳密に遵守される保障はない。むしろ、嘉手納飛行場や普天間飛行場の使用実態を見れば、騒音防止協定すら遵守されてはいない現実が浮かび上がる。いずれにしても、負担軽減には結びつかないといえるであろう。

第2に、訓練の移転についてである。「中間報告」では、「軍事上の任務及び運用上の所要と整合的な場合には、訓練を分散して行うことによって、訓

練機会の多様性を増大することができるとともに、訓練が地元に与える負担を軽減するとの付随的な利益を得ることができる」と述べられている。これは、訓練移転の主目的が、あくまでも「訓練機会の多様性の増大」という軍事的合理性の追求にあることを明らかにしたものであり、注意が必要である。地元の負担軽減は、「付随的な利益」でしかない。

第3に、兵力削減・土地の返還とパッケージ論についてである。中間報告では、兵力削減や土地の返還が規定され、負担軽減が提案されている。しかし、同時に、「これらの具体案は、統一的なパッケージの要素となるものであり、パッケージ全体について合意され次第、実施が開始されるものである」とするパッケージ論が採用されている。これは、全体について「合意」しなければ負担軽減はないとする「恫喝」を示したものであり、ここに、地方の反発を抑え込もうとする日米両政府の意思が見えている。地元の「合意」が得られるところから順に実施することこそ重要ではなかろうか。

2　平和主義に関する理論的課題

(1) 2つの原理的問題

米軍再編は平和主義の理論的側面にいかなる影響を与えるのか。原理的な問題として、次の2点が重要であろう。第1に、「穏和な平和主義」の主張である。これは、①自然状態にある国際関係にあって、絶対平和主義を選択するチキン国家の存在が、侵略者の存在を合理的にし、国家間の関係を不安定にすると指摘し、②政府が「自衛のための実力組織の保持を全否定しない選択」に基づいて「傭兵」と「志願兵」とから構成される防衛サービスを提供することが合理的であるとする立場である[5]。これは、「軍事力による平和」を正面から容認しようとするもので、絶対平和主義の立場を規定したものと解されてきた憲法第9条に対し重大な問題提起を行うものである[6]。ただ、「穏和な平和主義」の主張は憲法改正を不要としており、憲法第9条との間

---

[5]　長谷部恭男『憲法と平和を問いなおす』（ちくま新書、2004）第8章参照。
[6]　この見解について検討したものとして、愛敬浩二「研究者の9条論を診る」水島編・前掲 (3) 165頁以下参照。

で生じる「摩擦」もそれほど大きいものではない。他方、実際の改憲論は、この主張をも超えて遠く離れた路線を行くものといえる。米軍再編と憲法改正による集団的自衛権の容認との連結を関心の対象とする本節からすれば、むしろ次の点こそが重要と考えられる。

第2に、「現実主義」の主張である。憲法をはじめとする規範について語るとき、常に、現実との関係が問題となる。とりわけ、改憲論の文脈で、規範と現実との乖離が語られるとき、規範を変更する根拠として現実が持ち出される傾向がある。このように、現実を重視しそれに基づいて政治を行っていく立場を「現実主義」と呼ぶとすれば、そこにはどのような問題が存するのであろうか。土佐弘之は、「日米同盟・軽武装路線」という「日本型現実主義の定型的思考」には、①それが、変わりゆく現実に合わなくなっていること、しかも、②次第に危険な局面に入っていること、さらに、③それ自体が変わろうとしていることを指摘している[7]。ここでは、土佐論文から着想を得ながら、次の点を指摘しておきたい。すなわち、「現実主義」は、様々な「現実」の中から特定の事実（日米同盟の存在という現実、アメリカの覇権という現実）を重視する立場であるが、①なぜ、他の現実を無視するのか、②行き着くであろう現実を直視することで、危険な未来が見えてくるのではないか、③現実的とされる選択肢の結果、あまりに現実離れした問題が生じているのではないか等の問題点を指摘することができる。次の3種の現実に着目したい。

(2) 切り捨てられる「現実」

まず、「地域の現実」や「住民の現実」等の様々な現実である。具体的には、①自治体・住民が、代替施設の建設や訓練・機能の移転に反対をしているという現実、②米軍基地の存在から生じうる自然環境の破壊や、事件・事故による被害という現実[8]、他方で、③普天間飛行場の国外移設は、十分実現

---

[7] 土佐弘之「『現実主義』は現実を切り捨てる」『世界』740号（2005）112頁。
[8] 日米地位協定の運用にみられるように、日本政府が、米軍の違法な行動についても統制しようとしないという現実、また、それにより、地域住民の生命や健康が危険にさらされているという現実もある。

可能であるという現実[9]等が挙げられ得る。

　これらの現実は、米軍再編・日米同盟堅持という政策の中で、常に切り捨てられてきたといえる。しかし、それに対しては次の問題点を指摘することができる。第1に、「現実主義」の恣意性である。現実を考察の基礎とする点で、現実主義は、十分な根拠を持った説得力に富む主張のように思われる。しかし、そのような評価は、おそらく妥当ではない。現実は、様々な現実の中でどれを重要視すべきかを指示することはない。現実主義は、結局、どの現実を議論の出発点とするかの点において、判断者の恣意的な価値判断によるものというべきである。この価値判断の正当性・妥当性を問う視点が、別に必要となる。

　第2に、切り捨てられる現実の価値とその重要性である。国家の防衛政策と個人の生命・健康・利益等が衝突する場合、前者が優越したものとして扱われる傾向がある。しかし、両者の優劣は、規模・事柄の大小で決められる問題ではないし、ましてや、後者が「コラテラル・ダメージ」[10]として、当然に無視されたり忘却されたりしてよいはずはない。一国の法体系にあって、個人的権利が憲法上の人権として重要な意義を与えられているということは、最も基本的な規範的現実である。これは、権利が、他の権利や緊急の政策と競合するのでない限り、「切り札」として政策を覆しうるという考え方[11]と相まって、切り捨てられる現実・利益の救済を可能にするものといえよう。

(3)　予想される「現実」

　次に、予想される現実である。米軍再編、憲法改正、集団的自衛権の容認が実現されてしまうと、いかなる事態が起こりうるのかが問われなければならない[12]。しかも、集団的自衛権が容認されたからといって、米国本土が第

---

[9] 伊波洋一「普天間返還は辺野古移設がなくても可能です」『世界』731号（2004）40頁以下参照。

[10] 土佐・前掲（7）116頁参照。

[11] Ronald Dworkin, Taking Rights Seriously, Harvard University Press, 1977, at 92 ［木下毅・小林公・野坂泰司訳『権利論［増補版］』（木鐸社、2004）113頁］。

[12] 拙稿・前掲（3）［法律時報増刊・憲法改正問題］130頁以下。

三国から武力攻撃を受けたときに、日本の自衛隊が米国へ出撃して共同防衛するという事態は、全く「現実的」ではない。そこで、次の2つの視点が重要であろう。

第1に、米国政府のとる自衛権概念である。米国が個別的自衛権を行使する場合、その概念の理解は日本のそれとは異なりうること、すなわち、米国が、国際法上容認され得ない態様で自衛権を発動することがあり得るということを考慮に入れる必要がある。その場合であっても、米国から要請があれば、日本は集団的自衛権の行使として自衛隊の海外派兵を行うのであろうか。日本政府が国際社会に不安定と暴力とをもたらすという現実を、直視しなければならない。

第2に、日米安保体制における自衛隊の役割である。既に述べたように、米軍再編は、確実に自衛隊と米軍との一体化を推し進めるものとなる。しかも、「不安定の弧」の大部分を担当する第一軍団司令部の移転によって、日本は、「防御対象ではなく、作戦指揮の拠点」[13]となる可能性が高い。そうなれば、自衛隊は、米軍の指揮下に置かれ、あるいは、自立した組織として、正に米軍と一体となって軍事活動を行うようになる。それでもなお、アメリカに追随していくべきだという「現実主義」に対しては、常に短期的な視覚でしか物事を見ていないという問題点を指摘できる。国家運営についての中長期的な展望をもたなければ、日本という国家の舵取りをうまく行うことはできないということもまた、重要な事実であろう[14]。

(4) リアリティなき「現実主義」

さらに、「現実主義」がそれ自体として本当に「現実的」なのか、疑問であるという点を指摘することができる。次の点が重要であろう。

第1に、「現実主義」は、国際関係が無秩序の「自然状態」であるということを前提とする[15]。しかし、現実の国際関係は、パワーと富の偏在により

---

[13] 半田・前掲 (4) 134頁。
[14] 土佐も、アメリカが取り憑かれている「『勢力圧倒の論理』がもたらす、はかりしれない負の帰結（歯止めのない地球環境破壊、世界内戦化――）を考えると、長期的に得策とはとてもいいがたい」と指摘している。土佐・前掲 (7) 114頁。
[15] 国際政治におけるアナーキーという前提について検討を加えたものとして、鴨↗

階層的な構造となっていること、また、政府の有無や統治の正統性の有無等に関する国内政治との違いも、実質的には程度の差にすぎないこと等からして、全くのアナーキーではない。また、「リアリズム国際政治学に最も強力な理論的基盤を提供した」[16]ホッブズのモデル自体が、批判の対象とされ一時の勢いを失ったという理論状況もある。さらに、中央政府が存在しなくとも、ある問題を解決するためのルールが制定・遵守されるという「ガヴァナンス」は可能であり、この意味で、リアリズムは非現実的であるといえる[17]。

第2に、「現実主義」は、国際政治における基本的な行為主体が主権国家であり、強い主要な国家（群）が国際秩序の提供者となるという国家観を特徴とする。しかし、これは、平和の実現におけるNGOや自治体・自治体連合等の非軍事的介入、行為主体としての国家連合（EU等）や国際諸機関の役割を無視していること[18]、その意味で、主権国家システムを基本的に不変のものと捉える見方に固執した点にリアリズムの弱点があったといえること等の点で問題である。

第3に、「現実主義」は、国際関係の本質が、主権国家間の紛争であって協調ではないとする紛争観を特徴とする。しかし、実際には、大国の「一国主義（ユニラテラリズム）」ではなく、貿易・金融・財政等の諸分野における主権国家間の共存の論理や外交の行動規範が必要とされているというのが現実であり、協調を求めようとする意識は、共有されているものといえるのではないか。

＼ 武彦「リアリズムの再検討――パラダイム変化」鴨武彦他編『リーディングス国際政治経済システム第1巻』（有斐閣、1997）349頁以下、土山實男『安全保障の国際政治学――焦りと傲り［第2版］』（有斐閣、2014）37頁以下参照。
[16] 土山・前掲（15）54頁。
[17] 土山・前掲（15）62頁以下。
[18] 水島朝穂「『ポスト冷戦』と平和主義の課題」『法律時報』69巻6号（1997）8頁以下、君島東彦「平和を実現する主体」『憲法問題』10号（1999）20頁以下、同「平和構築とNGOの役割」全国憲法研究会編『法律時報増刊・憲法と有事法制』（日本評論社、2002）278頁以下、同「『武力によらない平和』の構想と実践」『法律時報』76巻7号（2004）79頁以下等参照。

結──おわりに

島袋名護市長が修正「沿岸案」に合意したことで、政治状況は大きく変化した。この合意の意味について次の点を指摘したい。第1に、「沿岸案」自体は新たな提案であるため、「従来案」の時と同様、再度、沖縄県側の「合意」を得る必要がある。そこで、2006年1月22日の名護市長選挙の意味をどのように位置づけるかが問題となりうる。「沿岸案」を拒否しつつも、修正協議に応じる余地を示唆していた島袋市長が当選したことから、客観的に見れば、名護市民は、日本政府との修正協議に応じることに賛成したと解することも不可能ではない[19]。ただ、第2に、仮にそうであったとしても、名護市長の「合意」で全てが決着を見たわけではない。「従来案」への「合意」は、沖縄県内の各種選挙での住民意思により、徐々に形成されたものである。これを覆すには、同様の合意形成プロセスをたどるしか方法はない。今回の名護市長の「合意」は、これから始められるであろう長期に及ぶ合意形成プロセスの端緒にすぎない[20]。

---

[19] もちろん、「公約」違反ではないかという問題は存する。
[20] 県内の世論調査では、7割を超える市民が「新沿岸案」に反対している。『琉球新報』2006年4月14日『沖縄タイムス』2006年4月19日。

[附論1] 民主政治の中の「合意」と「保護」

　憲法は、国家権力を制限することで人々の権利や自由を守るものである。そこでは、国家権力が、人々の「合意」に基づいて行動すべきこと（民主主義）、人々の権利や自由を「保護」しなければならないこと（人権保障）が盛り込まれる。しかし、現実の政治は、ともすれば憲法から離れがちである。本論は、「合意」と「保護」という2つの局面から、現実の政治を批判的に検討するものである。

　1　「合意」を疑う　　米軍再編の協議過程で、日米両政府は、名護市辺野古のキャンプ・シュワブ兵舎地区を活用し、一部海域を埋め立てる「沿岸案」で合意した。また、沿岸案を含む「中間報告」についても、日米安全保障協議委員会（2プラス2）で合意が成立している。ここでは、以下の問題点を指摘したい。

　まず、沖縄県側の合意は存在するのかという点である。これまで進められてきた案については、沖縄県知事、名護市長、名護市議会、沖縄県民は、選挙や政治的意思表明を通じて、合意を示してきたといってよい（反対の民意も存するが、客観的にはこのように見られる）。他方、このことは、新たな「沿岸案」に対するいかなる合意も存在しないことを意味する。合意が存在しないまま「沿岸案」が進められることの是非が問題となる。

　そこで、民主主義とは何かが問われなければならない。学術上の説明をすれば、それは「治者と被治者の同一性」となる。権力により統治する人とそれによって統治される人とが、性質上、同じでなければならない、という考え方である。この同一性を確保するため、通常、選挙や選挙された議員による多数決での決定が為されている。

　数年来の政治のあり方は、民主的といえるのか。確かに、国民は、選挙を通じて意思表明をし、国会議員は、多数決で決定してきた。ところが、民主主義の過程にとって極めて重要な要素が存在しなかった。すなわち、「議論」である。有権者や国会議員は、決定をするために議論を必要とするはずであ

る。この議論のないまま行われる決定は、結局、合意がないものと見なされなければならないのではないか。例えば、「私に反対する者全てが抵抗勢力」とする発言や、「(靖国神社参拝について聞かれて) 適切に判断するという意外には答えない」とする発言等には、自らの立場を論理や論拠を挙げて説得しようとする態度が欠けている。そもそも相手の合意を得ようとする姿勢が見られないのである。

　こうした「合意」不在政治が招くものは何か。それは、議論をしても無意味であるという意識、ひいては、政治に対する無関心の広まり、また、冷静な議論の欠如による感情的な反応、それが集団でなされることによるナショナリズムの助長等が考えられる。そのような社会は、民主的な社会とよぶに値しないものと思われる。

　2 「保護」を疑う　「武力攻撃事態等における国民の保護のための措置に関する法律」(「国民保護法」)は、武力攻撃事態等に際して国民を保護するための措置を定めた法律である。同法に基づく国民保護計画の策定を進めている沖縄県では、2005年の12月26日から2006年1月25日までの間、「沖縄県国民保護計画(素案)」に対するパブリックコメントを求めた。本計画も、多くの問題点を含むといえる。

　第1に、沖縄県が島嶼県であるという特殊事情をどこまで考慮しているかという点である。この点は、一応、本計画でも意識されている。しかし、沖縄県民の県内・県外へ避難が、そもそも物理的に可能なのかどうかの議論が欠けている。それがないままに計画を策定しても、国民保護には結びつかないのではないか。

　第2に、米軍との連携に対する疑問である。本計画では、様々な連携のあり方が指摘されている。しかし、これらには次の註釈がついている。「米軍と調整する必要がある事項や米軍との連携のあり方については、関係省庁においてその対応を協議しており、一定の整理がついた段階において、今後、情報提供を行うこととしている」。すなわち、米軍との連携が可能かどうかは分からないのである。米軍は、米軍内の被害の把握や救援に必死となり、県民保護に対する協力を期待できないのではないか、という疑問を払拭する

ことはできないであろう。そのことは、米軍ヘリ墜落事故の際にも明らかになったことである。それにもかかわらず、米軍との連携が機能しうることを前提に、県の保護計画を策定しているとすれば、その前提が誤りであるといえるのではないか。

　第3の問題点として、県民の理解を本当に得ようとしているのかという点である。本計画に対するパブリックコメントの求め方は、わずか1ヶ月、しかも、年末年始をはさんでの時期設定という状況である。これでは、県民への啓発という意欲を全く欠いたものといわざるを得ない。決定した後の計画を普及することには努力を惜しまないが、計画策定には口を差し挟ませないというのでは、何のためのパブリックコメントなのかが疑問となる。計画策定段階で広く県民の理解を得る、あるいは、県民の意見を吸い上げるという方針を立てないと、計画の実施はうまく機能し得ないであろう。

　最後の問題点として、国民保護計画の策定よりも優先すべき課題があるのではないかという点である。すなわち、国民保護法が予定する事態は、武力攻撃事態等という状況である。これは、一体いつそのような状況になるのか、全く不明のものである。しかし、少なくともそれよりもはるかに高い確率で発生する問題がある。米軍の駐留に伴う事件・事故である。そうであれば、米軍による事件・事故からの「住民保護計画」をすみやかに策定し、県民に広めていくことが優先されるべきではなかろうか。以上の問題は、国民の権利・利益を「保護」する意思の存在を疑うことのできる、根本的な問題点である。

第2節 「米軍再編」と「国民保護法」

序──はじめに

(1) 本節の目的

本節は、以下の2点を扱うものである。第1に、「現実主義」の問題点を沖縄の「現実」から告発しようという点である。ここでいう「現実主義」とは、自衛隊や日米安保の存在を前提とする現実に立った上で行動準則を立てようとする立場を意味する。本節は、「現実主義」の思想をまさに「現実」の視点から批判的に検討しようとするものである。すなわち、日米安保体制は、沖縄の不安・危険・被害の上に成り立っている。そうした沖縄の「現実」から見て、政治の実体はどのように見えるのかを検討する。

第2に、憲法第9条の正当化を「帰結主義」の立場から試みるという点である。「帰結主義」とは、物事のそれ自体の価値によってではなく、それがいかなる結果をもたらすかという点に着目して価値判断や選好（選択）を行おうとする立場である。憲法第9条の絶対平和主義は、軍事の論理をつきつめていくとうまくいかないということにより、正当化することができるのではないか、という議論を検討する。

(2) 沖縄の歴史と経験

本節は、以上の課題を沖縄の歴史と経験を踏まえて検討するところに特徴を有する。沖縄の歴史と経験を踏まえるということには、次のような意義が存する。

第1に、「もし、憲法がなかったら……」という視点を経験として提供しうるという点である。米軍統治下の沖縄では日本国憲法が「適用除外」となっていたのであり、それ故、沖縄は、憲法の価値を最も適正に評価しうる位置にあるといえる[21]。というのは、憲法第9条が法制度として存在してい

---

[21] アメリカは、沖縄に上陸した1945年4月1日から、沖縄の軍事的支配を始めていた。ニミッツ元帥（米太平洋艦隊司令官兼太平洋区域司令官）は、沖縄上陸とともに布告を出し、日本の行政権・司法権の停止を宣言した。こうして始まった↗

なかったが故に何が起こっていたのか。その歴史を見ることで、憲法第9条の意義をよりよく理解することができるからである。

第2に、憲法第9条は、人権保障や民主主義といった他の憲法原理との連関を有することを示しうる点である。この連関は、第1の米軍統治の歴史から指摘できるのであるが[22]、人権保障や民主主義を支える憲法第9条の価値に着目することにより、現代政治の問題点も見えてくるという点が現代的意義をもってくる。すなわち、後述するような改憲論や米軍再編など、憲法第9条を危機にさらす政治の実態があるが故に、様々な問題が人権保障や民主主義をめぐって生じているということである[23]。それらの諸問題の根源を平和主義の危機に求めることにより、事柄の本質を明らかにすることができるのではないかと思われる。

第3に、沖縄の復帰運動のあり方が、アイデンティティのあり方に新たな光を与えうるという点である。すなわち、沖縄の復帰運動は、「日本国への復帰」ではなく、「日本国憲法への復帰」、より正確に言えば「憲法第9条への復帰」をめざしたものであったことが重要であろう。これは、憲法が依拠する価値への愛着を契機として自ら憲法を選び取ろうとする態度を示すものであったのであり、ドイツで提唱された「憲法愛国主義」というアイデンティティのタイプを実践したものと評価しうるであろう[24]。

第4に、沖縄の平和運動は、「被害者」となることへの拒否だけではなく、「加害者」となることへの拒否という意味をも有しているという点であ

↘ 沖縄に対する排他的支配権は、1952年4月28日に発効した対日平和条約により正式に認められた。米軍統治下の沖縄の法制度や諸問題に関する検討については、吉田善明・景山日出弥・大須賀明『憲法と沖縄』（敬文堂、1971）、萩野芳夫『沖縄における人権の抑圧と発展』（成文堂、1973）、沖縄人権協会編『戦後沖縄の人権史——沖縄人権協会半世紀の歩み』（高文研、2012）等参照。

[22] この点を指摘したものとして、高良鉄美「米軍統治下の沖縄における平和憲法史」『琉大法学』67号（2002）3頁以下参照。

[23] 「沖縄の視点」から日本社会の現状を批判的に検討したものとして、拙稿「『沖縄』の視点から『憲法問題』を考える」『現代の理論』8号（2006）164頁以下。

[24] ユルゲン・ハーバマス、三島憲一他訳『遅ればせの革命』（岩波書店、1992）72頁。また、愛敬浩二『憲法問題』（ちくま書房、2006）236頁参照。

る。ベトナムやアフガニスタン、イラクなどへ、米軍が沖縄から出撃していくことを止めたいという真意がそこにはあった。この思想は、憲法第9条を「一国平和主義」として批判する議論に対する有力な対抗言論となりうる。憲法第9条の実現という視点は、自国の平和だけでなく、他国の平和をも保障しうる意義を有しているのである。

以上の目的と視点から、憲法第9条の正当性を「米軍再編」と「国民保護法」を素材として検討する。

1 「米軍再編」における軍事の論理

(1)「米軍再編」とは

まずは、「米軍再編」の論理が依拠している「現実主義」の問題点を指摘したい[25]。そもそも「米軍再編」は、日米の役割・任務・能力の検討を行うと同時に、在日米軍の兵力態勢の再編をめざすものである[26]。その到達点として設定されているのは、日米両軍の一体化、即ち「集団的自衛権」の行使にまで及ぶ軍事活動の一体化である。

ここで集団的自衛権とは、自国と密接な関係にある外国に対する武力攻撃を、自国が直接攻撃されていないにもかかわらず実力をもって阻止する権利をいう。これは、国連憲章に根拠を有するものであり、そこでは、「武力による威嚇又は武力の行使」の原則的禁止（第2条第4項）を謳うと同時に、例外的に「個別的又は集団的自衛の固有の権利」の行使を容認している（第51条）。現在までの政府見解では、集団的自衛権の行使は現行憲法上認められておらず、それを容認するためには憲法改正が必要とされてきた[27]。

---

[25] ここでの議論は、既に公表されている拙稿と一部重複するものであることをお断りしておきたい。拙稿・前掲（3）［法律時報増刊・憲法改正問題］126頁以下、「米軍再編と平和主義」『法律時報』78巻6号（2006）35頁以下（本書55～64頁）参照。

[26] 「米軍再編」は、日米両政府間の2つの文書により合意された。1つが、「日米同盟：未来のための変革と再編」（2005年10月29日。いわゆる「中間報告」）であり、もう1つが、「再編実施のための日米のロードマップ」（2006年5月1日。いわゆる「最終報告」）である。

[27] 1983年2月22日の第98回国会・衆議院予算委員会における角田礼次郎内閣法

（2）集団的自衛権の何が問題か

それでは、集団的自衛権には問題はないのか。この点につき、既に日米安保条約が存在し一定の役割を果たしてきたため、米国と一緒にやっていくことが日本の安全保障にとって最も現実的な選択なのだ、とする議論がある。しかし、「非現実的」とされる憲法第9条を改正して行き着くであろう「現実」への想像力を働かせることなしに、安易にこの議論に乗ってしまうことは妥当ではない。むしろ、集団的自衛権を容認した後にどのような現実が待ちかまえているのかを検討することにより、本質的な問題が明らかになるものと思われる。

第1に、米国のために集団的自衛権を行使するとして、米国政府のとる自衛権概念が、わが国の前提とする概念と異なりうるという問題である。例えば、テロ集団がケニアとタンザニアの米大使館を襲った（1998年8月）後、米国は、テロ集団の拠点があるとしてスーダンとアフガニスタンにミサイル攻撃を行ったが、これは、日本の政府見解が採用する自衛権概念では正当化できない攻撃であろう。米国は、国連憲章上の武力行使禁止原則の制約を回避するために、「慣習法上の自衛権」に訴える可能性がある。また、イラク攻撃に対しては、国際社会では認められていない「先制的自衛」の概念によってしか正当化できない状況を作り出した。日本が想定していない場合にまで集団的自衛権の行使が要請された場合、どのように行動するというのか。

第2に、米国以外の国家のための集団的自衛権行使の可能性がある。もともと、集団的自衛権は、同盟関係にあるかどうかにかかわらず、援助要請を受けた国家が武力行使を行う根拠とされる概念である。米国に対する援助協力だけを想定すればよいのではない。しかし、政府見解では、同盟関係にある国家との関係でのみ成立するとの認識があるようで、集団的自衛権を容認した後でもそのような立場を維持できるのかどうか疑問であろう。

第3に、在日米軍再編と日米安保体制における自衛隊の役割との関連であ

↘ 制局長官答弁。

る。効率的な米軍の配置を行うという戦略からすれば、①在日米軍を縮小し、②そこに自衛隊に今まで以上の役割を担ってもらい、さらに、③自衛隊を米軍の指揮下に置く形で一体化させていくというのが米軍再編の流れであろう。その中で集団的自衛権を容認すれば、自衛隊は、米軍の指揮下に完全に置かれ、正に米軍と一体となって世界中で軍事活動を行うようになる。これが改憲後の現実なのである。

(3) 米軍再編から生じる問題点

以上の集団的自衛権を明文改憲により実現しようとするのが改憲論であり、また、明文改憲を待たずして既成事実の積み上げを図ろうとするのが「米軍再編」であるということができる。平和主義の危機を意味するこうした動きは、様々な矛盾をもたらしている。とりわけ、政治への民意の反映という民主主義の側面から見た場合、沖縄県側の合意が存在しないままで米軍再編が進められていること、また、沖縄県側を欺いてまで米軍再編を進めようとしていることに、その矛盾が表れているように思われる。ここでは、特に後者について指摘しておきたい。

中間報告では、「これらの措置は、新たな脅威や多様な事態に対応するための同盟の能力を向上させるためのものであり、全体として地元に与える負担を軽減するものである」、また、「双方は、沖縄を含む地元の負担を軽減しつつ抑止力を維持するとの共通のコミットメントにかんがみて、在日米軍及び関連する自衛隊の態勢について検討した」と述べられている。この趣旨は、米軍再編の目的の1つが、在日米軍を抱える地域・自治体の負担軽減にあるとするもののように見える。しかし、以下の事情を合わせて考えれば、少なくとも沖縄における米軍再編の実現は、決して沖縄のためではなく、むしろ在沖米軍基地の機能強化、沖縄の基地負担増大にしかならないものと考えざるをえない。

すなわち、現実の在沖米軍基地の使用実態の問題である。以下の3つの事例は、実際には、基地機能は強化の方向へ向かっているということを示しているように思われる。第1に、PAC3の配備である。これは、敵機の撃墜のために1960年代に開発が開始された地対空ミサイルであり、県民の強い反

対にもかかわらず、嘉手納基地、嘉手納弾薬庫に配備された。

　第2に、パラシュート降下訓練の強行である。1996年のSACO最終報告では、パラシュート訓練は伊江島補助飛行場に移転することが合意されている。にもかかわらず、①嘉手納基地所属の部隊が、嘉手納基地で2007年1月26日にパラシュート降下訓練を実施した、②同日に、嘉手納基地所属の部隊が、うるま市の津堅島訓練水域でパラシュート降下訓練を実施した、③在沖米海兵隊は2007年2月13日、名護市キャンプ・シュワブ訓練水域の大浦湾で、パラシュート降下訓練を実施した、という現実がある。

　第3に、F22戦闘機の配備である。これは、米空軍の最新鋭ステルス戦闘機であり、数ヶ月間に渡り、嘉手納基地に配備されることとなった。沖縄配備の理由としては、①北朝鮮や中国に対する抑止力としての意味があるのではないか、また、②航空自衛隊がF22の購入計画を有していることから、自衛隊と米軍との共同運用に向けた訓練を実施するねらいがあるのではないか等が指摘されている[28]。

2　「国民保護法」における軍事の論理

(1) 国民保護法の構造

　次に、「国民保護法」の運用と実施がいかなる「帰結」を生じさせるのか、そこにはどのような問題があるのかを検討する。

　国民保護法は、2004年3月9日に国会に提出され、6月14日に成立した国民保護法等7法律・3条約の中の1つであり、さらには有事法制の重要な部分である。既に、「武力攻撃事態等における我が国の平和と独立並びに国及び国民の安全の確保に関する法律」（「武力攻撃事態対処法」。現「武力攻撃事態等及び存立危機事態における我が国の平和と独立並びに国及び国民の安全の確保に関する法律」）が制定されていたが、その中で「武力攻撃事態等への対処に関する法制の整備」について、基本方針や内容等が定められており、国民保護法は、それを受けてさらに具体化するためのものということ

---

[28] 『沖縄タイムス』2007年1月11日朝刊。

ができる。

　その内容については、武力攻撃事態対処法において、対処措置として2つの「国民の保護のための措置」が規定されている（第2条第8号）。第1が、国民の生命、身体及び財産を守るための措置であり、具体的には、警報の発令、住民の避難、被災者の救助、応急復旧を指す。第2に、国民の生活の安定を図るための措置であり、具体的には、物価の安定、生活関連物資の確保等を意味する。国民保護法は、これを受けてさらに具体的かつ詳細な規定を置いている。

　(2)　国民保護法の問題点①――「有事」の前倒し

　しかし、国民保護法制には重大な問題がある。ここでは、この法律が動きだす場合について検討する。第1に、武力攻撃事態対処法の規定からすれば、有事法は、武力攻撃を受けてから作用するものではない。「武力攻撃事態」（第2条第2号）より以前の「武力攻撃予測事態」（第2条第3号）からの対応を規定しているのである。

　第2に、「緊急対処事態」（第22条第1項）も国民保護法発動の端緒とされていることにも注意が必要であろう。この概念は、政府が定めた「国民の保護に関する基本指針」によれば、「緊急対処事態としては、武力攻撃事態におけるゲリラや特殊部隊による攻撃等における対処と類似の事態が想定される」とされている[29]。しかし、「緊急対処事態」は、明らかに「武力攻撃事態」とは異なる。武力攻撃事態対処法第22条第1項でも、「後日対処基本方針において武力攻撃事態であることの認定が行われることとなる事態を含む」とされ、将来において武力攻撃事態との認定があるかどうか分からない事態までも、有事と認定する法のあり方には疑問が生じるといえる。「有事」の拡大ないし前倒しによって、常時戦争状態に置かれてしまうという問題がある。

　また、「緊急対処事態」概念のあまりの広範さも問題であろう。「基本指針」では、この事態例が「攻撃対象施設等による分類」と「攻撃手段による

---

[29]　「国民の保護に関する基本指針」72頁。全文は、「内閣官房国民保護ポータルサイト」（www.kokuminhogo.go.jp/）に掲載されている。

分類」とに整理されている[30]。しかし、「攻撃手段による分類」で挙げられている例は、事態の発生当初には、原因の特定が難しいものも存し、そのためには時間的経過を要するものと思われる。また、「攻撃対象施設等による分類」で挙げられている例は、「事故」や「災害」を原因としても起こりうる事態であり、やはり、原因の特定までは「有事」に該当するかどうかは不明である。そうだとすれば、「緊急対処事態」の概念は、結局は、「有事」と「事故」や「災害」との境界までもあいまいにしてしまうものといえるであろう。

第3に、「武力攻撃予測事態」を招く原因を考えれば、「周辺事態法」にいう「周辺事態」やアメリカによる先制攻撃があり得る。もともとは、日本の安全とは無関係の状態に米軍が出撃をする。それに引っ張られる形で自衛隊が後方支援として出動する。その結果、敵国と見なされた自衛隊や日本自体が攻撃の対象とされ、武力攻撃事態等を引き起こすことになるのである。それを裏付ける国会の答弁がある。「ペルシャ湾に派遣された自衛隊の艦船、これに対して例えば武力攻撃があった場合、その場合にも武力攻撃事態の認定はされ得る、あり得る、こういう今度の法制度になっておりますね」とする質問[31]に対し、石破茂防衛庁長官（当時）は、「我が国に対する攻撃ではあるわけです」と述べている。こうして「有事の前倒し」という操作が為されていることに注意しなければならない[32]。

(3) 国民保護法の問題点②――国民を「保護」しない仕組み

次に、この法律は国民を保護しないという点を指摘したい。第1に、国民保護法に内在する問題である。国民保護と軍事行動とが両立しない場合、軍事行動が優先されるおそれが極めて高い。しかも、住民避難には多くの時間を要する[33]。法律の中の、国民の保護の部分は機能せず、国民の軍事利用に

---

[30] 「国民の保護に関する基本指針」前掲（29）72頁以下。
[31] 2003年5月9日の第156回国会・衆議院武力攻撃事態への対処に関する特別委員会における筒井信隆議員発言。
[32] 浅井基文『戦争をする国しない国――戦後保守政治と平和憲法の危機』（青木書店、2004）189頁参照。
[33] 鳥取県の住民避難シミュレーションでは、鳥取県東部の全住民2万6千人がバ↗

ついてのみ機能するということも考えられる。このままでは、国民保護とは名ばかりの、軍事的合理性を最優先する発想となってしまう。

　また、第2に、特に沖縄で考えられる米軍の活動との関係である。次の国会での審議からも明らかなように、「武力攻撃事態等におけるアメリカ合衆国の軍隊の行動に伴い我が国が実施する措置に関する法律」(「米軍支援法」。現「武力攻撃事態等及び存立危機事態におけるアメリカ合衆国等の軍隊の行動に伴い我が国が実施する措置に関する法律」)の枠組みでは、米軍の活動を優先させるおそれがある。自衛隊と米軍の指揮権の関係について質問を受けた石破防衛庁長官は、そのことを認めている[34]。「どちらが指揮権をとるということはございません。共同対処行動ということになっておりますわけで、まさしくそこにおいて調整メカニズムがワークするということになっておるわけでございます」。「どちらが優先するというのは、その場においてのニーズによると考えております」。米軍が優先される可能性については、「それは、可能性としては否定をいたしません」。沖縄の住民の利益保護という要請は、自衛隊と米軍の活動の必要性によって吹き飛んでしまうこととなろう。

　このように国民を保護することにならない法の実態は、そのまま各自治体が作成する「国民保護計画」にも引き継がれていくこととなる。特に、「沖縄県国民保護計画」には、次の問題点が表れている[35]。第1に、沖縄県が島嶼県であるという事情への配慮が不十分であり、あるいは意図的に過小評価されているという点である。確かに、県の国民保護計画では、沖縄県が島嶼県であること、米軍基地が集中していること、飛行場や港湾の規模からして制約があること等が指摘されている。しかし、ここでは、沖縄県民を県内で、あるいは県外へ避難させるとして、そもそもそれが物理的に可能なのか

↘ スを使い陸路で兵庫県に避難する訓練を実施した。そこでは11日かかったとされる。

[34] 2004年4月14日の第159回国会・衆議院武力攻撃事態等への対処に関する特別委員会における審議を参照。

[35] 「沖縄県国民保護計画」については、www.pref.okinawa.lg.jp/site/chijiko/bosai/kikikanri/documents/keikaku.pdf。

どうかの議論が欠けている。その議論がないままにいくら計画を策定しても、国民保護には結びつかないといわざるを得ない。

とりわけ離島県沖縄では、住民の避難には陸路だけでなく、海路・空路も必要であり、県民136万人の避難をどのようにして実現しうるのかが課題となる。沖縄タイムス社のシミュレーション[36]は、その実現可能性に対する疑問が生じる結果となっている。すなわち、①ボーイング747型機（569人乗り）を使用した場合、空路での県民の避難には2390回の飛行が必要となる。また、②船舶（8,872人／1日）と飛行機（23,867人／1日）を使用した場合、空路と海路での県民の避難には、41・5日かかると試算されている。沖縄戦の経験から、避難民を乗せた飛行機や船舶が攻撃を受けない保障はないため、期間の長さと相まって、極めて非現実的な避難計画となってしまう。

第2に、米軍を意識しなければならないという点である。保護計画の実施に際しては、他の機関との連携が必要となるが、この点につき、「県は、国、市町村並びに指定公共機関及び指定地方公共機関と平素から相互の連携体制の整備に努める」（第1編第2章（4））と述べられている。しかし、ここには米軍は予定されていない。このあり方からすれば、県と米軍との意思の疎通はできているのか、沖縄県の保護計画を策定しても、米軍との連携がなければ意味がないのではないか、また、仮に、連携があるとしても、米軍は米軍の論理で活動するのであって、そこに国民保護という要請は初めから含まれていないのではないのか等の点が疑問として挙げられよう。

それでも、保護計画には、米軍との連携が言及されている。例えば、在沖米軍と意思疎通を図ること、在沖米軍との連携体制の整備に努めること、米軍基地内で勤務する駐留軍日本人従業員や民間事業者に対する警報等の情報伝達等に関する必要な体制の整備を図ること、米軍基地周辺の住民や駐留軍日本人従業員の避難等に関する必要な措置を講ずること、武力攻撃災害時における救援を円滑に実施するための連携を講ずること等である。

---

[36] 『沖縄タイムス』2005年5月6日朝刊参照。

しかし、これらには次の註釈がついている。「米軍基地所在都道府県における米軍と調整する必要がある事項や米軍との連携のあり方については、関係省庁においてその対応を協議しており、一定の整理がついた段階において、今後、情報提供を行うこととしている」。すなわち、米軍との連携が可能かどうかは、分からないのである。そうであるとすれば、米軍は、米軍内の被害の把握や救援に必死となり、県民保護に対する協力を期待することはできないのではないか、という先の疑問を払拭することはできないであろう。そのことは、米軍ヘリ墜落事故の際にも明らかになったことである[37]。それにもかかわらず、米軍との連携が機能しうることを前提に、県の保護計画を策定しているとすれば、その前提が誤りであるといえるのではないか。

結——平和主義の対抗力

以上、米軍再編と国民保護法の実施は、地域や日本全体に様々な歪みをもたらすという問題（現実）、また、所期の目的を達成できないという問題（帰結）を含むものであることを述べてきた。このことは、軍事の論理自体が成り立たないことを意味しているのであり、憲法第9条の絶対平和主義の思想が正当性を持ちうる根拠となるものと思われる。その上で、この平和主義の思想が以下の対抗力を持ちうることを示して本節を終えることとしよう。

第1に、「有事に対する備えは必要である」とする言説との対抗である。憲法第9条の含意は、有事になってしまったら終わりではないか、有事を引き起こさないことこそが重要ではないか、という点にこそ存する。戦後補償の問題をなお引きずっているという点で、適切な戦後処理を行うことのできなかった日本が、ここで「備え」をすれば、隣国は、日本が「備え」を必要とする国家に変質したと理解する。有事法の整備、加えて改憲というのは、平和国家日本の変質、という誤ったメッセージを送ることになってしまうということを考慮すべきであろう。

---

[37] 拙稿「日米地位協定と自治体——普天間飛行場返還問題に関連して」『琉大法学』73号（2005）7頁以下（本書212〜247頁）参照。

第2に、「政府」による「解釈改憲」・「明文改憲」との対抗である。日本では、中央政府自らが、「解釈改憲」によって憲法第9条から離れ、また、「明文改憲」によって憲法第9条と決別しようとしている。そうした状況の中で軍事の論理に替わりうる力、それを自治体から作り上げていく工夫が不可欠である。各自治体は、自らに付与されている外交権・法令解釈権・条例制定権などを駆使して、中央政府による軍事の論理に対抗することが求められるであろう。その意味で、石垣市の「非核港湾条例案」や竹富町の「無防備平和条例案」の試みは、全国的にも注目されるべきものではないかと思われる。

　第3に、「非現実的な憲法第9条」という理解との対抗である。本文で取り上げた「米軍再編」や「国民保護法」は、軍事による平和を「現実」と捉え、それに依拠しようとする立場に基づいている。このような立場によれば、絶対平和主義を規定する憲法第9条は、「非現実的」な規定とされることとなる。しかし、本当にそうだろうか。軍事の論理の結果生じるのは、決して容認してはならない「破滅」である。この破滅をもう二度と招いてはならないとする「崇高な理想」（憲法前文）こそ、憲法第9条によって目指そうとしたのではなかったか。そうだとすれば、現在の問題は、憲法第9条から遠ざかってしまったところにあるのであり、「未完の憲法第9条」を実現させること、これこそが日本が抱える課題である。

第3節 「集団的自衛権」の改憲論と問題点

　改憲論は、知る権利や環境権などの様々な「装飾」を施してはいるが、その本質は明らかに「軍事国家」への脱皮である。そのため、個別的自衛権および集団的自衛権の容認は、中心的な位置を占めている。そこにはどのような問題が存するのだろうか。

1　個別的自衛権の解釈

　個別的自衛権を容認させようとする改憲論は、次のようなメリットを指摘する。①規範と現実との乖離を解消できる、②自国を自分の手で守るのは当然だ、③不安定なアジア太平洋地域の環境の変化に対応できる、④国連の安全保障や日米同盟との整合性を図ることができ、国際社会での発言力も高まる等である。しかし、従来の政府見解を見る限り憲法改正は必要ではないと考えられる。

(1)「自衛権」解釈と自衛隊

　政府見解によれば、現行憲法下であっても自衛隊は合憲の存在である。その趣旨は、次の点に集約される[38]。①「憲法は自衛権を否定していない。自衛権は国が独立国である以上、その国が当然に保有する権利である」。②「憲法は戦争を放棄したが、自衛ための抗争は放棄していない。……自国に対する武力攻撃が加えられた場合に、国土を防衛する手段として武力を行使することは、憲法に違反しない」。③「自衛隊のような自衛のための任務を有し、かつその目的のため必要相当な範囲の実力部隊を設けることは、なんら憲法に違反するものではない」[39]。

　憲法改正をしても、自衛隊組織の規模や軍事活動のあり方等につき大幅な

---

[38] 1954年12月22日の第21回国会・衆議院予算委員会における大村清一防衛庁長官答弁。

[39] 自衛権行使の要件につき、1954年4月6日の第19回国会・衆議院内閣委員会における佐藤達夫法制局長官答弁参照。

変化を予定していないのであれば、改憲の理由は存在しない。上述の改憲のメリットのうち、②「自国を自分の手で守るのは当然」、③アジア太平洋地域の不安定性への対応は、現行憲法及び現行政府見解で十分達成されており、理由としては不十分である。それにも関わらず改憲を主張するならばそれは何故か。

(2) 憲法改正は必要か？

第1に、上述①「規範と現実との乖離の解消」という理由が考えられる。これを内容中立的なものとして受け止めるならば、あまりにも現実離れしてしまった法規定は法としての役割を果たさないため改正すべし、とする主張と理解できる。しかし、この論理は、実態の方が自然と規範から離れていった場合に妥当する議論であろうが、憲法第9条のように現実を作り上げた側が法改正をも主張する場合には当てはまらないものといえる。他方、この理由は内容中立的なものではなく、まさしく絶対平和主義からの転換を志向するものでありうる。しかし、それのみでは、何故、絶対平和主義を変えなければならないかという問に答えていないこととなる。第2に、特定の政党や行政組織の真意として、結党以来の「悲願」である、とか、「防衛省」への昇格達成のはずみとしたい等の理由が考えられる。しかし、改憲論が正面からこれを理由として提示されるとすれば、それこそ大問題である。これは、主権者国民とは無関係の、組織の内部的事情によるものといえる。単なる組織の論理を基点とするような改憲の主張を見過ごすことはできないであろう。なお、④国連の安全保障や日米同盟との整合性については、集団的自衛権との関連で後述する。

2　個別的自衛権の問題

また、個別的自衛権を容認させようとする改憲論は、武力行使を認める点で重大な難点を含む。一切の武力行使を禁止する絶対平和主義の立場を変えることは許されないが、関連して以下の点が問題となろう。

(1) 自衛権行使への歯止め？

個別的自衛権を容認し軍事力の行使に歯止めをかける方が、国家権力の

統制という点では望ましいとする主張もあり得る。「戦力」に関する「自衛に必要な最小限度をこえる実力説」[40] を憲法成文に明記しようとする改憲案が、その一例である。しかし、歯止めとして用意されているはずの「自衛に必要な最小限度」が、その役割を果たさないとすれば問題であろう。残念ながら、そのような懸念が現実のものとなりうる。兵器の規模に関する政府見解を例に、問題点を指摘しておこう。

　この点、①「性能上純粋に国土を守ることのみに用いられる兵器の保持」は許されるが、「性能上相手国の国土の潰滅的破壊のためにのみ用いられる兵器の保持」は禁止されているとする見解[41]、②「性能上相手国の国土の壊滅的破壊」のための攻撃的兵器とみなされるICBM（大陸間弾道ミサイル）、長距離核戦略爆撃機、攻撃型空母を保有することは違憲とする見解[42] が出されている。しかし、以下の2点が問題となろう。第1に、「自衛に必要な最小限度」の名目であれば兵器の規模には限界がない点である。それは、防御用であれば、核兵器であると通常兵器であるとを問わずこれを「保有」することは憲法上可能とされ[43]、また、核兵器の「使用」ですら、「我が国を防衛するために必要最小限度のものにとどまるならば」可能とされる[44] ところに表れている。第2に、「自衛に必要な最小限度」の判断基準が明確ではないという点である。すなわち、我が国が憲法上保持しうる自衛力の「具体的な限度は、その時々の国際情勢、軍事技術の水準その他の諸条件により変わり

---

[40] 1954年12月21日の第21回国会・衆議院予算委員会における林修三内閣法制局長官答弁。

[41] 松本善明議員提出質問趣意書に対する1969年4月8日の答弁書（内閣衆質61第2号）。

[42] 1968年4月3日の第58回国会・参議院予算委員会における増田甲子七防衛庁長官答弁、1988年4月6日の第112回国会・参議院予算委員会における瓦力防衛庁長官答弁。

[43] 1957年5月7日の第26回国会・参議院内閣委員会における岸首相答弁、1978年3月11日の第84回国会・参議院予算委員会における真田秀夫内閣法制局長官答弁等。

[44] 1998年6月17日の第142回国会・参議院予算委員会における大森政輔内閣法制局長官答弁。

得る相対的な面を有する」とされており[45]、このような柔軟な基準では、およそ制限規範たる役割を果たし得ないこととなろう。

(2)「攻められたらどうする？」

絶対平和主義の主張に対して最後まで残り続けるであろう反論が、他国が攻めてきたらどうするのか、という議論であろう。単純なだけに直感に訴えてくるストレートさがある。この議論の理論的な前提には、国際関係をホッブズ流の自然状態（「万人の万人に対する戦争状態」）に見立てようとする立場があるが、次のような議論を投げ返すことも可能であろう。

第1に、仮に国際関係が自然状態にあるとしても、その下での相互不信を極力解消しうるような社会的・経済的相互依存が進展してきているのではないかという点である[46]。軍事力を背景とする外交では、国際的相互依存を進めることはできない。この点、安全保障に関する相互依存を組織化する国際連合が現実に機能していない、という問題も指摘されているが、2003年の安保理多数理事国による武力行使禁止原則への支持を背景として「規範の弛緩と法の支配の退行」にブレーキをかけ、今こそ「国際立憲主義の確立」を目指すべきだとする主張[47]に注目すべきであろう。第2に、国際関係は全くの無秩序ではない、歴史や文脈によって規定された枠組みの存在を無視すべきではないという点である。特に、日本における「靖国」「日の丸・君が代」といった戦前のシンボルの復活は、そうした文脈を無視した暴挙である。さらに憲法改正が行われた場合、それが近隣諸国にいかなるメッセージを与えることになるのかを真剣に考慮しなければならない。軍事力では紛争予防につながらず、かえって緊張状態を生んでしまうことに留意すべきであろう。

---

[45] 翫正敏議員提出質問趣意書に対する1991年11月29日の答弁書（内閣参質122第2号）。

[46] 田中明彦『新しい「中世」』（日本経済新聞社、1996）139頁以下参照。

[47] 最上敏樹「国連は無力なのだから、国連中心の平和主義には意味がないのではないか」憲法再生フォーラム編『改憲は必要か』（岩波書店、2004）25頁以下、同「日本国憲法・国連憲章・立憲主義──国際法秩序における憲法9条の意味について」『法律時報』76巻7号（2004）37頁以下参照。

3 集団的自衛権の概念

「改憲の最大の眼目」[48]とされるのが集団的自衛権である。以下では、集団的自衛権に関わる諸問題を取り上げて、来るべき改憲案に対する批判的視点を提示したい。

(1) 集団的自衛権とは

それは、自国と密接な関係にある外国に対する武力攻撃を、自国が直接攻撃されていないにもかかわらず実力をもって阻止する権利を意味する。もともとは国連憲章が、「武力による威嚇又は武力の行使」を原則的に禁止した上で（戦争違法化。第2条第4項）、①「武力攻撃が発生した場合」であること、②「安全保障理事会が国際の平和及び安全の維持に必要な措置をとるまでの間」であること、③加盟国がとった措置につき、「直ちに安全保障理事会に報告」することを条件とし、例外的に「個別的又は集団的自衛の固有の権利」の行使を容認していることに根拠を有する（第51条）。

(2) 集団的自衛権と国連憲章

国連憲章における集団的自衛権の位置づけについては、次の点が重要であろう。第1に、集団的自衛権は国連憲章によって創設された概念であって、「固有の権利」ではないという点である[49]。集団的自衛権は、ラテン・アメリカ諸国が既に締結していたチャプルテペック協定（条約当事国の一国が第三国から攻撃を受けた場合に、全ての国で反撃をすることを規定するもの）を憲章と抵触しないようにするために強い働きかけを行い、その結果、憲章に規定されるに至ったとされる[50]。この点で、古くから慣習法として確立して

---

[48] 水島朝穂「現実と遊離してしまった憲法は、現実にあわせて改めた方がいいのではないか」憲法再生フォーラム編・前掲（47）152頁。

[49] 最上敏樹「集団的自衛権とは」別冊世界『ハンドブック・新ガイドラインって何だ』（1997）55頁。なお、集団的自衛権を含む自衛権概念については、田岡良一『国際法上の自衛権［新装版］』（勁草書房、2014）、高野雄一『集団安保と自衛権』（東信堂、1999）、石本泰雄『国際法の構造転換』（有信堂、1998）、森肇志「集団的自衛権の誕生――秩序と無秩序の間に」『国際法外交雑誌』102巻1号（2003）80頁以下、同『自衛権の基層――国連憲章に至る歴史的展開』（東京大学出版会、2009）等参照。

[50] 村瀬信也他『現代国際法の指標』（有斐閣、1994）286頁［田中忠執筆］。

きた個別的自衛権とは異なる。個別的自衛権を「固有の権利」と呼ぶことができるとしても、集団的自衛権についてはそうではない[51]。

　第2に、集団的自衛権の性質についてである。従来、①個別的自衛権の共同行使と見る見解、②武力攻撃を受けていなくても他国を防衛する権利と見る見解、③他国にかかわる自国の死活的利益を防衛する権利と見る見解等が主張されてきた。①は、個別的自衛権とは別に集団的自衛権を考える意味がないこと等から、また、②は、これでは「自」衛ではなく「他」衛となってしまうこと等から妥当ではない。そこで、国際法学上は③が妥当とされる[52]。しかし、国家実行や国際司法裁判所の判決（ニカラグア事件）は、他国が武力攻撃の存在を宣言した場合でありかつ明示の援助要請を行った場合には、自国の安全に対する脅威のない場合であっても集団的自衛権を行使しうると述べ、②の立場を採った[53]。

　第3に、集団的自衛権と集団的安全保障とは違うという点である[54]。集団的安全保障とは、諸国家を一つの国際社会へ組織化し、平和を破壊する国家に対しては、全加盟国共同の組織的権力の行使によって平和を維持・回復する方式である。集団的安全保障と集団的自衛権との違いにつき、まず、前者は敵・味方の区別を否定するのに対して、後者はその区別を前提とする点で異なる。また、前者は個別国家による武力行使を禁止するところを前提とするのに対し、後者はそれを容認するものである点で異なる。さらに、より重要であるのは、国連憲章における集団的安全保障は、軍事同盟を原理的に否定するという点である。集団的自衛権を容認する軍事同盟は、集団的安全保

---

[51] このような見方に対し、集団的自衛権をも「固有の権利」として捉えるべきだとするものとして、佐瀬昌盛『集団的自衛権』（PHP新書、2001）27頁以下。
[52] 村瀬他・前掲（50）287頁［田中執筆］、最上・前掲（49）56頁。
[53] 杉原高嶺「ニカラグアに対する軍事的活動事件（本案）」『国際法外交雑誌』89巻1号（1990）53頁以下、波多野里望・尾崎重義編『国際司法裁判所・判決と意見・第二巻（1964－93）』（国際書院、1996）236頁以下（広部和也執筆）、田畑茂二郎・竹本正幸・松井芳郎編集代表『判例国際法』（東信堂、2000）501頁以下（東泰介執筆）等参照。
[54] 最上・前掲（49）58頁。

障体制に「背馳」するといえる[55]。

(3) 集団的自衛権と改憲論

なぜ、集団的自衛権をめぐって改憲論が主張されるのであろうか。それは、「集団的自衛権の行使を憲法上認めたいという考え方があり、それを明確にしたいということであれば、憲法改正という手段を当然とらざるを得ない」[56] からである。では、なぜ改憲論は、憲法改正をしてまで集団的自衛権を認めようとしているのか。そこにはまず、米国側の要求がある。「日本が集団的自衛権を禁止していることが、同盟関係の足かせになっている。集団的自衛権を行使できるようにすれば、より緊密で効率的な安全保障協力ができる」(2000年10月の「合衆国と日本──成熟したパートナーシップに向けて」。いわゆるアーミテージ報告[57])との認識が背後にある。国益確保の手段として、国連の利用から、NATOと日米安保の拡大・利用へと戦略転換がなされ、米国の国益確保システムに日本の自衛隊を組み入れようとの思惑が存する。他方、日本側の事情として、集団的自衛権を行使しうる法制度になれば、実質的に対等な日米関係を構築することが可能となるという点を挙げることができる。また、国連安保理の常任理事国入りを果たし国際的な発言力を高めるためには、米国の強い支援が必要となる。「常任理事国は国際社会の利益のため、軍事力を展開しなければならないこともある。それができなければ、常任理事国入りは難しい」とのアーミテージ元国務副長官発言(2004年7月)が流れてくる中、憲法改正は是非とも必要との見方が広まりつつある。

4 集団的自衛権の解釈

(1)「保有」と「行使」の区別

集団的自衛権を、政府はどのように解釈してきたのか。戦後政治の場面で

---

[55] 最上・前掲 (49) 59頁。
[56] 1983年2月22日の衆議院予算委員会における角田礼次郎内閣法制局長官答弁。
[57] これについては、スティーヴン・クレモンズ、春名幹男訳「アーミテージ報告の行間をよむ」『世界』690号 (2001) 98頁以下参照。

これが争点とされたのは、日米安保条約及びそこから派生する様々な活動を、憲法上どのように正当化するかという問題においてであった。第1に、政府は、集団的自衛権の行使は憲法上認められないとする解釈を採用している。「国際法上、国家は、集団的自衛権……を有している」が、「憲法9条の下において許容されている自衛権の行使は、我が国を防衛するため必要最小限度の範囲にとどまるべきものであると解しており、集団的自衛権を行使することは、その範囲を超えるものであって、憲法上許されない」[58]。

それでも、現行安保条約では、「各締約国は、日本国の施政の下にある領域における、いずれか一方に対する武力攻撃が、自国の平和及び安全を危うくするものであることを認め、自国の憲法上の規定及び手続に従って共通の危険に対処するように行動することを宣言する」（第5条）と規定されていることから、在日米軍への武力攻撃があった際に、日本がこれを守ることは集団的自衛権の行使に当たるのではないかが問題とされた。この点、米国は集団的自衛権の行使と考えているのに対し、日本政府の解釈は異なる。すなわち、「日本の提供をいたしました施設区域にある米軍に対して攻撃して参りますことは、同時に日本の領域を侵さずしてそういうことはできない。まさに日本に対する攻撃でございます。従いまして、日本は個別的自衛権を発動し得る状態だ、かように考えるわけでございます」[59]。

(2)「一体化」論

第2に、米軍の武力行使と一体化した活動は憲法上許されないとする解釈である。その内容については次のように説明されている。いわゆる一体化論とは、我が国に対する武力行使がなく、自らは直接武力行使に当たる行動をしていないとしても、他国による武力行使への関与の密接性などから我が国も武力行使をしたと認められる場合には、憲法第9条に違反するという考え方をいう[60]。

---

[58] 稲葉誠一議員提出質問趣意書に対する1981年5月29日の答弁書（内閣衆質94第32号）。

[59] 1960年2月13日の第34回国会・衆議院予算委員会における林修三内閣法制局長官答弁。

[60] 1997年11月27日の第141回国会・衆議院安全保障委員会における大森政輔内↗

具体的な判断基準として、「一つ、戦闘行動が行われている、または行われようとしている地点と当該行動の場所との地理的関係、二つ、当該行動の具体的内容、三つ、各国軍隊の武力行使の任にあるものとの関係の密接性、四つ、協力しようとする相手方の活動の現況等の諸般の事情を総合的に勘案して個々具体的に判断」するとする[61]。例えば、米軍と一体をなすような行動をして補給業務をすることは違憲となるのであり[62]、また、現に戦闘が行われている前線へ武器弾薬を供給・輸送すること、あるいは現に戦闘が行われている医療部隊のところにいわば組み込まれる形で医療活動をすることは違憲であるが、逆に戦闘行為のところから一線を画されるところで、医薬品や食料品を輸送することは問題はないとされる[63]。以上の考え方は、対米軍との関係のみならず、国連の集団的安全保障との関係にも妥当する。

(3) 政府見解の評価と改憲論

改憲論は、以上の政府見解との関係で、異なる 2 種の主張を含んでいる。すなわち、集団的自衛権の行使が許されないとする制約を超えるための改憲の主張、他方で、国際法上「保有」を認めつつ憲法上「行使」を認めないことの不合理さ、ないし、憲法上「保有」を認めているのかどうかについて巧みに判断を回避していることの不合理さ[64]を解消するための改憲の主張である。後者において、憲法改正によって明確に「保有」も「行使」も禁止すべきとの主張もあり得るが、この種の議論は出されていないことからすれば、実質的に前者の主張と重なることとなる。また、政府見解を前提としても、かなりの程度、自衛隊による対米協力が正当化され得ていることからすれば、そもそも憲法改正をする必要があるのかどうかが問われることとなろ

↘ 閣法制局長官答弁。
[61] 1996 年 5 月 21 日の第 136 回国会・参議院内閣委員会における大森政輔内閣法制局長官答弁。
[62] 1959 年 3 月 19 日の第 31 回国会・参議院予算委員会における林修三法制局長官答弁。
[63] 1990 年 10 月 29 日の第 119 回国会・衆議院国際連合平和協力に関する特別委員会における工藤敦夫内閣法制局長官答弁。
[64] 佐瀬・前掲 (51) 178 頁以下参照。

う。
　したがって、問題の核心は、①軍事力を容認する政府見解にも問題があるが、集団的自衛権の行使を認めないとする立場に賛成して、憲法改正しない、②政府見解を妥当と解する立場から、憲法改正をしない、③集団的自衛権の保有も行使も明確に禁止すべきとの立場から、憲法改正すべき、④集団的自衛権の保有も行使も認めるべきとの立場から、憲法改正すべき等の間での選択ということになろう。また、その選択に際しては、実際に提示される改憲案の内容（おそらく③の可能性はないであろう）、集団的自衛権をめぐる理論的問題、さらに、集団的自衛権を容認した場合に生じうる事実上の問題等を考慮し、今、この時期に憲法を改正することが真に妥当なのかどうかが問われなければならない。

5　集団的自衛権の問題

(1)「集団的自衛権は自然権である」？

　集団的自衛権は、国家の「固有の権利・自然権（inherent right, droit naturel）」であるとする議論がある。しかし、この種の論に問題があることについては既に述べた。ただ、前述のニカラグア判決は、国連憲章第51条の「固有の権利」という表現が個別的自衛権のみならず集団的自衛権をもカバーするものであり、憲章自身がその慣習法性を認めたものとする判断を示した。国連憲章上の集団的自衛権と慣習法上のそれとは、規範内容が完全に一致するものとはいえず、別個の適用性を有するとされたのである。しかし、仮に国際法上ではそうであっても、当該権限が当然に憲法上も認められた概念であるということにはならない。国家の権限は、最高法規たる憲法により、制限されつつ授権されて初めて実定法的効力を持つことになるからである。とすれば、この種の議論には、一種の論理の飛躍が存するということになるであろう。

(2) 集団的自衛権を行使する場面？

　既に日米安保条約が存在し一定の役割を果たしてきたため、米国と一緒にやっていくことが日本の安全保障にとって最も現実的な選択なのだ、とする

議論がある。しかし、これに対しては、憲法第9条を改正して行き着くであろう「現実」への想像力を働かせなければならない[65]。特に、集団的自衛権はどのような時に現実化するのかが問題とされうる。まさか改憲論とはいえ、米国本土が第三国から武力攻撃を受けたときに、日本の自衛隊が米国へ出撃して共同防衛するという事態を想定しているのではないであろう。

　ここで重要な視点は3つある。第1に、米国政府のとる自衛権概念である。米国が個別的自衛権を行使する場合、その概念の理解は日本のそれとは異なりうる。米国が、国際法上容認され得ない態様で自衛権を発動する場合[66]にも、日本は自衛隊を集団的自衛権の名の下に出撃させる覚悟があるのか。例えば、国際法主体とは認められていないテロ集団がケニアとタンザニアの米大使館を襲った（1998年8月）後、米国は自衛権を理由に、テロ集団の拠点があるとしてスーダンとアフガニスタンにミサイル攻撃を行ったことがある。また、国連憲章上の制約を回避するための「慣習法上の自衛権」、さらには、「先制的自衛」に訴えるということもあり得よう[67]。米国が個別的自衛権を主張する場合に、日本がその適法性を独自に判断することができないとすれば、米国による自衛隊派遣の要請を日本政府が拒否することは困難となろう。そうなれば、平和を謳うはずの憲法典に反し、国際社会に対し不安定と暴力をもたらすことになるのではないか。

　第2に、米国以外の国家に対する集団的自衛権行使の可能性である。政府見解は、「自国と密接な関係にある外国」との関係を想定しているが、実際にはそれをどのように判断するのか。結局は、前述ニカラグア判決で述べられた2要件（他国による武力攻撃の存在の宣言、明示の援助要請）が備わっていれば、集団的自衛権の行使を行わざるを得なくなるのではないか。憲法

---

[65] 樋口陽一「いま、憲法九条を選択することは、非現実的ではないか」憲法再生フォーラム編・前掲（47）1頁以下参照。

[66] 米英によるイラク攻撃やそれに追従する日本政府の対応の問題点につき、浅井・前掲（32）16頁以下、天木直人「イラクへ自衛隊を派遣し続ける日本政府の過ち」『世界』734号（2004）72頁以下等参照。

[67] 様々な自衛権の可能性については、松井芳郎『テロ、戦争、自衛——米国等のアフガニスタン攻撃を考える』（東信堂、2002）20頁以下、83頁以下参照。

を改正したが故に、軍事力行使の歯止めが失われてしまうという事態になるのではないか。他方、国家実行に従えば、「自国と密接な関係」や同盟関係がなくとも、上記要件が存する場合には集団的自衛権の行使は可能となる。何の道標もない中で、集団的自衛権を手にする政府は、一体どこへ向かうことになるのであろうか。

　第3に、在日米軍再編と日米安保体制における自衛隊の役割との関連である。米陸軍第一軍団司令部（ワシントン州）が神奈川県のキャンプ座間に移転する案も検討される中、これが実現されれば、自衛隊は、米軍の指揮下に置かれ、まさに米軍と一体となって軍事活動を行うようになる。空自との連携強化実現等を条件とする横田基地の軍民共用化もこの方向性で考えると、米軍は、基地機能の一部を手放しても余りある「果実」を手中に収めることとなる。この流れのまま集団的自衛権を正式に認めるならば、米軍と自衛隊との基地施設の共同使用や共同運用が常態化することとなろう[68]。

---

[68] その後、日米両国の軍事機密保持が最大の課題となってくる。従来の軍事機密保護に加え、公開裁判の原則の例外として軍事裁判所の設置も必要とされるようになろう。軍事裁判所という「特別裁判所」は、現行憲法では設置が認められていないが（第76条第2項）、憲法裁判所の設置を嚆矢として第2の「特別裁判所」たる軍事裁判所が登場するおそれもある。

第3章　改憲論と「安保法制」

第1節　憲法第9条解釈論の軌跡と到達点

序——憲法改正の環境

　法の条文は、無味乾燥な言葉の羅列ではない。それぞれの規定の歴史的背景、制定を推し進めた事情やコンテクスト、あるいは、社会的事情の変化などを考慮しつつ、適切な解釈を施す必要がある。解釈の枠を超えた問題状況に対処する要求が高まったとき、当該規定の改正という手続が求められる。

　法の改正を考える場合、次の2点に留意する必要があろう。第1に、法の改正作業が行われるに相応しい場面である。それは、規定の意味内容が実際に具体化された結果、様々な障壁が生じ、それを除去するには法改正が必要と考えられる場合を典型例とする。法の具体化へ向けた努力すらなされてこなかったにもかかわらず、改正へ向けた検討が進められる場合には、特に注意が必要となる。第2に、憲法の改正論議と立憲主義思想との関連である。近代憲法の基礎にある思想に立憲主義という考え方がある。これは、国民の参加による国家権力の制限を通じて、国民の権利・自由を保障しようとする考えである。近代憲法は、人権保障のために国家権力を制約することを目指して制定されたものである。政治の必要性から憲法改正が唱えられることは、この立憲主義の思想を危険にさらすものとして警戒が必要となる。

　本節は、憲法第9条の運用及びその過程で為されてきた解釈論の検討を通じて、今の政治状況が、憲法第9条を改正するにふさわしい環境といえるのかどうかを明らかにすることを目的とする。したがって、平和主義をめぐる学説や議論の詳細な整理を行うものではないことをおことわりしておきたい。

第1部　安全保障の法構造と変容

1　廃墟の中から生まれた思想——第9条の制定と平和主義の原点

　戦後、自衛隊が設立されその合憲性が問題とされる際に、憲法第9条の解釈上問題となる点は2つあった。「自衛戦争」が放棄されているかどうかという点と、「自衛権」が否定されているかどうかという点である。以下では、自衛戦争は放棄されており自衛権も否定されているとする、憲法制定当時の政府見解を見ておきたい[1]。

　(1) 戦争放棄

　憲法第9条の平和主義は、元来、自衛戦争であると侵略戦争であるとを問わず一切の戦争を放棄するという立場を採っていたと考えられる（完全放棄説）。それは、第1に、マッカーサー草案の基調とされたマッカーサー・ノートでは、「国家の主権的権利としての戦争を廃棄する。日本は、紛争解決の手段としての戦争、および自己の安全を保持するための手段としてのそれをも放棄する」とされ、自衛のための戦争も放棄する旨が記されていたこと、第2に、吉田茂首相は、議会における答弁で、自衛戦争の放棄もまた第9条第1項の戦争放棄の趣旨に含まれる旨を明言していたこと[2]からいえる。

　(2) 戦力の不保持

　一切の戦争が放棄されているとする解釈は、第9条第2項の解釈にも反映されることとなる。すなわち、同条項で保持が禁止されている「戦力」について、一切の対外的実力を含むものとする解釈がなされていたのである（警察力を超える実力説）。このことは、第1に、「戦力」とは、「戦争又は之に

---

[1] 平和主義の経緯や内容に関する議論については、多くの先行業績がある。本節執筆に際しては以下の文献を参照した。浦田一郎『現代の平和主義と立憲主義』（日本評論社、1995）、古関彰一『新憲法の誕生』（中公叢書、1989）、同『9条と安全保障』（小学館文庫、2001）、同『日本国憲法の誕生［増補改訂版］』（岩波現代文庫、2017）、佐々木高雄『戦争放棄条項の成立経緯』（成文堂、1997）、深瀬忠一『戦争放棄と平和的生存権』（岩波書店、1987）、古川純・山内敏弘『戦争と平和』（岩波書店、1993）、水島朝穂『現代軍事法制の研究——脱軍化への道程』（日本評論社、1995）、山内敏弘『平和憲法の理論』（日本評論社、1992）、山内敏弘・太田一男『憲法と平和主義』（法律文化社、1998）等参照。

[2] 新井章「憲法50年論争史」別冊世界『ハンドブック・新ガイドラインって何だ？』（1997）119頁。

類似する行為に於て、之を使用することに依って目的を達成し得る一切の人的及び物的力」とされていたとする立場（1946年9月13日の第90回帝国議会・貴族院帝国憲法改正案特別委員会における金森徳次郎国務大臣の答弁）、第2に、「戦力」とは、すべての対外的実力であり、「国内の秩序を保つ為の力」である「警察力」と区別されるとする立場（同日の同委員会における幣原喜重郎国務大臣）に示されている。

（3）自衛権

自衛権については、形式的には放棄されていないとしながらも、実質的に放棄するとの解釈が述べられた（実質的放棄説）。吉田茂首相は、「戦争抛棄に関する本案の規定は、直接には自衛権を否定はして居りませぬが、第9条第2項に於て一切の軍備と国の交戦権を認めない結果、自衛権の発動としての戦争も、又交戦権も抛棄したものであります。従来近年の戦争は多く自衛権の名に於て戦はれたのであります。満州事変然り、大東亜戦争亦然りであります」（1946年6月26日の第90回帝国議会・衆議院本会議）、「正当防衛、国家の防衛権に依る戦争を認むると云ふことは、偶々戦争を誘発する有害な考へであるのみならず、若し平和団体が、国際団体が樹立された場合に於きましては、正当防衛権を認むると云ふことそれ自身が有害であると思ふのであります」（同月28日の第90回帝国議会・衆議院本会議）と述べている。

憲法第9条が単なる「押しつけ」であるとか、天皇制を残すための「避雷針憲法」であるとか、非現実的な「理想」にすぎないとかいう批判がある。ただ、非現実的であるとする点については、戦前・戦中に近隣諸国・人民に対して行った多くの侵略行為・加害行為、戦争によって被った自国の甚大な被害、中でも、広島・長崎への原爆投下や沖縄戦での悲惨な経験等からして、非武装平和主義の立場が、国民にとって最も現実的な渇望であったという点を見逃してはならない。また、日本における思想的系譜を辿ってみると、非戦や軍事力廃止の考え方が一定の影響力を持っていたという事実を無視してはならない[3]。

---

[3] 深瀬・前掲（1）93頁以下、古川・山内・前掲（1）108頁以下等参照。

2 環境に翻弄された平和主義——第9条の運用

憲法施行前後の時期において既に、憲法改正が主張されていた。公法研究会の「憲法改正意見」と東大憲法研究会の「憲法改正の諸問題」である。しかし、これらの基本的立場は、「ともにこの憲法の基本原理を支持し、さらにそれを明確化し、強化するための改正の主張」という、後の改憲論とは異なるものであった[4]。最も興味深い点はここにある。政治家も知識人も、絶対平和主義を宣言することで戦後日本は出発したのである。ところが、その後の展開は違ったものとなった。

(1)「冷戦」の始まり

「冷戦」とは、米ソという2つの超大国の対立という側面と、マルクス・レーニン主義と政治的・経済的リベラリズムという2つのイデオロギー対立の側面とを併せ持つ現象をいう[5]。チャーチルの「鉄のカーテン」演説(1946年3月5日)、共産主義の「封じ込め」をうたうトルーマン・ドクトリンの発表(1947年3月12日)、マーシャルによる西欧諸国への経済援助の計画(同年6月)など様々な状況を通じて、「冷戦」は顕在化したのであった。これを受けて、アメリカの対日政策が転換し、日本を民主主義陣営の一員とすること、日本の再軍備を求めるべきことが打ち出された。憲法第9条の趣旨は、具体化されることなく改憲や逸脱の対象とされていった[6]。

第1に、占領終了の時期である。1950年6月の朝鮮戦争の勃発を契機として、2つの大きな変化が生じた。1つは日本の再軍備である。同年7月8日、マッカーサーが吉田首相に対して、7万5千人の「警察予備隊」の創設と海上保安庁の人員の8千人増員を指示した。これは、日本に駐留する米軍の朝鮮派遣に伴い、日本国内の治安維持を目的とする政策であると説明された。しかし、警察予備隊は実際に「軍隊の卵」だったのであり強い反発が予

---

[4] 佐藤功「憲法改正論の系譜と現状」ジュリスト臨時増刊『日本国憲法——30年の軌跡と展望』(1977) 45頁。2つの改憲案については、中村睦男「憲法改正論50年と憲法学」樋口陽一他編『憲法理論の50年』(日本評論社、1996) 182頁以下等参照。

[5] 田中明彦『新しい「中世」』(日本経済新聞社、1996) 11頁以下参照。

[6] 田中明彦『安全保障——戦後50年の模索』(読売新聞社、1997) 参照。

想された。そのため、その創設は「ポツダム政令」で行われた[7]。再軍備はさらに進められ、1952年4月に海上保安庁の下で「海上警備隊」が発足し、同年7月に成立した保安庁法により警察予備隊は「保安隊」に改組された。また、2つ目に、早期講話の実現と米軍による日本駐留の継続である。米国においては、東西対立の激化により全面講和が非現実的となる中、日本を西側に引きつける必要性と、日本国内の基地を引き続き使用する必要性とが結びついた。他方、日本では、憲法上の制約により表面上は本格的な再軍備を避け、日本の安全を米軍に委ねる方途が選択された。その結果、1951年9月、サンフランシスコで平和条約が調印され、同時に日米安全保障条約が調印された。

第2に、第5次吉田内閣・鳩山内閣の時期である。第19国会（1953年12月〜1954年6月）において、MSA協定（日米相互防衛援助協定）の承認及び自衛隊法・防衛庁設置法（いわゆる防衛2法）の制定があった。両者は、日本の再軍備を求めるという点で一致した流れであった。もともと、アメリカのMSA（相互安全保障法）では、アメリカが対外的に軍事援助を行う条件として、当該国が自国の防衛能力を発展させるために必要な全ての妥当な措置をとることを定めていた。それ故、日本がMSA援助を受けるということは、日本が独自にその軍備力を増強するということを意味した。これに日本の再軍備論者は乗ったのである。他方、アメリカにとっても、MSAによって日本の防衛力が増強されれば在日米軍の撤退が可能となり、終局的には経費節減に結びつくという点でその多大な経済効率が期待されたのであった[8]。

第2に、1957年2月に誕生した岸内閣の時期である。岸信介は、憲法改正と日米安保条約改定を自らの政治課題と考えていた[9]。岸が日米安保条約の

---

[7] 警察予備隊の設置・維持に関する一切の国家行為の違憲性が裁判で争われることとなる。最高裁昭和27年10月8日大法廷判決・民集6巻9号783頁。
[8] 田中・前掲（6）第4章、第5章参照。
[9] 岸の改憲構想については、NHK取材班『NHKスペシャル・戦後50年その時日本は・第1巻』（日本放送出版協会、1995）201頁以下等参照。

改定を目指した理由には、次の2点がある[10]。1つには、国家の独立と対等な関係の構築である。日本は政治的には独立を回復したとはいえ、様々な場面において日米は対等の関係ではなかったのであり、不平等な枠組みを残す日米安保条約を改定しない限り対等な対米関係は構築できないと考えられた。また、2つには、日米安保体制に対する国民の反対を抑えるという点である。この時期、基地の存在によって発生する被害や犯罪に対し、国民の反米感情が激しく沸き起こっていた。在日米軍基地に対する反対闘争や裁判闘争の歴史に名を残す「内灘事件」や「砂川事件」、生活のために演習場に入り込んで空薬莢を拾っていた農婦を殺害するという「ジラード事件」が象徴的な出来事であった。アメリカ側においても日本の中立主義勢力の増大に対する懸念が生まれ、安保改定へ向けた交渉が行われるに至った。

　改定交渉の際には、憲法と集団的自衛権との関係や、日本の発言権の確保等が議論された。後者の議題は、日本における米軍の基地使用に関する懸念、とりわけ、核兵器運用に対する懸念、また、アメリカが始める戦争に日本も巻き込まれるという懸念に基づくものであった。そのため、「第6条の実施に関する交換公文」の中で、事前協議の手続が規定されることとなった[11]。様々な議論を経て新日米安保条約は締結されていくのであるが、関連して次の2点を付言しておく。まずは、岸の退陣である。安保改定の際の岸の強引な国会運営に全国民的規模で反安保・岸内閣打倒の運動が起きた。いわゆる「安保闘争」である。岸は、「ハガティー事件」、デモ隊による国会突入、学生の死、アイゼンハワー大統領の訪日延期を経て、条約の成立を見届けた後で退陣していった。次に、1972年5月の沖縄返還である。返還に至る過程で、沖縄返還は「核抜き本土並み」である、すなわち、沖縄に配備されていた核兵器を撤去し、本土と同じように日米安保条約が適用されるということが公表された。しかし、交渉過程において有事の際の核再持ち込みに

---

[10] 田中・前掲（6）第6章参照。
[11] 核兵器搭載艦船の寄港や朝鮮半島有事の際の国連軍の行動は事前協議の対象から外すとの「密約」については、我部政明『沖縄返還とは何だったのか――日米戦後交渉史の中で』（NHKブックス、2000）第1章参照。

関する「密約」が結ばれたのではないか、返還後、沖縄では広大な米軍基地が固定化し、多くの事件・事故が起きている等、安保に絡む様々な問題が生じている[12]。

(2) 軍事大国化へ

80年代まで、日本国内における軍事力増強の政治傾向は変わらなかった。東西の緊張緩和（デタント）にもかかわらず軍事力保持の政策が採られ、憲法第9条の平和主義実現の途は閉ざされたままであった。この時期の特徴として、次の2点を指摘しておこう。

まず、70年代の傾向としては、日本の軍事力を増強し、日米の関係を実質的に対等のものにしようとする立場が強まった点を指摘できる。これは、米中和解により緊張緩和が広まるにつれて、「ニクソン・ドクトリン」（1970年2月）に表れるように米国の戦略が変更されていく中で生じてきた。このことを象徴するのは、国連や米国に依存する安全保障体制ではなく、日本国民が国を守る体制を整備すべきであるとする中曽根防衛庁長官の防衛政策である。もっとも、このような主張に対しては、さしあたり軍事的紛争の要因は存在しないとし、有事を想定しない平和時の防衛力の整備をすべきではないかとする立場が対峙した。それが、「基盤的防衛力」構想であり、「防衛計画の大綱」策定（1976年10月）であった。

ただ、この状況は、70年代末に一変する。1978年の「日米防衛協力のための指針（ガイドライン）」策定による日米安保体制の強化、また、ソ連軍のアフガニスタン侵攻（1979年12月）を受け、日米両政府の対応も変わったのである。まず、米国は日本の防衛力整備を強く求めるようになり、より積極的な役割を期待するようになった。他方、鈴木内閣及び「戦後政治の総決算」を掲げる中曽根内閣が登場する頃になると、日本は再び軍拡の方向へ歩みだしていった。具体的には、「有事法制」研究第1次中間報告（1981年4月22日）及び「有事法制」研究第2次中間報告（1984年10月16日）の公表、リムパック（環太平洋合同演習）への自衛隊の参加、シーレーン（航

---

[12] 沖縄返還交渉については、我部・前掲(11)、NHK取材班『NHKスペシャル・戦後50年その時日本は・第4巻』（日本放送出版協会、1996）7頁以下、三木健↗

路帯）防衛を国の政策としたこと、防衛費が GNP の 1％枠を突破し（1986年 12 月）、政府も GNP1％枠撤廃を閣議決定したこと（1987 年 1 月 25 日）等、自衛隊の増強が試みられ、防衛と外交に関する国家秘密の保護を内容とする「国家秘密保護法案」も提出された（1985 年 6 月）。また、靖国公式参拝の強行（1985 年 8 月 15 日）等、「新しいナショナリズムの醸成」[13]にも力が入れられた。

(3)「冷戦」の終結と「湾岸戦争」

アメリカとソ連を 2 つの極とする冷戦は、対外的には対立する 1 つの国家に注意を集中できるという点で、また、対内的にはそれぞれの極の内部に位置する小国への締め付けを厳しくし、そのため内部が安定できるという点で、より安定した時代であったとする議論がある。この議論によれば、冷戦の終結は、超大国による「タガ」が外れて世界の不安定化をもたらすということになる[14]。この種の議論が湾岸戦争の勃発や朝鮮半島の危機と結びつき、自衛隊の積極的活用や日米安保体制のさらなる強化が主張されることとなった。いわゆる「国際貢献論」と「安保再定義」である。

第 1 に、「国際貢献論」は、自衛隊の海外派兵を可能にするための PKO 活動や国連軍（国連憲章第 43 条）への参加等を積極的に認めようとする議

↙ 『ドキュメント沖縄返還交渉』（日本経済評論社、2000）、中島琢磨『沖縄返還と日米安保体制』（有斐閣、2012）、栗山尚一著、中島琢磨・服部龍二・江藤名保子編『外交証言録　沖縄返還・日中国交正常化・日米「密約」』（岩波書店、2010）参照。まさに「密約」があったと証言する、若泉敬『他策ナカリシヲ信ゼムト欲ス』（文藝春秋、1994）、また、若泉敬の生涯に光を当てる後藤乾一『「沖縄核密約」を背負って――若泉敬の生涯』（岩波書店、2010）参照。さらに、「密約」については、外岡秀俊・本田優・三浦俊章『日米同盟半世紀――安保と密約』（朝日新聞社、2001）、太田昌克『盟約の闇――「核の傘」と日米同盟』（日本評論社、2004）、同『日米「核密約」の全貌』（筑摩書房、2011）、豊田祐基子『「共犯」の同盟史――日米密約と自民党政権』（岩波書店、2009）、波多野澄雄『歴史としての日米安保条約――機密外交記録が明かす「密約」の虚実』（岩波書店、2010）、布施祐仁『日米密約――裁かれない米兵犯罪』（岩波書店、2010）、吉田敏浩『密約――日米地位協定と米兵犯罪』（毎日新聞社、2010）等参照。

[13] 渡辺治『日本の大国化は何をめざすか』（岩波ブックレット、1997）28 頁。
[14] この議論への反論として、田中・前掲（5）51 頁以下参照。

論であった。これは、1990年8月のイラク軍のクウェート占領、また、その後の湾岸戦争を契機として論じられた。しかし、海部内閣が国連平和活動への自衛隊参加を可能にする法整備に失敗し、適切な対応をとることができなかったこと、日本は総額130億ドルもの財政支援を行ったにもかかわらず国際的な評価は低かったことなどが強調され、湾岸戦争時の「苦い記憶」としてその後の国際貢献論をさらに後押しすることになった。結果的に自衛隊の海外派兵ルートの開拓に最大の努力が払われ[15]、避難民輸送・在外邦人救助[16]、掃海艇の派遣[17]、平和維持活動（PKO）[18]を理由とする海外派兵への途が開かれた。

第2に、「安保再定義」は、米国でソ連崩壊後の世界戦略・軍事力についての徹底的な見直しが行われたこと（国防総省「ボトムアップ・レビュー」

---

[15] 一連の経緯については、国正武重『湾岸戦争という転回点』（岩波書店、1999）、栗山尚一『日米同盟・漂流からの脱却』（日本経済新聞社、1997）参照。

[16] 湾岸戦争の際に、避難民輸送のための「特例政令」を決定した例がある（1991年1月24日）。これは、自衛隊法第100条の5の委任を受けて制定されたものであったが、委任の範囲を超えていたのではなかったかという重大な問題を提起した。その後、政府専用機或いは自衛隊輸送機（C─130輸送機）を派遣できるよう自衛隊法に第100条の8が追加された（1994年11月）。在外邦人救出のための自衛隊の海外派遣は、1997年7月12日にカンボジア内戦の際に実施された。しかし、救出任務を果たさないまま撤収されたことから、単なる実績づくりではなかったかとの批判を浴びた。なお、自衛隊法第100条の8は、「防衛省設置法等の一部を改正する法律」（平成18年12月22日公布・平成19年1月9日施行、法律第118号）により、自衛隊の付随的業務から本来任務に変更されている（自衛隊法第84条の3、第94条の5）。自衛隊による在外邦人保護及び救出に関する国内法・国際法の課題を検討するものとして、岩本誠吾「自衛隊による在外邦人『輸送』から在外邦人『救出』へ──国内法と国際法の狭間で」『産大法学』48巻3・4号（2015）1頁以下参照。

[17] 湾岸戦争の際に、ペルシャ湾で機雷除去及びその処理を行うため、海上自衛隊の掃海艇を派遣する政令を決定した例がある（1991年4月24日）。

[18] 1992年6月に制定された「国際連合平和維持活動等に対する協力に関する法律」（「国連平和維持活動協力法」（PKO法））に基づいて、カンボジア、モザンビーク、ザイール、ゴラン高原に自衛隊が派遣された。特に、「上官の命令」による武器使用については、法案の審議で大議論になったすえ法案には盛り込まれなかったが、その後、1998年6月に国連平和維持活動協力法第24条（現・第25条）が改正され、「上官の命令」での武器使用が認められた。

(1993年9月））を受けた、現安保軍事体制の見直し・強化を意味する。それは、従来の日米安保体制の枠組みをはるかに越えた「アジア・太平洋地域の平和と安定」を存在理由とする同盟関係の確立を目指すものであった（「日米安全保障共同宣言」（1996年4月17日））。これは、米国にとっては、自国の世界戦略における日本のさらなる積極的役割を期待するというものであり、日本にとっては、日本の軍事大国化を推し進めるための絶好の正統性を付与するものであった。こうして、安保再定義は、新「日米防衛協力の指針（ガイドライン）」策定として結実していく。新ガイドライン中の「Ⅴ.日本周辺地域における事態で日本の平和と安全に重要な影響を与える場合（周辺事態）の協力」について、これを具体化するため周辺事態法が制定され（1999年5月）、また、日米物品役務相互提供協定も改定された。さらにその後、「周辺事態に際して実施する船舶検査活動に関する法律」（「船舶検査活動法」。現「重要影響事態等に際して実施する船舶検査活動に関する法律」）が制定された（2000年12月公布）。

　但し、日米安保体制にとって不可欠であるはずの沖縄で、1995年の不幸な事件を契機に、安保体制自体を根底から揺るがす反基地闘争が沸き上がったことは特記すべき出来事である。第2次大戦により焦土と化した沖縄では、米軍の「銃剣とブルドーザー」により基地建設が大規模に行われ、今でも全国の米軍専用基地の75％が集中している。基地の整理・縮小を目指したSACO合意（1996年12月）も根本的な問題解決には至っておらず、新たな紛争の出発点となっている[19]。日本及びアジア地域の平和と安定が沖縄県で頻繁に起きる事件・事故の犠牲の上に成り立っていることを忘れてはならない[20]。

---

[19] 拙稿「日米地位協定と自治体——普天間飛行場返還問題に関連して」『琉大法学』73号（2005）7頁以下（本書212〜247頁）参照。

[20] 新ガイドラインや周辺事態法等については多くの業績があるが、ここでは、森英樹・渡辺治・水島朝穂編『グローバル安保体制が動きだす——あたらしい安保のはなし』（日本評論社、1998）、山内敏弘編『日米新ガイドラインと周辺事態法——いま「平和」の構築への選択を問い直す』（法律文化社、1999）参照。

3 「規範」と「現実」の乖離1——「現実」の第9条解釈

　以上の第9条の運用を見る限り、国内では軍事力の増強を図り、同時に、対米関係においては日米安保体制を維持・強化しようとする一貫した政治傾向があったといえる。その意味で、憲法の「規範」と政治の「現実」との間には乖離が生じている。その過程での解釈改憲の手法については、一定の傾向が見られる。1つには、憲法でも「禁止されていない事柄」があるとする手法であり、2つには、憲法で「禁止されている事柄」を漸次的に縮小するという手法であり、3つには、憲法上「禁止されている事柄」と「認められている事柄」との「隙間」を主張し、その「隙間」を拡大するという手法である。

(1)「自衛権」と自衛隊

　まず、憲法第9条の下で、自衛隊の合憲性を繕うための説明が必要とされた。そこで編み出されたのが、自衛戦争も放棄されているが自衛権は否定されていない、という解釈であった。「第1に、憲法は自衛権を否定していない。自衛権は国が独立国である以上、その国が当然に保有する権利である」。「2、憲法は戦争を放棄したが、自衛ための抗争は放棄していない。……従って自国に対する武力攻撃が加えられた場合に、国土を防衛する手段として武力を行使することは、憲法に違反しない」。「従って自衛隊のような自衛のための任務を有し、かつその目的のため必要相当な範囲の実力部隊を設けることは、何ら憲法に違反するものではない」[21]。ここでは、憲法が自衛戦争をも含む全ての戦争を放棄したとの解釈を維持しつつ、それとは区別される「自衛のための抗争」を通じて、自衛権の行使が正当化されうるとの考え方が示されている。但し、自衛権を行使するには一定の要件が必要であるとされ、次の3要件が提示された。「急迫不正の侵害、すなわち現実的な侵害があること、それを排除するために他に手段がないということと、しかして必要最小限度それを防禦するために必要な方法をとるという、3つの原則」であっ

---

[21] 1954年12月22日の第21回国会・衆議院予算委員会における大村清一防衛庁長官答弁。

た[22]。

　しかし、自衛権を認めようとする見解には問題がある。政府見解は、自衛権が国家の当然の権利であり、憲法によっても否定され得ないものであるとの理解を前提としているように読める。ところが、「近代」の思想において、憲法以前に認められるべき権利とは、自然権という人間の権利のみであって、人間の創造物にすぎない国家には、生来備わっているものとみるべき自然権は認められていないのである。むしろ憲法は国家の自衛権をも否定したと解すべきであって、「国が自衛権を持っていることはきわめて明白」と述べて議論を実質上封じる態度には疑念を禁じ得ない。

(2)「戦力」と自衛隊

　また、政府見解による自衛隊の正当化の試みは、「戦力」の概念の理解に顕著に現れた。既に述べたように、憲法制定当時の政府見解では、「警察力を超える実力説」が採られていた。しかし、警察予備隊から保安隊へと再軍備が進められるなか、これらの軍事力と憲法との関係が問題となってきた。そこで政府は、増強される国軍を合憲と説明するために、憲法で禁止される「戦力」の範囲を縮小するという方法をとった。具体的には、1952年当時の政府見解で、「近代戦争遂行に役立つ程度の装備、編成を備えるもの」を戦力とするという立場がとられたのであった（近代戦争遂行能力説）。その上で、保安隊および警備隊は、その本質が警察上の組織であるため軍隊ではないという解釈、また、客観的にこれを見てもその装備編成は決して近代戦を有効に遂行し得る程度のものでないから「戦力」には該当しないという解釈がとられた。

　但し、この解釈もすぐに使えなくなる。2年後の1954年には、再び政府の「戦力」概念の解釈が変わっていったのである。それ以来の政府見解は、自衛のために必要な最小限度の実力を超えるものを戦力とするという立場で一貫している（自衛に必要な最小限度を超える実力説）。この見解を明らか

---

[22] 1954年4月6日の第19回国会・衆議院内閣委員会における佐藤達夫法制局長官答弁。

にしたのが次の答弁である[23]。憲法が「今の自衛隊のごとき、国土保全を任務とし、しかもそのために必要な限度において持つところの自衛力というものを禁止しておるということは当然これは考えられない、すなわち第2項……の戦力にはこれは当らない、さように考えます」。

(3) 自衛権の限界と地理的範囲

「自衛に必要な最小限度」の限界をどのように考えるかによっては、自衛隊の活動や権限は実質上際限のないものとなるおそれがある。事実、戦力概念の変遷は、実態を前提に、それに合わせて憲法を運用しようとする政治傾向が存することを如実に表しており、ここでは憲法上の制約など無きがごとしである。そこで、保持が許される兵器の規模に関する政府見解が出された。「国土を守ることのみに用いられる兵器の保持」は許されるが、「相手国の国土の潰滅的破壊のためにのみ用いられる兵器の保持」は許されないとされる[24]。したがって、「相手国の国土の潰滅的破壊」のための攻撃的兵器とみなされるICBM（大陸間弾道ミサイル）、長距離核戦略爆撃機、攻撃型空母を保有することは、違憲となる[25]。しかし、ここで「自衛に必要な最小限度」という基準は、戦力の歯止めとはなり得ない。第1に、「自衛に必要な最小限度」の名目であれば、兵器の規模には限界がないからである。そのことは、防御用であれば、核兵器であると通常兵器であるとを問わずこれを「保有」することは憲法上可能であるとし[26]、また核兵器の「使用」ですら、「我が国を防衛するために必要最小限度のものにとどまるならば」可能とされて

---

[23] 1954年12月21日の第21回国会・衆議院予算委員会における林修三内閣法制局長官答弁。

[24] 松本善明議員提出質問趣意書に対する1969年4月8日の答弁書（内閣衆質61第2号）。

[25] 1968年4月3日の第58回国会・参議院予算委員会における増田甲子七防衛庁長官答弁、1988年4月6日の第112回国会・参議院予算委員会における瓦力防衛庁長官答弁。

[26] 1957年5月7日の第26回国会・参議院内閣委員会における岸首相答弁、1978年3月11日の第84回国会・参議院予算委員会における真田秀夫内閣法制局長官答弁、立木洋議員提出質問趣意書に対する1993年12月3日の答弁書（内閣参質128第4号）。

いる[27]ところに表れている。第2に、現に日本が保有する実力が「自衛に必要な最小限度」のものかどうかの判断基準が不明確だからである。政府見解では、日本が憲法上保持しうる自衛力の「具体的な限度は、その時々の国際情勢、軍事技術の水準その他の諸条件により変わり得る相対的な面を有する」とされた[28]。しかし、「その時々」で変わり得る基準というのは、えてして政府の都合のよいように運用されがちである。

　また、自衛権行使の地理的範囲についても問題が存する。防衛二法が成立した際に、参議院で次のような決議がなされた。「本院は、自衛隊の創設に際し、現行憲法の条章と、わが国民の熾烈なる平和愛好精神に照らし、海外出動はこれを行わないことを、茲に更めて確認する」。また、武力行使を行う目的を持って外国の領土、領海に入る「海外派兵」は、「自衛権の限界を越えるから憲法上はできないと解すべき」とする見解も示された[29]。但し、海外での武力行使や海外派兵の禁止という準則は、それのみで独立したものではなく、「自衛に必要な最小限度」を補う補足的な原則であるという点に注意が必要である。そのことは次の諸点に表れている。第1に、わが国に対する急迫不正の侵害に対し、他に手段がないと認められる限り、海外の敵基地を攻撃することも可能とされている点である[30]。第2に、他国からの武力攻撃がある場合、わが国の防衛に必要な限度において、わが国の領域を超えて周辺の公海・公空でこれに対処しても、自衛権の限度をこえるものではないとされる点である[31]。第3に、海外における武力行動でも、自衛権発動の

---

[27] 1998年6月17日の第142回国会・参議院予算委員会における大森政輔内閣法制局長官の答弁。

[28] 翫正敏議員提出質問趣意書に対する1991年11月29日の答弁書（内閣参質122第2号）。

[29] 1973年9月19日の第71回国会・衆議院決算委員会における吉国一郎内閣法制局長官答弁。

[30] 1956年2月29日の第24回国会・衆議院内閣委員会における船田中防衛庁長官答弁。

[31] 春日正一議員提出質問趣意書に対する1969年12月29日の答弁書（内閣参質62第1号）。

3要件に該当するものであれば、憲法上可能とされている点である[32]。こうして、憲法上禁止されていないとされる概念を拡張することで、現実には歯止めのない兵力増強にも耐えうる憲法解釈がなされてきたのであった。

(4) 集団的自衛権と日米安保

日米安保条約及びそこから派生する様々な活動を、憲法上どのように正当化するかが問題とされてきた。そこで提示されたのが、次の考え方であった。第1に、集団的自衛権の「行使」は憲法上認められないとする解釈である。「国際法上、国家は、集団的自衛権、すなわち、自国と密接な関係にある外国に対する武力攻撃を、自国が直接攻撃されていないにもかかわらず、実力をもって阻止する権利を有している」が、「憲法9条の下において許容されている自衛権の行使は、我が国を防衛するため必要最小限度の範囲にとどまるべきものであると解しており、集団的自衛権を行使することは、その範囲を超えるものであって、憲法上許されない」[33]。

ただ、現行安保条約第5条によれば、在日米軍への武力攻撃があった際に日本も「共通の危険に対処する」とされているが、この行動が集団的自衛権の行使に当たるのではないかが問題とされた。この点、米国は集団的自衛権の行使と考えているのに対し、日本政府は、在日米軍への攻撃が同時に日本に対する攻撃でもあるため、日本の行動は個別的自衛権によるものと解しているのである[34]。したがって、日本領海内の米国艦船に対する武力攻撃があった場合でも自衛権の発動はできないが、わが国の安全のために必要な限度内で行動する結果として、米国艦船が救われるということはあり得る[35]。しかし、個別的自衛権と集団的自衛権との区別、また、集団的自衛権の「保持」

---

[32] 松本善明議員提出質問趣意書に対する1969年4月8日の答弁書（内閣衆質61第2号）。

[33] 稲葉誠一議員提出質問趣意書に対する1981年5月29日の答弁書（内閣衆質94第32号）。1959年9月1日の第32回国会・衆議院外務委員会における高橋通敏外務省条約局長答弁参照。

[34] 1960年2月13日の第34回国会・衆議院予算委員会における林修三内閣法制局長官答弁。

[35] 1975年6月18日の第75回国会・衆議院外務委員会における丸山昂防衛庁防衛局長答弁。

と「行使」との区別という解釈は、あまりに技巧的にすぎる。そもそも、集団的自衛権が国際法上認められているということは憲法上も合憲であることの根拠とはならない。憲法が何の規定も置いていないことからしても、その保持すら禁止されているものと解すべきではなかろうか。

　第2に、米軍の武力行使と一体化した活動は憲法上許されないとする解釈である。まず、いわゆる一体化論とは、わが国に対する武力攻撃がなく仮に自らは直接武力行使をしていない場合でも、他国が行う武力行使への関与の密接性などからわが国も武力行使をしたという法的評価を受ける場合には、違憲となるとする考え方をいう。また、その根拠については、「憲法9条の裏といたしまして、憲法解釈の当然の事理としてそこから読み取れる」とされている[36]。具体的な判断基準として、「一つ、戦闘行動が行われている、または行われようとしている地点と当該行動の場所との地理的関係、二つ、当該行動の具体的内容、三つ、各国軍隊の武力行使の任にあるものとの関係の密接性、四つ、協力しようとする相手方の活動の現況等の諸般の事情を総合的に勘案して個々具体的に判断」するとする[37]。例えば、米軍と一体をなすような行動で補給業務をすることは違憲となり[38]、また、現に戦闘が行われている前線へ武器弾薬を供給・輸送すること、あるいは現に戦闘が行われている医療部隊に組み込まれる形で医療活動をすることは違憲であるが、逆に戦闘行為のところから一線を画されるところで、医薬品や食料品を輸送することは問題はない[39]。以上の考え方は、国連の集団的安全保障との関係にも妥当する。

　こうして、新ガイドライン及び周辺事態法における後方地域支援が正当化

---

[36] 1997年11月27日の第141回国会・衆議院安全保障委員会における大森政輔内閣法制局長官答弁。

[37] 1996年5月21日の第136回国会・参議院内閣委員会における大森政輔内閣法制局長官答弁。

[38] 1959年3月19日の第31回国会・参議院予算委員会における林修三法制局長官答弁。

[39] 1990年10月29日の第119回国会・衆議院国際連合平和協力に関する特別委員会における工藤敦夫内閣法制局長官答弁。

されていったのであった。以上の解釈は、個別的自衛権には含まれないが集団的自衛権にも該当しない領域であれば、自衛隊の行動が許されうるとするもので、いわば両者の隙間を主張するものと思われる。しかし、この解釈は個々の活動の性質を問うものであり、そこでは自衛隊という組織がどこまで活動できるのかという視点が欠けている。軍隊はどこまでいっても軍隊であり、その活動もまた容易に軍事力に転化しうることを思えば、組織の性質と活動の性質との切り分けには問題があろう。また、前線と後方との区別も実際の戦場では意味をなさないことからして、政府見解はあまりにリアリティを欠くものというべきであろう。

(5) 集団的安全保障と国際連合

自衛権概念により「自衛に必要な最小限度」の実力を保持することは合憲とする政府見解を前提とする限り、国連に加盟すること自体は憲法に抵触することにはならない。問題とされたのは、国連が行う様々な活動に自衛隊が参加することができるのかという点であった。具体的には次の原則との関係で問題となりうる。すなわち、すでに述べた海外派兵の禁止原則といわゆる一体化論である。政府見解では、武力行使の目的をもって武装した部隊を他国の領土、領海、領空に派遣する「海外派兵」と、武力行使の目的をもたないで部隊を他国へ派遣する「海外派遣」とを区別し、後者は違憲ではないとされている[40]。また、他国の武力行使と一体化しない運用の可能性は、政府見解では広く認められているといってよい。したがって、海外派兵ではなく海外派遣であり、かつ他国の武力行使と一体化しないものであれば、自衛隊の活動として行いうるとされる。

さらに具体的な諸原則として、例えば、第1に、軍事行動を目的とする「国連軍」への「参加」は違憲であるとする解釈である。「『国連軍』の目的・任務が武力行使を伴うものであれば、自衛隊がこれに参加することは憲法上許されないと考えている。これに対し、当該『国連軍』の目的・任務が武力行使を伴わないものであれば、自衛隊がこれに参加することは憲法上許

---

[40] 稲葉誠一議員提出質問趣意書に対する1980年10月28日の答弁書(内閣衆質93第6号)。

されないわけではない」[41]。第 2 に、「国連軍」への「協力」は違憲ではないとする解釈である。「『参加』とは、当該『国連軍』の司令官の指揮下に入り、その一員として行動することを意味し、平和協力隊が当該『国連軍』に参加することは、当該『国連軍』の目的・任務が武力行使を伴うものであれば、自衛隊が当該『国連軍』に参加する場合と同様、自衛のための必要最小限度の範囲を超えるものであって、憲法上許されない」。他方、「『協力』とは、『国連軍』に対する右の『参加』を含む広い意味での関与形態を表すものであり、当該『国連軍』の組織の外にあって行う『参加』に至らない各種の支援をも含むと解される」。この「『協力』については、当該『国連軍』の目的・任務が武力行使を伴うものであっても、……当該『国連軍』の武力行使と一体とならないようなものは憲法上許されると解される」[42]。

こうして、当該国連軍の目的・任務、国連軍の武力行使との一体性の有無を判断して、PKO 法の合憲性が説明されてきたのであった。しかし、集団的自衛権の場合と同様に、ここでも自衛隊という組織の問題性が抜け落ちている。個別的自衛権で初めてその存在及び活動を正当化されうる自衛隊が、なぜ個別的自衛権の行使以外の場面に出動しうるのか。政府の解釈は、憲法上許容しうる場合と禁止される場合との間に隙間を作り出し、漸次的にそれを拡張することで、新しい自衛隊の任務を合憲としてきたものであり、憲法解釈の手法として極めて重大な難点を含むものといわざるを得ない。

4 「規範」と「現実」の乖離 2 ──「規範」の第 9 条解釈

憲法第 9 条の政治的「現実」に対し、それを牽引する「規範」の側はどのように対応したのであろうか。ここでは、憲法の有権的解釈者であるはずの裁判所の対応を見ることで、この問いの検討を行いたい。なお、他に憲法解

---

[41] 稲葉誠一議員提出質問趣意書に対する 1980 年 10 月 28 日の答弁書（内閣衆質 93 第 6 号）。また、1967 年 5 月 30 日の第 55 回国会・参議院内閣委員会における藤崎萬里外務省条約局長答弁、1990 年 10 月 19 日の第 119 回国会・衆議院予算委員会における工藤敦夫内閣法制局長官答弁同旨。

[42] 1990 年 10 月 26 日の第 119 回国会・衆議院国際連合平和協力に関する特別委員会における中山太郎外務大臣答弁。

釈権を有する有権者や地方公共団体、また、有権的でないにしても学問的見地から実務に影響を及ぼしうる学説など、別のアクターの存在も重要であるが、ここでは扱わない。

(1) どのように違憲判断をしたか

自衛隊や日米安保条約の合憲性を問う裁判の判決において重要なのは、積極的に合憲判断を行った判決が見られないのに対し、逆に違憲判断を行った判決が見られることである。自衛隊と日米安保条約を違憲と判断した2つの判決を見ておこう。まず、長沼事件第1審判決（福島判決）である。長沼事件とは、航空自衛隊の基地を建設するために、農林大臣が国有保安林の指定を解除してその伐採を認めたところ、その処分の取消が争われた訴訟である。判決は、自衛戦争の放棄如何については第9条第1項と第2項による全面放棄説、また、第2項の「戦力」の概念につき「警察力を越える実力説」を採った。さらに、自衛権につきそれを認め、「自衛権を保有し、これを行使することは、ただちに軍事力による自衛に直結しなければならないものではない」と述べ、「非武装自衛権説」を採用した。その上で、自衛隊の組織、編成、装備、行動などを規定した防衛庁設置法、自衛隊法その他関連法規を違憲としたのである[43]。

次に、砂川事件第1審判決（伊達判決）である。これは、米軍基地拡張のための測量に際し、これを阻止しようとして米軍基地内に立ち入った行為が、日米安保条約第3条に基づく行政協定に伴う刑事特別法第2条違反を理由に起訴された刑事事件である。判決は、自衛権を認めながらも、憲法が「自衛のための戦力を用いる戦争及び自衛のための戦力の保持をも許さない」ものであること、また、「国際平和団体を目ざしている国際連合の機関である安全保障理事会等の執る軍事的安全措置等を最低線としてこれによってわが国の安全と生存を維持しようとする決意に基づくものであ」ること、さらに、わが国が「合衆国軍隊の駐留を許容していることは、……日本国憲法第9条第2項前段によって禁止されている陸海空軍その他の戦力の保持に該当

---

[43] 札幌地裁昭和48年9月7日判決・判時712号24頁。

するものといわざるを得ず、結局わが国内に駐留する合衆国軍隊は憲法上その存在を許すべからざるものといわざるを得ない」こと等を指摘し、刑事特別法第2条の規定を無効、被告人を無罪とした[44]。

(2) どのように憲法判断回避をしたか

正面から憲法判断を行い違憲判決を下した上記2判決以外の諸判決は、様々な論理を用いて憲法判断を実質回避してきた。その類型を整理しておこう。第1に、「訴えの利益」の否定という論理である。前記長沼事件第1審判決が、平和的生存権を根拠に、「地域住民にはその処分の瑕疵を争う法律上の利益がある」と述べ、保安林指定解除処分の取消を認めたのに対し、控訴審判決は、「前文中に定める『平和のうちに生存する権利』も裁判規範として、なんら現実的、個別的内容をもつものとして具体化されているものではない」とし、被控訴人らの訴えの利益を否定した[45]。最高裁判決は平和的生存権には触れず原告適格も訴えの利益も認められないとして、控訴審判決の判断を正当とした[46]。

第2に、いわゆる「統治行為論」である。長沼事件控訴審判決は、上記「訴えの利益」の否定により原告の請求を退けた上で、次のような見解を「付加」した。「高度の政治性を有する国家行為については……たとえ司法部門の本来的職責である法的判断が可能なものであり、かつそれが前提問題であっても、司法審査権の範囲外にある」。もっとも、「立法、行政機関の行為が一見極めて明白に違憲、違法の場合には、右行為の属性を問わず、裁判所の司法審査権が排除されているものではない」が、自衛隊の存在等の合憲性の問題は、「統治行為に関する判断であり、……これを裁判所が判断すべきものではないと解すべきである」と述べたのであった。本判決は、統治行為論を述べる必要がなかったにもかかわらず「付加」したものであり、その問題性が認識されたためであろうか、最高裁判決ではこの点の言及はなされなかった。自衛隊の合憲性が争点となった判決で同様に統治行為論が採られた

---

[44] 東京地裁昭和34年3月30日判決・下刑集1巻3号776頁。
[45] 札幌高裁昭和51年8月5日判決・行集27巻8号1175頁。
[46] 最高裁昭和57年9月9日判決・民集36巻9号1679頁。

ものに、後述する百里基地訴訟での第1審判決がある[47]。

　また、砂川事件の最高裁判決も、次のように述べて統治行為論を展開した。安保条約は、「主権国としてのわが国の存立の基礎に極めて重大な関係をもつ高度の政治性を有するものというべきであって、……一見極めて明白に違憲無効であると認められない限りは、裁判所の司法審査権の範囲外のものである」ところ、合衆国軍隊の駐留は「違憲無効であることが一見極めて明白であるとは、到底認められない」として、原判決を破棄・差戻した[48]。差戻後の判決では、第1審判決が被告人らを罰金2000円の有罪判決を下し、控訴審、最高裁ともそれを支持した[49]。砂川事件最高裁判決は旧日米安保条約に関わるものであったが、新日米安保に関しても本判決が先例とされ、同旨の判断が繰り返されている[50]。

　第3に、構成要件該当性なしとする論理である。この手法が採られた恵庭事件とは、自衛隊の演習に伴う被害に抗議するために自衛隊の電話通信線を切断した行為が、自衛隊法第121条に該当することを理由に起訴された刑事

---

[47] 水戸地裁昭和52年2月17日判決・判時842号22頁。

[48] 最高裁昭和34年12月16日大法廷判決・刑集13巻13号3225頁。

[49] 東京地裁昭和36年3月27日判決・判時255号7頁、東京高裁昭和37年2月15日判決・判タ131号150頁、最高裁昭和38年12月25日判決・判時359号12頁。なお、前掲東京地裁昭和34年3月30日判決の後、事件が最高裁判所に係属していた期間中に、田中耕太郎最高裁長官がアメリカ合衆国の駐日大使等と会談し、本件の評議内容を漏洩する等の言動をとっていたことが明らかとなった。「司法の独立」を揺るがすこの問題については、布川玲子・新原昭治編『砂川事件と田中最高裁長官――米解禁文書が明らかにした日本の司法』（日本評論社、2013）、吉田敏浩・新原昭治・末浪靖司『検証・法治国家崩壊――砂川裁判と日米密約交渉』（創元社、2014）参照。これを受けて、元被告人等が、「公平な裁判所」による裁判を受ける権利を侵害されたこと等を理由に、刑事訴訟法第435条第6号に基づく再審請求を行ったが、東京地裁平成28年3月8日決定・判時2364号6頁は、免訴を言い渡すべき明らかな証拠とは認められないとして棄却し、東京高裁平成29年11月15日決定・判時2364号3頁は、そもそも免訴事由に該当しないことから再審請求が認められないとした。

[50] 例えば、那覇市軍用地訴訟に係る那覇地裁平成2年5月29日判決・行集41巻5号947頁、沖縄県代理署名拒否訴訟に係る最高裁平成8年8月28日大法廷判決・民集50巻7号1952頁等参照。

事件である。被告人は、自衛隊及び自衛隊法が違憲であることを根拠に無罪を主張して争った。判決は、自衛隊法第121条にいう「その他の防衛の用に供する物」とは、「武器、弾薬、航空機」の例示物件とのあいだで、「法的に、ほとんどこれと同列に評価しうる程度の密接かつ高度な類似性のみとめられる物件を指称するというべきである」と法律上の文言を厳格解釈した。その上で、「本件通信線が……『その他の防衛の用に供する物』に該当しない」として被告人を無罪としたのであった[51]。自衛隊に関する憲法判断が下されるのではないかと期待されていたのであるが、その点には一切踏み込まないまま判決が下された。逆に、検察側は大満足であり、「無罪判決であるにもかかわらず、肩を抱き合って喜んだといわれるほど」であった[52]。

第4に、私人間効力論である。これは、自衛隊百里基地のための用地買収に際し、所有者と防衛庁との土地売買契約の効力が争われた百里基地訴訟で争点とされた。最高裁判所は、私人間効力論の観点から憲法第9条の直接適用を否定した。「憲法9条の宣明する……規範は、……私法上の規範によつて相対化され、民法90条にいう『公ノ秩序』の内容の一部を形成するのであり、したがつて私法的な価値秩序のもとにおいて、社会的に許容されない反社会的な行為であるとの認識が、社会の一般的な観念として確立しているか否かが、私法上の行為の効力の有無を判断する基準になるものというべきである」。このように憲法の趣旨ないし効力を相対化して本件契約を有効と判断したのである[53]。

(3) 裁判所に期待されるもの

上記各判決に対しては様々な評価がなされた。特に、憲法判断を回避した判決には多くの批判が寄せられた。ここでそれらに言及する紙幅の余裕はないが、そもそも裁判所には何が期待されていたのかという点に触れておきたい。

裁判所は、具体的事件の解決の前提となる法規範の解釈・適用を行う。裁

---

[51] 札幌地裁昭和42年3月29日判決・下刑集9巻3号359頁。
[52] 山内・太田・前掲 (1) 77頁。
[53] 最高裁平成元年6月20日判決・民集43巻6号385頁。

判所による法規範の解釈・適用により、当該法規範の意義ないし効果が確認されうるとともに、法規範自体に内在する問題点も浮彫になりやすい。裁判所の役割はまさにここにある。憲法改正論との関わりで述べれば、憲法の妥当な解釈・運用を通じてこそ各条項の意義や限界が明らかになるのであって、有権的解釈者が憲法判断を避けている状況では、仮に憲法条文に難点が存するとしてもそれを認識することはできないのである。裁判所の態度は、政治の問題点の所在を見えにくくするとともに、憲法自体に対する冷静な評価をも不可能にしてしまう。このような状況を変えるためには、裁判所が積極的に憲法判断を行うことを通じた問題解決の道が模索されなければならない。

統治行為論に引きよせて述べれば、それは、裁判所が司法判断を下さないことで、解決を政治部門ひいては主権者に任せようとするものであった。しかし、実際はそうはならなかった。違憲判断が下されなかったことで、政治は既定方針を継続し、「規範」からの乖離が修正されなかったからである。憲法制定権力者ないし憲法改正権力者の存在をも視野におさめるならば、統治行為論は、司法判断を下さず憲法上の問題が表出しないことで逆に主権者が登場する場面を大きく制限することとなった。裁判所は、判断を控えることで政治部門に問題の対処を委ねるのではなく、積極的に判断を行うことによってこそ問題を政治部門に投げ返すことができたのではなかったか。

結——混迷の果てに還るべき思想

　憲法第9条に関する国家の政策は、国際環境に大きく左右されてきた。その状況は、「規範」の側から見れば「混迷」としか映らないし、また、「規範」を担う裁判所自らも憲法判断を回避してきた。今の時点で、憲法第9条の改正論議に簡単に乗ってしまう前に、もう一度、「原点」に戻ってやり直すことが必要ではないかと主張したい。あるいは、昔と今とでは状況が違うと主張する論者には、国家をめぐる環境を今こそ考えるべきではないか、逆説的ではあるが、憲法第9条の価値を再評価するためには、国家や国際関係の歴史・文脈・環境を考慮に入れなければならないのではないか、と主張し

たい。この点に関連して、次の諸点について検討しておきたい。

(1)「自然状態」

冷戦が終結したとしても、アメリカを主権者とする世界連邦が誕生したとまで言えるほど、その権力は強大ではない。ホッブズのリヴァイアサンは未だ誕生していない。その限りでは、冷戦中も冷戦後も世界環境は「自然状態」にあるという点で変わりはない。この点、国際関係が「自然状態」であるとすれば、一切の武力を放棄して「チキン国家」となってしまうと他国からの武力攻撃を誘発することとなるとする議論がある[54]。しかし、この議論は、国家ないし国際関係が歴史や文脈を抜きにしては語ることができないという事実を無視している。日本が戦前・戦時中に行ったこと、戦後補償について解決していない問題が残されていること、「靖国」や「日の丸・君が代」といった戦前のシンボルが現在のシンボルとして復活していること等を考慮すれば、加えて憲法第9条の改正がいかなるメッセージを近隣諸国に与えることになるのかということを真剣に考慮すべきではなかろうか。

(2)「新しい中世」

国家以外のアクターの役割がその重要性を増し、イデオロギー対立の状況も終焉を迎える中で、現在の世界システムが「新しい中世」に向かっているとする指摘もある[55]。また、1970年代後半以降、自由主義的民主制の政治体制を採用する国家の数が増えていることからすれば、戦争が起きにくい環境にあるといえる。もっとも、この議論は、自由主義的民主主義の国家体制を確立している国家の間でのみ通用しうるものであり、その国家群に属していない国家との間では未だ国際紛争の危険性は消滅していない。改憲論が勢いを増すのはこの問題領域においてである。しかし、ここでは以下の点を指摘することができる。第1に、経済的・社会的な場面での国際的相互依存が緊密になる中で、この動きを推し進めることが紛争予防につながるのではないかということ、また、そのことは軍事力の行使やそれを背景とする威圧的な外交では極めて困難ではないかと思われること、第2に、J・ロールズのよ

---

[54] 長谷部恭男『憲法と平和を問いなおす』(ちくま新書、2004) 148頁以下。
[55] 田中・前掲 (5) 167頁以下。

うに、理論的にも自由主義的民主主義の国家体制とそれ以外の国家体制とが平和的に共存できるような論理が提示されており、その可能性を模索することが重要ではないかと思われること[56]等である。

「9・11」テロ、その後の「アフガン攻撃」、「イラク攻撃」を経て、軍事力では問題の根本的な解決に結びつかないことが明らかとなった今、戦争を嫌忌する世論が国際的に広まっている。「イラク」後は、再度、国連を含めて国際平和のための体制を構築し直す必要があり、その際には、非軍事的な国際貢献のあり方こそが、とりわけ日本に対して強く求められるであろう。

---

[56] John Rawls, The Law of Peoples Harvard University Press,1999. ジョン・ロールズ、中山竜一訳『万民の法』（岩波書店、2006）。また、ジョン・ロールズ「万民の法」中島吉弘・松田まゆみ訳『人権について』（みすず書房、1998）51 頁以下参照。

第1部　安全保障の法構造と変容

第2節　集団的自衛権と「安保法制」

1　「戦争法制」と民主主義——私たちはどう対抗すべきか

(1) 何が問題か

　安保法制が国会で「可決」されたいま、改めて今後の日本の平和や国家の有り様がどのように変わるのかが問われなければならない。ここでは、今回の安保法制の審議の過程で明らかになった特徴を指摘した上で、安保法制の内容と問題点を取り上げ、整理する。後者としては、第1に、外国軍隊の武力行使に自衛隊が関与することの問題性であり、第2に、集団的自衛権の行使容認の問題性を指摘することが必要である。この2点は、どちらも憲法第9条第1項の「武力の行使は‥‥永久にこれを放棄する」という規定に違反するものであり、違憲無効と考えられる。第1の論点は、自衛隊の活動が「武力行使」に該当し違憲と考えられるものであり、第2の論点は、「武力行使」の違憲性を例外的に阻却する事由の解釈改憲という問題である。

(2) 国会審議の過程で明らかになったこと

(ⅰ) 日米関係の変質

　日米安保条約では、「各締約国は、日本国の施政の下にある領域における、いずれか一方に対する武力攻撃が、自国の平和及び安全を危うくするものであることを認め、自国の憲法上の規定及び手続に従つて共通の危険に対処するように行動することを宣言する」と規定され、米国による日本防衛と日本による米国への基地提供が相互に約定されている（第5条）。ところが、日本政府は、土地の提供だけでなく基地の自由使用や行政上の特権を付与し（日米地位協定）、財政上の特別経費を支出してきた（「思いやり」予算）。

　これに加えて、今回の安保法制をめぐっては、さらなる米国優先の日米関係が露呈したといえる。①ガイドライン改定（2015年4月27日）の際の手続面における米国優先傾向である。安倍晋三内閣総理大臣は、まだ法案を国会に提出さえしていない段階で、「この法整備によって、自衛隊と米軍の協力関係は強化され、日米同盟は、より一層堅固になります。それは地域の平

和のため、確かな抑止力をもたらすでしょう。戦後、初めての大改革です。この夏までに、成就させます」と早々に宣言してしまった（4月29日の米国連邦議会上下両院合同会議における演説）。法案審議前に日米合意を優先させる手続は、国内の民主主義を無視・軽視する態度の表れといえる。

　②内容面における自衛隊の役割増大である。1978年に策定された時点でのガイドラインでは、日本が武力攻撃を受けた事態を想定し、その状況での日米防衛協力のあり方が策定されていた。他方で、1997年に改定されたガイドラインでは、防衛協力が周辺事態対処にまで拡大され、国外での日米共同での軍事行動が盛り込まれた。さらに、今回のガイドライン改定では、「アジア太平洋地域及びこれを超えた地域」の協力が合意され、「日本以外の国に対する武力攻撃への対処行動」を盛り込むこととなった。地理的な制約も撤廃され、軍事的な活動についても共同で行うことが規定されたのである。ここに至っては、従来の主権・経済・土地を日本から提供する関係性に加え、国民の生命をも差し出す不対等な日米関係のあり方が強く刻印されたものといえよう。

　③国内における民主主義・法治主義の破壊である。沖縄で強行される基地建設は、日米関係の変質を進め、軍事的合理性を優先する安倍政権の政策が、国内では国家の基本原理をも押し流す様を表すものといいうる。名護市民投票、沖縄県知事選挙、沖縄県議会議員選挙、名護市長選挙、名護市議会議員選挙等、県内の民意は、基地建設に反対の意思を繰り返し表明してきた。それを無視する基地建設の強行は、民主主義を破壊する暴挙である。また、基地建設に反対する市民を法律の根拠なく排除する海上保安庁の行為は、むき出しの「暴力」でしかない。法律の衣を装う気も見せない態度は、法治主義にも反する。

（ⅱ）日本社会が対峙するものの明確化

　私たちは、何と対峙しているのか。次の2点が重要であろう。1つは、「戦後レジームからの脱却」の切り札としての安倍政権である[57]。これまで様々

---

[57] 渡辺治「『戦後』日本の岐路で何をなすべきか」『世界』870号（2015）80頁以下。また、「戦後レジーム」の形成については、福永文夫『日本占領史1945-1952』↗

な改憲の策動が行われてきた。占領期から講和を迎える際の改憲論である。日米安保条約締結と日本の再軍備は、最初の「脱却」論であった。続く岸内閣の「脱却」論は、安保条約改定と改憲論とを目指すものであった。時間を経て冷戦後には、米軍再編と自衛隊海外派遣が進められるなかで、「脱却」論が展開された。数度にわたる改憲の試みはこれまで失敗してきたが、安倍内閣になって復古調の「脱却」論が再び姿を現すこととなった。重要なことは、改憲を目指す勢力は、安倍政権だけのものではない。安倍内閣が倒れても、次々と登場しうる試みであることを認識する必要があろう。

　2つには「反知性」の傾向である。「反知性」とは、自らの望む社会・世界を実現するためには、これまでの経緯や蓄積、学問上の前提でさえも否定してしまう態度である。具体的には、歴史・経緯の否定や共生の否定（差別、ヘイトスピーチ）、自由の否定（2015年6月25日に行われた自民党文化芸術懇話会での「マスコミを懲らしめるには、広告料収入がなくなるのが一番」等といった発言）が典型的である。また、法案審議の中で見られた様々な発言、例えば、2015年6月11日の記者会見での「憲法に違反するかどうかという議論を、これ以上続けていくことには、そんなに意味がない」とする発言（稲田朋美・自民党政調会長（当時））、2015年6月11日の第189回国会・衆議院憲法審査会における「憲法の番人は、最高裁判所であって、憲法学者ではありません」とする発言（高村正彦・自民党副総裁）、2015年7月26日に大分市で行われた講演における「法的安定性は関係ない」とする発言（磯崎陽輔・首相補佐官（当時））等は、学問的蓄積を否定するものであり、政権中枢の責任は重大である。

(3) 安保法制の内容と問題点

（ⅰ）外国軍隊の武力行使への関与

　従来の政府見解として、ここでは「一体化論」と「武器使用」による歯止めに着目する必要がある。第1に、「一体化論」である。これは、わが国に対する武力攻撃がなく仮に自らは直接武力行使をしていない場合でも、他国

↘（中公新書、2014）参照。

が行う武力行使への関与の密接性などからわが国も武力行使をしたという法的評価を受ける場合には違憲とする考え方を意味する。「一体化」の具体的な判断基準としては、①当該行動の場所との地理的関係、②当該行動の具体的内容、③各国軍隊の武力行使の任にあるものとの関係の密接性、④協力しようとする相手方の活動の現況等の諸般の事情が挙げられてきた。

　ところが、安保法制において、①と②の要素に関する重要な解釈変更が行われ、海外における自衛隊の活動が「武力行使」に該当するおそれが高まることとなった。すなわち、①の要素について、従来は前線・後方の区別、戦闘地域・非戦闘地域の区別が為されてきた。しかし、この区別が消去され、自衛隊の活動範囲が、他国が「現に戦闘行為を行っている現場」ではない場所まで拡大されたのである。この場合、派遣先で戦闘行為が始まる可能性があるが、法律では、「現に戦闘行為を行っている現場」となる場合、支援活動を休止・中断し、場合によっては撤退することとされた。

　また、②の要素については、周辺事態法の別表で活動内容の制限が盛り込まれていた。「物品の提供には、武器（弾薬を含む。）の提供を含まないものとする」（備考1）、「物品及び役務の提供には、戦闘作戦行動のために発進準備中の航空機に対する給油及び整備を含まないものとする」（備考2）である。しかし、備考第1の「（弾薬を含む。）」及び備考第2自体が削除され、自衛隊の活動内容についての重大な制限が撤廃された。以上の変更は、外国軍隊の武力行使と自衛隊の活動とが一体化する危険性を増大させるもので、違憲と解すべきである。

　第2に、「武力の行使」と「武器の使用」との区別である。政府見解によれば、武力行使とは、「国家又は国家に準ずる組織」に対する「組織的・計画的な戦闘行為」を意味する。相手方や自衛隊側のどちらかが「国家」性を持っていなければ、武器使用として合憲とされてきた。この理解に基づき、①「強盗団・テロ集団」に対して武器を用いても、「国家又は国家に準ずる組織」ではない以上、武力行使ではないとされ、また、②「自己保存型」については、自衛隊による「組織的・計画的」な戦闘ではなく、自衛隊員等の安全を守るための「自然権的権利」であるから、武器使用として合憲と説明

されてきた。さらに、③「武器等防護」についても、武器を奪われると自衛隊員の安全が危険にさらされることから、「受動的かつ限定的な必要最小限度の行為」として合憲と考えられてきた。

　他方、いわゆる「駆け付け警護」や「任務遂行」型の武器使用は、自衛隊の側は「組織的・計画的」なものであるから、相手方次第では武力行使に該当するおそれがあるとして、これまでは認められてこなかった。しかし、安保法制では、他国部隊や民間人の保護を目的とする「駆け付け警護」、また、PKO、人道復興支援、治安維持活動を遂行する際の武器使用が「任務遂行型」として解禁されることとなった。武器使用権限が拡大されたことにより、外国軍隊の戦闘に巻き込まれる危険性が高まったとともに、相手が「国家・国家に準ずる組織」かどうかをどのように判別しうるのか、民間人保護の際、武装した兵士が紛れ込む可能性をどのように考えるのか等、現場に困難な判断を強いることとなる。

（ⅱ）集団的自衛権の行使容認

　集団的自衛権とは、他国が武力攻撃を受けた時に、日本も他国を防衛するための戦闘行動を行うことをいう。従来の政府見解では、日本を防衛するための必要最小限度の自衛権は憲法上禁止されていないとし、集団的自衛権はこれを越えるもので許されないと解してきた。しかし、2014年7月1日の閣議決定及び安保法制では、「我が国と密接な関係にある他国に対する武力攻撃が発生し、これにより我が国の存立が脅かされ、国民の生命、自由及び幸福追求の権利が根底から覆される明白な危険があること」が認定されれば自衛権を行使することが可能とし、集団的自衛権を認めることとなった。このような解釈改憲には看過しがたい深刻な問題が存する。

　第1に、集団的自衛権の必要性について、最後まで説得力のある説明は為されなかった。日本の離島防衛、特に、「尖閣」の防衛とは論理的に無関係であり、米国による日本防衛の保障とするために必要だ、とする議論にも、日米安保条約第5条（「自国の憲法上の規定及び手続に従つて」対処する）からして、米国が必ず日本を防衛する保障はない仕組みとの整合性が問われうる。具体例として挙げられてきたホルムズ海峡での機雷掃海についても、

現実的な想定とはならなくなっており、弾道ミサイルの迎撃や日本人を乗せて避難する米国艦船の防衛も、既にその非現実性が指摘されている。

　第2に、仮に必要であっても何をやってもよいわけではない。政府見解では、既に、憲法第9条の解釈は論理を積み上げてきたもので、変更は不可であると述べてきており、仮に変更するとしてもそこには理屈や論理的整合性が必要となるはずである。それにもかかわらず、政府が挙げてきた理屈には多くの批判が述べられ、既に破綻を来しているといってよい。例えば、「砂川判決」が集団的自衛権の行使容認の根拠となる、とする議論には、砂川事件自体が集団的自衛権を問う事案ではなかった、とか、「排除していないから論拠となる」と言ってしまうと、何でも根拠となってしまう（冷蔵庫の取扱説明書も、集団的自衛権を明確に排除するものではない！）等の批判が妥当する。

　また、1972年10月14日の政府見解は、「自国の平和と安全を維持しその存立を全うするために必要な自衛の措置をとることを禁じているとはとうてい解されない」（「集団的自衛権と憲法との関係に関する政府資料」（参議院決算委員会提出資料））と述べており、この「自衛の措置」には集団的自衛権も含まれていた、とする議論もあるが、この政府見解は、集団的自衛権を憲法に反するとする結論を述べるものであり、一部分のみを抜き出して逆の結論を導こうとする議論は成立しないはずである。これら以外にも、「我が国の存立」、「危険」等、解釈次第ではどのようにでも解しうる不明確な概念であること、特定秘密保護法により十分な情報が国会に提供されないことが予想される以上、結局は、政権担当者にフリーハンドを与えること等、多くの問題点が指摘されている。

（4）どのように対抗すべきか

　安保法制の是非をめぐって最も注目された議論が、集団的自衛権であった。しかし、国際情勢を考えた場合、法律が施行されたからといって、すぐに集団的自衛権を発動するとは想定しがたい。むしろ、PKOや他国の後方支援として派遣された自衛隊が、派遣先で攻撃を受ける等により戦闘に巻き込まれ、個別的・集団的自衛権を行使することで「切れ目のない」行動を展

開することが予想される。その意味で、最初の一歩を踏み出させない力、軍事力を民主主義の力によって統制し続ける努力と工夫が必要となる。

　まずは、憲法破壊のクーデタが行われたことを忘却しないこと、決して政治に対して無気力に陥らないこと、世論誘導や分断工作に乗らないこと[58]が必要である。安倍政権は、①国会から逃げ（国会閉会「後」のTPP、臨時国会の召集拒否（憲法第53条違反））、②議論から逃げ（「新・三本の矢」「一億総活躍社会」等、経済への論点ずらし）、③選挙の争点化から逃げようとしている。私たちが追及し続けることが必要である。

2　動き出した「安保法制」を考える──「学問」と「政治」の共振

（1）問われ続ける「安保法制」

　2015年9月19日、「安保法制」、すなわち、平和安全法制関連2法（「我が国及び国際社会の平和及び安全の確保に資するための自衛隊法等の一部を改正する法律」（平和安全法制整備法）、「国際平和共同対処事態に際して我が国が実施する諸外国の軍隊等に対する協力支援活動等に関する法律」（国際平和支援法））が成立し、同月30日に公布され、2016年3月29日に施行された。議論は、法や国家のあり方から、労働者や個人の戦争協力の問題へと広がりを見せている。個人の生命や財産の保護、思想・良心の自由等の基本的人権と密接な関連を有する問題であることを想起する必要がある。

　安保法制に対しては、2014年7月1日の閣議決定（「国の存立を全うし、国民を守るための切れ目のない安全保障法制の整備について」）以来、大きな反対運動が生じてきた。法律内容の問題性及び市民の問題関心の高さから政治的性質を帯びる問題について、学会・研究者から一定の見解を発信することにはどのような意味があるのか。客観的な認識作用を特徴とする「学問」と主観的な実践的評価を内実とする「政治」との区別を前提に、両者が相互に影響し合い「共振」へと至る可能性があることが注目される。本来、

---

[58]　いわゆる「ナイラの証言」や「湾岸戦争のトラウマ」につき、伊勢崎賢治『日本人は人を殺しに行くのか──戦場からの集団的自衛権入門』（朝日新書、2014）51頁以下等参照。

学問と政治とは、別々の次元に位置するものである。しかし、それらがある瞬間に影響し合い、それぞれの固有領域における大きな動きとなることがある。これが共振である。学問上の議論は、政治上の議論に影響を与える「ために」行われるものではないが、政治上の議論に影響を与えうることを認識しつつ、それとは独立して行われるものといいうる[59]。

以下では、学問の場で、安保法制を検討する論点について考察を行い、その後で、安保法制の施行及び適用によって生じうる政治上の問題点を検討することとする。

(2)「学問」の場から考える

(ⅰ) 問題の所在と議論の継続

一般に、「解釈改憲」は認められないとされる。それは何故か、また、解釈変更は必ずしも禁止されないとすれば、解釈改憲と解釈変更とはどのように区別されるべきか。解釈改憲とは、憲法改正手続によらずに解釈によって改正と同じ効果を生じさせることと定義しうるが、解釈改憲の禁止は、権力分立概念から説明することができる。すなわち、憲法制定権力と国家権力との分立から憲法の最高法規性が、始原的憲法制定権力と派生的憲法制定権力との分立から憲法改正の限界論が、それぞれ導き出されることと並んで、憲法制定権力と憲法解釈権力との分立から解釈改憲の禁止を帰結することができる。「憲法の改正や破毀は、いずれも現行法上、解釈者には禁じられている」[60]とは、この趣旨と解される。

安保法制違憲論がその根拠としたのが「法的安定性」である。法的安定性とは何か。まず、最低限必要な正義観念である「適法的正義」(内容自体の正・不正ではなく、規定するところが忠実に遵守され適用されているか否かだけを問題とするもの)に相当すると解される[61]。また、「滑りやすい坂」論(変更を求める際限のない政治的圧力に抗しきれなくなる)として説明可能

---

[59] 2015年6月4日の第189回国会・衆議院憲法審査会における長谷部恭男、小林節、笹田栄司による憲法違反との指摘は、学問上の発言と捉える必要がある。

[60] コンラート・ヘッセ、初宿正典・赤坂幸一訳『ドイツ憲法の基本的特質』(成文堂、2006) 44頁。

[61] 田中成明『法理学講義』(有斐閣、1994) 179頁。

とするもの[62]、先例に従うことの価値（公平性、予測可能性、思考経済、信頼性確保、安定性）から説明するもの[63]、条文と解釈とからなる「機能する憲法」を十分な理由なく変更することはできないとする説明[64]がある。問われていたのは、内容の正・不正ではなく、合理的な説明ができない変更というのではないか（その意味で解釈変更にとどまるものではない）という点である。

但し、憲法学からの違憲論に対し、「明確にして精緻な理論的説明」はなされたか、と問う藤田宙靖の論文が公表され、注目されている[65]。藤田論文の問いは次の3点に集約されうる。①法解釈が誤ったものであれば正しいものに改めるのは当然とする公理（1）、②内閣法制局は内閣の補助機関にすぎず、内閣がその解釈に拘束されるという法理は通用しないとする公理（2）、③最終判断権を持つのは最高裁判所であるから、内閣による解釈は暫定的なもので、「解釈改憲」という言葉は「甚だミスリーディング」とする公理（3）である。既に「明確にして精緻な理論的説明」が改めて提示されているが[66]、以下では、安保法制の前提となる政府見解の変更が、法的安定性の観点から合理的に説明されうるか、また、学問の立場から現実政治に対しどのように批判的な指摘を行うかを検討する。

---

[62] 仲野武志「内閣法制局の印象と公法学の課題」『北大法学論集』61巻6号（2011）2072頁。また、長谷部恭男『憲法の理性［増補新装版］』（東京大学出版会、2016）22頁参照。

[63] 横大道聡「『政府の憲法解釈』の論理構造とその分析」憲法理論研究会編『変動する社会と憲法』（敬文堂、2013）38頁。

[64] 長谷部・前掲（62）240頁。

[65] 藤田宙靖「覚え書き――集団的自衛権の行使容認を巡る違憲論議について」『自治研究』92巻2号（2016）3頁以下。なお、藤田宙靖「自衛隊法76条1項2号の法意――いわゆる『集団的自衛権行使の限定的容認』とは何か」『自治研究』93巻6号（2017）3頁以下が公刊されているが、検討には他日を期す他ない。

[66] 水島朝穂「安保関連法と憲法研究者――藤田宙靖氏の議論に寄せて」『法律時報』88巻5号（2016）77頁以下［水島朝穂『平和の憲法政策論』（日本評論社、2017）所収］、長谷部・前掲（62）頁237頁以下、樋口陽一「どう読み、どう考えたか――藤田宙靖『覚え書き――集団的自衛権の行使容認を巡る違憲論議について』に接して」『世界』883号（2016）141頁以下参照。

(ⅱ) 憲法解釈の変更と「法的安定性」

　政府見解の変更を説明しようとする場合、次の3つの主張が考えられ得る。①「憲法解釈の変更はなかった」（従来の憲法解釈との連続性・一貫性は維持しうる）とする説明、②「憲法解釈の変更は過去にもある」（今回の解釈変更だけが許されないとする道理はない）とする説明、③「裁判所も判例変更を行っている」（内閣・内閣法制局による解釈変更だけが許されない理由はない）とする説明である。

　①の説明は、憲法解釈の変更と「当てはめ」のレベルでの評価の変更とに区別し、閣議決定は、集団的自衛権に対する評価の変更でしかないと主張するものである。これは、「集団的自衛権と憲法との関係」（1972年10月14日、参議院決算委員会に対する政府提出資料）との論理的整合性は認められるとする説明に見られる[67]。しかし、日本に対する武力攻撃が発生し、これを排除するため他に適当な手段がない場合に認められる必要最小限度の実力行使のみが許容される、とする従来の政府見解では、集団的自衛権を容認する余地はない[68]。また、砂川判決（最高裁昭和34年12月16日大法廷判決・刑集13巻13号3225頁）では「集団的自衛権」は排除されていなかったとする主張も見られたが[69]、砂川事件は、日本の防衛（個別的自衛権の問題）の不十分な部分を他国の軍隊によって補うことの合憲性が争われた事案であり、そもそも集団的自衛権の是非は争点ではなかったと考えるべきである。集団的自衛権について判断していない判決を持ち出し、それを根拠とする議論は、「法律学のイロハのイと衝突」[70]するものといわざるを得ない。

　②の説明は、自衛隊発足時に「戦力」（憲法第9条第2項）の解釈変更が

---

[67] 「新3要件の従前の憲法解釈との論理的整合性等について」（2015年6月9日、内閣官房・内閣法制局）参照。

[68] 政府の立場を「基本的な論理」・「法理」－「当てはめ」論として整理し、その問題点を指摘するものとして、浦田一郎『集団的自衛権限定容認とは何か——憲法的、批判的分析』（日本評論社、2016）等参照。

[69] 2015年6月11日の第189回国会・衆議院憲法審査会における高村正彦発言。

[70] 長谷部恭男・大森政輔「［対談］安保法案が含む憲法上の諸論点」長谷部恭男編『検証・安保法案——どこが憲法違反か』（有斐閣、2015）43頁［長谷部発言］。

あった(「近代戦争遂行能力説」から「自衛のために必要な最小限度を越える実力説」への変更)のであり、今回も許容されるとする主張と捉えられうる。しかし、これは、「吉田内閣当時の説明をより適切な表現に改めたもの」で、両者に「基本的な理解の相違」はないとする説明[71]が妥当する。他方、「文民」条項の解釈は、「旧職業軍人の経歴を有する者であって軍国主義的思想に深く染まっている者でない者」から「自衛官は文民にあらず」に変更された[72]。これは、「政府が憲法解釈を変更した唯一の例」と指摘されている[73]。しかし、一切の解釈変更が許されないわけはなく、そこに合理的な説明がなされる限りで許容されると考えれば、この変更は、新しく発足した自衛隊をも包摂しうる点で適切なものであり、また、国家権力の統制の強化を図るもので立憲主義に適合する、と説明することができる。これと比較し、今回の解釈変更は、従来憲法違反とされてきた集団的自衛権等の考え方を変更する説明がつくされておらず、以前のものとは質が異なる。

　③の説明については、判例変更と憲法解釈の変更とは同一ではないという点を確認すべきである。判例変更を行った判決を見る限り、憲法解釈の変更がなされているわけではない。例えば、憲法解釈の変更ではなく、法律に対する評価の変更として、尊属殺重罰規定判決(最高裁昭和48年4月4日大法廷判決・刑集27巻3号265頁)、非嫡出子相続分差別違憲決定(最高裁平成25年9月4日大法廷決定・民集67巻6号1320頁)、再婚禁止期間違憲判決(最高裁平成27年12月16日大法廷判決・判例時報2284号20頁)がある。また、法律解釈の変更として、堀越事件判決(最高裁平成24年12月7日判決・刑集66巻12号1337頁、1722頁)、都教組事件判決(最高裁昭和44年4月2日大法廷判決・刑集23巻5号305頁)、全農林警職法判決(最高裁昭和48年4月25日大法廷判決・刑集27巻4号547頁)等がある。さらに、法律の適用に対する評価の変更として、第三者所有物没収事件判

---

[71] 阪田雅裕『政府の憲法解釈』(有斐閣、2013) 10頁。
[72] 1965年5月31日の第48回国会・衆議院予算委員会における高辻正巳内閣法制局長官の答弁。
[73] 阪田・前掲 (71) 162頁。

決（最高裁昭和37年11月28日大法廷判決・刑集16巻11号1593頁）がある。以上からすれば、7月1日の閣議決定が突出した事態であったと考えるべきであろう。

(ⅲ) 学問による政治批判の可能性

マックス・ヴェーバーによれば、学問の立場から現実政治に対し批判的な指摘を行うことは可能とされる[74]。次の4つの視点は、社会科学の一般的な方法論として法律学にも妥当しうる。第1に、目的と手段との適合性である。安保法制の目的は、日本の安全や国民の生命・自由及び幸福追求の権利の保護であり、そのための手段が集団的自衛権の行使容認である。しかし、目的と手段との適合性については、①他国の国際紛争に巻き込まれることとなり、危険性が増す、②「ホルムズ海峡が機雷封鎖された際」以外の「例というのは念頭にはありません」（2015年5月27日の第189回国会・衆議院我が国及び国際社会の平和安全法制に関する特別委員会における安倍晋三内閣総理大臣の答弁）とするも、核開発をめぐってイランと米欧など6カ国との最終合意がなされ、非現実的な想定となった等、その適合性には重大な疑義が伴う。

第2に、目的と別の手段との適合性である。立法目的を達成するには、集団的自衛権よりもむしろ武力攻撃事態として個別的自衛権で対処する方が適合的ではないか、そのように考えた場合、集団的自衛権自体、不要ではないかと指摘しうる。また、「日本と外国が同時に攻撃を受けている」場合、「外国への攻撃が同時に日本への攻撃でもある」場合等には、個別的自衛権で対応可能であり、やはり集団的自衛権は必要ではない[75]。

第3に、目的とその基礎にある意欲・理念との関連性である。安保法制の動機として、①日本の防衛に米国を関与させることの保障としたい、②「湾岸戦争のトラウマ」（湾岸戦争時130億ドルの支援をしたが、クウェートに

---

[74] マックス・ヴェーバー、祇園寺信彦・祇園寺則夫訳『社会科学の方法』（講談社学術文庫、1994）16頁以下、富永祐治・立野保男訳、折原浩補訳『社会科学と社会政策にかかわる認識の「客観性」』（岩波文庫、1998）31頁以下。

[75] 長谷部編・前掲（70）17頁［木村草太発言］。

よる米国新聞の感謝広告に「JAPAN」がなかった）を解消したい等が考えられる。しかし、①については、米国は、「自国の憲法上の規定及び手続に従つて」対処するため（日米安全保障条約第 5 条）、日本の防衛に米国が関与する保障はない。また、②については、これは「当たり前」で、「90 億ドル支援（当時のお金で約 1 兆 2000 億円）のうち、クウェートに払われたのはたった 6 億円」、「1 兆円以上のお金は米国のために支出された」という事実を提示する必要がある[76]。

第 4 に、目的や諸理想についての首尾一貫性・無矛盾性である。安保法制は、国外で武力行使を行う法制度であり、「軍隊」の組織と作用を認める国内法の整備が必要となるが、その存在自体を認めない憲法第 9 条第 2 項との整合性が維持できない。「自衛隊は、憲法上必要最小限度を超える実力を保持し得ない等の制約を課せられており、通常の観念で考えられる軍隊とは異なるものと考える」とする見解[77]と矛盾する。

(3)「政治」の場から考える

(ⅰ) 自衛隊の「海外派遣」と「協力」

安保法制の施行及び適用によって生じうる問題を検討する。①「重要影響事態に際して我が国の平和及び安全を確保するための措置に関する法律」（旧「周辺事態に際して我が国の平和及び安全を確保するための措置に関する法律」。以下、「重要影響事態法」という。）に基づく自治体協力・民間協力、②「武力攻撃事態等における国民の保護のための措置に関する法律」（以下、「国民保護法」という。）に基づく国民等の協力について、自らの政治的立場から何を問題とし、どのような主張を行うかが重要となる。

まず、重要影響事態法第 9 条は、「地方公共団体の長」「国以外の者」による協力を定めるが、どのような協力が求められるのか[78]。①地方公共団体の長は、港湾・空港施設の使用、建物・設備等の安全を確保するための許認可

---

[76] 伊勢崎・前掲 (58) 51 頁。
[77] 秦豊参議院議員提出の「自衛隊の統合運用等に関する質問」に対する答弁書（1985 年 11 月 5 日、内閣参質 103 第 5 号）。
[78] 拙稿「新ガイドラインと沖縄基地」『アソシエ』Ⅱ（2000）85 頁以下（本書 38 ～ 54 頁）参照。

を求められる。②地方公共団体は、人員・物資の輸送、消防法上の救急搬送、物品の貸与、燃料貯蔵所の新設、給水、公立病院への患者の受け入れ等を要請される。③民間は、人員・物資の輸送、廃棄物の処理、物品・施設の貸与、病院への患者の受け入れを要請される。民間病院のベッドが満杯の場合でも、「臨機応急のため」であれば定員を超過して患者を収容できるとする医療法施行規則第10条が適用されることとなろう。

協力の際に、米軍のオペレーション（作戦行動）が対外的に明らかになる場合が想定されるが、米軍の機密を守るために協力内容の「公開を差し控えていただくよう」依頼を行うとされる。また、自治体の協力拒否も考えられるが、それに対しては、「使用内容が施設の能力を超える場合等、正当な理由がある場合」に限られるとし、正当かどうかは各権限を定めた「個別の法令に照らして判断される」とされる（以上、「重要影響事態安全確保法第9条（地方公共団体・民間の協力）の解説」（2016年3月29日））。判断主体が政府であれば、実質上拒否は困難となろう。

（ⅱ）自衛隊の「武力行使」と「協力」

国民保護法上の「国民の保護のための措置」とは、指定行政機関、地方公共団体、指定公共機関・指定地方公共機関によって行われるもので、「警報の発令、避難の指示、避難住民等の救援、消防等に関する措置」、「施設及び設備の応急の復旧に関する措置」、「保健衛生の確保及び社会秩序の維持に関する措置」、「運送及び通信に関する措置」、「国民の生活の安定に関する措置」、「被害の復旧に関する措置」を意味する（第2条第3項）。指定公共機関は、独立行政法人、日本銀行、日本赤十字社、日本放送協会等の公共的機関、電気・ガス・輸送・通信等の公益事業を営む法人で、政令で定めるものをいい（「武力攻撃事態等及び存立危機事態における我が国の平和と独立並びに国及び国民の安全の確保に関する法律」第2条第7号）、指定地方公共機関は、都道府県において電気、ガス、輸送、通信、医療等の公益的事業を営む法人、地方道路公社等の公共的施設を管理する法人、地方独立行政法人で、都道府県知事が指定するものをいう（国民保護法第2条第2項）。

国民の保護措置を実施するため、自治体や指定された民間の協力が求めら

れると同時に、国民も、「必要な協力をするよう努めるものとする」と規定される（国民保護法第4条第1項）。但し、国民協力については、「協力は国民の自発的な意思にゆだねられるものであって、その要請に当たって強制にわたることがあってはならない」と定められている（同条第2項）。国民個人が協力を要請される場合として、①避難に関する訓練への参加（第42条第3項）、②避難住民の誘導の援助（第70条）、③救援の援助（第80条）、④消火、負傷者の搬送、被災者の救助その他の当該武力攻撃災害への対処に関する措置の援助（第115条）、⑤住民の健康の保持又は環境衛生の確保の援助（第123条）が規定されている。

(ⅲ) 自治体・民間・国民の「協力」の現実とその問題性

実際に行われた自治体・民間・国民の協力とはどのようなものであろうか。まず、過去の戦争の際の実施例として、第2次世界大戦時の協力を挙げることができる。①いわゆる商船隊である。太平洋戦争時、軍事物資や兵員の輸送のために日本の商船が徴用され、100総トン以上の船で3700隻以上が輸送業務に従事した。ところが、後方を攻撃して補給路を断つという軍事作戦のセオリー通り、商船隊が標的となり壊滅した。6万人を超す船員が死亡し、戦死率は軍隊より高かったという[79]。②沖縄戦における動員体制である。本土の兵器工場への動員、航空部隊を支援するための沖縄での後方基地の建設、県による輸送課・動員課の新設、飛行場建設のための土地の接収等が見られた。

また、ベトナム戦争時にも民間協力がなされた。③日本の海運会社所属の貨物船が沖縄からベトナムまで物資を運ぶために那覇軍港に入港した。しかし、物資の中身が弾薬や戦車であったことを知らされていなかった船長は、軍事物資の積み込みを拒否し、那覇軍港をそのまま離れていったとされる。④沖縄県牧港地区に米陸軍第2兵站部隊が配備され、西太平洋地域の一大補給基地となった。補給基地は、戦車や車両の修理・営繕の作業、軍事物資の

---

[79] 大内建二『戦時商船隊』（光人社 NF 文庫、2005）参照。また、全日本海員組合ホームページ（http://www.jsu.or.jp/siryo/）、「戦没した船と海員の資料館」（兵庫県神戸市中央区海岸通 3-1-6　全日本海員組合関西地方支部内）参照。

搬出等、戦争に直結する業務を伴うものであった。

　さらに、戦時ではない状況で、⑤軍事用車両や弾薬等の輸送に、民間の航空機・船舶・車両が使用される場合がある。在沖米軍が本土で実施する実弾砲撃演習の際、訓練に参加する海兵隊員や155ミリりゅう弾砲、車両、弾薬等の物資輸送に、民間の航空機、船舶、車両が使用されることがある。民間航空機の定期旅客便に在日米軍の訓練用小火器と弾薬類が搭載されていることが発覚し、積み荷が降ろされたこともある。

　様々な協力が予想されるなかで、どのような問題を指摘しうるであろうか。第1に、事実上の強制への転換である。民間や国民に対する協力要請は強制ではないとされるが、戦前の教訓を踏まえ、戦時体制の仕組みと運用の実態を認識する必要がある。内田博文の次の指摘が重要であろう。「総力戦及びこれを支える国家総動員体制」にとって必要なのは、「迅速な意思決定作りであり、徹底した統制の実現」である。その際、「対立、分断、差別を利用して、統制強化が図られる」、すなわち、「戦争は外に敵を作るだけではなく、内にも敵を生み出す」ことで統制強化が図られるのである。市民間の監視や密告、「非国民」のレッテル貼りとバッシング、同調圧力等から、事実上の強制が可能となることに注意すべきである[80]。

　第2に、法的な強制への転換である。企業の側では協力要請が任意であっても、労働者の側では強制に転換する可能性がある。すなわち、企業が一度協力を受け入れると、労働者に対する業務命令が出される可能性がある。「民間でできることは民間で」というスローガンに象徴される民営化路線の下で、また、それが新たなビジネスモデルとして登場したイラク戦争後の現在、民間が利益を志向して戦争協力を自ら求めることもある[81]。その結果、「戦闘員」と「文民」との区別が不明確となり、文民や民間であっても軍事目標として攻撃対象となる危険性が生じる。危険性が予測される状況でも、業務命令の圧力の下で、自らの生命をかけて業務を遂行する労働実態が生み

---

[80] 内田博文『刑法と戦争──戦時治安法制のつくり方』（みすず書房、2015）72頁。
[81] 「民営化イデオロギー」については、ナオミ・クライン、幾島幸子・村上由見子訳『ショック・ドクトリン　下』（岩波書店、2011）551頁以下等参照。

出されるおそれがある。

(4) 問い続ける「立憲主義」「民主主義」

2016年7月10日に実施された第24回参議院選挙により、非改選議員を含めた参議院全体で自公両党及び憲法改正に前向きな政党が3分の2を超えた。これにより、衆参両院で「改憲勢力」が3分の2を占めることとなり、憲法改正の国会発議に必要な議席数を獲得するという新たな状況となった。安保法制の制定前に戻すという野党共闘の試みが頓挫するとともに、明文改憲まで現実味を帯びる政治状況となった。立憲主義の回復を民主主義によって実現しようとする試みが機能しなかった現時点で、民主主義にとっての課題は何か。

第1に、思想・良心（戦争協力の拒否）に反する行為の強制や、生命・健康の喪失のおそれに対する対応である。協力任務の中には危険を伴うものも予想され、それに従事させられる労働者にとっては死をも覚悟した任務となる。その場合、危険性が具体的に予見できる場合、業務命令によって任務を強制することは許されないとする判例[82]を参考に、少なくとも業務命令を出さないという労使間の合意が締結される必要があろう。

第2に、想像力や批判的思考力を備え、自律的判断を行いうる主体の確立である。争点隠しや期待感をあおるだけの経済政策に誘導されるのではなく、選挙後に現れる政治状況を想像しつつ選択を行うことが必要である。また、市民は、「引き下げ民主主義」[83]や「モラル・パニック」[84]の状況で、不平・不満、価値観の違い等から過剰に反応し「分断」されることがある。これは、権力側にとって民意調達を容易にし地位の強化・安定化をもたらすと

---

[82] 千代田丸事件・最高裁昭和43年12月24日判決・民集22巻13号3050頁。

[83] 丸山真男『「文明論之概略」を読む・上』（岩波新書、1986）106、107頁。また、津田正太郎「「引き下げデモクラシー」の出現——既得権バッシングの変遷とその帰結」石坂悦男編『民意の形成と反映』（法政大学出版局、2013）64頁参照。

[84] マーサ・ヌスバウム、河野哲也監訳『感情と法』（慶應義塾大学出版会、2010）317頁。また、津田正太郎「モラル・パニックとメディア——監視社会における『自由』の論理の衝突」石坂悦男編『市民的自由とメディアの現在』（法政大学出版局、2010）29頁以下等参照。

ともに、市民には権力に対する批判的思考力を弱体化させる原因となる。この状況を回避するには、「選挙だけ民主主義」に陥らず、日常的な公共の議論への参加と、孤独な「孤人主義」からの脱却を図ることが重要であろう。

第1部　安全保障の法構造と変容

第3節　安保法制の違憲性と立法行為の違法性

序——問題の所在

　2015年9月19日、平和安全法制関連2法（「我が国及び国際社会の平和及び安全の確保に資するための自衛隊法等の一部を改正する法律」（平和安全法制整備法）、「国際平和共同対処事態に際して我が国が実施する諸外国の軍隊等に対する協力支援活動等に関する法律」（国際平和支援法））が成立し（以下、「安保法制」ということがある。）、同月30日に公布され、2016年3月29日に施行された。本節は、大阪地方裁判所に係属している「戦争法」違憲訴訟（平成28年（ワ）第5586号平和的生存権等侵害損害賠償請求事件等）を題材に、集団的自衛権の行使等を容認した安保法制を制定した国会の立法行為が違憲・違法であり、国家賠償法第1条第1項に基づき損害賠償責任を負うに値するものであることを主張するものである。

1　国家賠償法第1条における違法性と損害

（1）違法性判断における「行為不法」傾向

（ⅰ）「行為不法」と「結果不法」

　国家賠償法第1条における違法性の判断方法について、2017年2月22日付けで被告国から提出された答弁書は、次のように述べる。「国家賠償制度が個別の国民の権利ないし法的利益の侵害を救済するものであることの当然の帰結として、国賠法1条1項の違法は、当該個別の国民の権利ないし法的利益に対する侵害があることを前提としており、権利ないし法的利益の侵害が認められない場合には、国賠法上の違法を認める余地はない。これは、国賠法が民法の不法行為（709条以下）の特別法であることからも明らかである」（22頁）。被告国は、この理解を前提に、原告が主張する「平和的生存権」・「戦争に加担させられない権利」・「人格権」を「国賠法上保護された権利ないし法的利益」と認められないとし、違法性を否定する。しかし、一般論としては、このような理解は、従来の判例を前提とする限り誤りである。

第3章　改憲論と「安保法制」

　国家賠償法第1条における違法性と民法第709条における違法性とは同様の判断方法によるべきであろうか。違法性については、①加害行為の違法性を問題とする「行為不法説」、②被害者に生じた結果（被害）の違法性を問題とする「結果不法説」、③加害行為の違法性と発生した結果の違法性を相関的に考慮して違法性の有無を判断する「相関関係説」とが主張されてきた[85]。民法における違法性については、相関関係説に基づき判断されてきたところ[86]、国家賠償法における違法性についても同様の判断が為されているのであろうか。判例を見る限り、行為不法説に基づき違法性を判断してきたものと解される。但し、その場合にも2つの立場が見られる。この違いは、違法性の判断方法の違いに加え、取消訴訟における違法性と同視するか（「違法性同一説」）、国家賠償法における違法性をより広く捉えるか（「違法性相対説」）という点とも関連する。第1の立場は、公権力発動要件の欠如をもって違法と解する立場（「公権力発動要件欠如説」）である。これは、違法性同一説と結びつくものである。第2の立場は、客観的な法規範に違反することを前提に、さらに公務員として職務上尽くすべき注意義務を怠ることをもって違法と解する立場（「職務行為基準説」）である。これは、違法性相対説と結びつくものとされる[87]。

　（ⅱ）判例における公権力発動要件欠如説

　従来の判例において、行政処分のようにその発動要件が法令で規定されている国家行為の違法性が争われる場合には、その発動要件の欠如をもって国家賠償法上の違法性と解し、その違法性を認識すべきであったにもかかわらず認識しなかったことを過失と構成する立場が採られていた。この類型に属

---

[85] 宇賀克也『国家補償法』（有斐閣、1997）45、46頁参照。
[86] 森島昭夫『不法行為法講義』（有斐閣、1987）229頁以下参照。もっとも、「権利侵害から違法性へ」の命題が定着し、判例では「被侵害利益が別個独立の要件となっているのではなく、他の要件との関連においてのみ意味を有している」ことから、「『権利侵害』の要件は、理論的には独立の要件たる地位を失い、『過失』または『損害』の発生の要件に吸収されたものと解すべき」とする見解も主張されている。平井宜雄『債権各論Ⅱ不法行為』（弘文堂、1992）23頁以下参照。
[87] 宇賀・前掲（85）46頁以下参照。

する判例として、ココム事件に関する東京地裁昭和44年7月8日判決（行集20巻7号842頁）がある。本件は、通商産業大臣が、ココム統制物資に該当することを理由に、輸出貿易管理令第1条第6項の規定により輸出不承認処分をしたところ、原告が損害賠償を求めて訴えたという事案である。東京地方裁判所は、次のように述べて、本件処分を違法と判断した。

「輸出貿易管理令1条6項の趣旨とするところは、輸出の自由は基本的人権であるから、国民の行なう輸出が純粋かつ直接に国際収支の均衡の維持ならびに外国貿易および国民経済の健全な発展を図るため必要と認められる場合、たとえば需給の調整、取引秩序の維持などのため必要と認められる場合に限り、通商産業大臣においてこれを制限することができる、というにあると解するを相当とし、経済外的理由による輸出制限は、それが間接的に経済的効果をともなうものであつても、同条項の趣旨とするところではないというべきである」。本件処分の実質的理由は、「共産圏諸国『封じ込め』政策の一環としてそれら諸国の潜在的戦力をスローダウンさせることを直接の趣旨、目的とするココムの申合せを遵守するためという国際政治的理由によるものであることが認められ、他に右認定を覆すに足りる証拠はない。したがつて、本件処分は、輸出貿易管理令1条6項の規定により行使しうる裁量権の範囲を逸脱し、違法であるといわなければならない」[88]。

本判決は、行政処分がその根拠法令に違反してなされたものであることを理由に違法と判断したものであり、公権力発動要件欠如説に依拠する判決と解される[89]。このように公権力発動要件欠如説に基づき違法性を判断する傾向は、権力的事実行為（拳銃の使用等）や非権力的事実行為（行政指導等）

---

[88] 但し、「通商産業大臣が本件処分をなすにあたり採つた上記解釈的立場は、いまだ、通常、公務員に対して要求されている注意力を欠くものとは認められず、したがつて、本件処分は違法ではあるが、同大臣に故意または過失はなかつたものといわなければならない」と述べ、賠償請求は棄却された。

[89] 同様の類型に属する判決として、東京高裁昭和29年9月15日判決・下民集5巻9号1517頁（旅券発給拒否処分）、東京高裁昭和29年3月18日判決・高民集7巻2号220頁（皇居外苑使用不許可処分）、大阪地裁昭和30年3月14日判決・下民集6巻3号468頁（財産税更正決定、差押え処分）、静岡地裁昭和38年7月12日判決・下民集14巻7号1391頁（電話加入権譲渡承認拒絶）等参照。

についても同様であり、さらに、申請に対する不作為の場合にも同様である[90]。そのうち、権力的事実行為の違法性が争われた事案において公権力発動要件欠如説を採用したと解される判決として、パトカー追跡事件に関する最高裁昭和61年2月27日判決（民集40巻1号124頁）がある。パトカーに追跡され制限速度を越えて走行する車両によって発生した事故で重傷を負った被害者が、パトカーの追跡の違法性を理由に損害賠償を請求した事案である。最高裁は次のように判示している。

「およそ警察官は、異常な挙動その他周囲の事情から合理的に判断してなんらかの犯罪を犯したと疑うに足りる相当な理由のある者を停止させて質問し、また、現行犯人を現認した場合には速やかにその検挙又は逮捕に当たる職責を負うものであつて（警察法2条、65条、警察官職務執行法2条1項）、右職責を遂行する目的のために被疑者を追跡することはもとよりなしうるところであるから、警察官がかかる目的のために交通法規等に違反して車両で逃走する者をパトカーで追跡する職務の執行中に、逃走車両の走行により第三者が損害を被つた場合において、右追跡行為が違法であるというためには、右追跡が当該職務目的を遂行する上で不必要であるか、又は逃走車両の逃走の態様及び道路交通状況等から予測される被害発生の具体的危険性の有無及び内容に照らし、追跡の開始・継続若しくは追跡の方法が不相当であることを要するものと解すべきである」。「（一）……当時本件パトカーが加害車両を追跡する必要があつたものというべきであり、（二）……本件パトカーの乗務員において当時追跡による第三者の被害発生の蓋然性のある具体的な危険性を予測しえたものということはできず、（三）更に、本件パトカーの前記追跡方法自体にも特に危険を伴うものはなかったということができるから、右追跡行為が違法であるとすることはできないものというべきである」。本判決は、公務員の行為規範がココム事件のように明確でない場合でも同様の判断を行ったものであり、複数の関連規定から行為規範を導出することで違法性判断の基礎としている[91]。

---

[90] 宇賀・前掲（85）139頁以下は、類型毎の判例を整理し、詳細に分析している。
[91] 同様に、警察官の行為（武器使用）の違法性が争われた事案として、大阪地裁↗

(iii) 判例における職務行為基準説

他方、より近時の判例においては、公務員として職務上尽くすべき注意義務を怠ることをもって違法と解する「職務行為基準説」が採用されるようになっている。刑事手続において被告人が結果的に無罪となった場合に、逮捕・起訴等が国家賠償法上違法の評価を受けうるかどうかが争われた芦別事件で、最高裁昭和53年10月20日判決（民集32巻7号1367頁）は、次のように判示する。

「刑事事件において無罪の判決が確定したというだけで直ちに起訴前の逮捕・勾留、公訴の提起・追行、起訴後の勾留が違法となるということはない。けだし、逮捕・勾留はその時点において犯罪の嫌疑について相当な理由があり、かつ、必要性が認められるかぎりは適法であり、公訴の提起は、検察官が裁判所に対して犯罪の成否、刑罰権の存否につき審判を求める意思表示にほかならないのであるから、起訴時あるいは公訴追行時における検察官の心証は、その性質上、判決時における裁判官の心証と異なり、起訴時あるいは公訴追行時における各種の証拠資料を総合勘案して合理的な判断過程により有罪と認められる嫌疑があれば足りるものと解するのが相当であるからである」。

本判決は、刑事手続における検察官の行為について、無罪判決が出されたことをもって違法と判断するのではなく、その意味で、結果不法という立場を否定し、公訴提起等の行為の違法性判断を検察官の職務の特性を基準として判断すべきとする立場を述べたものである。当該公務員の行為不法を基準とする立場が採用されたものであり、また、公権力発動要件の有無が決め手ではなく、検察官の職務を基準に当該行為の相当性・必要性が判断基準とされている[92]。法律の解釈適用を誤って判決を下した裁判官の行為によって損

↘ 昭和35年5月17日判決・下民集11巻5号1109頁、東京地裁昭和39年6月19日判決・下民集15巻6号1438頁、東京地裁昭和45年1月28日判決・下民集21巻1・2号32頁、東京地裁昭和55年3月31日判決・判時974号105頁等参照。

[92] 一般に、本判決は職務行為基準説として理解されているが、他方で、本判決は公権力発動要件欠如説をとったものと理解する見解もある。宇賀・前掲（85）50頁以下参照。

害を被った者が、裁判官の行為の違法性を理由に損害賠償を請求した事案でも、最高裁昭和57年3月12日判決（民集36巻3号329頁）は職務行為基準説を採用している。

「裁判官がした争訟の裁判に上訴等の訴訟法上の救済方法によって是正されるべき瑕疵が存在したとしても、これによって当然に国家賠償法1条1項の規定にいう違法な行為があつたものとして国の損害賠償責任の問題が生ずるわけのものではなく、右責任が肯定されるためには、当該裁判官が違法又は不当な目的をもつて裁判をしたなど、裁判官がその付与された権限の趣旨に明らかに背いてこれを行使したものと認めうるような特別の事情があることを必要とすると解するのが相当である」。

これらの判決に共通するのは、検察官や裁判官の行為については、明確な行為規範を設定し違法性判断の基準とすることが難しいために、行為規範からの逸脱を問う公権力発動要件欠如説ではなく、職務行為基準説を採用したと解される点である。したがって、以上の判例から他の事例、とりわけ行政処分については、職務行為基準説ではなく公権力発動要件欠如説が依然として妥当ではないかとも解される。もっとも、次の判決に見られるように、行政処分についても職務行為基準説を採用する判決がある。

まず、税務署長が、収入金額を確定申告の額より増額しながら必要経費の額を確定申告の額のままとして所得税の更正をし、所得金額を過大に認定する結果となった場合に、更正処分の違法を理由に損害賠償が求められた奈良民商事件で、最高裁平成5年3月11日判決（民集47巻4号2863頁）は次のように判示している。「税務署長のする所得税の更正は、所得金額を過大に認定していたとしても、そのことから直ちに国家賠償法1条1項にいう違法があったとの評価を受けるものではなく、税務署長が資料を収集し、これに基づき課税要件事実を認定、判断する上において、職務上通常尽くすべき注意義務を尽くすことなく漫然と更正をしたと認め得るような事情がある場合に限り、右の評価を受けるものと解するのが相当である」。「本件各更正における所得金額の過大認定は、専ら被上告人において本件係争各年分の申告書に必要経費を過少に記載し、本件各更正に至るまでこれを訂正しようとし

なかったことに起因するものということができ、奈良税務署長がその職務上通常尽くすべき注意義務を尽くすことなく漫然と更正をした事情は認められないから、48年分更正も含めて本件各更正に国家賠償法1条1項にいう違法があったということは到底できない」[93]。

また、税務署長が、建設会社に対する消費税及び地方消費税を徴収するため、預金債権を差し押さえて租税債権に充当したところ、同会社の債務整理を受任した弁護士が、差押えの違法性を理由に損害賠償を請求した事件で、最高裁平成15年6月26日判決（金融法務事情1685号53頁）は、次のように述べている。「滞納処分としての差押えは、滞納者の財産に対してのみ行うべきものであるところ、税務署長が誤って第三者に属する預金債権を差し押さえた場合であっても、そのことから直ちに国家賠償法1条1項にいう違法があったとの評価を受けるものではなく、税務署長が当該預金債権の帰属について認定、判断する上において、職務上通常尽くすべき注意義務を尽くすことなく漫然と差押えをしたと認め得るような事情がある場合に限り、上記の評価を受けるものと解するのが相当である」。本件事実関係において、「本件差押えをしたことには、その職務上通常尽くすべき注意義務を尽くすことなく漫然と差押えをした事情は認められないというべきである」。以上の判例に見られるように、国家賠償法第1条の違法性については、職務行為基準説を採用する傾向が強まっているように解される[94]。

---

[93] 本判決は、職務行為基準説ないし違法性相対説を採用した判決と捉えられている。井上繁規「最高裁判所判例解説」『法曹時報』46巻5号（1994）1010頁。また、本判決については、北村和生「所得税更正処分と国家賠償責任」宇賀克也・交告尚史・山本隆司編『行政判例百選Ⅱ［第7版］』（有斐閣、2017）451頁、喜多村勝徳「行政処分取消訴訟における違法性と国家賠償請求事件における違法性との異同」藤山雅行・村田斉志編『新・裁判実務大系25・行政争訟［改訂版］』（青林書院、2012）629頁以下等参照。

[94] 行政処分について、職務行為基準説を採用したものとして、東京地裁平成元年3月29日判決・判時1315号42頁（運転免許取消処分）、また、事実行為についても、職務行為基準説を採用した判決に、非嫡出子住民票記載事件・最高裁平成11年1月21日判決・判時1675号48頁がある。もっとも、行政処分についてまで職務行為基準説ないし違法性相対説を採用することについては、学説は批判的である。宇賀克也『行政法概説Ⅱ・行政救済法［第5版］』（有斐閣、2015）447頁↗

第 3 章　改憲論と「安保法制」

(ⅳ) 学説による評価

　学説には、結果不法説を採用する学説[95]や相関関係説を採用する学説[96]も見られる。しかし、通説は、行為不法説ないし公権力発動要件欠如説を妥当な立場であると主張する。例えば、宇賀克也は、「国家賠償制度は、被害者救済機能、損害分散機能にとどまらず、制裁機能・違法行為抑止機能・違法状態排除機能（適法状態復元機能）を果たすことが望ましい。すなわち、国家賠償制度は、被害者救済、損害（損失）分散という面では、損失補償制度と意義・機能を共通にし、制裁・違法行為抑止・違法状態排除（適法状態復元）という面では、行政争訟制度と機能を共通にし、法治国原理担保制度の一環をなすものとなる」とし、公権力発動要件欠如説をより妥当と主張する[97]。

↘ 以下、藤田宙靖『行政法総論』（青林書院、2013）542 頁以下、芝池義一『行政救済法講義［第 3 版］』（有斐閣、2006）246 頁、阿部泰隆『行政法解釈学Ⅱ』（有斐閣、2009）497 頁以下、塩野宏『行政法Ⅱ［第 5 版補訂版］』（有斐閣、2015）321 頁等参照。他方で、本判決及び前掲最高裁平成 5 年 3 月 11 日判決については、課税処分に関する職務行為規範の特殊な仕組みから説明されうるとする見解もある。小早川光郎は、納税者からの申告について調査・処分を行う税務署長、異議申立について審理決定する税務署長、審査請求について審理裁決する国税不服審判所の国税審判官等、訴訟について審理判決する裁判官という「それぞれの公務員が実際に行う職務行為についての職務行為規範に若干の差異を持たせることにより、それぞれの役割を十分に発揮させ、全体として不適正な課税を抑止しつつ適正な課税を確保するという考え方は、ありうるところである」と説明する。小早川光郎「課税処分と国家賠償」藤田宙靖博士東北大学退職記念『行政法の思考様式』（青林書院、2008）421 頁以下参照。

[95] 松岡恒憲「国家賠償法 1 条の違法概念」『北九州大学商経論集』8 巻 1・2 号（1972）28 頁参照。

[96] 遠藤博也『国家補償法・上巻』（青林書院新社、1981）166 頁、村重慶一『国家賠償研究ノート』（判例タイムス社、1996）34 頁、秋山義昭『国家補償法』（ぎょうせい、1985）71 頁、武田真一郎「国家賠償における違法性と過失について——相関関係説、違法性相対説による理解の試み」『成蹊法学』64 号（2007）494 頁以下等参照。

[97] 宇賀・前掲（85）61、62 頁。また、「行政処分についての国家賠償法上の違法の問題を考えるに際して重視されるべきは、法律による行政の原理である。この原理は、裏面からいえば、行政庁は、法律の定める要件を満たしてさえいれば、適法に権利侵害をなしうることを認めていることになり、その際、損失補償が問↗

また、塩野宏は、国家賠償法第1条の公権力行使の範囲が拡大し、その判例法が定着してくると、拡大された部分については「相関関係説によって対処する分野があることは認められよう」としつつ、次のように指摘する。「国家賠償法1条の趣旨は、違法な権力的国家活動によって国民の側に生じた損害の塡補にあるが、同時に、公権力の行使の違法性を判断して、法治主義の要請に応ずることも含まれていると解される。したがって、国家賠償請求訴訟においては、当該自然人たる公務員に課せられた職務義務（注意義務）のみならず、当該国家活動の法適合性も審理の中核となる。国家賠償法が代位責任的構成……をとっているからといって、国家賠償制度の本来的趣旨が見過ごされてはならない。その意味で、国家賠償法1条の違法性は、基本的には国家の権力的活動に課せられた法違反としてとらえるべきものである」[98]。

　塩野が指摘する相関関係説の例外的な適用可能性をめぐっては、職務行為基準説自体が、違法性につき相関関係説によって判断する立場であると指摘されることがあり、その点からも説明可能とも解され得る。しかし、判例の職務行為基準説による「違法性論は、民事不法行為論の単純な延長線上にあるいわゆる『相関関係論』……を超え、公務員の一定の行為準則違反を以て違法性と捉えている点では、……積極的に評価し得るものを持っている、と言って良い。そして、このことがまた、最高裁判例のいわゆる『職務義務違反説』を、少なくとも結果的に容認し得る実質的な根拠となるものということができよう」とする指摘もあり[99]、職務行為基準説と相関関係説との単純な同一視には疑問があるのであり、その点で、職務行為基準説は、公権力発動要件欠如説とともに、行為不法説に位置づけられる立場であると解すべきである。

　以上のように、国家賠償法上の違法性について行為不法説が支持されてい

　　題となりうるとしても、損害賠償の問題は生じないとしなければ、損失補償と損害賠償の区別は曖昧になってしまう」として、行為不法説を妥当と述べている。宇賀・前掲（94）447頁。
[98]　塩野・前掲（94）323頁。
[99]　藤田・前掲（94）542頁。

るのは、民法上の不法行為の場合とは異なり、法治国家原理ないし行政の法適合性の要請が強いためであると解される。不法行為の場合には、損害が発生した場合の負担の分配において、条文上、権利侵害が要件とされたが、その後、違法性へと拡大されるに伴い、必ずしも権利に該当しない利益にも法的救済を与える必要があった。その結果、相関関係説が採用されてきたのである。しかし、国家賠償法第1条の要件は、制定時から違法性の要件が設定されており、また、前提となる法原理が異なるために、同じように見える要件についても異なる判断が妥当する理由がある。以上から、国家賠償法第1条第1項の違法性判断においては、被侵害利益を考慮することなく国家行為の法適合性こそが問われるべきであり、被侵害利益については、基本的には、被害者に生じた損害として評価すれば足りると解される。

(2) 損害要件の判断方法と本件における損害

(ⅰ)「共通損害」の利点と限界

本件のように原告が多数となる訴訟において、損害要件の主張・立証はどのように行われるべきであろうか。この点、全ての原告の具体的被害についての主張・立証を要するとすれば、その負担が過大となるため、負担軽減を図る趣旨で「共通損害」の立証で足りるとするのが判例法理である。大阪空港訴訟において、最高裁昭和56年12月16日大法廷判決（民集35巻10号1369頁）は、「同一と認められる性質・程度の被害」を「共通する損害」ととらえて、「各自につき一律にその賠償を求めることも許されないではない」と判示した。

「被上告人らが請求し、主張するところは、被上告人らはそれぞれさまざまな被害を受けているけれども、本件においては各自が受けた具体的被害の全部について賠償を求めるのではなく、それらの被害の中には本件航空機の騒音等によって被上告人ら全員が最小限度この程度まではひとしく被つていると認められるものがあり、このような被害を被上告人らに共通する損害として、各自につきその限度で慰藉料という形でその賠償を求める、というのであり、それは、結局、被上告人らの身体に対する侵害、睡眠妨害、静穏な日常生活の営みに対する妨害等の被害及びこれに伴う精神的苦痛を一定の限

度で被上告人らに共通するものとしてとらえ、その賠償を請求するものと理解することができる。もとより右のような被害といえども、被上告人ら各自の生活条件、身体的条件等の相違に応じてその内容及び程度を異にしうるものではあるが、他方、そこには、全員について同一に存在が認められるものや、また、例えば生活妨害の場合についていえば、その具体的内容において若干の差異はあつても、静穏な日常生活の亭受が妨げられるという点においては同様であつて、これに伴う精神的苦痛の性質及び程度において差異がないと認められるものも存在しうるのであり、このような観点から同一と認められる性質・程度の被害を被上告人全員に共通する損害としてとらえて、各自につき一律にその賠償を求めることも許されないではないというべきである」。

「最小限度この程度まではひとしく被つていると認められる」被害を「共通損害」として一律に賠償請求を認めようとする判断は、ある意味で合理的なものである。しかし、原告一人一人が訴える被害は、現行憲法秩序の中でこれまで生活してきた個々人の全人格・全人生にわたる甚大なものであり、安易に「最小限度」の「共通損害」として集約してよい性質のものとは解されない。そこから削り取られてしまう個別具体的な精神的苦痛にまで視点を向けるべきであろう[100]。

（ⅱ）国家賠償請求訴訟における「反射的利益論」

国家賠償請求訴訟において、原告の主張する損害が「法律上保護された利益」ではないとして、損害賠償請求を否定する主張が国側からなされることがある。確かに、行政事件訴訟法上の取消訴訟においては、原告適格を有するのは「法律上の利益を有する者」のみとされ、法律上保護された利益を有する者が原告適格を主張しうるのに対し、それ以外の利益は「反射的利益」にすぎず、この場合には原告適格を否定されている。このような反射的利益

---

[100] 「らい予防法」違憲国家賠償請求訴訟事件に関する熊本地裁平成13年5月11日判決・判時1748号30頁に見られた「共通損害」の思考を取り上げ、批判的に検討する労作として、森川恭剛『ハンセン病差別被害の法的研究』（法律文化社、2005）参照。

論は、国家賠償法請求訴訟においても、採用されるべきであろうか。

この点、反射的利益論を採用し、原告が主張する利益が「法律上保護された利益」ではないことを理由に損害賠償請求を棄却する判決が見られる。まず、公衆浴場設置場所の配置基準に関する条例違反の許可により既存業者が受ける不利益については、損害賠償を請求することはできないとする判例がある。公衆浴場営業の許可制により、「新たな公衆浴場の開設は制限を受け、既設公衆浴場の営業者は公衆浴場の濫立、競争によつて蒙る不利益を或る程度免れる結果になつているが、これは、新たな公衆浴場の設置が制限されているための反射的利益にすぎず、既設公衆浴場の営業者が特別の保護を受け、一定地域における独占営業権ないし一定の営業利益を保障されているわけではない」。「従つて、既設公衆浴場の営業者にとつては、第三者が新たに公衆浴場営業の許可を受け、その附近において営業を開始しても、右営業の許可自体は既設浴場営業者に保障されている営業の自由には何の影響もないものであつて、これに対する法益の侵害があるということはできないから、その結果新たな公衆浴場の開設により、既設公衆浴場営業者に事実上利益の減少があつたとしても、前述のように法益の侵害がない以上、賠償すべき損害もまたないものといわねばならない」（東京地裁昭和34年8月4日判決・判時200号19頁）。

また、検察官の不起訴処分によって受ける不利益についても、同様に反射的利益に過ぎないとする判決がある。「法益の侵害を受けた被害者は、加害者に対して刑事上の処罰のあるべきことを期待し、これに関心を抱くことは否定し得ないところであり、またかような被害者側の期待ないしこれに伴う利益に対応して、被害者またはその法定代理人に告訴権を付与し、検察官が不起訴処分の裁定をしたときは告訴人に対し速やかにその旨を通知し、かつ請求により不起訴の理由を告知することを要する（同法第230条、第260条、第261条）ものとされ、告訴人、被害者等が検察官の不起訴処分に不服のあるときは、その検察官の属する検察庁の所在地を管轄する検察審査会にその処分の当否の審査の申立をすることができる（検察審査会法第30条）が告訴は捜査機関に対し犯罪捜査の端緒を与え、検察官の職権発動を促すも

のであるに過ぎず、検察審査会の議決についても検察官はこれに拘束されない（同法第 41 条）のであつて、右制度ないし手続は、検察官の職務の適正な運用を期してこれを担保するための公の制度とみるべきことが明らかである」。「かように、被害者は、刑事訴追権の行為の有無につき検察官と直接にもまた間接にも公法上の権利義務の関係を有しないのであつて、被害者が検察官の公訴の提起につき抱く期待は、公訴の提起ありたる場合に被害者の感情にもたらされる事実上の反射的利益にもとずくものに過ぎず、法はかような事実上の期待ないし利益を保護していないと解するのが相当である」（東京地裁昭和 47 年 2 月 26 日判決・判時 676 号 49 頁）[101]。

さらに、最高裁も、犯罪捜査の不適正及び検察官による不起訴処分を理由とする損害賠償請求に関して、次のように述べている。「犯罪の捜査及び検察官による公訴権の行使は、国家及び社会の秩序維持という公益を図るために行われるものであって、犯罪の被害者の被侵害利益ないし損害の回復を目的とするものではなく、また、告訴は、捜査機関に犯罪捜査の端緒を与え、検察官の職権発動を促すものにすぎないから、被害者又は告訴人が捜査又は公訴提起によって受ける利益は、公益上の見地に立って行われる捜査又は公訴の提起によって反射的にもたらされる事実上の利益にすぎず、法律上保護された利益ではないというべきである。したがって、被害者ないし告訴人は、捜査機関による捜査が適正を欠くこと又は検察官の不起訴処分の違法を理由として、国家賠償法の規定に基づく損害賠償請求をすることはできないというべきである」（最高裁平成 2 年 2 月 20 日判決・判時 1380 号 94 頁）。

（ⅲ）「反射的利益」に対する損害賠償請求の認容傾向

しかし、他方で、反射的利益論を排除し、国家賠償請求においては「反射

---

[101] その他、反射的利益論に依拠して賠償請求を棄却した下級審判決として、建築基準法違反の建築物に対する代執行権限の不作為によって受ける不利益（東京地裁昭和 40 年 12 月 24 日判決・下民集 16 巻 12 号 1814 頁）、通商産業大臣が無登録織機の規制を行わなかった不作為によって正規業者が受ける営業上の不利益（東京地裁昭和 44 年 12 月 25 日判決・判時 580 号 42 頁）、銀行法に基づく大蔵大臣の監督権限の不作為によって受ける不利益（福岡高裁昭和 53 年 7 月 3 日判決・判タ 370 号 107 頁）等参照。

的利益」をも救済可能とする判決が出されてもいる。警察官が捜査を放置し公訴提起の時効が完成したことによって受けた精神的苦痛に対する損害賠償請求について、その可能性を認める判決が出されている。「およそ警察は、個人の生命、身体及び財産の保護に任じ、犯罪の予防、鎮圧及び捜査等に当たることをもつてその責務とするものであり（警察法2条1項参照）、警察官は、上官の指揮監督を受けて警察の事務を執行するものである（同法63条参照）から、警察官には、警察の前記責務を達成するための各種の権限が法令により与えられている（警察官職務執行法参照）。そして、犯罪により害を被つたとする者から告訴がされた場合に、警察官が、告訴に係る犯罪の種類、性質、規模、態様等諸般の状況に即応して右権限を適切に行使し、個人法益をも保護するために当該事案につき、適切に捜査に着手する等必要な措置を講ずべきことは、法令の定める職務上の義務であると解するのが相当である（犯罪捜査の時期、方法、態様等は犯罪捜査機関の大幅な裁量に委ねられていることはもとよりである。）。しかるに、犯罪により害を被つた者から告訴があつたにもかかわらず、担当の警察官が、故意又は過失によつて、何ら合理的理由なしに違法に、右権限を行使せず、職務上の義務を怠つて必要な措置を講じないまま、漫然と不当に期間を徒過し、その結果、罪を犯した被告訴人（被疑者）が公訴時効の完成により不起訴処分をされて刑事訴追を免れるに至り、これにより告訴人に相当因果の関係にある損害が発生した場合には、公権力の行使に当る当該警察官がその職務を行うについて、故意又は過失によつて違法に他人に損害を加えたものとして、その警察官の属する公共団体は告訴人に対し損害賠償の責に任ずべき場合（国家賠償法第一条参照）があり得るものというべきである」（東京高裁昭和61年10月28日判決・判タ627号91頁）[102]。

最高裁も、反射的利益と言いうる精神的苦痛について、損害賠償請求を認める判断を繰り返し行っている。まず、水俣病認定についての長期間の不作

---

[102] 同様に、定期検診の過誤によって税務署員が受けた不利益に対する賠償請求を認めた判決（岡山地裁津山支部昭和48年4月24日判決・判時757号100頁）等がある。

為により精神的苦痛を被ったことを理由とする損害賠償請求がなされた水俣病認定遅延訴訟について、次のように判断された。①「一般的には、各人の価値観が多様化し、精神的な摩擦が様々な形で現れている現代社会においては、各人が自己の行動について他者の社会的活動との調和を充分に図る必要があるから、人が社会生活において他者から内心の静穏な感情を害され精神的苦痛を受けることがあっても、一定の限度では甘受すべきものというべきではあるが、社会通念上その限度を超えるものについては人格的な利益として法的に保護すべき場合があり、それに対する侵害があれば、その侵害の態様、程度いかんによっては、不法行為が成立する余地があるものと解すべきである」。②「これを本件についてみるに、既に検討したように、認定申請者としての、早期の処分により水俣病にかかっている疑いのままの不安定な地位から早期に解放されたいという期待、その期待の背後にある申請者の焦躁、不安の気持を抱かされないという利益は、内心の静穏な感情を害されない利益として、これが不法行為法上の保護の対象になり得るものと解するのが相当である」（最高裁平成3年4月26日判決・民集45巻4号653頁）。

また、広島徴用工在外被爆者事件では、「原子爆弾被爆者の医療等に関する法律」及び「原子爆弾被爆者に対する特別措置に関する法律」（「原爆二法」）に基づく通達によって被った落胆、怒り、被差別感、不満感、焦燥感を理由とする損害賠償請求が認められるかどうかが争われた。最高裁は、次のように判断している。①「上告人の担当者の発出した通達の定めが法の解釈を誤る違法なものであったとしても、そのことから直ちに同通達を発出し、これに従った取扱いを継続した上告人の担当者の行為に国家賠償法1条1項にいう違法があったと評価されることにはならず、上告人の担当者が職務上通常尽くすべき注意義務を尽くすことなく漫然と上記行為をしたと認められるような事情がある場合に限り、上記の評価がされることになるものと解するのが相当である」。②「402号通達を作成、発出し、また、これに従った失権取扱いを継続した上告人の担当者の行為は、公務員の職務上の注意義務に違反するものとして、国家賠償法1条1項の適用上違法なものであり、当該担当者に過失があることも明らかであって、上告人には、上記行為に

よって原告らが被った損害を賠償すべき責任があるというべきである」（最高裁平成19年11月1日判決・民集61巻8号2733頁）。

以上から、本件原告等が被った精神的苦痛の判断については、次の点に留意して行われなければならない。第1に、被侵害利益の認定については、取消訴訟における「法律上保護された利益」の場合ほどには、個別的利益の要素は要求されないことが確認されるべきである。その上で、原告一人一人が「安保法制」の制定によって被った精神的苦痛については、個別具体的に認定判断されるべきであり、その被侵害利益ないし不利益を、国家賠償法上保護された権利ないし法的利益ではないとして、一律に賠償請求を棄却してはならない。第2に、「国家賠償請求における『反射的利益論』が、違法性要件の問題なのか、損害要件の問題なのかについては、判例も必ずしも、一致しているわけではない」[103]が、狭義の権力行政の場合にもそれ以外の国家行為の場合にも、反射的利益を損害要件ないし違法性の問題として処理するのが判例の傾向と解される。それを前提として、被侵害利益が考慮されることとなろう。

2 立法行為の違憲性・違法性

（1）判例における判断方法

（ⅰ）3つの最高裁判例

安保法制を制定した国会の立法行為の違憲性・違法性を理由に損害賠償請求を行う訴訟において検討を要するのは、違法性の判断方法である[104]。この点について先例となる在宅投票制度廃止違憲訴訟において、最高裁は、立法行為の違法性を厳格な要件の下でのみ認められるものとする判断を示した（最高裁昭和60年11月21日判決・民集39巻7号1512頁）。①立法行為

---

[103] 宇賀・前掲（85）78頁参照。
[104] 立法行為の違憲性・違法性と国家賠償法上の違法性との関連については、青井未帆「選挙権の救済と国家賠償法――立法不作為の違憲を争う方法として」『信州大学法学論集』9号（2007）115頁以下、同「立法行為の国家賠償請求訴訟対象性・再論――権限規範と行為規範の区別をふまえて」『信州大学法学論集』12号（2009）1頁以下等参照。

（立法不作為を含む）の違法性の問題は、「国会議員の立法過程における行動が個別の国民に対して負う職務上の法的義務に違背したかどうかの問題であつて、当該立法の内容の違憲法の問題とは区別されるべきであり、仮に当該立法の内容が憲法の規定に違反する廉があるとしても、その故に国会議員の立法行為が直ちに違法の評価を受けるものではない」。②「国会議員の立法行為は、本質的に政治的なものであつて、その性質上法規制の対象になじまず、特定個人に対する損害賠償責任の有無という観点から、あるべき立法行為を措定して具体的立法行為の適否を法的に評価するということは、原則的には許されないものといわざるを得ない」。③「国会議員は、立法に関しては、原則として、国民全体に対する関係で政治的責任を負うにとどまり、個別の国民の権利に対応した関係での法的義務を負うものではないというべきであつて、国会議員の立法行為は、立法の内容が憲法の一義的な文言に違反しているにもかかわらず国会があえて当該立法を行うというごとき、容易に想定し難いような例外的な場合でない限り、国家賠償法1条1項の規定の適用上、違法の評価を受けないものといわなければならない」。

　また、立法行為の違憲性・違法性については、在外国民選挙権剥奪事件の最高裁判決も重要である。在外国民の選挙権について、衆議院議員選挙及び参議院議員選挙での行使を認めていなかった制度（平成10年改正前の公職選挙法）、また、衆議院比例代表選出議員の選挙及び参議院比例代表選出議員の選挙に限るとしている制度（平成10年改正後の公職選挙法）の合憲性が争われた事件で、次のように判示している（最高裁平成17年9月14日大法廷判決・民集59巻7号2087頁）。①「自ら選挙の公正を害する行為をした者等の選挙権について一定の制限をすることは別として、国民の選挙権又はその行使を制限することは原則として許されず、国民の選挙権又はその行使を制限するためには、そのような制限をすることがやむを得ないと認められる事由がなければならないというべきである。そして、そのような制限をすることなしには選挙の公正を確保しつつ選挙権の行使を認めることが事実上不能ないし著しく困難であると認められる場合でない限り、上記のやむを得ない事由があるとはいえず、このような事由なしに国民の選挙権の行使を

制限することは、憲法15条1項及び3項、43条1項並びに44条ただし書に違反するといわざるを得ない。また、このことは、国が国民の選挙権の行使を可能にするための所要の措置を執らないという不作為によって国民が選挙権を行使することができない場合についても、同様である」。②「立法の内容又は立法不作為が国民に憲法上保障されている権利を違法に侵害するものであることが明白な場合や、国民に憲法上保障されている権利行使の機会を確保するために所要の立法措置を執ることが必要不可欠であり、それが明白であるにもかかわらず、国会が正当な理由なく長期にわたってこれを怠る場合などには、例外的に、国会議員の立法行為又は立法不作為は、国家賠償法1条1項の規定の適用上、違法の評価を受けるものというべきである」。本件における立法の「著しい不作為は上記の例外的な場合に当たり、……違法な立法不作為を理由とする国家賠償請求はこれを認容すべきである」。

　さらに、再婚禁止期間違憲訴訟も重要である。女性について6箇月の再婚禁止期間を定める民法第733条第1項が憲法第14条第1項及び第24条第2項に違反し、本件規定を改廃する立法措置をとらなかった立法不作為の違法を理由に国家賠償法第1条第1項に基づき損害賠償が求められた事件で、最高裁は次のように判断した（最高裁平成27年12月16日大法廷判決・民集69巻8号2427頁）。①「本件規定のうち100日超過部分が憲法24条2項にいう両性の本質的平等に立脚したものでなくなっていたことも明らかであり、上記当時において、同部分は、憲法14条1項に違反するとともに、憲法24条2項にも違反するに至っていたというべきである」。②「法律の規定が憲法上保障され又は保護されている権利利益を合理的な理由なく制約するものとして憲法の規定に違反するものであることが明白であるにもかかわらず、国会が正当な理由なく長期にわたってその改廃等の立法措置を怠る場合などにおいては、国会議員の立法過程における行動が上記職務上の法的義務に違反したものとして、例外的に、その立法不作為は、国家賠償法1条1項の規定の適用上違法の評価を受けることがあるというべきである」。③「本件規定のうち100日超過部分が憲法に違反するものとなってはいたものの、これを国家賠償法1条1項の適用の観点からみた場合には、憲法上保障され

又は保護されている権利利益を合理的な理由なく制約するものとして憲法の規定に違反することが明白であるにもかかわらず国会が正当な理由なく長期にわたって改廃等の立法措置を怠っていたと評価することはできない。したがって、本件立法不作為は、国家賠償法1条1項の適用上違法の評価を受けるものではないというべきである」。

(ⅱ) 判例における違法性判断の方法

在宅投票制度廃止違憲訴訟判決は、本件における違法性の問題が「個別の国民に対して負う職務上の法的義務に違背したかどうかの問題」であると述べ（上記①）、「職務行為基準説」を採用した。国会議員が職務上尽くすべき注意義務を怠った場合として、本判決は、「立法の内容が憲法の一義的な文言に違反しているにもかかわらず国会があえて当該立法を行うというごとき、容易に想定し難いような例外的な場合」を挙げている（上記③）。ここから、次の点が確認されうる。第1に、本判決は、「個別の国民に対して負う」法的義務に言及している点で、結果の不法（被侵害利益）を考慮に入れたものとも解されうる。但し、既に損害要件の検討において述べたように、立法行為が個別の国民に対して与えた不利益・損害は、明確な権利侵害である必要はなく「反射的利益」であっても認められる。従って、立法行為の違法性の判断においては、立法府が「職務上の法的義務」に違反したかどうかが重視されるべきであって、それによって「個別の国民」に対して与える不利益は、必ずしも権利侵害であることを要しないと解すべきである。第2に、違法となる例として「立法の内容が憲法の一義的な文言に違反しているにもかかわらず国会があえて当該立法を行う」場合を挙げ、行為の不法を違法性の要素とする。この場合、行為の不法の要素と結果の不法の要素とを区別し、「憲法の一義的な文言」は人権規定である必要はなく、憲法第9条等の客観法も含むものと解されなければならない。

次の在外国民選挙権剥奪事件判決は、立法行為が「国民に憲法上保障されている権利を違法に侵害するものであることが明白な場合」や、権利行使のために「所要の立法措置を執ることが必要不可欠であり、それが明白であるにもかかわらず、国会が正当な理由なく長期にわたってこれを怠る場合」に

違法となりうることを認めたものであり、在宅投票制度廃止違憲訴訟判決が述べた「容易に想定し難いような例外的な場合」を実質上拡大したものと評価されている[105]。ただ、ここで強調されている権利侵害については、在宅投票制度廃止違憲訴訟判決と同様、それがなければ立法行為の違法性が認められない、という趣旨ではないと解されなければならない。すなわち、本判決は、立法府が負うべき「職務上の法的義務」の内容として、①憲法上保障されている権利を侵害してはならない義務、②憲法上の権利行使のための立法措置を執るべき義務が含まれているものと解釈し、立法府がその法的義務に違反したかどうかを直接の問題として検討していたからである。本判決は、「憲法上保障されている権利行使の機会を確保するために所要の立法措置を執ることが必要不可欠であり、それが明白であるにもかかわらず、国会が正当な理由なく長期にわたってこれを怠る」立法不作為が、立法府の「職務上の法的義務」に違反することを認めたものであるが、これは、憲法上の権利行使が問題とされた本件事案に即して判断されたものであり、それ以外の事例を違法性とは認定しないとする趣旨のものではない。立法行為による客観法違反の違法性を排除するものとは解されないようにしなければならない。

　さらに、再婚禁止期間違憲訴訟判決も、必要な立法措置を怠る不作為が、立法府の「職務上の法的義務」に違反し、国家賠償法第1条第1項上の違法性と判断しうることを認めたものである。これは、「憲法上保障され又は保護されている権利利益」を制約する立法を改廃しない立法不作為に関する判断を述べたものであり、一見すれば、憲法上の権利利益の要素を重視しているようにも見える。しかし、これは、憲法上の権利行使が問題とされた本件事案に即して判断されたものであり、それ以外の事例を違法性とは認定しないとする趣旨のものではない。論理構造としては、先の2つの判決と同様、

---

[105] 北村和生「在外日本人選挙権剝奪訴訟における行政法上の論点について」『ジュリスト』1303号（2005）25頁以下、内藤光博「立法不作為に対する違憲判断の新しい基準――在外選挙権訴訟大法廷判決」『専修ロージャーナル』1号（2006）147頁以下、西埜章「学生無年金障害者訴訟における立法不作為の違法性」『明治大学法科大学院論集』1号（2006）131頁以下、野坂泰司『憲法基本判例を読み直す』（有斐閣、2011）277頁等参照。

「職務上の法的義務に違反した」かどうかが重要であり、行為の不法に関する判断が主たる考察対象と解されなければならない。

なお、公務員の職務上の法的義務に違反するものかどうかを検討する際には、義務の根拠となる行為規範の存否が問われることとなる。この点、行政行為の違法性判断における行為規範を明らかにしようとする文脈で、「法治主義に究極の根拠を有する」「法令遵守義務の存在を媒介に、行政機関を規範受命者とする『権限規範』が公務員を規範受命者とする《行為規範》に変換される」とする指摘がある[106]。安保法制の問題に即して考えれば、立法機関を規範受命者とする憲法上の権限規範（「憲法第9条に違反しない限りで立法権を有する」）があり、それが立法機関を規範受命者とする行為規範（「憲法第9条に違反する法律を制定してはならない」）に変換されることとなる。具体的に、本件における職務上の注意義務をどのように考えるかについては、さらに項を改めて検討する。

(2) 安保法制制定の立法行為の違法性

(ⅰ)「武力の行使の一体化」論と憲法解釈の変更

2014年7月1日の閣議決定（「国の存立を全うし、国民を守るための切れ目のない安全保障法制の整備について」）以降、従来の憲法解釈についての重要な変更がなされた。中でも違憲の疑いが強い点を2つ取り上げる。第1に、「武力の行使との一体化」論についての変更である。これは、わが国に対する武力攻撃がなく仮に自らは直接武力行使をしていない場合でも、他国が行う武力行使への関与の密接性などからわが国も武力行使をしたという法的評価を受ける場合には、憲法第9条第1項で禁止される「武力の行使」に該当し違憲とする考え方である。他国の武力行使との一体化があったかどうかの判断基準について、「一つ、戦闘行動が行われている、または行われよ

---

[106] 神橋一彦「行政救済法における違法性」磯部力・小早川光郎・芝池義一編『行政法の新構想Ⅲ行政救済法』（有斐閣、2008）245頁。この見解は、行為規範を《公務員は、職務を行うにあたっては「権限規範」を遵守すべし》という規範に限定すれば「公権力発動要件欠如説」となり、行為規範に職務上の注意義務をも含めて考えれば「職務行為基準説」となるのであり、「その限りで『公権力発動要件欠如説』は、『職務行為基準説』に吸収されるとみることも可能」とする。

うとしている地点と当該行動の場所との地理的関係、二つ、当該行動の具体的内容、三つ、各国軍隊の武力行使の任にあるものとの関係の密接性、四つ、協力しようとする相手方の活動の現況等の諸般の事情を総合的に勘案して個々具体的に判断」するとされてきた（1996年5月21日の第136回国会・参議院内閣委員会における大森政輔内閣法制局長官答弁）。

　この判断基準に基づき、第1の基準の下で、前線と後方地域、戦闘地域と非戦闘地域の区別が法律上設けられていた。「周辺事態に際して我が国の平和及び安全を確保するための措置に関する法律」（安保法制による改題前。以下、「周辺事態法」という。）第3条第3号は、「後方地域」を「我が国領域並びに現に戦闘行為が行われておらず、かつ、そこで実施される活動の期間を通じて戦闘行為が行われることがないと認められる我が国周辺の公海（海洋法に関する国際連合条約に規定する排他的経済水域を含む。以下同じ。）及びその上空の範囲をいう」と定義し、自衛隊の活動が「現に戦闘行為が行われて」いないところまで認められるのではなく、「活動の期間を通じて戦闘行為が行われることがないと認められる」地域でなければならないとされ、前線と後方地域とが接することなく、他国の武力行使と一体化することのないよう規定されていた。「戦闘現場と非戦闘現場」が接するのではなく、「その間にバッファーゾーンを置いて、戦闘現場の場所変動が非戦闘現場における後方支援活動に直ちに影響しないような、そういう枠組み」として制度設計されていたのである[107]。

　しかし、7月1日の閣議決定以降、自衛隊の活動範囲が、他国が「現に戦闘行為を行っている現場」ではない場所まで拡大され、この「バッファーゾーン」が削除された。「重要影響事態に際して我が国の平和及び安全を確保するための措置に関する法律」（以下、「重要影響事態法」という。）では、周辺事態法第3条第3号が削除されるとともに、第2条第3号で「後方支援活動及び捜索救助活動は、現に戦闘行為（国際的な武力紛争の一環として行われる人を殺傷し又は物を破壊する行為をいう。以下同じ。）が行われ

---

[107] 長谷部・大森・前掲（70）49頁［大森発言］。

ている現場では実施しないものとする」と定められ、自衛隊の活動範囲が拡張されたのである。この変更は、「武力の行使との一体化」論に基づく違憲・合憲の線引きを憲法解釈の変更によって覆したものといいうる。

　また、第2の基準の下では、「弾薬」の提供、「戦闘作戦行動のために発進準備中の航空機に対する給油及び整備」が認められていなかった。即ち、周辺事態法第3条第1号では、「後方地域支援」につき、「周辺事態に際して日米安保条約の目的の達成に寄与する活動を行っているアメリカ合衆国の軍隊（以下「合衆国軍隊」という。）に対する物品及び役務の提供、便宜の供与その他の支援措置であって、後方地域において我が国が実施するものをいう」と規定され、別表第一（第3条関係）の備考において、「一　物品の提供には、武器（弾薬を含む。）の提供を含まないものとする」、「二　物品及び役務の提供には、戦闘作戦行動のために発進準備中の航空機に対する給油及び整備を含まないものとする」とされていた。「一番典型的な武力行使の一体化の事案」との解釈のもとに、規定されたものなのである[108]。

　しかし、7月1日の閣議決定以降、「弾薬」の提供と「戦闘作戦行動のために発進準備中の航空機に対する給油及び整備」が解禁されてしまっている。重要影響事態法別表第一（第3条関係）の備考では、「物品の提供には、武器の提供を含まないものとする」とされ、「（弾薬を含む。）」が削除されるとともに、「二　物品及び役務の提供には、戦闘作戦行動のために発進準備中の航空機に対する給油及び整備を含まないものとする」が削除された。これは、従来、憲法違反と解されてきた活動が、憲法改正手続を経ることなく法制化されたことを意味する。

　(ⅱ) 集団的自衛権と憲法解釈の変更

　第2の憲法解釈の変更として、集団的自衛権の限定的な容認がある。従来の政府見解では、「国際法上、国家は、集団的自衛権……を有している」が、「憲法9条の下において許容されている自衛権の行使は、我が国を防衛するため必要最小限度の範囲にとどまる」ため、集団的自衛権の行使は憲法

---

[108] 長谷部・大森・前掲（70）51頁［大森発言］。

第3章　改憲論と「安保法制」

上許されない、とするものであった（稲葉誠一議員提出質問趣意書に対する1981年5月29日の答弁書（内閣衆質94第32号））。すなわち、日本国憲法の下では、「自国に対して武力攻撃が加えられた場合に、国土を防衛する手段として武力を行使することは、憲法に違反しない」（1954年12月22日の第21回国会・衆議院予算委員会における大村清一防衛庁長官の答弁）と解され、自国に対する武力攻撃を実力をもって阻止する権利である「個別的自衛権」のみが許されており、それを超える集団的自衛権は、量的にも質的にも憲法違反となると解されてきたのである。この趣旨は、繰り返し述べられてきた。以下は、政府見解を述べるものの例である。

①「1　国連憲章第51条は、国家が個別的又は集団的自衛の権利を有することを認めている。しかし、我が国が集団的自衛権を行使することは憲法の認めているところではないというのが従来からの政府の考え方である」。「2　我が国の自衛権の行使は、我が国を防衛するため必要最小限度の範囲にとどまるべきものであると解している」。「したがつて、例えば集団的自衛権の行使は、その範囲を超えるものであつて憲法上許されないと考えている」（稲葉誠一議員提出質問趣意書に対する1980年10月28日の答弁書（内閣衆質93第6号））。

②「もともと集団的自衛権というのは国際法上の観念でございますから、独立国家としてそれは持っておりますけれども、結局集団的自衛権は憲法によって行使することができないわけでございますから、それは国内法上は持っていないと言っても結論的には同じだと思います」。「集団的自衛権につきましては、全然行使できないわけでございますから、ゼロでございます。ですから、持っていると言っても、それは結局国際法上独立の主権国家であるという意味しかないわけでございます。したがって、個別的自衛権と集団的自衛権との比較において、集団的自衛権は一切行使できないという意味においては、持っていようが持っていまいが同じだということを申し上げたつもりでございます」。「私どもは、集団的自衛権を確かに持っている、そしてそれを行使できないのだという説明を理論的にはできると思います。しかし、私どもの立場から見ますと、集団的自衛権というものは全く行使できな

いわけでございますから、それを国内法上持っていると言っても全く観念的な議論なんです。そういう意味において誤解を招くおそれがありますので、私どもは集団的自衛権は行使できない、それはあたかも持っていないと同じでございます。個別的自衛権の場合と同じように持っているけれども、行使の態様を制限されるものとは本質的にやや違うということを実は強調したいわけでございます」(1981年6月3日の第94回国会・衆議院法務委員会における角田禮次郎内閣法制局長官の答弁)。

③「憲法9条のもとで許される自衛のための必要最小限度の実力の行使につきまして、いわゆる三要件を申しております。我が国に対する武力攻撃が発生したこと、この場合にこれを排除するために他に適当な手段がないこと、それから、実力行使の程度が必要限度にとどまるべきことというふうに申し上げているわけでございます」。「集団的自衛権と申しますのは、先ほど述べましたように、我が国に対する武力攻撃が発生していないにもかかわらず外国のために実力を行使するものでありまして、ただいま申し上げました自衛権行使の第一要件、すなわち、我が国に対する武力攻撃が発生したことを満たしていないものでございます」。「したがいまして、従来、集団的自衛権について、自衛のための必要最小限度の範囲を超えるものという説明をしている局面がございますが、それはこの第一要件を満たしていないという趣旨で申し上げているものでございまして、お尋ねのような意味で、数量的な概念として申し上げているものではございません」(2004年1月26日の第159回国会・衆議院予算委員会における秋山收内閣法制局長官の答弁)。

しかし、7月1日の閣議決定以降は、こうした解釈は変更され、憲法に反するため行使できないとされてきた集団的自衛権が法律によって認められるようになった。即ち、7月1日の閣議決定により、「我が国に対する武力攻撃が発生した場合のみならず、我が国と密接な関係にある他国に対する武力攻撃が発生し、これにより我が国の存立が脅かされ、国民の生命、自由及び幸福追求の権利が根底から覆される明白な危険がある場合において、これを排除し、我が国の存立を全うし、国民を守るために他に適当な手段がないときに、必要最小限度の実力を行使することは、従来の政府見解の基本的な論

理に基づく自衛のための措置として、憲法上許容されると考えるべきである」とする考え方が示された。それを受けて、防衛出動に関する自衛隊法第76条に、第2号「我が国と密接な関係にある他国に対する武力攻撃が発生し、これにより我が国の存立が脅かされ、国民の生命、自由及び幸福追求の権利が根底から覆される明白な危険がある事態」が新設され、「他国に対する武力攻撃」が発生した場合にも自衛権行使が可能となった。「我が国の存立が脅かされ、国民の生命、自由及び幸福追求の権利が根底から覆される明白な危険がある」として、集団的自衛権の行使には制限が加えられたものの、集団的自衛権は一切行使できないとする立場を採ってきた従来の解釈を本質的に転換させるものといえる。

（ⅲ）立法府による「職務上の法的義務」違反

以上の整理を前提に、安保法制を成立させた立法行為が、国家賠償法上の違法と評価されるべきことを述べる。まず、在宅投票制度廃止違憲訴訟判決は、立法行為が「職務上の法的義務」に違反する事例として「立法の内容が憲法の一義的な文言に違反しているにもかかわらず国会があえて当該立法を行う」場合を挙げ、行為の不法を違法性の要素とする。これは、「あえて」当該立法を行う場合を違法性判断の要素としており、立法行為が違法と判断される場合を限定している。また、在外国民選挙権剥奪事件判決も、立法の内容が「国民に憲法上保障されている権利を違法に侵害するものであることが明白な場合」として「明白」性を求めており、立法行為の違法性を限定する判断を示している。さらに、立法不作為の違法性についても同様であり、在外国民選挙権剥奪事件判決及び再婚禁止期間違憲訴訟判決は、立法措置が必要不可欠であることや法律の規定が憲法の規定に違反することの「明白」性を求めている。以上の先例からすれば、本件では、①安保法制の内容が憲法の規定に違反することが「明白」であり、②それにもかかわらず国会が「あえて」当該立法を行ったものとして「職務上の法的義務」に違反したといえるかどうかが問われなければならない。

第1に、憲法違反の明白性を明らかにする必要がある[109]。まず、一般に、「解釈改憲」は認められない。また、安保法制によって従来の憲法解釈を変更した立法行為は、「法的安定性」を害するものであり、憲法違反が明白である。これらの点については、既に前節で述べた。第2に、国会が「あえて」憲法違反の安保法制を制定したといいうるかどうかが問われなければならない。まず、憲法解釈の変更が許されないということを、国会として十分認識しうる状況にあったということである。それは、次のような答弁が国会において繰り返しなされてきたことからも明らかである。

①「憲法を初め法令の解釈について一般論として申し上げますと、当該法令の規定の文言、趣旨等に即しつつ、立案者の意図なども考慮し、また議論の積み重ねのあるものにつきましては全体の整合性を保つことにも留意して、論理的に確定されるべきものであると考えております。政府による憲法解釈についての見解は、このような考え方に基づいてそれぞれ論理的な追求の結果として示されたものと承知をいたしておりまして、最高法規である憲法の解釈は、政府がこうした考え方を離れて自由に変更することができるという性質のものではないというふうに考えているところであります。特に、国会等における論議の積み重ねを経て確立され、定着しているような解釈については、政府がこれを基本的に変更するということは困難であるというふうに考えられるわけであります。」（1995年11月9日の第134回国会・衆議院宗教法人に関する特別委員会における大出峻郎内閣法制局長官の答弁）。

②「憲法を初め法令の解釈と申しますのは、当該法令の規定の文言、趣旨等に即しつつ、立法者の意図あるいはその背景となる社会情勢等を考慮し、

---

[109] 安保法制の違憲性について論じる文献として、浦田一郎『自衛力論の論理と歴史』（日本評論社、2012）、奥平康弘・山口二郎編『集団的自衛権の何が問題か――解釈改憲批判』（岩波書店、2014）183頁以下、豊下楢彦・古関彰一『集団的自衛権と安全保障』（岩波新書、2014）、水島朝穂『ライブ講義徹底分析！ 集団的自衛権』（岩波書店、2015）、森英樹編『別冊法セミ・集団的自衛権行使容認とその先にあるもの』（日本評論社、2015）、森英樹編『別冊法セミ・安保関連法総批判・憲法学からの「平和安全」法制分析』（日本評論社、2015）、渡辺治他『別冊法セミ・集団的自衛権容認を批判する』（日本評論社、2014）、山崎友也「憲法解釈と法的安定性」『金沢法学』59巻2号（2017）245頁以下等参照。

また、議論の積み重ねのあるものにつきましては、全体の整合性に留意して、論理的に確定すべき性質のものであるというふうに考え、日ごろそのような立場からその見解を申し上げているわけでございます」。「したがいまして、政府の憲法解釈等につきましては、このような考え方に基づきまして、それぞれ論理的な追求の結果として示してきたものでございまして、一般論として言えば、政府がこのような考え方を離れて自由にこれすなわち憲法上の見解を変更することは、そういう性質のものではないというふうに言わざるを得ないと思います」。「特に、国会等において、ただいま御指摘にありましたように、議論の積み重ねを経て確立され、定着しているような解釈につきましては、政府がこれを基本的に変更することは困難であると考える次第でございます。今問題になっている憲法9条をめぐる諸問題についての見解、これはその一例ではなかろうかというふうに考える次第でございます。」(1998年12月7日の第144回国会・衆議院予算委員会における大森政輔内閣法制局長官の答弁)。

　安保法制をめぐっては、憲法に違反すると解すべきことが様々な機会を通じて述べられていた(2015年6月4日の第189回国会・衆議院憲法審査会における長谷部恭男、小林節、笹田栄司による憲法違反との指摘等)ということもあわせて考えると、国会は、違憲とされてきた集団的自衛権や武力行使の一体化を盛り込む点で、憲法に違反することが明白な法律を、それと認識しつつあえて制定したのであり、安保法制に係る立法行為は、国家賠償法第1条第1項の違法性と判断されるべき「容易に想定しがたい例外的な場合」に該当するものと解すべきである。

　(ⅳ) 立法府による国民に対する不利益・損害

　在宅投票制度廃止違憲訴訟判決は、立法行為の違法性を理由に損害賠償請求を認めうる場合として、「個別の国民に対して負う」法的義務に言及している。既に述べたように、これは結果の不法(被侵害利益)を考慮に入れたものと解される。この要素を違法性の判断の中で考慮するか損害要件として考慮するかはともかく、立法行為が個別の国民に対して与えた不利益・損害は、自らに対する明確な権利侵害である必要はなく、「反射的利益」であっ

ても認められる点で共通性を有している。以下、検討するのは、安保法制を制定した立法行為によって、個別の国民がいかなる不利益・損害を被ったといいうるかという点である。

　最初に取り上げられるべきは、平和的生存権に対する侵害である。日本国憲法は、戦争や武力行使、武力による威嚇を放棄すると同時に、国民の平和的生存権を規定している。この平和的生存権は、米国のF・ルーズベルト大統領の「4つの自由」宣言（1941年1月）及び大西洋憲章（1941年8月）を源とする。平和的生存権とは、憲法前文第2項で規定されている「ひとしく恐怖と欠乏から免かれ、平和のうちに生存する権利」を意味する。この権利は、「すべての人は、国際的平和と安全の条件のもとに生きる権利」を有するとする1976年国連人権委員会決議、「平和的生存の固有の権利」を宣言する1978年国連総会決議、「平和への神聖な権利」を宣言する1984年国連総会決議でも確認されている。平和という価値を権利として構成した日本国憲法の先見性は、その後の国際社会の対応を見る限り、際だっているといってよい。

　但し、平和的生存権の裁判規範性については、否定説も肯定説も主張されてきた[110]。判例でもその法規範性は認められてはいるが、裁判規範性の有無について見解が分かれている。航空自衛隊の基地を建設するために、農林大臣が国有保安林の指定を解除した処分の取消を求めて争われた長沼事件において、第1審判決（札幌地裁昭和48年9月7日判決・判時712号24頁）は、平和的生存権の裁判規範性を認め、保安林指定解除処分の取消を認めた。他方、控訴審判決（札幌高裁昭和51年8月5日判決・行集27巻8号1175頁）は、「平和は崇高な理念ないし目的としての概念にとどまるものであることが明らかであって、前文中に定める『平和のうちに生存する権利』も裁判規範として、なんら現実的、個別的内容をもつものとして具体化され

---

[110]　学説については、浦田一郎『現代の平和主義と立憲主義』（日本評論社、1995）107頁以下、小林武『平和的生存権の弁証』（日本評論社、2006）、同「安保法制違憲訴訟における平和的生存権の主張」『愛知大学法学部法経論集』211号（2017）83頁以下、深瀬忠一『戦争放棄と平和的生存権』（岩波書店、1987）、山内敏弘『平和憲法の理論』（日本評論社、1992）245頁以下等参照。

ているものではない」として、平和的生存権の裁判規範性を否定した。最高裁判決（最高裁昭和57年9月9日判決・民集36巻9号1679頁）は、平和的生存権には触れず原告適格を否定し上告を棄却している。また、自衛隊百里基地のための用地買収に際し、所有者と防衛施設庁との土地売買契約の効力が争われた百里基地訴訟では、第1審判決（水戸地裁昭和52年2月17日判決・判時842号22頁）、控訴審判決（東京高裁昭和56年7月7日判決・判時1004号3頁）、最高裁判決（最高裁平成元年6月20日判決・民集43巻6号385頁）いずれも、平和的生存権の裁判規範性を否定している。

　平和的生存権の裁判規範性について、その不明確性・抽象性を理由に否定する立場は、どのような理由に基づくものであろうか。必要な視点は、法（客観法）と権利（主観法）の区別を明確にすること、法とは国家や人間に対する禁止規範・命令規範であるのに対し、権利とは個別的な利益に対する自己の支配や決定の自由であること、個別的な利益からは距離をおく一般的な利益や国家行為について、権利を語ることは困難であること等である。「環境」についての権利性を承認しようとする「環境権論」が直面した課題も同様であったが、個別的な利益を離れた「平和」という状態について、それを権利として構成することには困難が伴う、というのが裁判規範性否定説の理由であったように思われる。

　しかし、逆にいえば、「ひとしく恐怖と欠乏から免かれ、平和のうちに生存する」利益の明確性・具体性やそれを権利として認める必要性が存在するのであれば、具体化された部分に限って、平和的生存権を裁判規範として認める余地はあるものと解される。イラク人道支援特措法の下で行われたイラクにおける航空自衛隊の空輸活動を、政府見解に立った上で違憲と判断した名古屋高裁判決は、平和的生存権の裁判規範性を認めようとした試みとして注目されるべきであろう（名古屋高裁平成20年4月17日判決・判時2056号74頁）。「平和的生存権は、局面に応じて自由権的、社会権的又は参政権的な態様をもって表れる複合的な権利」であり、例えば、「憲法9条に違反する国の行為、すなわち戦争の遂行、武力の行使等や、戦争の準備行為等によって、個人の生命、自由が侵害され又は侵害の危機にさらされ、あるい

第1部　安全保障の法構造と変容

は、現実的な戦争等による被害や恐怖にさらされるような場合、また、憲法9条に違反する戦争の遂行等への加担・協力を強制されるような場合には、平和的生存権の主として自由権的な態様の表れとして、裁判所に対し当該違憲行為の差止請求や損害賠償請求等の方法により救済を求めることができる場合があると解することができ、その限りでは平和的生存権に具体的権利性がある」。このような判断によって法概念の明確化・具体化が促進され、定着していく過程が重要である。

　このような視点に立って、安保法制によって侵害された平和的生存権の明確性や具体性、また、権利として構成する必要性について検討する。まず、平和的生存権概念の抽象性・具体性である。前掲名古屋高裁判決も指摘する通り、戦争の遂行、武力行使、戦争の準備行為は、個人の生命、自由を侵害したり脅かしたりするのであり、さらに、財産についても同様である。平和的生存権によって保護される生命、自由、財産等は、もともと個別の規定（憲法第13条、第29条等）によって保障される憲法上の権利でもあり、その意味で、平和的生存権は、戦争や武力行使という侵害行為を共通にする個別的利益の総称といいうる。もともと具体的権利を総称する概念であるため、平和的生存権が具体的権利ではないという理屈は成立し難い。

　それでも平和的生存権が抽象的で不明確だとされてきたのは、権利内容ではなく、「平和」概念に帰因するものであったと解される。その点は、次の判決でも述べられていた。「平和は崇高な理念ないし目的としての概念にとどまるものであることが明らかであって、前文中に定める『平和のうちに生存する権利』も裁判規範として、なんら現実的、個別的内容をもつものとして具体化されているものではない」（前掲札幌高裁昭和51年8月5日判決）。「平和ということが理念ないし目的としての抽象的概念であつて、それ自体具体的な意味・内容を有するものではなく、それを実現する手段、方法も多岐、多様にわたるのであるから、その具体的な意味・内容を直接前文そのものから引き出すことは不可能である」（前掲東京高裁昭和56年7月7日判決）。しかし、平和的生存権は、特定の国家行為を侵害行為と想定するものであり、「平和」概念が抽象的概念であったとしても、権利自体を抽象的

で不明確と断定する理由にはならない。

　ただ、安保法制の制定により、直ちに戦争の遂行や武力行使等が現実に発生するものではない。立法行為及び法律の施行の段階で、平和的生存権に対する侵害があったと認定できるかどうかが問われることとなる。この点は、平和的生存権の必要性として議論されるべき問いである。確かに、戦争や武力行使が発生し、生命・身体・財産に対する被害が発生すれば、被侵害利益が存在するのは間違いない。しかし、一旦、武力行使に至った場合に発生する被害は、一般に甚大であり、回復は著しく困難でもあり、しかも、戦争被害は損害賠償でも損失補償でも救済されない可能性が高く[111]、また、実際の被害が発生してからでは遅い。このような被害の重大性及び事後的救済の困難性からして、権利救済を前倒しで実行する必要があるのではないか。平和的生存権の独自の意義は、戦争や武力行使による被害の発生を未然に防ぐことにあると考えるべきである。

　もっとも、本件において平和的生存権の侵害を認めるとすれば、過去の判例との整合性が問われることとなる。しかし、この点については、過去の判例と本件との違いから説明することは可能と考えられる。すなわち、過去の裁判例において、平和的生存権の具体的権利性が認められてこなかったのは、争われた国家行為が認められたとしても、武力行使に至る可能性が低いとみられたからである。例えば、ミサイル基地の建設（長沼事件）、自衛隊基地の建設（百里基地）、海外における後方地域支援（自衛隊イラク派遣訴訟）等は、個別的自衛権を超える武力行使を可能とする作用法が存しない中で、それ自体が武力行使ではなかったものといいうる。しかし、本件は、正

---

[111] 青井未帆「空襲被災者の救済と立法不作為の違憲」『成城法学』80号（2011）35頁以下、同「立法不作為の違憲と『人権』侵害の救済——大阪空襲訴訟大阪地裁判決をめぐって」『学習院大学法学会雑誌』48巻1号（2012）3頁以下、同「特別義性を強制されない権利——一般戦災者への補償と戦争被害受忍論について」戸松秀典・野坂泰司編『憲法訴訟の現状分析』（有斐閣、2012）165頁以下、内藤光博「空襲被災と憲法的補償——東京大空襲訴訟における被災者救済の憲法論」『専修法学論集』106号（2009）1頁以下、永田秀樹「『戦争損害論』と日本国憲法——最高裁判例の批判的検討」阿部照哉先生喜寿記念論文集『現代社会における国家と法』（成文堂、2007）161頁以下等参照。

に個別的自衛権を超える作用法が制定されたことを問題とするものであり、これにより、これまで整備されてきた組織法及び設備・装備と相まって、武力行使の発生の恐れを極限にまで高めるものである。この段階に至っては、平和的生存権の保護の必要性が具体化したものと捉えるべきである。

安保法制を制定する立法行為によって侵害される利益は、平和的生存権だけに限られない。それは、①これまで平和国家・立憲国家・民主国家として築き上げてきた憲法秩序の下で、憲法が改正されない限り、これからも同様の法秩序の下で生活を続ける期待利益、②法的安定性が確保された中での立法行為に対して国民が抱きうる期待利益、③法的安定性を害する立法行為によって内心の静穏な感情を害されない利益等も救済されるべき利益と捉えるべきである。これは、「早期の処分により水俣病にかかっている疑いのままの不安定な地位から早期に解放されたいという期待、その期待の背後にある申請者の焦躁、不安の気持を抱かされないという利益は、内心の静穏な感情を害されない利益として、これが不法行為法上の保護の対象になり得る」とする判例（前掲最高裁平成3年4月26日判決）、また、国家行為によって被った落胆、怒り、被差別感、不満感、焦燥感を理由とする損害賠償請求についても、これを認める判例（前掲最高裁平成19年11月1日判決）からも明らかであろう。安保法制を制定する立法行為によって、戦争や武力行使への不安感が極限に達したり、戦争体験に由来する後遺障害（PTSD、心的外傷後ストレス障害）に悩まされたりして、内心の静穏な感情が害された場合には、損害賠償請求を可能とする判断が示されなければならない。

結──違憲性・違法性判断の出口

以上、安保法制を制定した立法行為が違憲・違法であり、国は、国家賠償法第1条第1項に基づき損害賠償責任を負うべき旨を述べてきた。最後に、違憲性ないし違法性判断の出口について整理する。違法性要件及び損害要件についての判断方法を整理すれば、①損害（被侵害利益）要件を満たさず棄却すべきとする判断、②違法性要件を満たさず棄却すべきとする判断（在宅投票制度廃止違憲訴訟における前掲最高裁昭和60年11月21日判決）、③立

法の内容や立法不作為が憲法に反することを認めつつも、立法行為を違法とせず棄却すべきとする判断（再婚禁止期間違憲訴訟における前掲最高裁平成27年12月16日大法廷判決）、④立法の内容や立法不作為が憲法に反することを認め立法行為を違法としつつ、損害要件を満たさず棄却すべきとする判断、⑤立法の内容や立法不作為が憲法に反することを認め立法行為を違法とし、かつ損害要件も認めて賠償請求を認容する判断（在外国民選挙権剥奪事件における前掲最高裁平成17年9月14日大法廷判決）があり得る。

　このうち、①及び②と③・④・⑤とを分ける点は、立法の内容や立法不作為が憲法に反するとする判断に踏み込むかどうかという点である。安保法制のような違憲性の明白な法律について、司法がそれを制定した立法行為の違法性を正面から審査し判断することで、政治部門に対する「違法行為抑止機能・違法状態排除機能（適法状態復元機能）」[112]を果たすことが重要である。損害要件の欠如を理由に上記①のごとき判断に逃げ込むことは、国民の権利保護のみならず客観的憲法秩序の確保をも任務とする司法にとっては許されないといわざるを得ない。また、④と⑤の間では、本件原告等が主張する損害ないし被侵害利益についてその個別具体的な認定を行い、救済へ向けた一歩を踏み出せるかどうかが司法には問われている。権利利益の外観的な抽象性・不明確性に隠れがちな精神的苦痛の深刻さについて、立ち入った判断がなされなければならない。

　本件訴訟では、戦後日本の憲法政治の重大な転換点（ネガティブな意味で）において、立憲国家ないし法治国家という適正な国家運営の回復を図ることができるかどうかが問われているのであり、それを実現する権限を唯一行使しうるのは司法をおいて他にはない。国民の眼差しは、まさにこの一点に注がれている。

---

[112] 宇賀・前掲 (85) 61頁。

第 2 部

沖縄米軍基地の法運用

第1章　日米地位協定の立憲的統制

序——憲法学からのアプローチ

（1）「日本国とアメリカ合衆国との間の相互協力及び安全保障条約」（以下、「日米安保条約」という。）では、「日本国の安全に寄与し、並びに極東における国際の平和及び安全の維持に寄与するため、アメリカ合衆国は、その陸軍、空軍及び海軍が日本国において施設及び区域を使用することを許される」と規定され（第6条第1項）、さらに、「前記の施設及び区域の使用並びに日本国における合衆国軍隊の地位は……協定及び合意される他の取極により規律される」と規定されている（同条第2項）。この「協定」として定められているのが「日本国とアメリカ合衆国との間の相互協力及び安全保障条約第6条に基づく施設及び区域並びに日本国における合衆国軍隊の地位に関する協定」（以下、「日米地位協定」という。）である。日米地位協定の問題点を検討するに際し、憲法学の観点からいかなるアプローチをとるべきであろうか。ここでは、従来の憲法第9条における議論に向けられ得る批判の検討を通じて、適当な視点はどのようなものかについて考えておくこととする。

（2）従来の憲法第9条に関する論争は、絶対平和主義とリアリズムの平和主義との対立を中核とするものであった。この対立は通約不可能な価値観の衝突をもたらし、それ故、憲法第9条に関する論争は「理性と事実認識により解決しえない異なるパラダイム同士のぶつかり合いとなっているから、国内平和の創出という近代憲法の役割と齟齬を来たし、閉塞感を生み出している」とする指摘がある[1]。

ポパーも同様に、このような通約不可能な価値観の衝突をもたらす議論を

---

[1] 長谷部恭男「発言」『憲法問題』8号（1997）124頁。また、「通約不可能」の概念については、ジョセフ・ラズ、森際康友編訳『自由と権利』（勁草書房、1996）105頁以下参照。

「ユートピア的合理主義」と呼んで批判する。ここで、「ユートピア的合理主義」とは、政治的行為の合理性の判断には、「理想とする国家についての多少とも明確かつ詳細な叙述または青写真」という究極的な政治目的の決定が先行しなければならないとする考え方を意味する。これは、①「目的についてのいかなる決定も、純粋に合理的または科学的な手段によって確証することはでき」ず、「ユートピア的青写真を作り上げるという問題は科学だけでは解決できない」ということ、②そのために、「相異なったユートピア的諸宗教のあいだには、いかなる寛容もありえない」のであり、このことが「競合するすべての異端的見解」の徹底的な排除と駆逐をもたらすということから、「自滅的で、暴力に導く」故に「危険で有害なもの」とされるのである[2]。

　(3) この点については、次の3つの対応がありうる。第1に、両者の間での選択は通約不可能であることを認めた上で、通約不可能に思われる議論の意義を認めることは必要とする態度である[3]。第2に、両者の間での選択が通約可能であることを肯定し、究極的には絶対平和主義かリアリズムかを議論しうるとする態度である。第3に、絶対平和主義かリアリズムかではなく、通約可能な個別的・具体的な選択の問題に議論を限定するという態度である。第1の態度と第2の態度は正反対のものであるのに対し、第3の態度は第1の態度とも第2の態度とも両立しうるものである点に留意されたい。

　本章では、日米地位協定の検討に際し基本的には第2の態度をとる。それは、人権や「人間の尊厳」といった「近代」の価値について、これと相容れない価値との間で通約不可能の状況は存在することとなろうが、「人間の尊

---

[2] カール・R・ポパー、藤本隆志・石垣壽郎・森博訳『推測と反駁——科学的知識の発展』(法政大学出版局、1980) 653頁以下。

[3] 樋口陽一は、戦後憲法学のような「『非現実的』な主張と政権与党の側の『改憲』の立場がきびしく対立する緊張関係があったからこそ、現在かくあるような『戦後日本』を暴走させないできた、という事実」を過少に見てはならないとする。樋口陽一「戦争放棄」樋口陽一編『講座・憲法学　2　主権と国際社会』(日本評論社、1994) 129頁。同旨の主張として、愛敬浩二「『読み替え』の可能性——長谷部恭男教授の憲法学説を読む」『法律時報』70巻2号 (1998) 65頁参照。

厳」という価値を前提とする限りにおいては、「平和」の確保に関する立場の当否を判断することも可能と考えるからである。その上で、第3の態度に立ち、立憲主義の個別的要請に従って具体的な問題点を検討する意義を認める[4]。ポパーが、抽象的な善の実現ではなく具体的な悪の除去を目指すことを

---

[4] 自衛隊や安保体制の違憲性を絶えず指摘して絶対平和主義の意義を損なわないようにすると同時に、法律上可能な限り自衛隊に対する法的コントロールを確実に及ぼそうとする試みの必要性は、既に指摘されている。この点に関連し、「法的認識」のレベルで自衛隊の「違憲・合法」論を唱えながら、その法的コントロールを確実に行わしめるよう主張するものとして、小林直樹「防衛問題の新状況――70年代中期の『防衛』問題」『ジュリスト』586号（1975）15頁以下、同『憲法政治の転換――民主政の再建を求めて』（東京大学出版会、1990）238頁以下、「憲法学が正統性剥奪に基づく軍事力統制の課題を安易に放棄すること」に疑問を投げかけるものとして、石川健治「前衛への衝迫と正統からの離脱」『憲法問題』8号（1997）116頁以下、水島朝穂他「特集・憲法学の可能性を探る」『法律時報』69巻6号（1997）13頁以下［石川健治発言］、「憲法の"よりよい具体化・現実化"」の観点から「有効とされているけれども違憲・違法としてとらえ続ける」ことの重要性を説くものとして、栗城壽夫「『解釈改憲』というとらえ方の理論的問題点――『憲法変遷』や『違憲合法』とも関連させて」『法律時報』68巻6号（1996）21頁等参照。「違憲・合法」論が、法的認識の理論として「矛盾」を指摘するものであるのに対し、「矛盾」は生じないと主張する見解もある。菅野喜八郎は、「自衛隊の存在は違憲である」という命題（ここではAとする）と「自衛隊の存在は合法である」という命題（ここではBとする）について、次のように整理する。①「学理解釈」としてAを、「科学学説」としてBを述べているとすれば「矛盾」は生じない。なぜならば、「事実判断と価値判断は矛盾しない」からである。②「有権的解釈」としてABを述べているとすればそれは誤りである。なぜならば、「最高裁判所が憲法の授権に基づき第9条の適用として違憲を理由に自衛隊法の無効を認定しない限りは、自衛隊の存在についての国会の合憲・合法判断は、法的にrelevantな唯一の判断」だからである。③「学理解釈」としてABを述べているとすればそれは誤りである。なぜならば、「憲法第98条第1項も規定する如く、憲法は法律の効力根拠」であるため、「自衛隊存在の違憲性の主張は、その根拠である自衛隊法……の違憲性の主張に他ならない」からである。④「学理解釈」としてAを、「有権的解釈」としてBを述べているとすれば「矛盾」は生じない。なぜならば、「学理解釈……は法権威への助言にすぎないのに対し、有権的解釈……は法そのもの」だからである。菅野喜八郎『論争・憲法――法哲学』（木鐸社、1994）103頁以下。もっとも、③については、「憲法98条1項はそれ自体で違憲の国家行為の効力をただちに否定する効果をもつものではなくて、『違憲の国家行為は効力をもつべきではない』という基本原理を宣言する↗

要求する「真の合理主義」と呼ぶものも同様の構想に基づくものといえよう。

(4) こうして、安保体制の違憲性を絶えず指摘して絶対平和主義の意義を損なわないようにすると同時に、可能な限り日本政府及び米軍に対する法的コントロールを確実に及ぼそうとする試みが必要である[5]。日米地位協定は、全部で28条にわたって在日米軍に対する様々な取扱いを規定している。以下、基地の提供（1）、返還（2）、管理（3）のそれぞれの場面において生じる問題点について、検討していくこととする。

1　基地の提供

(1) 「施設及び区域」の提供・合同委員会による協定の締結

（ⅰ）協定の内容と問題点

日米地位協定第2条第1項（a）は、「合衆国は、相互協力及び安全保障条約第6条の規定に基づき、日本国内の施設及び区域の使用を許される。個個の施設及び区域に関する協定は、第25条に定める合同委員会を通じて両政府が締結しなければならない。『施設及び区域』には、当該施設及び区域の運営に必要な現存の設備、備品及び定着物を含む」と規定し、施設・区域の提供、及び、合同委員会による協定の締結を定めている。

施設・区域の提供に関しては、次の点を指摘することができる。第1に、

↘ 効果をもつものであると思われる」とする栗城壽夫の主張からすれば、異なる結論も導出され得るように思われる。樋口陽一・栗城壽夫『憲法と裁判』（法律文化社、1988）335、336頁以下［栗城執筆］参照。もし、「矛盾」が生じているとすれば、法秩序の統一性の観点から、この現象をどのように説明することができるのかが問題となる。この点については、樋口・栗城・前掲43頁以下［樋口執筆］等参照。

[5] 米軍に対する法的コントロールを徹底させるという課題については、基地問題の解決について、小川竹一が「市民法」の概念を用いて次のように指摘しておられるところが重要な視点を提示するであろう。「基地問題についての市民法的原則を浸透させるためには、市民法の実質化や市民法的当事者関係の回復および市民法の妥当領域の拡張が必要となってくる」。小川竹一「沖縄の基地問題と市民法」浦田賢治編『沖縄米軍基地法の現在』（一粒社、2000）129頁。

基地の設置基準や条件に関する規定の欠如である。すなわち、基地の設置基準や条件を規定したものは、地位協定、国内法含めてどこにも存在せず、結局、本条項は、日本全国どこにでも基地を設置できる「全土基地方式」を認めるものとして批判されている[6]。また、基地の設置基準の不存在は、地域の環境や経済発展など住民への配慮が欠落していることをも意味するとして批判されている[7]。

　第2に、住民の生活環境や経済発展への影響は、領海・領空の関連でも問題視されているという点である。本条項にいう「施設及び区域」には、領海・領空も含まれる。県内には、陸上基地のほか、31カ所の制限水域と15カ所の制限空域が設定されている[8]。そのため、制限水域に関しては、①地元の港湾やリゾートなどの開発事業計画を妨げている、②演習中の水陸両用車が制限内を超えてサンゴ礁や網を毀損することもある、③周辺水域で操業する漁民にとっても安全確保が不十分であるなど、様々な問題が生じている。また、制限空域に関しても、①伊是名村などで問題となっているように、空港建設という地域開発を妨げている、②民間機と米軍機とのニアミスも後を絶たないなど、やはり多くの問題が生じている[9]。

　第3に、施設・区域の提供に関する国内法の問題である。施設・区域として提起される土地のうち、自治体が管理する公用財産については、地方自治法ないし条例が定めるところによる。国有財産が提供される場合について

---

[6] 新垣勉・海老原大裕・村上有慶『日米地位協定――基地被害者からの告発』（岩波ブックレット、2001）20頁。旧安保条約においても同様の方式がとられていたことについては、石本泰雄「日米安保体制をめぐる国際法的諸問題」長谷川正安他編『安保体制と法』（三一書房、1962）26頁、畑穣「基地の諸問題」長谷川他編・前掲169頁等参照。他方、「『全土基地方式』と一刀両断に決めつけることによって、問題を解剖するための矛先までも捨象してしまうきらいがないでもない」と指摘するものとして、本間浩「沖縄米軍基地と日米安保条約・在日米軍地位協定」浦田編・前掲（5）65、66参照。

[7] 沖縄問題編集委員会編『沖縄から「日本の主権」を問う』（リム出版新社、1995）57頁。

[8] 沖縄問題編集委員会編・前掲（7）75頁。

[9] 沖縄問題編集委員会編・前掲（7）59、60頁。

は、国有財産管理特別法が規定を置いている。私有財産が基地として提供される場合については、国が当該財産の権利者との間に賃貸借契約を締結する方法[10]と個人が賃貸借契約に応じない場合に強制的に土地を収用する米軍用地特別措置法（「日本国とアメリカ合衆国との間の相互協力及び安全保障条約第6条に基づく施設及び区域並びに日本国における合衆国軍隊の地位に関する協定の実施に伴う土地等の使用等に関する特別措置法」）による方法とがある。このうち、米軍用地特措法は、土地収用法とは異なり、事業認定手続につき大幅な修正が加えられている。すなわち、①土地収用法第24条で規定されている事業認定申請等の閲覧手続がない、②土地収用法第25で規定されているような、利害関係人が意見書を提出できるとする規定がない、③公聴会の制度がない、④事業認定庁である内閣総理大臣は、専門的学識または経験を有する者の意見を実際には求めていない（第6条参照）という点である。

ところが、1996年4月1日以降、楚辺通信所（通称「象のオリ」。2006年12月31日に返還）の土地の一部の使用権原が消滅し不法占拠状態となり、

---

[10] この契約には、民法上の一般的な賃借契約とは異なる側面があるとされる。すなわち、①国から米軍への当該財産の提供については民法上の転貸借関係の原則は適用されないということ、②米軍による使用法及び新たな工作について賃貸人たる個人に何も知らされなくともよいとされていること、③米軍の使用期間は無期限であり、その間契約が年ごとに繰り返し更新されるということ、である。本間浩「自治体の基地対策」松下圭一編『自治体の国際政策』（学陽書房、1988）148頁、同『在日米軍地位協定概論』（神奈川県渉外部基地対策課、1993）53頁以下、同『在日米軍地位協定』（日本評論社、1996）121頁以下。また、畑・前掲（6）178頁以下参照。それに対し、小川竹一は、①基地使用の場合にも可能な限り、転貸借関係に即して扱われるべきである点、②米軍は国内法尊重義務を負うのであるから、転貸借関係において基地の使用方法として相当な仕方で使用する義務を有すべきである点、③米軍用地にも民法第604条の期間制限が適用され、基地の賃貸借は原則通り20年で終了するものと解すべきである点、④国による一方的な解除権を認めるのは、市民法的な契約関係から生じる信頼関係を損なうものである点等を指摘している。小川・前掲（5）134頁以下。賃貸借契約の期間についての1972年4月26日の政府統一見解については、横浜弁護士会人権擁護委員会・基地問題調査研究小委員会『在日米軍地位協定——その問題点と見直し提言〔中間報告〕』（1997）18頁参照。

この事態を解決するために政府及び国会は、特措法を改正して「違法」を「適法」なものに転換させようとした。改正特措法の要旨は以下のようなものである[11]。①防衛施設局（現「地方防衛局」）による裁決申請があれば、一定の条件のもとに、都道府県収用委員会の審理中は使用期限が切れても米軍施設用地の暫定使用を認める（第15条）。②収用委員会が政府の裁決申請を却下した場合も、政府（防衛施設局長）が建設大臣（現「国土交通大臣」）へ不服審査を請求し審査している期間中は暫定使用の期間が継続する（第15条第1項第1号括弧書）。③経過措置として、収用委員会に裁決の申請がなされ審理中の土地も暫定使用の対象とする（附則第2項）。④不法占拠状態となっている土地も暫定使用の対象とし（附則第2項後段）、しかもその期間の使用の対価を「損失補償」として考える（附則第3項）[12]。

さらにその後、1999年に地方分権一括法の制定に伴って再び改定された。この再改定特措法の特徴には、①知事や市町村長の機関委任事務を国の直接執行事務とするという点、②「緊急裁決」手続や内閣総理大臣による「代行裁決」手続によって、収用委員会の権限に対する制限が盛り込まれた点等がある。ここには、①自治体の権限が国へ吸い上げられて国の優位が強化された、②「緊急裁決」手続や「代行裁決」手続により、収用委員会の権限が骨抜きにされてしまった等の問題点が指摘されうる。特措法の再改定は、およそ「地方分権」とは相容れない法改正であったといわざるをえない。

---

[11] 仲地博・水島朝穂編『オキナワと憲法』（法律文化社、1998）79頁［徳田博人執筆］。

[12] 楚辺通信所施設内の土地につき、国が賃貸借契約の期間満了後も引き続き占有を継続したことの「違法性」、及び、改正特措法の暫定使用制度の「違憲性」が争われた改正特措法違憲訴訟で、那覇地裁平成13年11月30日判決・訟月48巻11号2648頁は、前者の「違法性」は認めたものの、後者の「違憲性」の主張は認めなかった。なお、違憲性の主張については、福岡高裁那覇支部平成14年10月31日判決・訟月49巻6号1707頁、最高裁平成15年11月27日判決・民集57巻10号1665頁ともに棄却している。本件訴訟の経緯については、小川・前掲（5）145頁以下、浦田賢治「沖縄米軍基地法の考察——憲法解釈論を通じて憲法政策論へ」浦田編・前掲（5）241頁以下参照。

第2部　沖縄米軍基地の法運用

（ⅱ）解釈論の試み

以上の問題点を解決するために、沖縄県の地位協定見直し要請事項のような地位協定の改定を求める議論がある。但し、その前にまず、解釈によって地位協定の運用に一定のコントロールを及ぼそうとする試みの検討が必要である。

NATOのドイツ補足協定では、提供取極の中に、基地の規模、種類、条件、提供期間、利用方法等が明記されることを求めている。すなわち、第48条第3項（a）は、「第1項の規定に従って軍隊又は軍属の使用に供される施設については、書面による提供取極が締結されなければならずその取極は、施設の規模、種類、所在地、条件及び備品に関する資料並びに施設の使用に関する詳細を含むものでなければならない」と規定する。また、署名議定書「第48条について」は、「第38条第3項（a）号第1文に揚げられた施設の使用に関する細目とは、とくに提供期間、利用の方法、修理及び維持の責任、交通安全措置、並びにNATO軍地位協定と補足協定の範囲内で必要な財政的規制のことをいう」と規定する[13]。日米地位協定の解釈に際しても、基地の設置基準や条件を明確化し、日本政府による基地の提供を統制することは可能であろうか。

この点については、次の諸点が重要である。第1に、施設・区域の提供の目的の観点である。日米地位協定第2条第1項（a）は、「合衆国は、相互協力及び安全保障条約第6条の規定に基づき、日本国内の施設及び区域の使用を許される」と規定し、日米安保条約第6条は、「日本の安全に寄与し、並びに極東における国際の平和及び安全の維持に寄与するため」という目的規定をおいている。政府統一見解によれば、「極東」とは、「大体においてフィリピン以北並びに日本及びその周辺の地域」とされている（1960年2月26日の第34回国会・衆議院日米安全保障条約等特別委員会における岸信介内閣総理大臣の答弁）。その点からすれば、「極東」の範囲を超えることを予定

---

[13]　訳文については、地位協定研究会『日米地位協定逐条批判』（新日本出版社、1997）346頁以下参照。本稿における以下のドイツ補足協定の規定についても同書参照。

した米軍の行動に対しては、日本政府は施設・区域の提供義務を負わないと考えられる。しかも、そのような場合に政府が施設・区域を提供すれば、単に提供義務を免れるだけでなく、それは条約や日米地位協定に違反する行為として違法と評価されるべきである。したがって、日米安全保障共同宣言(1996年4月17日)、新ガイドライン策定(1997年9月23日)の下で為されている施設・区域の提供は、違法と考えられる。

第2に、米軍用地特別措置法上の強制使用の要件である「土地等を必要とする場合」及び「適正且つ合理的であるとき」(第3条)の解釈である。同法同条は、「駐留軍の用に供するため土地等を必要とする場合において、その土地等を駐留軍の用に供することが適正且つ合理的であるときは、この法律の定めるところにより、これを使用し、または収用することができる」と規定する。ここにいう土地等の必要性及び「適正且つ合理的」とはいかなる意味であろうか。

この点、「適正且つ合理的」の要件については、次の判例が参考に値する。映画の上映や演劇等の娯楽施設として使用する劇場の強制使用手続の取消が求められたいわゆるアーニーパイル劇場事件で、東京地方裁判所は次のように述べて、本件使用認定処分を取り消した。①「特別措置法第3条にいう、土地等を駐留軍の用に供することが『適正且つ合理的』であるか否かは、その土地等が安全保障条約第1条に掲げる前記目的の遂行に必要な施設又は区域といえるか否かということを基準として決しなければならない(また特別措置法による使用又は収用は強制的なものであり、やむを得ない必要があるとして個人の財産権の侵害が許される場合であることを考えると、その『適正且つ合理的』というにはおのずから一定の限界があつて、無制限に広い解釈をこれに与えることもできぬ、といわねばならぬであろう。)」。②「軍人にも娯楽乃至慰安は必要である。そして合衆国の軍隊の駐留を許容する以上、その娯楽乃至慰安の施設を好意的に供与することは、日本政府の措置として望ましいことである。しかし、それはどこまでも、合衆国に対する日本国の対外的責任の問題に属する。このことのために、日本国内において、特別措置法をその目的を逸脱して適用し、日本国民のぎせいにおいて強

制的な使用を甘受させることを正当化することはできない。日本政府としては、よろしく、日本国民との間の自由にして任意な契約によつて、右の対外的責任を果すべきである」[14]。この判例は、行政協定の下での特別措置法(「日本国とアメリカ合衆国との間の安全保障条約第3条に基く行政協定の実施に伴う土地等の使用等に関する特別措置法」)の解釈が争われた訴訟であるが、土地使用の要件の同一性や法構造の同質性などの点から見て、現在の米軍用地特別措置法についても妥当しうる見解であると解される。

また、土地等の必要性及び「適正且つ合理的」の要件の判断につき、収用委員会にも審査権が認められるかどうかが問題となる。この点に関し、嘉手納基地や普天間飛行場、牧港補給地区など13施設に点在する3千人分の土地につき県収用委員会に強制使用裁決の申請が行われていた事件について、県収用委員会は1998年5月19日、一部につき強制使用を認める裁決を行った。それによれば、①「一般的に行政機関が行政処分を行うに当たって、法律に明文の規定がない限り他の行政機関の行った行政処分の適否を実体的に審査することは許されない」。②「駐留軍用地特措法及び土地収用法は、特に使用認定の適法性審査権限を収用委員会に付与する旨の明文の規定はなく、使用認定に重大かつ明白な瑕疵があって、当該使用認定が明らかに無効と認められる場合を除き、収用委員会には内閣総理大臣の行った使用認定自体の適否について審査する権限は存しないものである」[15]。また、国が楚辺通信所と牧港補給地区の一部土地につき県収用委員会に強制使用裁決の申請を行っていた事件について、県収用委員会が2001年6月28日に強制使用を認める裁決を行った際にも、同様の判断が繰り返されている。

この判断については以下の点を指摘することができる。まず、収用委員会は「使用認定に重大且つ明白な瑕疵」がある場合に自らの権限を制限する判断をしているが[16]、これでは同委員会を単なる補償決定機関の地位におとし

---

[14] 東京地裁昭和29年1月20日判決・判時19号17頁。

[15] 沖縄タイムス社編『米軍用地強制使用問題――改正特措法と公開審理の記録』(沖縄タイムス社、1998) 116頁。

[16] 権限に関するこのような制限の下でも、地主を取り違えて行われた裁決申請手続を却下とした裁決(1997年5月9日)、地籍明確化法に基づいて地籍が確定して↗

めてしまう[17]。そうではなく、裁決申請の必要性・適正性・合理性を実質的に判断するものとして、収用委員会を理解すべきではなかろうか[18]。また、本裁決は、必要性等の判断について、日米安保条約の維持という観点からの必要性・適正性・合理性という判断しか行っていないように思われる。しかし、基地を沖縄に集中させているということの必要性・適正性・合理性を問うという視点も必要ではなかったかと思われる。

(2) 共同使用の可能性
(ⅰ) 最近の2つの事例

日米地位協定第2条第4項は、「(a) 合衆国軍隊が施設及び区域を一時的に使用していないときは、日本国政府は、臨時にそのような施設及び区域をみずから使用し、又は日本国民に使用させることができる。ただし、この使用が、合衆国軍隊による当該施設及び区域の正規の使用の目的にとつて有害でないことが合同委員会を通じて両政府間に合意された場合に限る」、「(b) 合衆国軍隊が一定の期間を限つて使用すべき施設及び区域に関しては、合同委員会は、当該施設及び区域に関する協定中に、適用があるこの協定の規定の範囲を明記しなければならない」と規定し、共同使用の余地を認めている。

共同使用が議論された最近の事例として、第1に、泡瀬通信施設の制限水域の返還問題が挙げられる。ここでは、以下のような経緯で、沖縄市の埋立地の共同使用が合意された。1999年6月に、日米両政府間で、水域の埋立地を日米地位協定第2条第4項 (a) に基づき「共同使用」とすることでほぼ合意に達していることが判明した。その後、沖縄市長も、水域の「共同使

　いない土地に対する裁決申請手続を却下とした裁決 (1998年5月19日) がある。沖縄タイムス社編・前掲 (15) 101頁以下、113頁以下。

[17] 1997年の特措法改定の際には、収用委員会は損失補償を適正に行うための機関であるとの理解が主張されていた。特措法改定をめぐる国会審議を詳細に検討したものとして、中富公一「沖縄住民投票に関する憲法社会学的考察序説 (4・完)」『岡山大学法学会雑誌』50巻2号 (2001) 75頁以下参照。

[18] この点につき、沖縄軍用地違憲訴訟支援県民共闘会議編『くさてぃ――公開審理闘争の記録』(1998) 247頁以下参照。

用」を受け入れる方針を固め、9月に、日米合同委員会は、埋立地を共同使用とすることで正式合意した。これにより、①制限水域が解除された後で土地が埋め立てられる、②それが第2条第1項（a）に基づき日本政府から米軍へ提供される、その上で③沖縄市が第2条第4項（a）の規定によって共同使用の手続をとる、とされた。

また、第2に、現在進められている那覇軍港移設問題や普天間基地移設問題でも同様に、共同使用の形態が検討されている。可能性としては、次の3つの方法が考えられる。①港湾・空港施設を、米軍が使用する部分と民間が使用する部分に明確に区別する方法である。これは、第2条第4項（a）または（b）による使用形態を否定するものである。但し、代替施設が米軍専用でなくなるのは難しいと考えられるであろう。ついで、②米軍の港湾・空港施設として建設し、それを民間が一時使用する場合である。これは、第2条第4項（a）に基づく方法である。日米両政府の間で、真剣に「軍民共用」が選択肢の1つに挙げられるのであれば、この方法が最も現実的なものとなろう。なぜならば、提供される基地は米軍専用であり、管理権も基本的には米軍に残されるため、米国政府の合意を引き出しやすいだけでなく、すでに読谷村役場や北谷町役場などで実績もあるからである。さらに、③民間の港湾・空港施設として建設し、それを米軍が一時的に使用する場合もある。これは、第2条第4項（b）に基づく方法である。但し、この方法によって建設される施設は基本的には民間の施設であり、米軍の基地使用を不安定にすることから、①の方法と同様に現実的な選択肢ではないと思われる。

（ⅱ）共同使用の問題点

共同使用の形態は、米軍専用基地に比べて民間の使用を認める点で基地の縮小や住民の利便にとってメリットがあるとする評価もあり得る。しかし、共同使用の形態には、なし崩し的な専用基地化をもたらすおそれがあるという点、基地利用と民間利用が同居するため必然的に住民などの利用者に危険性がありうる点などが問題点として指摘され得よう。

特に前者の問題点については、厚木基地の例が参考となろう。すなわち、日米地位協定第2条第4項（b）に基づいて提供された厚木基地は、1971年

6月29日の閣議決定により、「使用目的」を「滑走路等を海上自衛隊の管轄管理する施設とし、合衆国軍隊に対しては地位協定2条4項(b)の規定の適用のある施設及び区域として一時使用を認める」とされ、また、「備考」として「本件飛行場は米側航空機による米側専用区域への出入のため及びそれに関連したその他の運航上の必要をみたすために使用される」とされていた。政府の説明では、厚木基地の滑走路等の使用は、「小規模な米軍専用区域への出入」のためのものであること、また、「米軍の専用する施設・区域への出入のつど使用を認めるもの」であることが強調されている。しかし、1973年10月に横須賀基地が空母ミッドウエーの母港とされると、厚木基地には艦載機が大挙して飛来し、現在ではそれは、実質的には空母艦載機の拠点基地となってしまっている[19]。

　那覇軍港や普天間飛行場の移設問題について、その条件として沖縄県や名護市が提示している「軍民共用」についても、問題点が指摘されうるであろう。すなわち、軍民共用の飛行場を設置する場合、民間航空機の利用者数が減少し離発着便が減少していくにつれ、軍民共用とは名ばかりの新たな米軍基地が固定化することもありうるであろう。また、軍民共用の港湾開発を推進する場合にも、膨大な維持費を自治体が負担することができなくなり、結果として共同使用から撤退するということもあり得る事態である。米軍専用と共同使用を含めた米軍基地の面積が増大しているという現状[20]を踏まえていえば、安易な共同使用の提案には懸念を抱かざるを得ない。

2　基地の返還

(1) 基地の返還

(i) 協定の内容と問題点

　日米地位協定第2条第2項は、「日本国政府及び合衆国政府は、いずれか一方の要請があるときは、……前記の施設及び区域を日本国に返還すべきこと‥‥を合意することができる」と規定し、同条第3項は、「合衆国軍隊が

---

[19] 横浜弁護士会人権擁護委員会・基地問題調査研究小委員会・前掲 (10) 24頁以下。
[20] 横浜弁護士会人権擁護委員会・基地問題調査研究小委員会・前掲 (10) 23頁。

使用する施設及び区域は、この協定の目的のため必要でなくなつたときは、いつでも、日本国に返還しなければならない。合衆国は、施設及び区域の必要性を前記の返還を目的としてたえず検討することに同意する」と定め、基地の返還について規定を置いている。

但し、日米地位協定の場合、住民側から基地の「必要性」に対して疑問を提起する途は閉ざされている[21]。その理由は、①公共施設の建設には設置基準があるが、米軍基地の場合はそれが存在しないこと、②第2条第3項が規定する「必要性」について、米軍がどのようにそれを点検しているのかを、日本側がチェックする手段がないこと、③米軍が個々の区域・施設についての「必要性」を検討し、日本政府がその返還のための再検討を要請した例がどれくらいあるのかについては、一般に明らかではないこと等である[22]。

(ⅱ) 解釈論の試み

基地の返還については、以下の観点からする統制が考えられよう。第1に、施設・区域の提供目的の観点からの統制である。施設・区域の提供について述べたのと同様に、日米安保条約上予定された「極東」の範囲を逸脱する米軍の行動を前提とする基地提供には法的根拠が存在せず、引き続き使用することは違法と解される。日本政府は、すみやかに当該土地の返還手続を進めるよう法的に義務づけられるものと解されよう。

第2に、米軍用地特別措置法上の強制使用の要件である「土地等を必要とする場合」及び「適正且つ合理的であるとき」(第3条)の解釈である。この要件は、施設・区域としての継続的使用を正当化する要件としての意味を

---

[21] 屋良朝博「日米地位協定の内実」沖縄問題編集委員会編・前掲 (7) 51頁、本間・前掲 (10)［在日米軍地位協定］139頁以下参照。

[22] 本間・前掲 (6) 65頁。また、基地の返還に際して問題となる米軍基地跡利用については、仲地博「軍事基地の跡地利用の現状と課題」島袋邦・我部政明編『ポスト冷戦と沖縄』(ひるぎ社、1993) 243頁以下、同「沖縄米軍基地の平和的転換」深瀬忠一他編『恒久世界平和のために——日本国憲法からの提言』(勁草書房、1998) 618頁以下、府本禮司「国際都市形成構想の意義」沖縄国際大学公開講座委員会編『沖縄の基地問題』(ボーダーインク、1997) 253頁以下、野崎四郎「基地転用と国際都市形成構想の課題」沖縄国際大学公開講座委員会編・前掲 271頁以下等参照。

も有するのであるから、要件を満たさなくなった当該土地については、返還が義務づけられているものと解すべきであろう[23]。また、処分が取り消された場合の土地の原状回復措置については、日本政府が責任を負うものと解すべきであろう[24]。

この点に関連して、特に私有財産が賃貸借契約に基づいて施設・区域として提供されている場合において、契約法の基本原則により、賃貸人の意思に基づいて賃貸借契約の更新を拒絶することができるかどうかが問題となろう。この点、戦後占領軍に接収され、平和条約発行後は国との間で賃貸借契約が締結されて米軍に提供されている土地について、賃貸人による契約の更新拒絶の効力、及び本件土地・建物の返還請求の可否が争われたいわゆるゴルフ場事件で、東京地方裁判所は次のように述べて、本件賃貸借契約の終了及び返還請求の主張を認めた。本件土地は、当初の航空機製造工場としての使用目的が終了し、ゴルフ場に使用されているが、「右ゴルフ場の設置は本件契約締結の際に原告においてそのような利用を容認したことを認めるべき資料はなく、また本件賃貸借の使用目的とみるべき前記行政協定実施のためにする使用とは、結局において安全保障条約第1条の米軍駐留の目的を達成するために必須的な使用方法を意味するとみるべきところ、ゴルフ場に使用することは右目的に則うものとはいい難い」[25]。契約の更新拒絶が認められた以上は、当該土地を米軍用地として強制使用する要件をも満たさないことに

---

[23] いわゆる違法判断の基準時については、学説・判例上、処分時説が支配的とされるなかで、「処分時を基準とすると行政処分は違法ではないが、判決時を基準とすると行政処分は違法と解される場合、判決時説をとる余地があるのではないかと思われる」とするものとして、芝池義一『行政救済法講義 [第3版]』（有斐閣、2006）76頁。同旨のものとして、兼子仁『行政法総論』（筑摩書房、1983）302頁。また、「具体の行政過程における法律の仕組みごとに考察すべきもののように思われる」とするものとして、塩野宏『行政法Ⅱ [第5版補訂版]』（有斐閣、2013）201頁。

[24] 原状回復義務を取消判決の拘束力に含めて理解する見解として、芝池・前掲（23）101頁、原田尚彦「取消判決の拘束力」『ジュリスト』925号213頁。他方、拘束力には含めない見解として、塩野・前掲（23）189頁。

[25] 東京地裁昭和39年6月27日判決・判時377号13頁。

なるため、米軍用地特別措置法による強制使用も認められないこととなろう。

第3に、施設・区域の返還に関する合理的な基準の設定である。本間浩は、国有財産提供の際の意見聴取制度を手がかりとして、次のような基準を提示している。すなわち、国有財産の米軍使用が産業・教育・学術研究・関係住民の生活に及ぼす影響、その他公共の福祉に及ぼす影響が軽微とは認められない場合にかぎり、関係行政機関の長や関係自治体の長による意見聴取が行われる、とする国有財産管理特別法施行令を参考として、「米軍基地使用が『産業……関係住民の生活その他公共の福祉に及ぼす影響が軽微でない』かどうかという基準」を設定し、「重大な影響を防止し得ない場合には、基地使用の変更または場合によっては基地の返還もあり得る」と述べている[26]。

(2) 基地返還の際の原状回復・補償

(ⅰ) 問題点

日米地位協定第4条第1項は、米国が基地返還の際に、「当該施設及び区域をそれらが合衆国軍隊に提供された時の状態に回復し、又はその回復の代りに日本国に補償する義務を負わない」旨規定する。最も問題となるのは環境問題である。基地返還の際には、環境に配慮して土地の返還がなされなければならない。1996年3月に、返還された恩納通信所跡地からPCBなどの有害物質が大量に検出され、返還前の環境調査及び原状回復の重要性が一層認識されるようになった。しかし第4条では、環境汚染があったとしても、米国は「施設及び区域」の返還に際し原状回復義務も補償義務も負わない旨規定されている。

(ⅱ) 統制の試み

米軍用地特別措置法は、第11条第1項で「地方防衛局長は、この法律により駐留軍の用に供した土地等を返還するに際し、土地等の所有者から原状回復の請求があった場合において、土地等を原状に回復することが著しく困

---

[26] 本間・前掲 (10)[自治体の基地対策]150頁、同・前掲 (6) 67頁。

難であるとき、又は土地等を原状に回復しないでもこれを有効且つ合理的に使用することができると認めるときは、その土地等を原状に回復しないで返還することができる」と規定し、同条第2項でこの場合において、「土地等の所有者及び関係人の受ける損失は、補償しなければならない」と規定する。返還の際の原状回復に関する地方防衛局長の責任を明確に認めるとともに、一定の要件の下で、その責任を免除する規定も置かれており、原状回復措置は徹底されていない。他方、「沖縄県における駐留軍用地の返還に伴う特別措置に関する法律」(「軍用地転用特別措置法」。現「沖縄県における駐留軍用地跡地の有効かつ適切な利用の推進に関する特別措置法」(「跡地利用推進法」))は、「国は駐留軍用地の所有者等に当該土地を返還する場合においては、その者の請求により、当該土地の所在する周囲の土地利用の状況に応じた有効かつ合理的な土地利用が図られるよう、当該土地を原状に回復する措置その他政令で定める措置を講ずるものとする」(第7条)と規定し、国が原状回復等についての責任を負うことが明確化されている。

そこで、第1に、国の措置を実現するためには、基地内への返還前の立入が認められなければならない。1996年のSACO最終報告(1996年12月2日)では、「地位協定の運用の改善」の一つに米軍の施設及び区域への立入を認める合意が盛り込まれ、日米合同委員会において「合衆国の施設及び区域への立入許可手続」が合意されている[27]。しかし、これらも目に見える改善には至っていないとの指摘がある。現に、県収用委員会が土地収用法に基づいて申請していた地主の基地立入調査について米軍が拒否した事例や、県議会の普天間飛行場の文化財調査、金武町議会の原野火災調査のための立入が拒否された事例がある[28]。「運用の改善」では限界があることが明らかになった一例である。

第2に、仮に立入が認められたとしても、日本政府による対応がなされない場合がありうるので、政府による原状回復措置の公正な実施が必要となる。1999年7月29日、那覇防衛施設局長(現「沖縄防衛局長」)は、「有害

---

[27] 横浜弁護士会人権擁護委員会・基地問題調査研究小委員会・前掲(10)37、38頁。
[28] 沖縄タイムス社編・前掲(15)51頁以下、60頁以下。

物質が出た場合は、原状回復義務の一環として適切に処理していきたい」と述べ、日本政府として返還前、後に関わらず、環境浄化に取り組む姿勢を初めて明確に示した。

　第3に、米軍の原状回復義務の免除については限定解釈の余地はないかが問題となる。この点については、「ドイツ補足協定41条の規定及び一般法理によって、米軍の故意又は重過失による形質変更には適用されないと解釈すべきではないか、との議論がある」[29]が、どのように考えるべきであろうか。確かに、ドイツ補足協定第41条第3項（a）は、「連邦共和国は、同国が所有し、軍隊又は軍属の専属的使用のため提供された財産の減失又は損害について当該派遣国に対する請求権を放棄する。この規定は、その財産が二以上の派遣国の軍隊の使用のため提供されているか又は一もしくは二以上の軍隊によりドイツの軍隊と共同で使用されている場合にも、同様に適用される。この請求権の放棄は、故意に又は重大な不注意により生じた損害及びドイツ連邦鉄道又はドイツ連邦郵便の財産の損害には、適用されない」と規定している。しかし、①違法な行政処分の取消がなされた場合には、日本政府が原状回復義務を負うという点は既に述べたとおりである。また、②国家賠償法第1条第1項の「賠償」の意味については、最高裁は、「処分が違法として取消されても、国に原状回復義務を認めるべき法令のない限り、これを否定すべきである」と判示している[30]。以上の点から、むしろ、明文規定がなければ米軍に対し原状回復義務を課すのは困難ではないかと思われる。また、「米軍の日本法尊重義務を確認し、国に対し、賃貸借契約あるいは強制使用の趣旨に反する使用である（用法違反）として、返還前であっても有害物質の使用を禁じたり、除去のための措置を米軍に対して求めることができると解すべきであろう」とする主張もある[31]。しかし、米軍の国内法尊重義務（日

---

[29] 横浜弁護士会人権擁護委員会・基地問題調査研究小委員会・前掲（10）41頁。
[30] 最高裁昭和35年12月23日判決・民集14巻14号3166頁。また、「民法417条・722条1項、国家賠償法4条の解釈からして、国家賠償法1条1項にいう『賠償』が金銭賠償を原則としていることは疑いないといえよう」と述べるものとして、宇賀克也『国家補償法』（有斐閣、1997）85頁。
[31] 小川・前掲（5）138頁。

米地位協定第 16 条）を前提としても、日本政府を飛び越えて、米軍に対して原状回復措置を求めることができるかどうかの検討がなお求められているように思われる。

　第 4 に、米軍基地による汚染が、周囲の土地等を汚染している場合は、日米地位協定第 18 条第 5 項の規定により、米軍に対して費用負担を求めることが可能である[32]。

3　基地の管理

(1) 排他的使用権

　日米地位協定第 3 条は、基地の排他的使用権を規定するものである。同条では、「1　合衆国は、施設及び区域内において、それらの設定、運営、警護及び管理のため必要なすべての措置を執ることができる。日本国政府は、施設及び区域の支持、警護及び管理のための合衆国軍隊の施設及び区域への出入の便を図るため、合衆国軍隊の要請があつたときは、合同委員会を通ずる両政府間の協議の上で、それらの施設及び区域に隣接し又はそれらの近傍の土地、領水及び空間において、関係法令の範囲内で必要な措置を執るものとする。合衆国も、また、合同委員会を通ずる両政府間の協議の上で前記の目的のため必要な措置を執ることができる」、「2　合衆国は、1 に定める措置を、日本国の領域への、領域からの又は領域内の航海、航空、通信又は陸上交通を不必要に妨げるような方法によつては執らないことに同意する。合衆国が使用する電波放射の装置が用いる周波数、電力及びこれらに類する事項に関するすべての問題は、両政府の当局間の取極により解決しなければならない。日本国政府は、合衆国軍隊が必要とする電気通信用電子装置に対する妨害を防止し又は除去するためのすべての合理的な措置を関係法令の範囲内で執るものとする」、「3　合衆国軍隊が使用している施設及び区域における作業は、公共の安全に妥当な考慮を払つて行なわなければならない」と規定されている。

---

[32]　横浜弁護士会人権擁護委員会・基地問題調査研究小委員会・前掲（10）41、42 頁。

本条第3項にあるように、基地周辺地域に配慮するために、米軍は「公共の安全」に妥当な考慮を払わなければならない。住民の生活に影響を与える事件・事故が発生した場合には、基地内への立入や米軍による情報提供が必要となる。但し、立入調査や情報提供義務が明記されておらず、また、米軍による妥当な考慮がなかった場合の規定は存在しないため、この規定は努力目標にすぎないと解する見解もある。しかし、「『米軍が考慮を払うべき』公共の安全とは、環境基本法など日本国の環境保護関係法の基準に対応する、と考えなければなら」ず、「基地使用の軍事的必要性もその限りでは制約される」とする見解[33]によれば、むしろ法的な義務と解する余地も生じてこよう。

(2) 軍事警察権

日米地位協定第17条第10項は、「(a) 合衆国軍隊の正規に編成された部隊又は編成隊は、第2条の規定に基づき使用する施設及び区域において警察権を行なう権利を有する。合衆国軍隊の軍事警察は、それらの施設及び区域において、秩序及び安全の維持を確保するためすべての適当な措置を執ることができる」、「(b) 前記の施設及び区域の外部においては、前記の軍事警察は、必ず日本国の当局との取極に従うことを条件とし、かつ、日本国の当局と連絡して使用されるものとし、その使用は、合衆国軍隊の構成員の間の規律及び秩序の維持のため必要な範囲内に限るものとする」と規定している。この規定に関連して、次の2つの事例が注目される。

(i) 沖縄市「オフリミッツ」解除問題

第1に、沖縄市の繁華街への米兵の立ち入りを禁止した「オフリミッツ」の解除問題である。この問題について、解除の条件として関係者による制服着用の巡回を提示する米軍と、基地の外で警察権を行使することは日米地位協定第3条第1項、第17条第10項に違反すると主張する沖縄県警とが対立していた。結局、1999年7月16日に政府の見解（野田国家公安委員長（当時）は、「制服による巡回指導を行うことは好ましいことではない」と述

---

[33] 本間・前掲 (6) 76頁。

べ、また、高村外相（当時）は、「一般の上級下士官が巡回して生活指導する範囲にとどまる限り警察行為の行使には当たらない」と述べ、警察行為に該当しない限り、日米地位協定上、問題はないとの認識を示した）が出された後、米軍側は、制服着用でのパトロールを行わずに、同年10月6日からオフリミッツを解除すると発表した。このことは、制服着用でのパトロールが警察権の行使に該当し、基地の外でパトロールを実施することが日米地位協定第17条第10項に違反する、との解釈の一例となるものと思われる。

（ⅱ）民間地域での銃携帯問題

第2に、米国へのテロ攻撃を受けて、沖縄の米軍が基地周辺で銃を携帯した上で警備の任務に就いていることが問題となった。勝連町（現「うるま市」）の米軍ホワイト・ビーチ軍港の警備に当たっている兵士が銃を携帯して隣接する民間地域まででて、警備行動を行っていることが、日米地位協定第17条第10項に違反するのではないか、という問題である。この件につき、沖縄県は、「米軍の施設管理権は基地内に限定される。民間地域は日本の国内法が適用され、銃刀法などの法令に反する恐れがある。地位協定違反は明らかだ」と指摘している[34]。衆議院外務委員会での東門美津子議員による同旨の質問に対し、2001年11月2日の答弁書（内閣衆質153第16号）は次のように述べている。

①「第17条第10項の規定により、アメリカ合衆国軍隊（以下『合衆国軍隊』という。）の軍事警察は、日米地位協定第2条第1項にいう施設及び区域（以下『施設及び区域』という。）の外部においては、必ず我が国の当局との取極に従うことを条件とし、かつ、我が国の当局と連絡して使用されるものとし、その使用は、合衆国軍隊の構成員の間の規律及び秩序の維持のため必要な範囲内に限るものとするとされている」。

②「また、日米地位協定についての合意された議事録（以下『合意議事録』という。）の第17条第10項に関する規定により、アメリカ合衆国の軍当局は、施設及び区域の近傍において、当該施設及び区域の安全に対する罪

---

[34] 『琉球新報』2001年10月6日夕刊。

の既遂又は未遂の現行犯に係る者を法の正当な手続に従って逮捕することができるとされている」。

　③「『米軍兵士が銃を携行して、基地の外部、すなわち民間地域で警戒活動を行うこと』が日米地位協定に照らして問題がないかについては、少なくとも、右に述べた日米地位協定第17条第10項の規定及び合意議事録の同項に関する規定の範囲内で合衆国軍隊の構成員が銃を携行して施設及び区域の外部で行動することは、それ自体が直ちに日米地位協定上問題になるものではない」。

　答弁書①及び②に関する限り、米軍の基地外での軍事警察権は、①憲兵隊が（主体）、②わが国の警察「当局との取極」・「当局と連絡」・「当局との連携」の下に（条件）、③「合衆国軍隊の構成員の間の規律及び秩序の維持」のため（目的）、あるいは「施設及び区域の安全に対する罪の既遂又は未遂の現行犯」に対して（客体）、認められると解される。しかし、この政府見解を前提としても、今回の軍事警察権の行使は日米地位協定違反であると解される。少なくとも、客体に関して、基地外での米軍による軍事警察権の行使は、施設の治安を犯す犯罪行為に対し、既遂犯又は未遂犯を逮捕することに限定されているが、今回は、そのような犯罪行為は現に存在せず、また、逮捕権が行使されているわけでもない。

　また、外務省日米地位協定室の水鳥室長は、「軍隊の属性」という概念を持ちだして説明している[35]。「軍隊に属性として、その決まり（協定）に制約されずに銃を持てることになっている。何条の何項という明記はなくても、属性として持つことが前提となっている」。この解釈は、軍隊を設置すれば当然に法の支配から免除される、という趣旨のものである。しかし、この解釈には問題がある。法によって軍隊が設置され、法によって法の制限の下でのみ武器使用が認められ、法を逸脱すれば一定の制裁が課される、というのが法治主義である。国家機関は法によって明確に認められたことしかできないと考えるべきである。したがって、日米地位協定や合意議事録、国内法の

---

[35] 『沖縄タイムス』2001年10月26日。

規定に根拠がなくても軍隊として当然に一定の権限を有する、というのは、法治主義に基礎づけられた「軍隊の属性」には反しているということになろう。

結──憲法学へのフィードバック

（1）以上、安保体制の違憲性を絶えず指摘して絶対平和主義の意義を損なわないようにするという立場を維持しつつ、日米地位協定における基地の提供、返還、管理に関する問題点について、可能な限り日本政府及び米軍に対する法的コントロールを確実に及ぼそうとする試みを検討してきた。中には、単に問題点の指摘にとどまったものや、判例の検討を踏まえた上で一定の解釈の道筋を与えたものもあるが、大部分の問題は、裁判所による具体的な事件に際しての法解釈が未だ示されていないものであり、しかも、政治の場面では実例が積み重ねられているものである。裁判所による有権的な法解釈が未だ示されておらず、政治実例のみが存在している領域で政治実例を批判する法解釈を展開することは、いかなる意味をもちうるのであろうか。この点について、憲法学の立場からの応答を最後に検討しておきたい。

（2）まず、憲法学の基本的な態度として、法規範の具体的意味は、裁判所の判決によって初めて明らかにされるとする立場がある。これによれば、憲法学の任務は、裁判所の判決を整理し、「現に存在する憲法」を発見することにあるということになる。憲法解釈論を「裁判をとおして憲法価値の具体的実現をなすことにかかわる議論」として捉え、「日本国憲法の規定に所与の価値が存在しているわけではなく、司法過程をとおして憲法価値が形成される」とする観点から憲法訴訟論を試みる見解[36]はその一つである。このような「判例実証主義」の見地からすれば、本章で試みたような米軍に対する法的コントロールの解釈論的構成は、もはや日米地位協定を考察の対象とする憲法学が関与すべき任務ではないということとなろう。

---

[36] 戸松秀典『憲法訴訟［第2版］』（有斐閣、2008）5、9頁。また、同「憲法訴訟論の問題と課題」憲法理論研究会編『憲法50年の人権と憲法裁判』（敬文堂、1997）47頁以下等参照。

(3) しかし、この見解は、憲法解釈論を「科学」たるにふさわしいものとして構成し実践しようとする試みであるが、「科学」としての憲法学の役割は、「判例実証主義」を必然的に意味しない。他方、裁判所による有権解釈が示されていない規範であっても、また、裁判規範性自体が否定されている規範であっても、その政治部門を拘束する機能を積極的に評価すべきとする立場もある。「憲法規範は、原理上、裁判所に向けられているだけではなく、議会や政府という政治部門も拘束する。また、実際にも憲法規範は、政治部門において政治的論議を方向づける重要な働きをしている」とする見解[37]である。政治部門に向けられた法規範的・政治規範的側面の重視という視点を、議会や政府、さらには地方自治体という裁判所以外の有権解釈者の存在と関連させて理解するならば、議会における意思ないし立法者意思や政府見解、自治体の法令解釈[38]を通して法解釈を提示することもまた、「科学」としての憲法学の領域に含まれるということとなろう。

(4) 加えて、裁判所等による有権解釈が示されていない場合に法解釈を提示すること、あるいは裁判所等による有権解釈が示されている場合であってもそれとは異なる法解釈を提示することもまた、「科学」の名のもとで認められる場合があることに留意する必要がある。この点、「法的関係を認識し、記述する学は、単に、外的に観察しうるデータを記述するだけでは足りず、その法的関係にコミットする参加者の視点からみて、それらの観察可能なデータがいかなる『意味』をもっているかを理解し、認識する必要がある」とする指摘[39]が重要である。重要なのは、最初の立場のみが「科学」とよぶに値するものであり、後二者は「非科学」であるとする評価は誤っているということである。後二者の立場も「科学」の次元で捉えうることを指摘しなければならない。ドイツ補足協定との比較や超党派の国会議員による地

---

[37] 浦田一郎『現代の平和主義と立憲主義』(日本評論社、1995) 109頁。また、同「平和的生存権」樋口編・前掲 (3) 140頁参照。

[38] 自治体の法解釈自治権について、兼子・前掲 (23) 250頁以下、同『新地方自治法』(岩波新書、1999) 199頁以下等参照。

[39] 長谷部恭男『権力への懐疑』(日本評論社、1991) 162頁。また、同『憲法 [第7版]』(新世社、2018) 52頁参照。

位協定の改定をめぐる最近の動きをもにらみつつ、解釈論的統制を追求することがますます必要になるものと思われる。

第2章　米軍基地の移設と住民・地方公共団体

第1節　米軍基地の移設と住民投票

序——問題の所在

　「ここにヘリポートを受け入れると同時に、私の政治生命を終わらしていただきたい」。海上ヘリポート建設反対の票が52.85％を占めた1997年12月21日の沖縄県名護市住民投票の結果を受けて、Y名護市長（当時）が下したこの決断は、多くの住民に怒りと政治への失望感を与えた。これに反発した住民は、Y及び名護市に対する損害賠償請求訴訟（以下、「本件訴訟」という。）という形で異議申立を行ったが、この訴訟は住民投票の拘束力、すなわち住民投票の結果に反する行為の違法性如何が主たる争点とされる初めてのケースとして注目を集めている。

　以下では、本件訴訟の背景と経緯を簡単に整理し[1]、住民投票の拘束力の問題に焦点を絞りつつ、原告の主張の可能性について若干の検討を行いたい。

1　事件の背景と経緯

（1）SACO最終報告

　1995年9月4日夜に発生した米海兵隊員による犯罪をきっかけに、沖縄県民及び沖縄県は、安保反対・基地撤去の要求を日米両政府に対しこれまで以上に強く求めていくこととなった。その表れが、同年9月28日の大田昌秀知事（当時）による米軍用地強制使用手続の代行拒否の表明であり、同年10月21日開催の「米軍人による少女暴行事件を糾弾し、地位協定見直しを要求する沖縄県民総決起大会」であった[2]。このような状況の中で危機感を

---

[1] 沖縄タイムス社編『民意と決断——海上ヘリポート問題と名護市民投票』（沖縄タイムス社、1998）参照。

[2] 一連の経緯については、高良鉄美『沖縄から見た平和憲法——万人（うまん↗

持った政府は、在沖米軍基地の整理・縮小を真剣に検討する必要性を感じ、アメリカとの間で日米特別行動委員会（SACO）[3]を設置して具体的協議を行う。その成果が、1996年12月2日に最終報告としてとりまとめられた。

SACOの最終報告では、普天間飛行場、楚辺通信所、那覇港湾施設、読谷補助飛行場など計6施設の全部返還と、北部訓練場、瀬名波通信施設など5施設の一部返還などが示され、在沖米軍施設・区域の整理・統合・縮小へ向けた大きな進展が見られることとなった。しかし、普天間飛行場の返還については、代替ヘリポートの建設が必要とされており、その移設先をめぐって新たな問題が浮上することとなる。すなわち、最終報告では、沖縄本島東海岸沖とだけしか示されなかった移設先が、日米政府間の既定方針ではすでにキャンプ・シュワブ沖となっていたことに地元が反発したのである。

(2) 住民投票条例の制定から住民投票の実施へ

1997年4月、Yは、海上ヘリ基地建設の候補地であるキャンプ・シュワブ沖の事前調査に対する受け入れを表明する。また、大田知事も「名護市が総合的に判断した結果は、県としても尊重したい」と述べ、県として調査容認の立場を明らかにした。住民無視の政治に対しついに住民自身が立ち上がる。同年6月、海上ヘリポート基地建設の是非を問う「市民投票推進協議会」が発足し、市民投票の実現に向けた取り組みを本格化させた。①基地建設に賛成か、②反対かの二者択一を求める市民投票条例案が市議会に提出された。しかし、名護市議会における審議の中で、市民投票条例案は思いがけない修正を被ることとなる。Yは市民投票条例に対する意見書で、選択肢を①賛成、②環境対策や経済効果が期待できるので賛成、③反対、④環境対策や経済効果が期待できないので反対の4つに変更するよう要請したのである。名護市議会もYの意見を取り入れる形で、結局設問方法を四者択一とする市民投票条例を可決、成立させた。明らかに海上ヘリ基地反対の票を切

ちゅ）が主役』（未来社、1997）、新崎盛暉『沖縄現代史［新版］』（岩波新書、2005）が詳しい。

[3] 正式名称は、「沖縄における施設及び区域に関する特別行動委員会」（Special Action Committee on Okinawa）。

り崩すために為された修正であった。

　また、政府は、海上ヘリ基地建設と事実上リンクさせた北部振興策を打ち出し、那覇防衛施設局（現「沖縄防衛局」）は、職員を市内での戸別訪問へと派遣して海上基地建設への理解を訴え、さらには自衛隊員も動員して基地建設賛成のための集票活動を積極的に展開した。住民投票の結果を尊重することを前提とした、政府による不当介入が公然と行われたのである。

　このようにして市民の意思が二分されたまま実施された住民投票では、①賛成、8.13％、②条件付き賛成、37.18％、③反対、51.63％、④条件付き反対、1.22％という結果となり、反対票と条件付き反対票が合わせて52.85％にまで達した。「市民投票で示された賛成、反対それぞれの票の重みを厳粛に受け止め、慎重に検討を行い、この問題に対処していく」と語ったYであったが、一転、海上基地受け入れと市長の辞職を表明する。その後、大田知事による海上基地反対表明、海上基地問題についての争点を巧妙に回避した岸本建男氏が名護市長に当選、という経緯を経て、現在普天間返還は宙に浮いたままとなっている。

（3）問題の所在

　本件訴訟において、原告らはYの政治的意思表明の違法性について主張・立証しなければならない。その可能性としては、住民投票の結果に法的拘束力があり、それに違反した行動であることを理由として違法と判断しうる場合と、それ以外の理由で当該行為の違法性を主張しうる場合とが考えられよう。そこで、両者の場面を分けてYの行為の違法性について検討を進めたい。

2　住民投票の拘束力の有無

（1）住民投票と民主主義

　近時、自治体における原子力発電所や産業廃棄物処理施設の設置等の賛否の重大な政策決定について、住民参加を通じ民主主義的正統性を付与しよう

とする試みが盛んになされている[4]。今回の住民投票の制度的根拠となる「名護市における米軍のヘリポート基地建設の是非を問う市民投票に関する条例」（以下、「本件条例」とする。）もその一つであるが、これについて拘束力を認めることが可能かどうかが、「市長は、ヘリポート基地の建設予定地内外の市有地の売却、使用、賃貸その他ヘリポート基地の建設に関係する事務の執行に当たり、地方自治の本旨に基づき市民投票における有効投票の賛否いずれか過半数の意思を尊重するものとする」と規定する本件条例第3条第2項に関連して問題となる。まず、現行法制度における直接民主制の在り方を整理しておこう。

（ⅰ）憲法上の直接民主制

国政レベルでは、間接民主制[5]が原則とされている（前文、第41条）。但し、直接民主制的制度として、①特定の法案などに関して可否を決定する国民表決（レフェレンダム）、②特定の法律などの制定を求める国民発案（イニシアティブ）、③国民罷免（リコール）などが考えられるところ、憲法上、①として憲法改正国民投票（第96条）及び地方特別法の住民投票（第95条）、③として最高裁判所裁判官の国民審査（第79条）が規定されている。これ以外に、国民が直接に統治権を行使する直接民主制的制度を法律に

---

[4] 最近では、原発建設の是非を問うものとして、①新潟県巻町の住民投票（1996年8月4日に実施。原発反対が投票総数の61%）、また、産廃処分場建設の是非を問うものとして、②岐阜県御嵩町の住民投票（1997年6月22日に実施。建設反対が投票総数の60%）、③宮崎県小林市の住民投票（1997年11月16日に実施。反対票は投票総数の約59%）、④岡山県吉永町の住民投票（1998年2月8日に実施。反対票が有効投票数の約98%）、⑤宮城県白石市の住民投票（1998年6月14日に実施。反対票が有権者の約67%）、さらに、日米地位協定見直し及び米軍基地の整理縮小についての民意を問うものとして、⑥沖縄県の県民投票（1996年9月8日に実施。賛成票が投票総数の89%）が注目される。また、これまでの住民投票条例及び住民投票について整理したものとして、横田清編『住民投票Ⅰ』（公人社、1997）、今井一編『住民投票』（日経大阪PR、1997）等参照。さらに、住民投票制度のメリット・デメリットにつき整理したものとして、橋本基弘「住民投票制度と地方自治――住民投票条例の正当化をめぐる覚え書き」『法と行政』（中央学院大学地方自治研究センター）7巻2号（1997）154頁以下参照。

[5] 清宮四郎『憲法Ⅰ［第3版］』（有斐閣、1979）68頁参照。

より規定することは、憲法上許されないと解されている[6]。他方、自治体レベルでは、議会の設置が定められている一方で（第93条第1項）、①自治体の長、法律の定めるその他の公務員を直接選挙する権利（第93条第2項）、②地方特別法に関する住民投票（第95条）が直接民主主義的制度として置かれている。「地方自治の本旨」（第92条）が「団体自治」と「住民自治」を含むと解されることとの関係上、次に見られるように、法律等でさらに直接民主制的制度を規定することも許容されると解される。

（ⅱ）法律上の直接民主制

地方自治法には、レフェレンダムの制度は置かれておらず、イニシアティブやリコールなどの直接請求制度のみが規定されている。すなわち、①条例の制定・改廃の請求、②主要公務員の解職請求、③議会の解散請求、④議員・首長の解職請求、⑤③ないし④に基づく住民投票、⑥住民監査請求等の制度が設けられており、これらは間接民主制を補完するための直接民主主義的制度と見ることができる。また、町村につき、議会にかえて有権者の総会（町村総会）を設置することも認められている（第94条）。

（ⅲ）条例に基づく住民投票

さらに、条例で住民投票制度を設ける例も見られる。地方公共団体にとって重要な争点を解決する手段として、住民投票条例を制定しそれに基づいて住民投票を実施することは、これまで多くの自治体によって試みられてきた。その大部分が原子力発電所の建設について民意を問うものである[7]。

---

[6] 例えば、佐藤幸治『日本国憲法論』（成文堂、2011）401頁以下、杉原泰雄「国民主権と住民自治——住民投票制度に焦点を合わせて」『法学教室』199号（1997）22頁、成嶋隆「直接民主制の光と影」『法律時報』68巻12号（1996）35頁。もっとも、国民発案制や国家意思形成の参考にする趣旨で行われる国民投票制は、憲法上必ずしも禁止されていないとされる。ちなみに、選挙は間接民主制の理念に基づく制度とされることがある。清宮・前掲（5）135頁。これと異なる理解を示すものとして、樋口陽一『近代立憲主義と現代国家』（勁草書房、1973）292頁。本稿では、国会議員・地方議会議員の選挙を間接民主制の枠内の制度として捉え、レフェレンダム、イニシアティブ、リコール、自治体の長、法律の定めるその他の公務員の直接選挙制を直接民主制に基づく制度と理解している。

[7] 加藤富子「住民投票制度」園部逸夫編『新地方自治法講座4 住民参政制度』↗

(ⅳ) 事実上の住民投票

混乱した事態を収拾させるため、住民投票条例を制定せずに住民投票が実施されることもある。これまで、市町村の合併問題、町名変更の可否、原子力発電所建設の可否、道路建設の可否について住民投票が実施されたことがある[8]。

(2) 住民投票に関する学説

住民投票条例を制定しそれに基づいて住民投票を実施することは、①間接民主制を原則とする憲法の趣旨に反しないか、また、②「法律の範囲内」での条例制定を定める憲法第94条や「法令に違反しない限り」での条例制定を定める地方自治法第14条第1項などに反しないかが問題となる。

(ⅰ) 否定説

この説は、住民投票の法的拘束力の有無にかかわらずそれを批判し、違憲ないし違法、あるいは政策上不当とする[9]。その論拠としては、①現代社会では、住民の代表者に政策決定を委ねることが合理的であり、間接民主制は直接民主制の次善の策ではない、②個別重要課題を住民投票に委ねて決定するのは、法律上の権限分配に抵触し、長や議会の権限を侵害する、③住民投票には、煽動家やマスコミ等による大衆操作の影響を受けやすい、一次的な情熱や偶然的要素に左右されやすい、かえって住民の間にしこりを残してしまう、住民投票の結果に責任を持つ者はいない、住民投票の結果は住民投票によらなければ覆すことができず事態の硬直化を招く等の欠点が存する、④住民投票が行われるとその結果はリコール制の下で決定権者の判断を確実に拘束するため、その拘束力が法的なものか事実上のものかは形式論にすぎない等が見られる。

(ⅱ) 「諮問型」肯定説

住民投票には、その結果に法的拘束力を認める決定型と法的効力を認めな

↘ （ぎょうせい、1996）108頁以下。
8 加藤・前掲（7）110頁以下。
9 原田尚彦『〈新版〉地方自治の法としくみ［改訂版］』（学陽書房、2005）74頁以下、250頁以下、玉巻弘光「地方自治の本旨――住民参加」粕谷友介・向井久了編『事例で学ぶ憲法』（青林書院、1997）198頁。

い諮問型とがあるが、この立場は、前者は特定の政策について住民意思に最終的決定権を委譲するもので議会制民主主義を定める憲法との関係で問題があるとし、後者であれば可能とする[10]。諮問型では、住民投票の結果を政治にどう反映させるかは、自治体の議会や長の裁量に属することとなる。この形での住民投票が憲法上可能であるとするのは、憲法が間接民主制を補完する直接民主主義的制度を許容する趣旨と解され、また、地方自治法上も直接民主主義的制度が置かれていること、さらに、過去の法律でも住民投票制度が置かれていた経緯があること[11]から、国法もまた間接民主制原理に反しない限りで直接民主主義的制度を採用することを許容する趣旨と考えられ、したがって、条例による諮問型住民投票の制度化は、合憲・適法と考えられるからである。

（ⅲ）「決定型」肯定説

この立場は、住民投票が法律に積極的な根拠をもたない場合であっても、国法に違反しない限り、住民投票の結果に法的拘束力を認めることもできるとする[12]。この立場には、日本国憲法における代表制を直接民主制の代替物である現代代表制とする理解や「人民主権」的に理解された国民主権原理に正当性を求めるもの[13]、「地域の事柄は、地域住民が第一義的に決定すべきであって、しかも、住民が直接関与する形で解決するのが望ましいという考

---

[10] 塩野宏『行政法Ⅲ［第4版］』（有斐閣、2012）212頁、213頁、223頁、秋田周「地方自治における住民参加の研究——住民投票の問題を中心に」『法政理論』（新潟大学）28巻4号（1996）8頁、兼子仁『行政法学』（岩波書店、1997）266頁、吉田善明『地域からの平和と自治』（日本評論社、1985）267頁以下等参照。もっとも、秋田教授は別の論文において、住民投票の効力を地方自治体内部への対内的効力と地方自治体外への対外的効力とに区別し、対内的には法的効力を認めるべきとされる。秋田周「住民投票をめぐる諸問題——地方自治における住民参加の研究（その二）」『法政理論』（新潟大学）29巻4号（1997）114頁以下。

[11] 加藤・前掲（7）105頁、福岡英明「住民投票制度と地方民主主義の可能性——住民自治の拡大としての地方分権の視点を踏まえて」『高岡法学』9巻1号（1997）50頁以下。

[12] 阿部照哉『演習憲法』（有斐閣、1985）254頁、杉原・前掲（6）23頁、橋本・前掲（4）164頁以下。

[13] 杉原・前掲（6）23頁。

方」が地方自治法等の「制度を設計し、導入する場面での指針」であったはずだとし、このような「住民」概念の理解に決定型住民投票の正当性を求めるもの[14]等がある。

(3) 本件条例の拘束力の有無

本件条例に拘束力を認めることができるかどうかを考える場合には、一般論として決定型住民投票を認めうるかどうかということと本件条例について法的効力を認めうるかどうかということとを区別して論じる必要があろう。

まず、前者については、近代国家においては物理的・技術的に直接民主制の実現が困難になったために間接民主制が発達したこと、直接民主制の一つである人民投票制度は権力を正統化するために利用された歴史があること（プレビシット）、高度に専門化した現代社会では、知識を備えた専門家に委ねて総合的視野から政策を実施する方が望ましいこと、憲法自体も地方議会の設置を定めて間接民主制を基本としていると解されること等からすれば、国と同様、自治体においても間接民主制を原則と考えるべきであろう。但し、憲法上列挙された直接民主主義的制度を限定列挙と解する必要はない。憲法は、間接民主制の原則を覆すに至らない限りにおいて、制度の具体化を立法政策に委ねているものと解される。現に、地方自治法上の直接請求制度についても違憲とは考えられていない。したがって、住民投票の拘束力の有無は、それを認めることが、①間接民主制の原則を覆すことになるかどうか、また②国の法律に違反するかどうかという点に依存する。

第1点については、条例上の住民投票は、地方議会が条例制定権を行使して制度化したものであること、また条例は、住民の過半数の同意を条件に自治体の長や議会自らを義務づけるものと解されること、さらに住民投票は、特定の場面でのみ住民の参与を認める制度であること等からすれば、それは、議会による条例を通じた長の統制及び自己拘束という通常の地方政治の枠組みから外れるものではなく、なお間接民主制の原則を覆すものではないと解される[15]。また、自治体の長の権限が「民意」と結びついて「住民自治」

---

[14] 橋本・前掲（4）164頁。
[15] 同旨、橋本・前掲（4）158頁。

を徹底させることは、「中央権力に対する権力分立の強化」[16]となり、「団体自治」をも押し進める契機となることからすれば、住民投票の法的拘束力を認めることは、憲法の「地方自治の本旨」にも適合するものと解される。第2点については、まず、地方自治法上の町村総会（第94条）は正に全面的な直接民主制といえるため、部分的な直接民主制といいうる決定型住民投票を町村のレベルで制定することは、国法に反しないと解される[17]。また、市や都道府県についても、過去の法律で住民投票制度が置かれていた経緯があること、しかも決定型住民投票が制度化され実施されていたことからすれば、国法は、この種の制度を禁止する趣旨のものではないと解される。

議会制民主主義の機能障害、現代政治における政治的無関心の広がり、無党派層の増大は、直接民主主義的制度の下での討論ないし陶冶を通じてこそある程度治癒できるのではないかということを踏まえていえば、当該自治体における問題の重要性、その性格、二者択一で応えうるかどうかということ、住民投票による将来への影響等様々な要素を考慮し、また民主主義的に機能しうる条件を適正に制度化した上で住民投票を実施することは、「住民自治」の理念に適うことはあっても反することにはならないであろう[18]。

次に、本件条例の拘束力については、ここで規定されているのが「尊重義務」であることに着目し、住民投票の法的拘束力を否定する立場がありうる[19]。それに対し、三辺夏雄は、行政庁に尊重義務を課す諮問型審議会の答申の意義に関する群馬バス事件最高裁判決（最高裁昭和50年5月29日判決・民集29巻5号662頁）を引き合いに出して、住民投票条例の尊重義務

---

[16] 樋口陽一『憲法Ⅰ』（青林書院、1998）365頁。
[17] 杉原・前掲（6）23頁。
[18] 成嶋隆は、住民投票が民主主義的に機能するための条件として、①住民投票の発案者を有権者団に限定すること、②投票における争点の明確化、関連情報の全面的開示、投票過程における言論・表現の自由の保障、③テーマの設定に対する配慮（例えば、基本的自由の制約を伴う政策判断は住民投票にはなじまないとする）、④違憲審査権を排除しないこと等を指摘する。成嶋・前掲（6）36頁以下。また、山下健次・小林武『自治体憲法』（学陽書房、1991）154頁［小林執筆］、杉原・前掲（6）23頁、福岡・前掲（11）65頁以下等参照。
[19] 榊原秀訓「巻町原発住民投票と住民参加」『法学セミナー』503号（1996）23頁。

に法的拘束力を認めるべきとする。「手続的観点から町長の住民投票結果の尊重義務を捉えれば、やはり町長には町有地の売却等につき住民投票結果を尊重し得ない場合には、そこに『特段の合理的な理由』を必要とし、条例上、町長にはその旨の説明義務が法的に課されていると解するべきである」。したがって、町長がこの説明義務を尽くさずに住民投票結果に反する行為をした場合には、手続違反として違法の評価を受けるべきと解される[20]。この見解を前提とすれば、本件条例においても、住民投票の結果の尊重義務には法的拘束力があると解すべきであり、市長は、「ヘリポート基地の建設に関係する事務の執行に当たり」、説明義務を尽くすことなく住民投票の結果に反する行為をした場合には、違法の評価を受けることとなろう。

　もっとも、本件の場合には、問題となるのは海上ヘリ基地受け入れ表明という法的効果を伴わない行為であり、それは、「ヘリポート基地の建設予定地内外の市有地の売却、使用、賃貸その他ヘリポート基地の建設に関係する事務の執行」には該当しないのではないかという問題も存する。しかし、ここでいう「ヘリポート基地の建設予定地内外の市有地の売却、使用、賃貸」は、「尊重義務」を課される行為の例示であって、「その他ヘリポート基地の建設に関係する事務の執行」は、「米軍の普天間基地の返還に伴う代替ヘリポート基地……の建設について、市民の賛否の意思を明らかにし、もって本市行政の民主的かつ健全な運営を図ること」とする本件条例の目的（第1条）とも合わせて読む限り、政治的意思表明も含めて、当該地方公共団体で処理しうる事務を広く含むと解することも不可能ではなかろう。なお、本件の行為は、法律上、長の権限とされるものとは言い難いため、条例で長の行為に制約を加えることも国法に反するとはいえないであろう[21]。

---

[20] 三辺夏雄「巻町原発住民投票の法的問題点」『ジュリスト』1100号（1996）43頁。これを批判するものとして、阿部泰隆「住民投票制度の一考察」『ジュリスト』1103号（1996）42頁以下。

[21] 阿部泰隆は、巻原発の住民投票に関し、「『町有地の売却その他巻原発の建設に関係する事務の執行』は地方自治法上町長の権限に属する事項であるから、法律よりも下位の条例でそれに直接の制約を加えることはできない」とするが、この批判は本件には当てはまらない。阿部・前掲（20）41頁。もっとも、この批判に

3 住民投票に反する行為の違法性

(1) 違法性の概念

住民投票の結果に法的拘束力が認められないとしても、その他の理由でYの行為の違法性を主張しえないかについて考えられよう。

国家賠償法第1条第1項の「公権力の行使」につき、国の私経済作用および国家賠償法第2条の対象となるものを除く全ての活動を意味すると捉える広義説（判例・通説）を前提とすれば、Yの政治的意思表明という事実行為も「公権力の行使」と理解されることとなる。同法第1条第1項の違法性については、加害行為そのものに着目して違法性の有無を判断する行為不法説、被害結果に着目して違法性の有無を判断する結果不法説、両者の折衷説たる相関関係説があるが、国家賠償法における違法判断については、行為不法説が妥当である。なぜならば、民事不法行為における違法性については、私的自治の原則が妥当する場面であることと私法法規が任意規範であることから、侵害行為の性質・態様のみならず被侵害利益の種類・内容という結果を判断要素に加えることが正当とされるが（相関関係説）、国家賠償法においては、行政活動は法治主義の原則の下で客観的法規範に従わなければならないこと、また、行政法令は強行法規であることから、行政の行為が法規範に従って適法に行われているかどうかが重要な判断基準であると解されるからである[22]。したがって、国家賠償法第1条第1項の違法性とは、少なくとも、成文の法規範や条理などの不文の法規範に対する違反、また、裁量の範囲の逸脱や濫用を含むものと解される。

(2) 法の一般原理・裁量の逸脱・濫用

本件におけるYの行為の違法性については、成文の法規範違反ではなく、不文法規範違反ないし裁量の逸脱・濫用が問題となろう[23]。

↘ついても検討の余地がある。
[22] 芝池義一『行政救済法講義［第3版］』（有斐閣、2006）244頁以下、塩野宏『行政法Ⅱ［第5版補訂版］』（有斐閣、2013）323頁等。
[23] 宇賀克也『国家補償法』（有斐閣、1997）64頁以下参照。

（ⅰ）信義誠実の原則

　民法典の中には、私人間の法律関係を規律するものだけではなく、行政活動についても妥当すると考えられる一般的な原理がある。これを行政上の法の一般原理といい、行政法の不文法源の1つと考えられている。その1つである信義誠実の原則（民法第1条第2項）は、「自己の過去の言動に対する相手方の信頼を保護するために後にそれと反する言動をすることを違法とするもの」であり、ドイツ行政法における「信頼保護」及び英米行政法における「禁反言」の原則と同旨である[24]。

　本件への信義誠実の原則の適用については、Yの過去の言動、ないし市民たる原告の側の信頼保護の必要性を明らかにしなければならない。ここで、Yは、事前調査受け入れに際し「調査の結果、地元の理解が得られない場合、建設は強行されないと理解している」と発言していること、投票実施直前に行われた講演で「賛成か反対か。皆さんの心の中で決めていただきたい」と述べていること[25]、投票方法を二者択一方式から四者択一方式へと修正意見をつけて条例制定の提案をしたこと、これら一連の経緯から、Yの言動は、自らが住民投票の結果に従って行動するとの予測を与えうるものであるといえる。さらに、住民投票の結果に従った判断をYが行うものと信じて、住民投票条例制定請求のための署名活動、及び住民投票を行った市民の信頼が保護されるべきであるという評価が認められるとすれば、Yの行為を信義誠実の原則に反するものとして違法と判断しうるであろう。

（ⅱ）裁量の逸脱・濫用

　Yの行為の裁量について、その幅・枠をこえたかどうか（逸脱）、また予定された目的外の目的・動機でなされたかどうか（濫用）を問うこともできよう。この点、すでに述べた本件訴訟に至るまでの経緯ないしYの言動からして、その裁量の幅が収縮されるとする理解、また、住民投票の結果を考

---

[24] 兼子仁『行政法総論』（筑摩書房、1983）333頁。また、乙部哲郎「行政法と信義則」成田頼明編『行政法の争点［新版］』（有斐閣、1990）20頁以下、牛嶋仁「行政法における信義則」髙木光・宇賀克也編『行政法の争点』（有斐閣、2014）26頁以下等参照。

[25] 沖縄タイムス社編・前掲（1）47、108頁。

慮すべきであったのにそれを怠った考慮不尽は、裁量の逸脱を基礎づける事情として認められ得るであろう。

結──違法性以外の論点

　以上述べてきたように、Yの行為の違法性を認める余地はある。しかし、重大かつ難解な問題が違法性以外にも存する。すなわち、Yの行為によっていかなる損害が原告たる名護市民に発生したといえるか、また、仮に名護市に対する国賠請求が認められるとしても、さらにY個人が賠償責任を負う余地があるかどうか等が明らかにされなければならない。特に前者については、原告は、平和的生存権の侵害、思想・信条の自由の侵害等を主張するが、この主張が容易に認められるものではないことは、他の裁判を参照するまでもなく予測されうるところである。したがって、これらの論点をも含め、従来の理論に依りつつもそれを越えて自らの主張の正当性を証明していくことが求められている[26]。

---

[26] 関連して、拙稿「民意を無視した前市長の責任」『週刊金曜日』234号（1998）29頁以下参照。

第2部　沖縄米軍基地の法運用

第2節　米軍基地の移設と地方公共団体

序——問題設定

（1）エマニュエル・レヴィナスは、その著『全体性と無限』の中で次のように述べた。「戦争において顕示される存在の様相を定めるのが全体性の概念である。そして、この全体性の概念が西欧哲学を牛耳っているのである。西欧哲学においては、個体は力の担い手に還元され、知らず知らずのうちにこの力によって命じられる。諸個体はその意味を全体性から借り受ける……。かけがえのない現在はどれもみな未来への犠牲として不断に供される」[27]。このように述べてレヴィナスは、「主観性擁護」ないし全体性に還元されえない「個」の観点から、平和の可能性を解き明かそうとする[28]。

「国家の安全保障」、国防という「公共性」、世界秩序の安定など、様々な「全体性」が、生命、自由、財産という「かけがえのない現在」を飲み尽くす様を、戦後憲法学は、一貫して批判してきた。レヴィナスのプロジェクトは、戦後憲法学が構築してきた学識をより発展させる上で、注目されるべき構想といえる。また、戦争と軍事施設とが、自己存在の保存という究極目的を共通にするという点、ないし、それらもまた目的・手段という密接な関係にあるという点からすれば、日米安全保障条約に法的根拠を持つ米軍基地の問題は、レヴィナスの思想により新たな光を当てられうるテーマといえる。

以上の点は、法律学の側から、レヴィナスの思想を正面から取りあげて検討する機会が必要である、と思われる所以である。しかし、倫理学的な考察がここでの課題ではない。本節の目的は、「全体性」を具体化する「日本国とアメリカ合衆国との間の相互協力及び安全保障条約第6条に基づく施設及び区域並びに日本国における合衆国軍隊の地位に関する協定」（以下、「日米

---

[27] Emmanuel LÉVINAS, Totalité et infini, Essai sur l'extériorité, Martinus Nijhoff, 1971, p.6. エマニュエル・レヴィナス、合田正人訳『全体性と無限——外部性についての試論』（国文社、1989）15頁。本文の訳は、同書から引用した。

[28] レヴィナスの思想については、港道隆『レヴィナス——法‐外な思想』（講談社、1997）等参照。

地位協定」という。)、及び、そこで派生する諸問題という、より形而下学的なものである。

(2) 日本国内における在日米軍の地位は、日米地位協定により詳細に取り決められている。それは、基地の提供・使用・返還という最も基幹的な場面での諸規定を含んでいるだけではなく、基地の使用に伴って生じる問題点を解決するための調整規定ないし権限配分規定をも含んでいる。その規定の特徴は、日本の統治権の制限、すなわち、行政権や司法権を大幅に制約することにより、米軍側に有利な特権を与えているところにある。日米地位協定が原因となって生じる法的・社会的・経済的な諸問題に対処するため、沖縄県は、日米地位協定の改定案を策定し、それを求める要請活動を日米両政府に対して行ってきた。

ただ、注意しなければならないのは、日米地位協定から生じる問題を解決するためには、その規定の文言を修正するだけでは不十分だという点である。そのことを改めて意識させたのは、琉球新報社による『日米地位協定の考え方・増補版』の全文入手・開示である[29]。これは、1973年4月に外務省条約局条約課が作成した『日米地位協定の考え方』を、ミグ亡命事件やいわゆる「思いやり予算」、米軍犯罪の増加などの基地問題の状況変化を踏まえて補訂したものである。この文書からは、外務省が、日米地位協定の取り決め以上に、米軍側に恩恵を与えるような法運用を考えていた事情がよく分かる[30]。

結局、日米地位協定の規定を改定するだけでなく、それを運用する日本側の態度にも変革を迫らなければ、問題の解決には結びつかない。そのことはまた、他の事例においても明らかになっている。例えば、在日米軍人・軍属とその家族が使用する私有自動車の車庫証明取得義務が免除されていた問題である。1998年6月、政府は車庫証明なしでの登録を車庫法違反と認め、車庫証明書の提出がない場合には登録を行わないとする通達を出していたに

---

[29] 『琉球新報』2004年7月20日朝刊。
[30] 『琉球新報』2004年7月20日朝刊7面掲載の本間浩、我部政明による解説参照。

もかかわらず、その後6年間、違法状態が放置されてきていた[31]。また、米国が、嘉手納爆音訴訟判決で命じられた賠償金の分担を拒否しているという事態も、日米関係のいびつなパートナーシップのあり方を象徴している[32]。

(3) このように、日米地位協定の運用を国側だけに任せると、国民の権利・利益の保護という点で大きな後退が生じてしまう。そのような現象に対し自治体が歯止めをかけることができるのであろうか。本節では、日米地位協定に関わる問題を自治体という切り口で検討するものである[33]。その際、特に、①日米地位協定の解釈・運用において、自治体がどのような役割を果たしてきたか、また、どのような権限を有しているのか、②自治体の役割・権限にはどのような意義が認められ、またいかなる点において限界があるのかを明らかにしていく。また、日米地位協定の問題全てを取り扱うことは、筆者の能力をはるかに越える。そのため、基地の返還というテーマを設定し、普天間飛行場返還問題を中心に取りあげることとする。なお、本節は、地位協定の解釈・運用の枠内における自治体の役割を対象とするものであるため、地位協定の改定問題については触れないことを予めおことわりしておきたい。

(4) 以下では、日米地位協定において、基地の返還がどのように規定され、また、どのように実現されているのか (1)、普天間飛行場返還問題に関連して、自治体がどのような役割・権限を有しているのか、また、それはどのような意義を有し、いかなる限界に直面しているのか (2) を、論じることとする。

1 日米地位協定と基地返還

日米地位協定は、在日米軍基地の返還を予定しそれに関する規定を置いている。そこで、基地返還に関する日米地位協定の一般的な態度を論じた上で

---

[31] 『琉球新報』2004年5月9日朝刊。
[32] 『琉球新報』2004年5月14日朝刊。
[33] 日米地位協定と自治体との関わりについて論じたものとして、佐藤昌一郎『地方自治体と軍事基地』(新日本出版社、1981)、本間浩「自治体の基地対策」松下圭一編『自治体の国際政策』(学陽書房、1988) 137頁以下等参照。

((1))、実際の基地返還に際していかなる問題が生じているのかを整理することとする((2))。

(1) 日米地位協定の規定

日米地位協定第2条第2項は、「日本国政府及び合衆国政府は、いずれか一方の要請があるときは、……前記の施設及び区域を日本国に返還すべきこと……を合意することができる」と規定し、同条第3項は、「合衆国軍隊が使用する施設及び区域は、この協定の目的のため必要でなくなつたときは、いつでも、日本国に返還しなければならない。合衆国は、施設及び区域の必要性を前記の返還を目的としてたえず検討することに同意する」と定め、基地の返還について規定を置いている。基地の返還は、自治体にとって極めて重要な関心事である。それは、基地の存在自体が、地域住民の生命や財産、あるいは環境にとって重要な脅威である反面、軍用地料や基地による雇用創出等、経済的発展を促す効果も有していること、また、基地の返還を契機とする跡地利用により、開発・発展が促進される可能性があり、また、そのような成果を実際にあげている自治体も存在すること等からも明らかである。

それ故、自治体は、基地返還に関連して生じる多くの課題を抱えることとなる。例えば、「沖縄県における駐留軍用地の返還に伴う特別措置に関する法律」(いわゆる「軍転特措法」。なお、この法律は、平成24年3月31日法律第14号により改正され、「沖縄県における駐留軍用地跡地の有効かつ適切な利用の推進に関する特別措置法」となっている。以下の条文は改正前のものである。)に関わる問題である。同法律は、「駐留軍用地及び駐留軍用地跡地が広範かつ大規模に存在する沖縄県の特殊事情にかんがみ、駐留軍用地の返還に伴う特別の措置を講じ、もって沖縄県の均衡ある発展並びに住民の生活の安定及び福祉の向上に資することを目的」(第1条)として制定された。同法律によれば、関係市町村の長は、日米合同委員会で返還が合意された駐留軍用地について、総合的な跡地利用をする必要のあるときは、「市町村総合整備計画」の策定を行い(第10条第1項)、地域の総合整備に関する基本的方針、交通通信体系の整備に関する事項、生活環境の整備に関する事項、農林水産業、商工業その他の産業の振興並びに観光及び保養地の開発に

関する事項、自然環境の保全及び回復に関する事項等についてのとりまとめを行う（同条第2項）。その際、市町村長は、市町村総合整備計画に係る土地の所有者の意見を聴かなければならず（同条第3項）、また、計画を定めたときには、これを沖縄県知事に報告し、かつ公表しなければならない（同条第4項）。沖縄県が「県総合整備計画」を策定しようとする場合にも、同様の手続が規定されている（第11条）。

　自治体が抱える課題の中で重要なのは、総合整備計画による地域活性化事業の実施に際しての様々な難点の除去であり、とりわけ、軍用地料収入が絶たれる地主に対する補償問題が不可避であろう。同法律では、「国は、アメリカ合衆国から駐留軍用地……の返還を受けた場合において、所有者等が引き続き当該土地を使用せず、かつ、収益していないときは、当該所有者等に対し、当該返還を受けた日……の翌日から3年を超えない期間内で、当該所有者等の申請に基づき、政令で定めるところにより、給付金を支給するものとする」と定めるが（第8条第1項）、補償期限3年を超える土地の遊休化が生じないように事業を実施することが必要であろう[34]。

　また、基地返還の際の原状回復の問題は、より深刻である。土地が返還されても、当該土地の利用が、環境汚染によって妨げられることになるからである。日米地位協定第4条では、環境汚染があっても、米国は「施設及び区域」の返還に際し原状回復義務も補償義務も負わない旨規定されていることも、問題をより複雑にしている。それに対し、軍転特措法では、「国は、駐留軍用地の所有者等に当該土地を返還する場合においては、その者の請求により、当該土地の所在する周囲の土地利用の状況に応じた有効かつ合理的な土地利用が図られるよう、当該土地を原状に回復する措置その他政令で定める措置を講ずるものとする」（第7条）と規定されている。自治体には、国が原状回復の責務を果たすよう求めていく役割が期待されているものといえよう[35]。

---

[34] 沖縄タイムス社編『沖縄から──米軍基地問題の深層』（朝日文庫、1997）82頁参照。

[35] 恩納通信所跡地からPCB等の有害物質が大量に検出されていた問題で、処理責

第 2 章　米軍基地の移設と住民・地方公共団体

以上のような事情があるにもかかわらず、基地返還の場面で、自治体が積極的な役割を果たす機会は多くはない。基地返還を合意するのは日米両政府であり、また、実質的には米国政府が一方的な判断のもとに、不要となった土地の返還を決定してきたからである。したがって、基地返還に関する法制度においては、自治体の立場は、自らの要求を積極的に主張できる存在としては弱く、基地返還に関わる事務を負担する存在に止まっているといえるであろう[36]。

(2) 基地返還の条件

いわゆる SACO 最終報告では、いくつかの施設の返還が合意された。しかし、基地返還の合意は終着点ではなく、新たな紛争の出発点となっている。そのような事態を招いた SACO 合意自体について説明した後で、普天間飛行場返還問題について問題の所在を整理することとする[37]。

(i) SACO 合意における基地返還

1995 年の事件以前にも、在沖米軍基地の整理・統合・縮小の努力が続けられていたが、1995 年 11 月に、「沖縄に関する特別行動委員会」(いわゆる SACO) 設置が日米間で合意され、その下で、沖縄県の負担を軽減し、在日米軍基地の整理・統合・縮小へ向けた一層の努力が払われるとともに、地域振興策についても検討がなされることとなった。その結果、1996 年 12 月

　任を負う那覇防衛施設局（現・沖縄防衛局）は、航空自衛隊恩納分屯基地での処理施設設置計画を提示していた。これは、国内には PCB 汚泥処理の施設がなく、他市町村が汚泥を受け入れる可能性もないことが原因であるが、恩納村議会や漁協、村民は、村外撤去を訴えてきた。米軍による環境汚染の負担のみならず、処理に伴うさらなる負担を課す運用には問題が多い。そのような状況の中、志喜屋文康恩納村長（当時）は、2004 年 9 月 17 日、PCB 汚泥処理施設建設の受入を表明し、波紋を広げている。『琉球新報』2004 年 9 月 19 日朝刊。

[36] 基地返還と自治体との関わりについては、本間・前掲 (33) 149 頁以下、拙稿「日米地位協定の立憲的統制——基地の提供・返還・管理の場面」栗城壽夫先生古稀記念『日独憲法学の創造力・下巻』（信山社、2003）495 頁以下（本書 173 ～ 197 頁）等参照。

[37] SACO 最終報告前後、及び、それ以降の状況については、船橋洋一『同盟漂流』（岩波書店、1997）、大田昌秀『沖縄、基地なき島への道標』（集英社新書、2000）、朝日新聞社編『沖縄報告——サミット前後』（朝日文庫、2000）等参照。

2 日に SACO 最終報告が出され、「訓練及び運用の方法の調整」、「騒音軽減イニシアティヴの実施」、「地位協定の運用の改善」とともに、「土地の返還」が合意されるに至った。それは、電撃的ともいわれる普天間飛行場の返還を含む 6 施設の全面返還、北部訓練場等 5 施設の一部返還を含むものであった。米軍用地の返還は、沖縄県及び沖縄県民の長年の願いであり、それを実現する SACO 合意は、その限りでは歓迎をもって受け入れられたはずであった。

　しかし、現実はそうはならなかった。基地返還は、他の施設への統合・移設を必要とする場合があり、これが別の問題を提起することとなったのである。他の施設への統合・移設にも、既存の施設への移設である場合と新たな基地建設を必要とする場合とがある。とりわけ反対が強いのは後者である。後者の例は、本節で対象としている普天間飛行場の他に、那覇軍港返還がある。既に、那覇軍港機能を移設し、同時に港湾整備計画を推進するという目的から、沖縄県、那覇市、浦添市三者で、地方自治法上の一部事務組合（地方自治法第 284 条第 2 項）の形式で「那覇港管理組合」が設立された。しかし、計画されている港湾開発は、浦添市のキャンプキンザーに軍港機能を付加するものであり、基地機能強化となってしまうことから問題が指摘されている。しかも、普天間飛行場返還とも共通の問題であるが、もし、新たな基地建設を行うことになれば、戦後強制的に建設されてきた米軍基地に、自発的に建設したという新たな負の歴史を刻み込むことになってしまう。沖縄県は、SACO 合意があったにもかかわらず、あるいは、あったが故に、「基地か経済か」という古くて新しい難問に直面している。

（ⅱ）SACO 合意以降の普天間飛行場返還問題——「返還」と「移設」の交錯

　SACO 最終報告では、普天間飛行場の返還時期は「5 年ないし 7 年以内」とされていたが、既に 8 年が経過した現在（本稿初出時）でも、普天間飛行場の返還は実現できないでいる。しかも、移設先となる名護市辺野古沖の環境影響評価（アセスメント）に 4 年、建設工事に 9 年半は最短でも必要とされ、普天間飛行場の返還は、20 年以上かかることが確実視されている。こ

第 2 章　米軍基地の移設と住民・地方公共団体

のように長期にわたり普天間飛行場の「返還」が実現しないのは何故であろうか。

　それは、代替施設の建設と普天間飛行場の機能の「移設」が条件とされているからである。この方針は、次の 3 つの段階を経て確定されてきた。第 1 に、SACO 最終報告では、普天間飛行場返還の条件として「沖縄県における他の米軍施設及び区域への移転」が盛り込まれ、さらに、撤去可能な「海上施設案を追求する」方針が承認されたことである。県内の代替施設を要するとするこの条件は、県内における新たな政争の火種となった。第 2 に、1998 年 11 月に県知事に初当選した稲嶺恵一知事は、普天間飛行場返還を実現するために、県内「移設」を容認する立場をとったことである。稲嶺知事は、1999 年 11 月、移設先を「キャンプ・シュワブ水域内名護市辺野古沿岸域」と選定し、辺野古移設へ向けた作業が始められることとなった。第 3 に、稲嶺知事の選定を受けて、政府は、同年 12 月に移設先を辺野古沖沿岸域とする閣議決定をするに至ったことである[38]。これにより、普天間飛行場代替施設の建設に関する基本方針が、地域振興を行うことと共に、政府の基本方針とされた[39]。

　では、普天間飛行場の「移設」が困難であるのは何故であろうか。第 1 の理由は、稲嶺県政の 15 年使用期限という条件に存する。客観的な情勢として、その実現不可能性が指摘されなければならないであろう。例えば、米国防総省のロッドマン国防次官補（当時）は、民主党の伊藤英成との会談で、15 年使用期限につきそれを受け入れない方針を述べた[40]。これは、米国政府の側では 15 年使用期限を遵守する意向のないことを表すものといえる。また、日本政府も、使用期限問題につき、「政府としては、代替施設の使用期限については、国際情勢もあり厳しい問題があるとの認識を有しているが、沖縄県知事及び名護市長から要請がなされたことを重く受け止め、これを米

---

[38]　「普天間飛行場の移設に係る政府方針」（平成 11 年 12 月 28 日、閣議決定）参照。
[39]　その後、「普天間飛行場代替施設の基本計画について」（平成 14 年 7 月 29 日）により、規模、工法、具体的建設場所、環境対策が決定されている。
[40]　『琉球新報』2002 年 2 月 15 日朝刊参照。

国政府との話し合いの中で取り上げるとともに、国際情勢の変化に対応して、本代替施設を含め、在沖縄米軍の兵力構成等の軍事態勢につき、米国政府と協議していくこととする」と述べるに止まり[41]、その実現への期待を抱きうる状況ではない。さらに、以上の実現不可能性に加え、SACO合意から建設及び移設完了まで20数年、それから15年使用し続けるとなると、米軍による在沖米軍施設の使用は40年近くに及ぶこととなる。これらのことをあわせて考えるならば、15年使用期限という条件自体が、既に破綻していると指摘されているのも理由がある。

　第2に、稲嶺県政の名護市辺野古への固執に起因する、名護市民による「移設」反対の運動である。ここに至るまで、名護市民は、1997年12月21日実施の市民投票で基地建設反対の意思を表明し、また、その直後に基地受入表明を行った元名護市長に対し、損害賠償請求訴訟を提起する中でも、市民投票の結果を貫くよう求める意思を明らかにしている[42]。その後も、様々な態様において、基地建設反対のための運動を展開していった。まず、名護市長選挙における候補者選びの新しい試みがある。2001年4月27日に発足した「わったー市長を選ぼう会」は、従来の政党や諸団体を中心とする選挙戦略に限界を感じ、市民が市民の立場で自分たちの候補者を選ぶという目的から結成された[43]。複数の候補予定者が公開討論会で自らの政策を訴え、市民も学習を通じて市政のあり方に関する積極的な議論を行っていた。候補者全員が辞退することでこの取組は終了するに至ったが、民主的であるかどうかという次元から、いかなる民主主義かという次元へ、足場を大きくシフト

---

[41] 前掲「普天間飛行場の移設に係る政府方針」参照。

[42] 判決については、那覇地裁平成12年5月9日判決・判時1746号122頁。また、名護市民投票裁判原告団編『名護市民投票裁判・資料集』(1999)、高良鉄美「住民投票の法的拘束力──名護市民投票裁判を素材として」『琉大法学』65号 (2001) 33頁以下、大津浩「住民投票結果と異なる首長の判断の是非」ジュリ臨増『平成12年度重要判例解説』(2001) 24頁以下、拙稿「住民投票の拘束力──元名護市長に対する損害賠償請求訴訟について」『アーティクル』150号 (1998) 13頁以下 (本書199〜211頁)、同「民意を無視した前市長の責任」『週刊金曜日』234号 (1998) 29頁以下等参照。

[43] わったー市長を選ぼう会編『記録報告集2001年2月〜10月』(2001) 参照。

させたことは、自治体の自治のあり方について新たな可能性を指し示しているといえるであろう。次に、ボーリング調査実施に反対する座り込みである。2004 年 4 月 7 日、沖縄県土木建築部河川課が、那覇防衛施設局から提出されていたボーリング地質調査等のための公共用財産使用協議書について、調査実施に同意すると回答した。これにより、辺野古での代替施設建設への向けた具体的な動きが始まったこととなり、住民は、漁港での座り込みでこれに対峙することとなった。この運動は、8 月の沖国大でのヘリ墜落事故後、県民の 81 パーセントが名護市辺野古への移設に反対という世論調査の結果へと結びついていった[44]。

第 3 に、住民を支える客観的状況の存在である。最も重要なのは、基地建設による環境問題である。これについては、まず、「環境影響評価」の問題がある。①代替施設が米軍に供用された後は、その運用ないし管理は排他的に米軍側に属することとなるため（日米地位協定第 3 条）、供用後の影響評価は事実上困難であること、②それ故、基地建設以前の影響評価が重要であるが、それにもかかわらず、那覇防衛施設局が公表した「環境影響評価方法書」には様々な問題点が指摘されていること、③護岸構造の検討は事前調査であるという理由で、環境影響評価の対象から外されているボーリング調査についても、沖縄県が同意した際に意見聴取した専門家が、中止すべき等の意見を含めて環境への影響が大きいと指摘していること等が重要であろう。次に、環境影響評価の問題をクリヤーしたとしても、名護市が基地建設受入の条件としている「基地使用協定」の問題がある。飛行ルートや騒音防止など、環境に配慮した基地使用を求める使用協定を実効性のあるものにするためには、日米地位協定の改正が伴わなければならないとするのが名護市長及び市議会の一致した見解であるが[45]、日米地位協定の改正ではなく運用改善で対処しようとする政府の基本的立場からすれば、現在の名護市との調整はたやすいものではないはずである。さらに、基地建設差止を目的とする「米国での提訴」がある。沖縄のジュゴンを保護するために、米国の法律を用い

---

[44] 『沖縄タイムス』2004 年 9 月 14 日朝刊。

[45] 宮城康博「矛盾と無謀——普天間代替施設」『琉球新報』2004 年 4 月 10 日朝刊。

第2部　沖縄米軍基地の法運用

て米国で提訴するという新たな裁判闘争のあり方は、環境保護に積極的な米国裁判所の判決を利用しようとするものである。ノースカロライナ州の連邦地裁が、環境保護を理由に新基地建設を差し止める仮処分決定まで出す状況の中[46]、この訴訟の動向は辺野古での基地建設の将来に大きな影響を与えるものといえる。

　以上の状況の下で、普天間飛行場返還へ向けて、自治体がいかなる活動を行っているのか、また、返還が遅れていることで発生したヘリ墜落事故に伴い、いかなる問題が生じているのかを明らかにしていくこととする。

2　自治体と基地返還

　普天間飛行場の返還に関連し、自治体のいかなる権限が問題となっているのか、また、その意義ないし限界についてはどのように考えるべきなのか、について検討する。以下では、普天間飛行場返還プロセスにおいて、自治体が直接米国に対する要請活動等の外交を行うことに関わる問題を扱い（(1)）、その後で、2004年8月に起きた沖縄国際大学におけるヘリ基地墜落事故に関わって生じた日米地位協定上の諸問題を扱うこととする（(2)）。

(1) 普天間飛行場返還のプロセスと自治体「外交」

(ⅰ) 自治体の対応――2つの「現実的対応」

　既に見たように、稲嶺知事は、県内「移設」容認、移設先を名護市辺野古沖沿岸域（キャンプ・シュワブ水域内）とする立場をとっており、現在に至るまで、辺野古沖「移設」が普天間飛行場返還のための「現実的対応」であるとする姿勢をとり続けてきた。

　他方、2003年4月、普天間飛行場の5年以内の全面返還を訴える伊波洋一氏が、宜野湾市長に当選した。伊波市長は、「普天間飛行場返還アクションプログラム」（平成16年4月）を策定し代替施設を不要とする普天間飛行場閉鎖を主張する。これこそが「現実的対応」である、とする主張である。その根拠として、以下の点に触れている。①返還合意から8年経過し、さら

---

[46] 『琉球新報』2004年4月22日夕刊。

に、返還に 10 数年も要するということ、②したがって、普天間飛行場の危険性、住民の生命・財産の保護の必要性に鑑み、即時返還しかあり得ないということ、③辺野古沖沿岸の環境としての価値がかけがえないものであること、④米国内での基地閉鎖に際しては新たな基地建設は行われておらず、部隊の解散・分散が為されていることからすれば、普天間飛行場の場合も移設は不要であり、部隊の分散が行われれば足りること、⑤各国と海外基地の配備体制に関する協議を開始するとするブッシュ大統領の声明（2003 年 11 月 25 日）や、「2004 年米国軍事建設歳出法」に基づき、海外基地見直し委員会の設置が決められたことから、米国における海外基地再編の流れの中に普天間飛行場閉鎖を取りあげさせるよう主張することが、問題解決にとって最も有効かつ現実的であること、⑥事故を起こした CH53D 型ヘリを含め、在沖海兵隊のほとんどの戦闘部隊がイラクへ派遣されたこと[47]からすれば、普天間飛行場の必要性がそもそもなかったということが明らかになったこと等である[48]。

　ここで注目すべきなのは、伊波市長による普天間飛行場返還を求める訪米要請である（2004 年 7 月 11 日から 21 日まで）。基地再編の中で、米国が普天間飛行場閉鎖を検討・決定することを求める自治体による要請行動である。具体的には、①海外米軍基地の閉鎖再編計画の中で、5 年以内に普天間飛行場を閉鎖・全面返還するよう求める要請、② 1996 年の日米合同委員会で、航空機騒音規制措置の合意がなされたにもかかわらず、より深刻化している航空機騒音について、その軽減を求める要請、③大惨事につながりかねない住宅地上空での旋回飛行訓練について、その中止を求める要請を、国務省、国防総省、連邦議会、シンクタンクに行うものであった。このように、基地問題の解決を訴えて単独で訪米要請をしたのは、県内の市町村長では初めてとされるが、自治体による外交活動という点が特筆すべき特徴である。

---

[47]　我部政明「普天間閉鎖の始まり」『琉球新報』2004 年 9 月 2 日朝刊。
[48]　伊波洋一「普天間返還は辺野古移設がなくても可能です」『世界』731 号（2004）40 頁以下。また、宜野湾市「普天間飛行場返還アクションプログラム」（平成 16 年 4 月）参照。

自治体にとって、諸外国と直接様々な交渉を行うことが認められることは、その活動範囲を格段に広げることになり、住民の利便にも大きなメリットをもたらすものと考えられる。そこで、自治体外交とみられる活動がどのような意義をもち、他方、どのような点で限界があるのかを明らかにすることが次の課題である。

(ⅱ) 自治体活動の意義と限界

A　自治体活動の意義　これまで、自治体は、国境を越えて他の自治体や外国政府との結びつきを強め、まさに外交活動を行ってきた。しかも、自治体による外交活動は、その範囲や奥行きの点で著しい展開を見せてきた。例えば、食料、環境汚染、住宅、水、下水道、道路、犯罪、雇用不安、歴史保全など、「高度都市化」に伴う問題を解決するため、研究交流、技術交流、経験交流、さらには国際的政策交流会議などが行われてきたこと[49]、北海道において、北国に相応しい「独自の生活文化の創造」や「産業経済の展開」、さらには「道民の国際性の滋養」を目的とする「北方圏構想」が検討・実践されてきたこと[50]、姉妹都市・友好都市提携や国際シンポジウム開催等を通じて、経済や技術の交流を含めて幅広い分野での相互交流が行われてきている「環日本海」の構想があること[51]等で、実践例を見ることができる。

こうした状況に対し、国の対応、また、国際的な状況はどのようなものなのであろうか。まず、国の対応としては、「外国の地方公共団体の機関等に派遣される一般職の地方公務員の処遇等に関する法律」（昭和62年法律78号。いわゆる地方公務員海外派遣法）が挙げられる。この法律が制定された

---

[49]　佐々木信夫「自治体の国際政策交流」松下編・前掲（33）3頁以下参照。この論文では、「世界大都市会議」（1972年、東京都）、「世界湖沼環境会議」（1984年、滋賀県）、「世界大都市サミット」（1985年、東京都）、「世界歴史都市会議」（1987年、京都市）が紹介されている。

[50]　増田忠之「北方圏の政策構想」松下編・前掲（33）25頁以下参照。

[51]　市岡政夫「日本海沿岸交流の課題」松下編・前掲（33）47頁以下、同『自治体外交——新潟の実践・友好から協力へ』（日本経済評論社、2000）、羽貝正美・大津浩編『自治体外交の挑戦（環日本海叢書2）』（有信堂、1994）等参照。

ことで、自治体の外交活動が、国法によって明確に承認されたことが示された[52]。他方、諸外国における状況としては、欧州理事会に「ヨーロッパ市町村・広域団体常設会議」が置かれ、欧州内の自治体が国境を越えて共通の課題について討議するようになったこと、その成果として、ヨーロッパの自治体間で「ヨーロッパ地方自治憲章」（1988年9月1日発効）が制定されたこと、国際自治体連合（IULA）が「世界地方自治宣言」を発したこと、さらに、「ヨーロッパ地域自治憲章草案」や「世界地方自治憲章第1次草案」が策定されていることなどを挙げることができ、自治体外交は、国際的な潮流ともいえる状況にある[53]。

以上のように、自治体外交は、自治体の権限や活動範囲を拡大することにより、地域の発展及び住民の権利利益をより充実させようとする点で意義が大きい。その住民の権利利益には、既に挙げたような生活上の利便のみならずより根元的な価値を含ませることができる。すなわち、国際交流を身近な事象として捉えることにより、住民は、①文化や価値観の多様性、及び、②多様な中にも承認されるべき普遍的価値の重要性を学ぶことができるようになり、自らの人格的な発展を実現することができるということである。中でも、日本に在留する外国人の人権問題を考える契機として、また、人権という普遍的な価値を承認するプロセスとして、この自治体外交を捉えれば、人権保障の問題とも接続できる。

B　自治体活動の根拠　　自治体外交の実体を法理論的に説明することが

---

[52] 江橋崇「自治体国際活動と法構造」松下編・前掲（33）185頁以下参照。
[53] 江橋・前掲（52）193頁以下、成田頼明「地方公共団体の対外政策の法的位置づけと限界」芦部信喜先生古稀祝賀『現代立憲主義の展開・下』（有斐閣、1993）537頁以下、杉原泰雄先生古稀記念論文集刊行会編『21世紀の立憲主義——現代憲法の歴史と課題』（勁草書房、2000）所収の廣田全男「ヨーロッパ地方自治憲章から世界地方自治憲章草案へ——『地方自治の国際的保障』の現段階」619頁以下及び大藤紀子「ヨーロッパにおける『地域』の位置づけについて」661頁以下、山内健生「グローバル化する『地方自治』（1）～（6・完）——『サブシディアリティの原理』・その理念と現実」『自治研究』76巻9号（2000）107頁以下、77巻6号（2001）104頁以下、同巻12号68頁以下、78巻1号（2002）75頁以下、同巻6号100頁以下、同巻8号94頁以下等参照。

できるのか。次にこの点を明らかにしておきたい。まず、1999年7月に地方分権一括法が成立し、国と地方の事務配分・役割分担に関する新しい原則が、地方自治法改正により盛り込まれた。これは、1995年に成立した地方分権推進法に基づいて、第1次から第4次までの勧告がなされたことによる成果である。新地方自治法第1条の2第2項は、国が担うべき役割として、全国的に統一して定めることが望ましい国民の諸活動に関する事務、地方自治に関する基本的な準則、全国的な規模・全国的な視点で行うべき施策及び事業とともに、「国際社会における国家としての存立にかかわる事務」を挙げている。

この「国際社会における国家としての存立にかかわる事務」に外交権が包摂されているとすれば、自治体による外交活動は、国法に反する行為として違法となる。しかし、実際にはそのような解釈はできないであろう。その根拠として、①「国が担うべき役割と地方公共団体が担うべき役割とを法的に截然と区別し、国の役割・権能・事務を厳格に限定することは、憲法事項であると考えられる」こと、②連邦国家では「連邦と支邦（州）の役割・権能・事務は憲法で明確に定められているが、それでも……競合・共管事項のような不明確なグレーゾーンが少なからず存在し、その最終的な決定権は憲法裁判所や最高裁判所にゆだねられる」ところ、「いわんや連邦制をとっていない単一国家では、仮に憲法に規定するとしても明確に書き切ることはきわめて困難である」こと、③したがって、「この規定は、地方分権推進法4条を継承したものとして、基本的には宣言的・指針的性格をもつものというべきである」こと等を挙げることができるであろう[54]。

---

[54] 成田頼明「改正地方自治法の争点をめぐって」『自治研究』75巻9号（1999）6頁。もっとも、成田は、本条項が、第2条第11項の国の立法原則や同条第12項の法令の解釈・運用基準と結びついて、法的意義をもち裁判規範として作用する可能性もあるとする。また、この趣旨をさらに徹底させ、地方公共団体の制度策定や施策実施について問題が生じた場合、「地方公共団体の自主性や自立性を阻害しないことを、国が挙証・立証しなければならないことを意味していると解すべきであろう」として「立証責任論」を主張する立場もある。鈴木庸夫「地方公共団体の役割及び事務」小早川光郎・小幡純子編『ジュリスト増刊・あたらしい地方自治・地方分権』（2000）63頁。

とすれば、問題は憲法解釈によってこそ明らかにされなければならないこととなり、特に、憲法上、自治体の「外交権」が認められるのかどうか、また、本節との関わりでは、米軍基地問題ひいては防衛政策という国家の政策に関わる問題について、自治体の外交権が認められるのかどうかが問われなければならない。後者の問題については後述することとし、ここでは前者の点につき論じることとする。基本的には、自治体外交が憲法に違反するかどうかという問題（憲法の禁止規範性の側面）と、自治体がいかなる根拠に基づいて外交活動をなし得るかという問題（憲法の授権規範性の側面）とは別に取り扱われるべきである。そこでまず、憲法の禁止規範性との関連では、「外交関係の処理」、「条約を締結する」ことが内閣の権限とされていること（第73条第2号、第3号）の意味が問題となる。この点、条約の締結以外の「すべての外交事務」を内閣の行う行政事務と解する見解もある[55]。これに対し、江橋崇は、①「憲法が……明文をもって中央政府の専権として留保している『外交』権の内容は、国家間での外交関係の設定、維持、更新と、国家間条約の締結である」、②「それ以外の対外的活動や対外的な日本国家の代表の権能は、憲法65条にいう行政権の一部としての『外務行政権』に含まれる」、③憲法は、「日本国が締結した条約及び確立された国際法規」の遵守義務（第98条第2項）、中央政府の出入国管理権限の尊重義務・外交権行使の遵守義務以上に、「自治体の活動範囲を国内問題に限定し、国外との関係の維持を中央政府に委せなければならない義務までを負わせているものではない」と指摘している[56]。

　この理解を前提とすれば、自治体における外交の場での様々な可能性が見えてくる。例えば、外交交渉について、条約の締結を前提とするか否かを問わず国家政策に関するものは内閣の権限に属することとなろうが、自治体固有の政策に関わるものについてまで一切交流をもってはならないとまでいえるのか疑問である。また、条約の締結過程に着目しても、交渉の場につくのは内閣の権限といえるであろうが、交渉に際しての事前の要請行動や情報提

---

[55] 佐藤・前掲（6）498頁。
[56] 江橋・前掲（52）189頁。

供などについてまで自治体に禁止されていると解するのは問題があろう。このような立場は、自治体の権限を確定するのではなく、国家の外交権の方を厳密に確定することを通じて、自治体外交の可能性を探ろうとするものである。しかも、その可能性は、必ずしも、自治体の権限の拡大と国家の権限の縮小によって生じてきたものと捉える必要はなく、そもそも、「国交と戦争に限られていた19世紀までの『外交』とは異なり、各国内の地域住民の生活と権利とに直接・間接にかかわる分野にまで『外交』と呼びうるものの範囲が広がった」[57] ためのものと理解すべきである。したがって、国家による外交のプロセス全てが国家の専権に属するのではなく、その中のある段階、あるレベルまでは、自治体が関与しても必ずしも違憲とはならないと解すべきである。

次に、憲法の授権規範性に関わる問題、すなわち、自治体外交の憲法上の根拠については、これまで次のような考え方が主張されてきた[58]。まず、「地方自治の本旨」（憲法第92条）を根拠として認める立場がある。江橋崇は、「住民や企業、団体の活動が、いやおうなく国際化してゆく時代」にあって、「地域の活性化や発展、住民の権利と福祉の向上を任務とする自治体が、海外に目を向け、あるいは海外で活動を行うのは当然である」と主張する[59]。他方、中央政府と地方政府とが外交権を分有しうるとする立場がある。大津浩は、「外交国民主権主義」、中央政府と地方政府による「立法権の分有の論理」、日本国憲法による「『連邦制原理』の黙示的承認の論理」を確認して、「一義的明確に禁止された事項を除き、自治体は中央政府の外交活

---

[57] 大津浩「自治体外交の法理」羽貝・大津編・前掲（51）40頁。

[58] 憲法上に根拠のないものであっても、法律上に根拠を見出すことができるか、また、法律にはなくとも条例ではどうかなどの問題もあり得る。しかし、ここでは、憲法解釈論に限定して論じることとする。

[59] 江橋・前掲（52）189、190頁。また、同「憲法上の『外交権』と自治体の対外活動」『憲法問題』9号（1998）106頁以下、吉田善明「地方自治の保障――立憲主義における〈伝統と近代〉という視点をふまえて」樋口陽一編『講座・憲法学第5巻　権力の分立（1）』（日本評論社、1994）292頁、同『地域からの平和と自治』（日本評論社、1985）3頁以下、17頁以下、37頁以下、成田・前掲（53）547頁以下等参照。

動全般に『重複して』関与できる」と主張する[60]。この立場も前者と同様、自治体外交の根拠として憲法第92条に着目するのであるが、しかし、その根拠を「『自治体法令自主解釈権説』によって意味を拡張された場合の、憲法第92条と第94条による地方立法権の憲法的承認」に求める[61]点で違いがある。また、前者の立場が、「中央政府が国としての外交権を独占するという憲法理論」を前提とする[62]のに対し、後者は外交権自体を自治体にも認めようとする点で両者は異なっている。

　従来の理論との接合においてより自然な解釈といえるのは前者であろう。その意味で、江橋の立場を妥当と考えるのであるが、しかし、後で述べるように、自治体の法令解釈権に注目する私見よりすれば、後者の立場にも魅力を感じる。いずれの立場にあっても、議論の焦点は、内閣の権限（第73条）と自治体の権限（第92条）との間での競合・調整という点にある。また、両者の立場は内閣の専権を理論的に限定していこうとする点で共通するのであり、こうした解釈は、基本的に妥当と思われる。考察の不十分さを痛感しつつ、本節では以上の点を確認することにとどめることとする。なお、蛇足ながら、権限配分・調整についての解釈方法として、以下の議論との共通性を見てとることができる、という点を付言しておく。すなわち、内閣と国会との関係において、条約の締結が内閣の権限であるとしてもその専権ではなく「立法権と執行権との協働」行為であるとする理解[63]、また、それより進んで国会にこそその中心的権限が帰属すると解する理解[64]、国会が「国の唯一の立法機関」である（第41条）にもかかわらず、法律案の提出という立

---

[60] 大津・前掲（57）39頁以下、同「自治体の国際活動と外交権」『公法研究』55号（1993）79頁以下、同「自治体『外交』権の法理のための予備的研究」『法政理論』（新潟大学）24巻2号（1991）102頁以下。また、この立場は、松下圭一教授の国際社会の重層化論を法理論として整理したものである。松下圭一「自治体の国際政策」松下編・前掲（33）255頁以下参照。
[61] 大津・前掲（60）［公法］90頁。
[62] 江橋・前掲（52）192頁。
[63] 芦部信喜『憲法と議会政』（東京大学出版会、1971）208頁。
[64] 浦田一郎『現代の平和主義と立憲主義』（日本評論社、1995）194頁以下、江橋崇「対外政策と議会」『ジュリスト』955号（1990）175頁以下。

法作用のプロセスの一部を内閣が行っても違憲とはならないとする解釈、「すべて司法権」は裁判所に属すると規定されながら（第76条）、「司法」の核を形成するのは「事実の認定」ではなく「法の適用」であると解し、上告審裁判所を原則として法律審と規定すること、あるいは、行政機関が認定した事実がこれを立証する実質的な証拠があるときには裁判所を拘束するとする「実質的証拠ルール」が違憲とはならないとする解釈[65]等を挙げうるであろう。

C 自治体活動の限界　自治体による外交活動が憲法に反せず、かつ憲法上根拠を有するものであるとして、その活動はどこまで及びうるのか、自治体外交の範囲はどこまでかが問題となりうる。防衛政策という国家の政策に関わる問題について、自治体の外交権が認められるのであろうか。この点、成田頼明は、「米軍基地や自衛隊の基地問題については、米軍の駐留や自衛隊そのものを認めるかどうか、その基地をどこに配置し、どのような運用を認めるか等の問題は国の外交権・防衛権に係る問題であって、その基本方針それ自体を否定するような自治体の対外政策は認められないが、これらの基地は、わが国の地方公共団体のいずれかの区域内に置かれることになるので、その運用をめぐって地域住民の生活等に生ずる影響については、地方公共団体が独自に対処したり国に対して意見を述べ、あるいは地域住民を代表して政府や駐留米軍当局に意思の表明を行ったり、接衝したりすることは、本来の任務の範囲内であるといえよう」と述べている[66]。

基本的にはこの立場が妥当であろう。自治体外交の限界について、以下2点を指摘しておく。第1に、国家の外交政策、また中でもその基本方針について、それと対立する政策を自治体が対外的に訴えていくことには、問題があるという点である。もちろんこれには例外があり、自治体が国家の基本政策に触れない範囲で、地域の実情を表明することができることは、成田が指摘するとおりである。ただ、最近の在沖米軍基地問題については、もう一歩踏み込んだ解釈も可能であることを指摘しておきたい。すなわち、普天間飛

---

[65] 佐藤・前掲（6）598頁。
[66] 成田・前掲（53）557頁。

行場の5年以内の全面返還を宜野湾市長が米国政府に要請することは、自治体の「本来の任務の範囲内」とはいえないとも解しうるところ、以下の理由で、「地方自治の本旨」に根拠づけられた自治体外交として、憲法上認められるべきものと解すべきである。すなわち、①日米両政府が、沖縄県における基地の負担の軽減を目指し、既にSACO合意をはじめ地域の実情をくみ取り、それに配慮しようとしてきた状況にあること、②基地の整理・縮小・統合というプロセスの中で、自治体が、住民の要求、基地による被害状況、基地返還に伴う地域振興の可能性、そのための自治体作成のプラン等を国家間での交渉の際の情報として提供することは、これまでの政府の対応にも合致すること、③宜野湾市長の行動は、国家間での交渉の一コマにすぎず、しかも法的には両政府に対する拘束力を有するものではないこと等が重要な点であろう。

　第2に、最後に述べた点である、自治体外交には両政府に対する拘束力が認められないという点がもう1つの限界である。成田も、「一定の決議や宣言を行っても、それは法的にはUltra viresとして効果はなく、ただ政治的プロパガンダとしての性質をもつものにしか過ぎないといえよう」と指摘するが[67]、このことは、宜野湾市長による今回の要請行動についてもあてはまる。法的な性質を否定されるとしても、どのような態様で要請行動を行えばより効果的であるか、交渉の相手や手法、タイミングをどうするか等、自治体側には工夫の余地がある。自治体外交が一過性の強いショーや首長のPRに終わってしまわないよう、継続的に要求事項を訴え続けていく人的・物的体制を整えること、また、住民の支持を得られるよう、対外活動に係る財政状況や情報の開示を行っていくこと等に留意しなければならないであろう[68]。なお、自治体の権限も公権力である以上、自治体外交に対する統制が公法学の重要なテーマたりうるが、ここでは問題の指摘にとどめたい[69]。

---

[67]　成田・前掲（53）557頁。
[68]　佐々木・前掲（49）21頁以下参照。
[69]　この点については、大津・前掲（60）［公法］91頁、吉田善明「政府、自治体の開発支援協力・文化交流に対する憲法的統制——開発支援・協力のための立法構想」深瀬忠一他編『恒久世界平和のために——日本国憲法からの提言』（勁草書╱

(2) 米軍ヘリ墜落事故に対する自治体活動

2004年8月13日午後2時15分頃、沖縄国際大学の建物に、普天間飛行場を飛び立ち訓練中だった米海兵隊のCH53D大型輸送ヘリコプターが墜落、炎上した。「人口が密集する住宅地での墜落事故は今回が復帰後初めて」[70] のこの事故に、県内の各市町村議会は、即座に抗議決議や意見書を可決した。普天間飛行場の早期返還や飛行訓練の県外への移転を求めるもの、あるいは、普天間飛行場の閉鎖、SACO合意見直し、辺野古沖移設再考など、より踏み込む内容の決議もあり、事故の衝撃は計り知れない。以下では、今回の事故が、自治体との関わりでどのような問題点を生じさせたのか、それが日米地位協定に照らし、妥当であったのかどうかについて検討することとする。

(i) 沖縄県警と米軍の警察権

今回最も問題となったのが、事故機墜落後、米軍が事故現場を封鎖し、県警は現場にはいることができなかったという点である[71]。この点に関する経緯を整理しておく。

第1に、米軍による現場封鎖である。現場検証ができない状態が続く中、県警は、14日午前、米軍に合同の現場検証の実施を申し入れた。が、米軍からの回答はなく、米軍は、安全性の確認を理由に墜落現場の封鎖を継続し、県警は、周辺道路を通行止めにしている。この米軍に対する現場検証合意の要請は、「現場検証には地位協定で米軍側の合意が必要」とする理解に基づくものであった。

県警が検証を必要としたのは、「航空危険行為処罰法」違反の容疑で捜査

↘ 房、1988) 743頁以下等参照。
[70] 松永勝利「米軍ヘリ墜落事故――沖縄にのしかかる負担」『世界』731号（2004）21頁。
[71] もっとも、三浦正充県警本部長（当時）は、後に、米軍から爆発や建物崩落の危険性を指摘され、危険防止のため立ち入らなかったのであって、強制的に排除されたのではない、との認識を示した。『琉球新報』2004年9月23日朝刊、「インタビュー・検証米軍ヘリ墜落（5）――事故から2ヶ月」『琉球新報』2004年10月23日朝刊。

を行う必要があったためである。県警は、13日に被疑者不詳のまま、現場検証の令状を取っていた。同法第6条は、第1項で「過失により、航空の危険を生じさせ、又は航行中の航空機を墜落させ、転覆させ若しくは覆没させ、若しくは破壊した者は、10万円以下の罰金に処する」と規定し、また、第2項で「その業務に従事する者が前項の罪を犯したときは、3年以下の禁錮又は20万円以下の罰金に処する」と規定している。

　第2に、米軍による機体回収である。米軍は、16日午前、県警の現場検証が行われないまま墜落機の回収作業を開始した。これは、県警の現場検証の同意について回答しないまま行われたものであり、事故機の回収により事実上拒否したものと考えられる。県警刑事部長は、捜査を展開するためには墜落機を現場に残した方がいいが、米軍財産の規制は県警にはできないこと、現場検証や証拠品の押収については、「日本国とアメリカ合衆国との間の相互協力及び安全保障条約第6条に基づく施設及び区域並びに日本国における合衆国軍隊の地位に関する協定の実施に伴う刑事特別法」（以下、「刑事特別法」という。）第13条等に基づき、米軍基地司令官の同意が必要との認識を示した。

　その後、在沖海兵隊は、県警が求めていた合同現場検証への同意について、文書で正式に拒否をした。そのため、県警は、合同での現場検証を断念し、事故機乗員の事情聴取や機体の提供について引き続き米軍側に同意を求める方針を示し、実際には、刑事特別法第13条に基づき、機体本体の検証を米軍に嘱託する方針を固めた。しかし、この検証嘱託についても、米軍が「要請には応じられない」と正式に拒否をした。「日米合同委員会を通じて、米軍の調査結果を要請できる」というのが理由である。結果的には、県警の警察権の行使が米軍により事実上阻害されたということとなる。

　第3に、現場検証不同意についての議論のすり替えがあったという点である。実は、この間、県警は、在沖米軍から墜落機に最も近い規制線について合同で警備することを提案されていた。米軍からのこの提案は、日本政府が県警との協力を強化することを求めたためであり、日本政府と米軍が、この合同警備により日米地位協定上の問題をクリヤーできると考えたことに基づ

く。県警は、合同現場検証の実現につながらなければ無意味として態度を保留していたが、提案を受け容れることとし、15日午後4時から捜査員1人を配置した。この点は、米軍による県警排除が日米地位協定上問題となるという点をあいまいにするための措置であったといえる。その問題点については、後述する。

　第4に、米軍と県警における認識の違いも明らかになった。在日米海兵隊副司令官フロック准将（当時）は、民主党現地調査団に対し、①米軍は県警を排除したのではなく、米軍側の協力依頼に県警側が応じなかったとの見方、②県警は事故の物的損害調査のみを依頼してきたのであり、現場の第1次捜査権は米軍にあるが、県警の調査に協力するとの手紙と出したところまだ返事が来ないとの認識、③県警に現場検証をさせず事故機を撤去したことについては、物品を保管して完全な原因究明を行うための措置で、県警も県も合意の上だとの認識、を示した。これに対し、県警は全面的に否定した。その後、県警は、米軍に対し事実関係を照会したところ、米軍は県警に対しそのようなことを言わなかったとし、民主党現地調査団に対するフロック准将の発言自体を否定した。

(ⅱ) 自治体の対応

　ヘリ墜落事故を契機として、普天間飛行場の返還や辺野古沖移設をめぐる見解の違いが浮き彫りになり、問題の対応につき、自治体の立場は分かれることとなった。沖縄県、宜野湾市、名護市の対応を整理しておく。

　第1に、沖縄県の対応である。それは、県の基本方針であるSACO最終報告の遵守、辺野古沖への移設、15年の使用期限に固執する対応を続けるというものであった。①牧野浩隆副知事（当時）はすぐに、普天間飛行場の名護市辺野古沖移設作業の見直しを含め、同飛行場の早期返還のあり方を再検討する考えを表明したが、その後、移設作業の見直しを含む発言内容を軌道修正し、普天間飛行場代替施設建設の移設作業について、県の方針に変更はないとした。②稲嶺恵一知事は、移設作業の再検討を否定し、返還時期に関し、代替施設の完成後の返還を合意したSACO最終報告を見直し、移設前早期返還に取り組むよう政府に求めていく方針を固めた。また、同飛行場

の使用につき、墜落事故前と同規模の運用を米軍に認めない姿勢を確認し、当面は、所属機の全機種飛行停止、他基地からの飛来自粛など、飛行場機能の縮小も政府に求めていく方針を表明した。③県議会の米軍基地関係特別委員会では、抗議決議と意見書案が審議され、SACO 合意の見直しと辺野古沖への移設再考を求めるとの文言を盛り込むかどうかで与野党が対立した。両案が臨時議会で提案され、見直しの文言のない与党案が賛成多数で可決された (8月17日)。県議会の代表らは、米軍や政府関係機関を訪ね、事故原因の徹底究明や全機種の飛行停止、米軍普天間飛行場の早期返還などを求める抗議・要請行動を展開した。

　第2に、宜野湾市の対応である。県の方針とは異なり、市長と議会とが足並みを合わせて市政の方針を貫く主張を行った。①伊波洋一市長は、まず、米軍主導の調査について、米軍の調査目的は機体の保全であり、警察の調査目的である住民被害や火災等とは無関係である、公務といえども基地外で発生したことに対し、米軍が一方的に現場検証を進めるのはおかしい、と批判した。また、普天間飛行場の早期全面返還、全米軍機の点検、住宅地上空での飛行停止、ヘリ基地としての運用の即時中止、事故原因の早期究明と迅速な結果公表等を盛り込んだ抗議文を作成し、米軍、県、那覇防衛施設局、外務省沖縄事務所で要求項目の実現を訴えた。②市議会の基地関係特別委員会は、普天間飛行場の早期返還、SACO 合意見直しと辺野古沖への移設の再考、日米地位協定の抜本的改定、被害の徹底調査と誠意ある完全補償、事故原因の徹底究明等を盛り込んだ抗議決議案と意見書案を了承した。また、臨時議会でも抗議決議案と意見書案が全会一致で可決された。

　第3に、名護市の対応である。県の立場と基本的には同じ方向性をとってきたこともあり、その態度は従来と変わるものではない。そのことは、①岸本建男市長が、現時点での基地受け入れを見直す考えを否定した点に、端的に現れている。②市議会の軍事基地等対策特別委員会は、事故原因が究明されるまでの普天間飛行場の全機種の飛行停止と徹底した安全対策、名護市集落地域上空での米軍ヘリの飛行禁止、日米地位協定の早期改正を内容とする抗議決議案と意見書案の提出を決めた。臨時議会では、与党提出の抗議決議

案は、可否同数の末副議長による採決で可決された。また、同議会では、移設前の普天間飛行場返還を可能にする「SACO合意見直し」を盛り込む野党案も提出されたが、可否同数となり副議長による採決で否決されている。

(ⅲ) 自治体活動の意義と限界

A　自治体活動の意義——日米地位協定上の問題点　　今回の墜落事故に対する自治体の対応については、①抗議決議や意見書、日米各機関に対する抗議・要請活動等が、積極的かつ迅速であった点、②地位協定に関わる問題点を浮き彫りにした点、③両政府の対応を引き出した点等が特筆に値する。以下では、②地位協定に関わる問題点について、整理しておきたい。

第1に、米軍による県警排除及び基地外での警察権行使の適法性である。具体的には、米軍による現場封鎖、一般人や報道陣のフィルムを押収しようとした行為、不許可での大学の構内立入・機体回収・立木伐採などが問題となる。参照されるべき法・ルールとしては、日米地位協定第17条第10項、日米地位協定第17条第10項に関する合意議事録、日米合同委員会合意「刑事裁判管轄権に関する事項」(1953年10月) 第8 (7)、第10 (1) (4) がある[72]。この点については、どのように解釈すべきか。現場封鎖について、外務省の四方地位協定室長（当時）は、日米地位協定上許されるとの認識を示しており、また、機体回収につき、川口順子外相（当時）は、日米地位協定の枠の合意議事録にのっとった対応である、米軍機には軍事機密があり、米側の同意が必要との認識を、衆院沖縄・北方特別委員会での閉会審査で示した。加えて、川口外相は、事故現場で一般人や報道陣が米軍にフィルムを押収されようとした件について、「排除され得ない」と述べ、民間人のフィルム押収も日米地位協定上可能との認識を示している[73]。

---

[72] その他に、1982年に制定された「米軍および自衛隊の航空機事故にかかる緊急措置要領」によれば、現場保存は県警の役割とされており、米軍による現場確保措置は、この緊急措置要領にも反することが明らかとなっている。『沖縄タイムス』2004年9月11日朝刊参照。

[73] しかしながら、在沖米海兵隊には、普天間飛行場での航空機事故発生時の対応を定めた基地指令があり、それによれば、事故現場での報道規制や撮影したフィルム、テープの押収については「武力や強制力を用いることはできない」とし↗

しかし、以下の理由で、一連の米軍の行動は、日米地位協定等に照らし根拠のない違法なものであったと考えなければならない。①確かに、米軍による基地外での警察権の行使は認められている。但し、必ず日本国の当局との取極に従うこと、日本国の当局と連絡して使用されること、合衆国軍隊の構成員の間の規律及び秩序の維持のため必要な範囲内に限ること、という3つの条件が要求されている（日米地位協定第17条第10項b）。しかしながら、今回の米軍による基地外での警察権の行使は、沖縄県警や大学の合意ないし許可なくして行われたものであり、また、合衆国軍隊の構成員の間の規律及び秩序の維持のために行われたものではないことから、以上の条件を満たすものではない。

②日米合同委員会合意第10（4）では、「合衆国軍用機が合衆国軍隊の使用する施設又は区域外にある公有若しくは私有の財産に墜落又は不時着した場合において事前の承認を受ける暇がないときは、適当な合衆国軍隊の代表者は、必要な救助作業又は合衆国財産の保護をなすため当該公有又は私有の財産に立ち入ることが許される。但し、当該財産に対し不必要な損害を与えないよう最善の努力が払われなければならない」と規定され、緊急措置としての現場立入までは適法とされているが、それ以外の措置は全て合意にも違反するものといえる。

③外務省の文書では、「施設・区域外の警察権は、米軍人等の逮捕等を含めすべて日本側が行うのが当然であるところ、この規定は、施設・区域外であっても米軍人間の規律及び秩序の維持のためにはむしろ米軍警察を用いた方が実際的であるという点を考慮しつつ、他方では、かかる米軍警察の行動が日本側の警察権と衝突したり、我が国の私人の権利等を侵害したりすることのないよう一定の条件を付することを目的としたものである」と述べるに止まり、外務省ですら、米軍が日本の警察権を排除することを予定していな

↘ て、米軍自身もフィルム押収行為の違法性を認めている。『琉球新報』2004年10月23日朝刊参照。外相の答弁には、米軍が違法と認識していることですらそれを問題とはしない「思いやり」がうかがわれ、改めて対米外交のあり方が問いなおされなければならないであろう。

かったと考えられる（琉球新報社編『日米地位協定の考え方・増補版』（高文研、2004）159頁）。

④日米合同委員会合意第8（7）では、「合衆国軍隊の法律執行員は、合衆国軍隊の使用する施設又は区域の近傍で当該施設又は区域の安全に対する犯罪の既遂又は未遂の現行犯に係る者を令状なくして逮捕することができる。また、日本国内における所在地のいかんを問わず、合衆国軍隊の重要なる軍用財産、即ち、船舶、航空機、重要兵器、弾薬及び機密資材の安全に対する犯罪の既遂又は未遂が現に行われている場合において、日本国の法律執行機関の措置を求めるいとまのないときは、当該軍用財産の周辺において当該行為者を令状なくして逮捕し、又は当該行為を制止することができる」と規定され、米軍が一定の行為の制止ないし逮捕をすることができるとされているが、少なくとも今回のフィルム押収行為については、「合衆国軍隊の重要なる軍用財産」の安全に対する犯罪の既遂又は未遂が行われたとみるべき事実は存在せず、この合意を前提としても当該米軍の行為は違法であったといえる。

第2に、米軍による県警の検証不同意は違法かどうか、また、そもそも県警の検証について、米軍の同意が必要なのかどうかが問題となる。県警が検証を行う必要性は、既に述べた航空危険行為処罰法第6条に根拠を有するが、この問題について、参照されるべき法・ルールとしては、日米地位協定第17条第6項、日米合同委員会合意「刑事裁判管轄権に関する事項」第7(1)(7)、第8（7）、第9（1）（3）、刑事特別法第13条等を挙げることができる。そこで、どのように解釈すべきであろうか。

まず、以下の点において日米地位協定違反を指摘することができる。すなわち、日米地位協定第17条第6項（a）では、「日本国の当局及び合衆国の軍当局は、犯罪についてのすべての必要な捜査の実施並びに証拠の収集及び提出（犯罪に関連する物件の押収及び相当な場合にはその引渡しを含む。）について、相互に援助しなければならない」と規定され、「相互援助」が求められている。しかし、今回の米軍の対応は、沖縄県警による現場検証の同意要請につき拒否、また、機体の検証嘱託の要請についても拒否という、お

よそ「相互援助」を求める日米地位協定とは全く相容れないものであった。この点を指摘しておかなければならないであろう。

次に、そもそも県警は、現場検証につき米軍の同意を求めなければならなかったのかどうかについても、確認が必要である。この点については、日米合同委員会合意第7 (1)「合衆国の施設又は区域外で起った犯罪につき、その端緒により、犯人が合衆国軍隊の構成員、軍属又はそれらの家族であると認められる場合には、合衆国軍隊の法律執行院は直ちに捜査に着手する責任があることを認める。日米両国の裁判権が競合している犯罪については日米の共同捜査が望ましい」と規定し、本件の場合には「共同捜査が望ましい」事例に該当するものと考えられる点、また、同合意第9 (1)「日本国の当局からする、合衆国軍隊の使用する施設又は区域内における又は所在地のいかんを問わず合衆国軍隊の財産に対する捜索、差押又は検証の要請は、もよりの憲兵司令官若しくは当該施設又は区域の司令官に対してする。日本国の当局は、右施設又は区域外における合衆国軍隊の構成員、軍属又はそれらの家族の身体又は財産に対して捜索、差押又は検証を行おうとするときは、可能な限り、事前に、もよりの憲兵司令官又は当該本人が所属する部隊の司令官に、その旨を通知する」と規定し、基地外における合衆国軍隊の財産への捜索・差押・検証は、制限されていない点等からすれば、日米政府間の合意上では、日本の警察権についての制限はないものと解される。したがって、県警による検証を妨げる権限は、米軍にはなかったものといえる。

但し、日米地位協定ないし日米合同委員会合意上の制限はないとしても、実は、国内法上の規定にその制限の根拠はある。それが、刑事特別法第13条の規定である。「合衆国軍隊がその権限に基いて警備している合衆国軍隊の使用する施設若しくは区域内における、又は合衆国軍隊の財産についての捜索（捜索状の執行を含む。）、差押（差押状の執行を含む。）又は検証は、合衆国軍隊の権限ある者の同意を得て行い、又は検察官若しくは司法警察員からその合衆国軍隊の権限ある者に嘱託して行うものとする。但し、裁判所又は裁判官が必要とする検証の嘱託は、その裁判所又は裁判官からするものとする」と規定されており、県警が、検証についての同意、また、検証の嘱

託についての同意を米軍に求めた理由が明らかとなる。国内法による規制により、県警の権限が十分に発揮できない状況が存在し、そのため、住民の生命や財産を保護する任務を遂行することができないのであれば、刑事特別法の改定や解釈により、この制限を越えていく試みがなされなければならない。

また、現場検証不同意に関連して、日米地位協定上の問題についての議論のすり替えがあったという点に触れておく必要があろう。荒井正吾外務政務官（当時）は、事故後すぐに日米地位協定第23条を持ち出し、その趣旨を、米軍の施設区域外での財産保全活動は日本の協力を得て認められるものとする理解を示した上で、協力関係が十分に確立されておらず、日米地位協定は現状では遵守されていないとする認識を示した。また、米軍による事故現場封鎖については、墜落したヘリの機体は米軍の財産である以上米軍に管理権があるとしても、現場一帯の地域の管理権は米軍ではなく県警であるべきだとして批判した。米軍による県警排除は、日米地位協定第23条の問題とする理解を示したのである。その後、米軍は墜落機に近い規制線の「合同警備」を提案、県警が受け入れたことは既に見たとおりである。外務省は、この「合同警備」によって第23条の「日米協力」はクリヤされたとの認識であった。結局、政府が日米地位協定との関係で問題視したのは、合同で行えなかった「現場検証」ではなく、協力して財産確保措置がとられない現場の「封鎖」だったといえる。しかし、こうした議論は、国民の関心の対象を、日米地位協定第17条第6項に存する「相互援助」に関わる問題からそらそうとするものと思われ、その対応を含めて疑義を呈するほかない。

第3に、日本政府が認めないまま米軍が飛行再開したことの違法性という問題がある。この点に関する法・ルールとしては、日米地位協定第3条第3項を挙げることができる。そこで、どのように解釈すべきかが問題となる。この点に関し、西正典那覇防衛施設局長（当時）は、米軍が、安全に考慮していることを説明しないまま飛行再開しており、説明責任を果たしていないとの認識を示したのに対し、海老原紳外務省北米局長（当時）は、衆院沖縄・北方特別委員会での閉会審査で、「直ちに違反であるということが言え

るわけではない」と述べている（2004年9月6日の第160回国会・衆議院沖縄及び北方問題に関する特別委員会）。

しかし、以下の理由で、この点についても日米地位協定違反を指摘しなければならない。すなわち、日米地位協定第3条第3項は、「合衆国軍隊が使用している施設及び区域における作業は、公共の安全に妥当な考慮を払つて行なわなければならない」と規定しているところ、墜落事故が起こった同じ基地からの飛行再開が、「公共の安全」に関わる問題であることは確実である。しかも、飛行再開が、事故原因の徹底した究明及び公表のないまま行われたことは、公共の安全に対する「妥当な考慮」を払っていたともいえない。

B　自治体の法令解釈権　　以上の諸問題は、自治体が活動を行う中で、偶然に浮かび上がったというものではない。自治体が、米軍の様々な措置を日米地位協定上違法と指摘したために顕在化したものである。他方、政府側は、今回の米軍の行動には日米地位協定上の違法性はないと主張してきた。ここに、自治体の解釈と政府の解釈との食い違いが生じていることになる。特に、日米地位協定が自治体の権限を制約し、そのため自治体の職分である住民の生命・財産の保護が十分守られない状況が続いてきたため、自治体の解釈にいかなる意義を認めるかが重要な課題となる。

その点を明らかにするのが、自治体の法令解釈権という概念である。これを強調する立場は、地方自治権が、国家から伝来したのではなく憲法から直接伝来したものと理解するいわゆる「憲法伝来説」、また、国民主権を真に民主的・人権保障的に生かす国家組織として、国の統治権と並立的に直接憲法により保障されたものと理解する「新固有権説」を前提とする限り、憲法上保障された地方自治権には、当然に自治立法や自治事務の執行をめぐる法解釈の自治権が含まれていると解する見解である[74]。もっとも、地方自治権を憲法から直接保障されたものと解する点では、「制度的保障説」、すなわ

---

[74] 兼子仁『行政法学』（岩波書店、1997）236頁以下、252頁以下、同『新地方自治法』（岩波新書、1999）181頁以下、鴨野幸雄「憲法学における『地方政府』論の可能性」『金沢法学』29巻1・2合併号（1987）439頁以下等参照。

ち、憲法92条の「地方自治の本旨」が、地方自治制度の本質的内容ないし核心的部分を意味するものであり、これを国の法律によっても侵すことはできないとする立場をとっても同様であり、いずれの見解からしても、地方自治の範囲内では、国の政府と自治体とを法的に対等と見ることとなる。

　ただ、憲法第94条が、「地方公共団体は、……法律の範囲内で条例を制定することができる」と規定し、1999年の地方分権一括法により改正された地方自治法第2条第16項前段は、「地方公共団体は、法令に違反してその事務を処理してはならない」と規定していることとの関係で、国と自治体との関係が対等とは言い難いのではないか、疑問が生じ得よう。しかし、この点について、兼子仁は次の諸点を根拠として、「自治事務に関する法律は自治体を拘束するのだが、その法律の解釈運用についての所管省庁の見解は原則として自治体を拘束しない、という一見矛盾と思えるような"公理"」を提唱する。その根拠として、①同法第138条の2では、普通地方公共団体の執行機関は、「条例、予算その他の議会の議決に基づく事務及び法令、規則その他の規程に基づく当該普通地方公共団体の事務を、自らの判断と責任において、誠実に管理し及び執行する義務を負う」と規定されており、「自らの判断と責任」が強調されている点に、「自治事務」（第2条第8項）を定める国の法令について、自治体が法令解釈権を行使しうることが含まれていると解されること、②自治体より上位にあるのは、国会が法律を定める「立法国家」であって法律を執行する「行政国家」ではないのであり、その趣旨は、「国は、地方公共団体が地域の特性に応じて当該事務を処理することができるよう特に配慮しなければならない」と規定する同法第2条第13項にも示されていること、③省庁が、法律の具体的な解釈運用について、自治体を拘束するような指示・通達を出すことができるとすれば、かつての機関委任事務の指揮監督と同じになり、自治事務の執行における国と自治体との対等原則に反することになるということが指摘されている[75]。

　自治体による法令解釈が国の法律に反するのではないかが問題となる場

---

[75] 兼子・前掲（74）［新地方自治法］199頁以下。

合、助言や勧告、同意、許可、指示などの「国の関与」が認められている（同法第245条以下）。しかし、地方分権の趣旨を徹底するために、これらの関与について、法律ないしこれに基づく政令で規定されたものでなければならないとする法定主義（同法第245条の2）、また、「その目的を達成するために必要な最小限度のものとするとともに、普通地方公共団体の自主性及び自立性に配慮しなければならない」こと等の基本原則（同法第245条の3第1項）が規定された[76]。この構造は、機関委任事務を廃止して新たに創出された法定受託事務についても、基本的には変わらない[77]。もちろん、国からの法定受託事務は、「国が本来果たすべき役割に係るものであって、国においてその適正な処理を特に確保する必要があるもの」（同法第2条第9項第1号）ではあるが、しかしそれは、機関委任事務の単なる名称変更ではなく、国から「執行委託」[78] されたものであると同時にそれ自体は自治体の事

---

[76] 「国の関与」につき、小早川・小幡編・前掲（54）所収の小幡純子「改正地方自治法の概観」58頁以下、宇賀克也「関与等の一般ルール」76頁以下、同「関与等の個別規定」90頁以下、村上裕章「国地方係争処理・自治紛争処理」82頁以下、小早川光郎編『分権型社会を創る4・地方分権と自治体法務——その知恵と力』（ぎょうせい、2000）所収の各論文、佐藤文俊編『最新地方自治法講座9・国と地方及び地方公共団体相互の関係』（ぎょうせい、2003）所収の各論文、白藤博行「国と地方公共団体との間の紛争処理の仕組み——地方公共団体の『適法性の統制』システムから『主観法的地位（権利）の保護』システムへ」『公法研究』62号（2000）200頁以下等参照。

[77] 自治事務に関する「是正の要求」（第245条の5）と法定受託事務に関する「是正の指示」（第245条の7）との違いについて、兼子・前掲（74）[新地方自治法] 200頁以下、宇賀・前掲（76）[関与等の一般ルール] 77頁以下参照。

[78] 兼子・前掲（74）[新地方自治法] 204頁以下。もっとも、小早川光郎は、法定受託事務の論理過程の中では、そこに位置づけられる事務が「国の行政事務であることは一度もな」いとし、委託・受託という語法を「ややミスリーディングである」とする。小早川光郎「地方分権改革——行政法的考察」『公法研究』62号（2000）172頁。なお、事務配分論については、鈴木・前掲（54）62頁以下、廣田全男「事務配分論の再検討——憲法の視点から」『公法研究』62号（2000）179頁以下、吉川浩民「地方公共団体の事務」伊藤祐一郎編『最新地方自治法講座1・総則』（ぎょうせい、2003）190頁以下、地方自治法改正までの議論について、塩野宏「国と地方公共団体との関係のあり方」『ジュリスト』1074号（1995）28頁以下、小早川光郎・新藤宗幸・辻山↗

務なのであって、国と地方との関係の法的対等性が形作られたものとして評価すべきであろう。したがって、法令解釈権の論理は、法定受託事務についても妥当するものと解される。特に、機関委任事務について、国の職務命令の適法性に関する自治体の解釈権を認めてきた判例の立場[79]を考慮すれば、このことは当然といえるであろう。

　本節で、自治体の法令解釈権に着目する理由を改めて指摘しておきたい。それは、日米地位協定やこれに関わる法律の解釈について、自治体のそれと政府のそれとが衝突した場合、どちらの解釈が優先するかについてのルールが当然に存在するわけではないからであり、また、その場合の有権的解釈権が裁判所にあるところ[80]、判決が出されていない領域が実際には多いからである。日米地位協定と自治体の権限に関わる根拠規定との接点において、自治体独自の解釈を施し、それを根拠に政府の対応を批判することが可能となるのである。以上の見方は、裁判所による有権的な解釈がなされていない法規定について、具体的な事件が存在しないか、あるいは現実的に訴訟ルートに乗せることが困難であるという状況がある場合、そのような状況を逆手にとろうとする戦略である。したがって、問題の主眼は、自治体の法令解釈権を認めた先にある。すなわち、住民を保護するための自治体の権限行使が十分可能であるにもかかわらず、それを行使しない消極的な態度がなされた場合、自治体の態度をどのような方法で問題としうるのか、という点が解明を要する点であろう。ただ、本節では、問題点の指摘にとどめることとする。

↘ 幸宣・成田頼明「座談会・機関委任事務廃止と地方分権――地方分権推進委員会中間報告をめぐって」『ジュリスト』1090号（1996）4頁以下、山下淳「国と地方の役割分担のあり方」『ジュリスト』1110号（1997）26頁以下、芝池義一「機関委任事務制度の廃止」『ジュリスト』1110号（1997）33頁以下等参照。

[79] 1991年の法改正前の職務執行命令訴訟について、砂川事件に関する最高裁昭和35年6月17日判決・民集14巻8号1420頁、法改正後のケースとして、沖縄県職務執行命令訴訟に関する最高裁平成8年8月28日大法廷判決・民集50巻7号1952頁参照。

[80] 鴨野・前掲（74）439頁、同「地方自治論の動向と問題点」『公法研究』56号（1994）15頁、大隈義和「憲法における『国』と『地方公共団体』」『公法研究』62号（2000）155頁等参照。

C　自治体活動の限界　　以上のような日米地位協定上の問題点を自治体が明らかにしたという点が、今回の事故に関する自治体活動の意義として認められる諸点である。しかし、一連の自治体の活動には、限界も指摘されなければならない。第1に、日米地位協定に関わる問題である。すなわち、日米地位協定等に照らし違法性が指摘されうるとしても、それを争う法的手段には限界があるという点である。まずは、刑事裁判権の問題である。日米地位協定第17条第1項（b）、同条第3項、日米地位協定第17条第3項に関する合意議事録からして、両国共に裁判権を有し、かつ、公務中の事故であるため米軍が第1次的裁判権を有するのが本件事故である。米軍が「裁判権を行使しないことに決定」しない限り、日本の裁判所が、航空危険行為処罰法違反で裁判を行うこと自体が制限されている。また、損害賠償請求等を理由とする民事裁判権についても制限がある。すなわち、日米地位協定第18条第9項は、米軍側は一定の場合を除いて、米軍の構成員・被用者に対する主権免除を請求することはできないと規定しているが、このことは、米軍自体の行為については主権免除の適用が及ぶこと、米国を被告として訴えることはできないことを意味している[81]。したがって、墜落したヘリを操縦していたパイロット、あるいはヘリの整備の担当者・責任者を訴訟の被告として訴えなければならないのであるが、十分な情報の開示がなされないままでは、被告の特定すらできないという状況がある。

　第2に、普天間飛行場返還の条件とされている辺野古移設との関係である。少なくとも、沖縄県政による辺野古移設堅持の立場を前提とすれば、普天間基地の危険性が強く意識されればされるほど、辺野古への移設作業が早まるおそれがある。地元住民及び県内世論による反対が強いにも関わらず、

---

[81] この点につき、拙稿「主権免除と基地問題――憲法学の立場から」『法律時報』72巻3号（2000）28頁以下（本書249～264頁）参照。また、主権免除に関する最近の業績として、比屋定泰治「日本の裁判所における米軍基地訴訟と国家の裁判権免除」『名古屋大学法政論集』202号（2004）261頁以下、長尾英彦「駐留米軍と主権免除の原則」『中京法学』38巻3・4号合併号（2004）7頁以下、高野幹久「アメリカの憲法判例に見る主権免除の理論」『関東学院法学』14巻1号（2004）17頁以下等参照。

である。このような対応に対しては、辺野古沖への移設撤回・普天間基地全面返還を訴える意見（例えば、伊波宜野湾市長）と、移設見直しではなく、代替施設完成までの緊急の安全性確保措置を講じるべきとする意見[82]とがある。しかし、実際には、事故後の9月9日、普天間飛行場代替施設建設へ向けた名護市辺野古沖でのボーリング地質調査が実施されたが、ヘリ墜落事故を移設作業の推進に結びつけてしまうのは、自治体の対応としては問題があるといわねばならない。

　以上の限界を認識した上で、自治体活動の可能性を探る必要性があるであろう。

結──本節のまとめ

　以上見てきたように、普天間飛行場返還問題は、これまでの経緯と状況の変化等が重なり、複雑な政治状況を呈している。本節の執筆を終えようとしている今現在（2004年11月1日）、米軍再編の動きも依然として不透明なままである。安易な予測は差し控えることとし、本節のまとめを最後に行っておきたい。

　第1に、日米地位協定の運用における自治体の役割についてである。この点については、①基地返還の法制度上、自治体は、自らの要求を積極的に主張しうる存在ではなく、基地返還に関わる事務を負担する存在に止まっていること、②普天間飛行場返還決定は、辺野古沖での新基地建設を条件とするものであり、自治体がその「移設」業務を負担することとなったため、沖縄県内の世論、沖縄県政と名護市、名護市民の民意など、様々なレベルで「分断」が生じてしまっていることが重要であろう。

　第2に、普天間飛行場返還のプロセスにおける自治体の権限についてである。ここでは、①宜野湾市長による基地返還を求める訪米要請行動は、自治体外交という観点から、憲法上正当化することができること、②自治体外交は、自治体の権限や活動範囲を拡大することにより、地域の発展及び住民の

---

[82] 比嘉良彦「ヘリ墜落で試される沖縄の『闘い方』上・下」『琉球新報』2004年9月6日、7日。

権利利益をより充実させうるものとして意義が大きいこと、③その反面、宜野湾市のそれは、国家の防衛政策と抵触するおそれがあり、その理論的整理に際しては既に述べたような理解が必要であること、また、法的拘束力を認められ得ないという限界があるが、それでもいくつか工夫の余地があり得ることが重要である。

　第3に、米軍ヘリ墜落事故に対する自治体の活動についてである。この点については、①自治体議会による抗議決議・意見書は、住民の生命や財産、地域の安全を守ろうとする自治体の決意の表れとして重要な意義を有すること、②県警の対応や自治体による抗議活動の中には、事故に関わる日米地位協定上の問題点を浮き彫りにし、基地返還を求める住民の意思を十分に代弁するものもあり、それらは、住民自治・団体自治の理念を具体化するものであったこと、③日米地位協定に関し、政府と自治体の解釈が異なったが、政府とは異なる自治体の解釈を正当化する論理として、自治体の法令解釈権という概念が重視されなければならないことが重要であろう。

　日米地位協定をはじめ、不利益を特定地域に押しつけ続ける政治構造は、「社会契約」自体の存続を困難たらしめるものである。その意味で、沖縄の米軍基地に関する問題は国家全体の問題として、社会的・法的に取り組んでいかなければならない課題である。その点を強調して拙稿の結びとしたい。

第3章　米軍基地と爆音訴訟の諸論点

第1節　「主権免除」による裁判権の限界

1　在沖米軍基地をめぐる諸問題

(1) 日本全土の0・6%の面積の土地に米軍専用基地の75%が集中し、県の面積の11%を米軍基地が占めている沖縄県には、必然的に日米安保条約・日米地位協定に関連する問題が数多く発生している。1995年9月に発生した米兵による事件で、米軍当局は同協定第17条第5項（c）を根拠に、沖縄県警による容疑者の引き渡し要請を拒否した。あるいは最近の事例を挙げれば、第1に、繁華街への米兵の立ち入りを禁止した「オフリミッツ」の解除問題である。解除の条件として関係者による制服着用の巡回を提示する米軍と、基地の外で警察権を行使することは同協定第3条第1項、第17条第10項に違反すると主張する沖縄県警とが対立していた。結局、米軍側は、制服着用でのパトロールを行わずに、1999年10月6日からオフリミッツを解除すると発表した。

第2に、「嘉手納ラプコン」に関わる問題である。同協定第6条第1項では、航空・通信体系の協調が規定され、復帰時の1972年5月15日に日米合同委員会で合意されたところに従って、「暫定的に米国政府が那覇空港の進入管制業務を実施する」。この管制権を有する管制所＝嘉手納ラプコンで、1999年11月11日にレーダーが故障し、管轄下にある那覇空港を離着陸する民間機約50便に最大2時間の遅れが出るという事態が起きている。

第3に、環境問題も深刻である。1996年3月に、返還された恩納通信所跡地からPCBなどの有害物質が大量に検出され、返還前の環境調査及び原状回復の重要性が一層認識されるようになった。しかし、同協定第4条では、環境汚染があっても、米国は「施設及び区域」の返還に際し原状回復義務も補償義務も負わない旨規定されている。この問題に対処するため、「沖

縄県における駐留軍用地の返還に伴う特別措置に関する法律」(「軍用地転用特別措置法」。現「沖縄県における駐留軍用地跡地の有効かつ適切な利用の推進に関する特別措置法」(跡地利用推進法))は、国が「土地を原状に回復する措置その他政令で定める措置を講ずるものとする」(第7条)と規定し、1996年のSACO最終報告では、「地位協定の運用の改善」の1つに米軍の施設及び区域への立入を認める合意が盛り込まれた。しかし、これらも目に見える改善には至っていない。

　(2)　さらに、嘉手納基地の騒音公害をめぐる問題もその一つである。これについては、国に対して①一定の時間帯において米軍機の離着陸等をさせないこと、及びその他の時間帯において原告らの居住地内に一定限度以上の航空機騒音を到達させないことを求める差止請求、②騒音公害を理由とする過去の損害に対する賠償請求、③将来の損害に対する賠償請求を内容とする訴訟が提起された。第1審では、日米地位協定の実施に伴う民事特別法第2条に基づき、過去の損害に対する賠償請求は認めたものの、将来の損害に対する賠償請求は権利保護の要件を欠くとして却下、また、米軍機の離着陸等の差止については「原告らが米軍機の離着陸等の差止めを請求するのは、被告に対してその支配の及ばない第三者の行為の差止めを請求するものというべきであるから……却下を免れない」と判断された[1]。これに対し、原告、被告双方から控訴が為された。控訴審では、「危険への接近の法理」の適用を否定した点等を除き、概ね原審と同様の判断が下された[2]。

　この判決に従えば、米軍機の離着陸等に関わる差止請求は、米国政府を直接訴訟の相手方とするしか途はないということになる。そこで、新嘉手納爆音訴訟の準備を進めてきた準備委員会は、米国政府を直接の相手方とする差止訴訟を提起する方針を固めた。この種の訴訟には既に横田基地訴訟判決があり、検討の素材を提供する。ここで最も重大なテーマが主権免除であるこ

---

[1]　那覇地裁沖縄支部平成6年2月24日判決・判時1488号20頁。
[2]　福岡高裁那覇支部平成10年5月22日判決・判時1646号3頁以下。原審も含めて本件訴訟については、小川竹一「嘉手納米軍基地騒音訴訟判決の検討(1)」『沖大法学』21号(1999)76頁以下参照。

とから、本稿では、主権免除の問題について憲法学の観点から整理を行い、その上で一定の提言を試みたい。

2　主権免除の概念と主権の絶対性

（1）主権免除ないし国家の裁判権免除とは、国家及びその固有財産は、一般に外国の裁判管轄権に服しないとする国際法上の原則をいう[3]。主権免除には、被告とされる国が自ら免除を放棄して応訴した場合、法廷地国に存在する不動産を目的とする権利関係についての訴訟、法廷地国に存在する財産の相続に関する訴訟などが例外とされ、これらの場合には裁判権は及ぶ。この点、例外をこれらの場合に厳格に限定すべきとする絶対免除主義と、外国に対して裁判権を行使しうる場合をより広くすべきだとする制限免除主義とが主張されているが、制限免除主義を条約や国内法で定めるのが世界の趨勢とされる。しかし、日本では、昭和3年の大審院の決定以来、絶対免除主義の立場が採られている[4]。

---

[3]　主権免除については、猪俣弘司「特権免除・国家免除と日本の国家実行」山本草二先生古稀記念『国家管轄権――国際法と国内法』（勁草書房、1998）287頁以下、岩沢雄司「国家免除――外国国家との国際取引上の問題点」総合研究開発機構編『経済のグローバル化と法』（三省堂、1994）61頁以下、志田博文「主権免除（1）」元木伸・細川清編『裁判実務体系10』（青林書院、1989）30頁以下、太寿堂鼎「国際法における国家の裁判権免除」『法学論叢』68巻5・6号（1961）106頁以下、同「主権免除をめぐる最近の動向」『法学論叢』94巻5・6号（1974）152頁以下、同「民事裁判権の免除」『新・実務民事訴訟講座7』（日本評論社、1982）45頁以下、同「国家の裁判権免除」別冊法教『国際法の基本問題』（1986）125頁以下、比屋定泰治「日本の裁判所における米軍基地訴訟と国家の裁判権免除」『名古屋大学法政論集』202号（2004）261頁以下、広瀬善男「国際法上の国家の裁判権免除に関する研究」『国際法外交雑誌』63巻3号（1964）24頁以下、同「国際法上の主権免除の現況――問題点の検討と若干の提言」『明治学院論叢法学研究』29号（1983）19頁以下、水島朋則『主権免除の国際法』（名古屋大学出版会、2012）等参照。

[4]　大審院昭和3年12月28日決定・民集7巻1128頁。もっとも、下級審判例の中には絶対免除主義を緩和しようとする動きが見られ、また、政府も国際会議の場で制限免除主義を支持する見解を表明したり、この主義を盛り込んだ条項を持つ条約を、特定国との間で締結したりしている。太寿堂・前掲（3）［新・実務民事訴訟講座7］49頁以下参照。

絶対免除主義の根拠としては、「国家の主権、独立、平等、尊厳といった国際法の基本原則」[5]が挙げられる。国家が外国の裁判権に服すことがないのは、主権が最高の権力にして相互に独立・平等である、すなわち絶対的権力たるところに由来する。絶対免除主義の重要な根拠である主権の絶対性は現在でも維持されうるのであろうか。

　(2)　主権という語は、①国家の政治のあり方を最終的に決める力、したがって憲法制定権力、②国家の統治権、③対外的独立性及び対内的最高性を意味するものである。日本国憲法前文にいう「国民に存する」とされる主権の理解については、学説が対立している。ここでは主権の内容と主権の属性との区別が必要であり、「国民に存する」主権の意味が議論される場合には、主権の内容についての検討でなければならない。

　この点、①主権を憲法制定権力として理解する見解があり、これには、主権を権力の正当性の所在の問題としてのみ捉える見解[6]、正当性の契機だけでなく主権が国民に存するといえるような組織化・制度化の要請（権力的契機）が含まれると捉える見解[7]、また、②主権を国家の統治権と捉え、公権力の組織原理・解釈原理であると同時に正当性の淵源ともなるとする見解[8]などが主張されている。このように、主権の内容は憲法制定権力または国家の統治権と捉えられている。他方、残された対外的独立性・対内的最高性は、主権概念の属性とされる。ボダンが最高性、永久性とともに絶対性をも主権

---

[5]　太寿堂・前掲（3）［法学論叢68巻5・6号］129頁。また、広瀬・前掲（3）［国際法外交雑誌］30頁以下参照。

[6]　樋口陽一『近代立憲主義と現代国家』（勁草書房、1973）301頁。

[7]　もっとも、組織化・制度化の要請の内容については見解の違いがある。「制度化された制憲権」たる憲法改正権を挙げるものとして、芦部信喜『憲法学Ⅰ』（有斐閣、1992）242頁以下、憲法改正権のみならず「統治制度の民主化の要請」と「公開討論の場の確保の要請」とが含まれるとするものとして、佐藤幸治『日本国憲法論』（成文堂、2011）395頁以下、憲法改正権の要求と普通選挙制度の要求を指摘するものとして、高橋和之『国民内閣制の理念と運用』（有斐閣、1994）183頁以下等参照。

[8]　杉原泰雄『憲法Ⅰ』（有斐閣、1987）195頁以下。

の性格と理解したところに見られるように[9]、主権の絶対性もまた主権の属性と考えられる。

　(3)「近代」は、主権の絶対性の所産である。個人を中間団体から解放し自由で平等な個人を創出することで「近代」を確定した点で、その歴史的意味は重大である[10]。しかし、近時の「主権国家のたそがれ現象」は、もはや主権の絶対性、独立性、最高性が維持され得ない段階までに達していることを意味している。また、「人道的介入」に関わる議論が典型であるが、主権の絶対性が個人の権利を侵害する方向で作用する事実も、主権の絶対性を見直す重要な転機の一つであった[11]。

　現在では、憲法内在的にみる限り（始源的な憲法制定権力の行使を考慮に入れない限り）、主権の概念を国家の統治権として捉えた場合はもちろんのこと、憲法制定権力として捉えた場合であっても、主権は絶対ではないと解すべきである。その理由は、第1に、国家の統治権は憲法によって制限されること、第2に、憲法成文上存在するのは、手続上ないし内容上制約を受ける改正権であって制憲権ではないことである[12]。主権には、「主権者国民によって行使される国家権力に対抗してでも少数者の人権が守られなければならない」という「意味での限界があることは十分に留意しておくべきであろう。主権の属性として従来指摘されてきた『絶対性』なり、『最高性』なりが、かつてのような形では主張しえない所以でもある」とする指摘が妥当す

---

[9] ダントレーヴ、石上良平訳『国家とは何か』（みすず書房、1972）123頁参照。

[10] 樋口陽一『憲法［改訂版］』（創文社、1998）37頁、105頁以下、同『憲法Ⅰ』（青林書院、1998）28頁以下。

[11] 江橋崇「主権理論の変容」『公法研究』55号（1993）1頁以下、同「国家・国民主権と国際社会」樋口陽一編『講座・憲法学　第2巻　主権と国際社会』（日本評論社、1994）43頁以下、同「国民国家の基本概念」岩村正彦他編『岩波講座・現代の法1・現代国家と法』（岩波書店、1997）3頁以下、山内敏弘「国家主権と国民主権」樋口編・前掲30頁以下等参照。

[12] 芦部信喜『憲法制定権力』（東京大学出版会、1983）39頁以下、長谷部恭男「主権概念を超えて？」長谷部編『リーディングズ現代の憲法』（日本評論社、1995）218頁（長谷部恭男『憲法学のフロンティア』（岩波書店、1999）所収）参照。

るであろう[13]。

3 立憲主義と主権免除

(1) 主権の相対化は、立憲主義の徹底という観点[14]からも正当化されうる。まず、立憲主義とは、「国民の参加による国家権力の制約を通じて国民の権利・自由を保障しようとする志向」を意味し、「全員の福利を目的とする、全員の意思に基づく、公的権力の行使」という社会契約の理念の具体化・制度化として理解される[15]。したがって、立憲主義は、①「全員の福利」という目的の具体化・制度化としての「国民の権利・自由の保障」、②「全員の意思に基づく」という要素の具体化・制度化としての「国民・国民代表の参加」、③前二者の制度的要素による国家権力の制約を内容とする憲法の制定を要請する。

この意味での立憲主義の理解については、さらに以下の点が重要である。第1に、立憲主義の具体的存在形態は多種多様であるが、立憲主義の徹底という視点が重要である。これは、社会契約の理念がどの程度徹底されているかという点に着目した徹底した立憲主義と不徹底な立憲主義との区別を前提とするものである。この区別は、立憲主義の「よりよい具体化・現実化」の視点に立って、「より徹底した立憲主義」を求めることを可能とするものとして意義をもつ。第2に、立憲主義の徹底のための手段としていかなる規範形式が憲法規定に制度化されるかという点もまた重要となってくる。通常は、国家権力を禁止規範により拘束するという形式と国家権力を命令規範により拘束するという形式とが採られている。両者の規範形式のうち、どちらを重視するかは、いかなる自由観、国家観、民主制観を念頭に置くかによって異なる。

(2) 以上の理解から、統治権の1つである戦争権を例に立憲主義の徹底を

---

[13] 山内・前掲(11) 24頁。
[14] 拙稿「立憲主義と周辺事態法」『憲法問題』10号 (1999) 92頁以下 (本書23～37頁) 参照。
[15] 栗城壽夫「立憲主義と国家主権——ドイツの憲法理論史をたどりながら」法時臨増『憲法と平和主義』(1975) 71頁。

考えてみよう。平和主義には、平和を維持するためには国家による戦争や戦力の保持を禁止すべきとする禁止規範を強調する「国家・軍事力によらない平和」と、国家が平和の維持に向けて積極的に軍事力を行使すべきとする命令規範を強調する「国家・軍事力による平和」との対比が為されうる。国民の権利・自由の保障という立憲主義・社会契約思想の目的を最大限に尊重しようとする徹底した立憲主義の観点に立つ場合には、「国家・軍事力によらない平和」の立場が採られなければならない。武力行使を伴う後者の平和主義は、その理由がいかなるものであれ、究極的に人権保障を危うくするからである。憲法第9条もまた、こうした立憲主義・平和主義を採用したものと解される。

　したがって、「国家・軍事力によらない平和」という形で表れた立憲主義の徹底は、国家＝国民主権が武力行使を通じての国家＝国民の自己決定の貫徹を含意するとする「近代国民国家の論理」ないし主権の絶対性の論理を否定し、武力行使を否定する新しい国家＝国民主権の観念である「国家の相対化の論理」ないし主権の相対化の論理を追求することになるのである[16]。但し、主権免除に関しては問題の現れ方を若干異にする。一国内の主権の相対化という観点だけではなく、他国の主権の相対化にも目を配る必要があるからである。主権の相対化の論理によれば、外国国家を完全に裁判権に服せしめることが許されないだけではなく、外国国家を一切裁判権から免除することも妥当ではないということになる。具体的場面においては、憲法に違反しない限り、権利保障のための主権の抑止と同様に、権利保障のための主権の論理の強調があり得ることに注意しなければならない[17]。

---

[16] 樋口陽一は、両者の間での自覚的な選択が必要であるとする。樋口陽一「戦争放棄」樋口編・前掲（11）121頁以下参照。

[17] この点に関する限り、国家主権と国民主権を、自由を原理とする同じ主権概念の2つの側面として理解して、両者を切り離しては理解すべきでないと主張する長谷川正安の国民主権・国家主権の統一的把握論や、主権の「担い手」が誰であるかによって、主権はネガティブにもポジティブにも機能しうると主張する田畑茂二郎の主権の「担い手」論とも重なりあいを有する。長谷川正安『国家の自衛権と国民の自衛権』（勁草書房、1070）49頁以下、田畑茂二郎『現代国際法の課題』（東信堂、1991）36頁参照。

(3) ここで立憲主義の観点から見て、主権免除が提示する問題の再定位を試みたい。まず第1に、主権免除は、「国家の主権、独立、平等、尊厳といった国際法の基本原則」ないし主権の絶対性から、当然に由来するものとは解されない。立憲主義の徹底の観点からすれば、主権は絶対的なものではなく人権保障という目的を実現するためには相対化を迫られるものであり、また、憲法優位説の立場を前提とする限り、「国際法の基本原則」であっても憲法の拘束を免れないからである。したがって、主権免除は、その利益を「相互に尊重することによって自国の裁判権の対象から外国の国家行為を除去することが国際交通の便宜に資する」[18]という国家の政治的・裁量的判断に由来するものと解される。第2に、主権的権限の「不行使」ないし「自制」と「放棄」との区別を前提とする限り、主権免除は、裁判権という国家の統治権の政治的・裁量的な「不行使」・「自制」を意味するものと解される[19]。国家の統治権は、憲法が国家機関に授権すると同時に行使を命じた権限とも解され（命令規範の側面）、したがって、憲法で規定されていない限り、国家機関が自らの権限を「放棄」しうるとすることは背理だからである[20]。第3に、いかなる事由を主権免除の対象とするかは、一定程度、国家機関の裁量の問題となるものと解される。主権免除を条約や法律で規定する場合には立法府および行政府の裁量が問題となり、主権免除の原則が国内判例の集積を通じて形成されてきたという沿革に着目すれば司法府の自制もまた問題となる。

---

[18] 広瀬・前掲（3）［国際法外交雑誌］36頁、同・前掲（3）［明治学院論叢法学研究］45頁以下。

[19] 裁判管轄権を意味する主権免除と、国内裁判管轄に服する場合であっても司法審査の対象としない（司法的抑制）とする「国家行為理論（"Act of State" doctrine）」とを区別すべきとする見解がある。広瀬・前掲（3）［明治学院論叢法学研究］75頁以下参照。これによれば、司法の自制はむしろ「国家行為理論」の問題として考えるべきということになろうが、そのような統治権の自己抑制が憲法の枠内で許されるのかどうか、許されるとしてもどこまで可能なのかという問題としてみた場合、両者が孕む問題は共通する。

[20] 国家権力は「不可譲」であるとするものとして、ヨハネス・メスナー、水波朗・栗城壽夫・野尻武敏訳『自然法』（創文社、1995）823頁参照。

しかし、このような裁判権の不行使ないし自制の論理がいかなる場合にも妥当するものとは解すべきではない。裁判権の不行使が憲法上規定された国家機関の裁量の範囲を逸脱する場合には、その憲法適合性が問われなければならない。そこで問題なのは、裁判権の不行使・自制が許容されうるのはどこまでかという点である。抽象的にいえば、主権免除の原則を採用することが認められるのは、国民の権利保障という立憲主義の目的を損なわない限りにおいてであるといえるであろう。

4　主権免除の憲法学的意味

（1）主権免除についての憲法の態度は、明文で規定されていないため一義的に明らかではない。そもそも主権免除が国際法上の原則とされてきたことからして、憲法成文の沈黙はやむをえない面があるのかもしれない。但し、そのことから直ちに、主権免除についていかなる立場を採ることをも憲法が許容しているものと解すべきではなかろう。主権免除が国際法上の原則であるとしても、裁判権という国家の統治権に関する重大な制約を内容とするものであるため一定の限界を有するのである。これを憲法学上どのように位置づけるべきかが問題となる。

（2）一般的には、立憲主義の目的たる権利保障と立法府・行政府・司法府の裁量性との衡量によって決すべきである。その上で次の点が重要である。第1に、この種の訴訟が本質上、具体的事件・争訟性ないし「法律上の争訟」性を備えていないものとは解されないところからすれば、条約等の国家行為によって外国国家を裁判管轄権の対象から除外することが、「裁判を受ける権利」（憲法第32条）を侵害しないかが問題となる。

この点、第32条を「適法な出訴がなされた場合に裁判官による裁判を拒絶されない、という『形式的訴権』を保障するにすぎない」とする立場を批判し、「自由権・社会権・参政権などの実体的基本権を守るための出訴・訴訟追行を保障した手続的基本権である」と解する見解が注目されるべきであ

ろう[21]。この見解によれば、「実定訴訟法上の訴訟要件・訴訟類型の規定にかかわらず、実体的基本権に加えられた侵害に対して実体的基本権を防御・回復するために当事者が提起する訴訟が、許される余地がある」とされるが[22]、それだけでなく、第32条が保障する手続的基本権を奪う国家行為を違憲と解する余地も認められると考えるべきであろう。

また、主権免除の根拠を、立法府・行政府の政治的判断ないし司法府の自制に求める限り、この問題は、「直接国家統治の基本に関する高度に政治性のある国家行為」については裁判所の審査権は及ばない[23]とする統治行為論と重なり合う。統治行為論の根拠もまた、①権力分立や裁判所についての民主主義的正統性の欠如に基づいて、国会・内閣の判断が排他的に優先されるべきであるとする点（内在的制約説）や、②司法判断を行うことに伴う混乱を回避するべきであるとする点（自制説）などに求められているからである。したがって、統治行為論の限界に関する議論[24]が主権免除についても参照されるべきであろう。

第2に、国家無答責の否定を定める憲法第17条の趣旨にも配慮する必要がある。もともと国家無答責の原則は、「国王は悪をすることができない(The King can do no wrong.)」という原理に基づくものであり、英米では、不法行為をした公務員個人に対する損害賠償請求を除いては、国家に対して損害賠償請求をすることが認められていなかった[25]。この国家無答責の原則からの類推に、主権免除の根拠も求められていたのである[26]。このような英米のあり方との比較でいえば、日本国憲法が国家無答責の否定を規定した趣旨は、外国国家についても無関係ではありえず、当然に絶対免除主義の立場を許容するものではないとする解釈の余地を可能にするであろう。

---

[21] 棟居快行『人権論の新構成』（信山社、1992）291頁。
[22] 棟居・前掲（21）292頁。
[23] 苫米地事件に関する最高裁昭和35年6月8日大法廷判決・民集14巻7号1206頁。
[24] 佐藤・前掲（7）645頁以下等参照。
[25] 田中和夫『英米法概説［再訂版］』（有斐閣、1981）86頁以下、雄川一郎『行政の法理』（有斐閣、1986）253頁以下、454頁以下等参照。
[26] 太寿堂・前掲（3）［法学論叢68巻5・6号］109頁以下。

第3に、主権免除の議論と憲法上の国際協調主義（第98条第2項）との関連を明らかにしておく必要がある。一見すると、国際協調主義は、外国国家の主権の尊重を含意するものと解する限り、絶対免除主義の立場を憲法上の要請ないし憲法上許容されるものとする見方へと結びつく余地もある。しかし、憲法第98条第2項が誠実遵守義務を課している「確立された国際法規」とは、「国際法の一般原則として広く国際社会に承認されている成文・不文（国際慣習法）の国際法規範」を意味すると解し[27]、また、「制限免除主義は慣習国際法となっているという主張」が「説得力を増しつつある」状況[28]に着目すれば、絶対免除主義こそが第98条第2項違反の疑念にさらされているのである。

　また、次の事実も重要であろう。国家免除に関するヨーロッパ条約では、法廷地国で生じた不法行為に関する訴訟が、免除されない場合として列挙されている。同様に、イギリスの国家免除法では身体及び財産への加害行為が、アメリカの外国主権免除法では不法行為が、免除されない場合とされている。これらの例に見られるように、「国家の主権的活動を他国の権力作用による妨害から保護するため、なお免除を原則とすることには変わりはないが、同時に、私人の権利の保護にも適切な配慮を払わなければならないとする認識が、一般化してきたのである」[29]。

　(3) 以上の検討から次の帰結を導きだすことができる。第1に、絶対免除主義の採用には違憲の疑いがある。「被告国の主権のみを念頭に入れて免除の原則を貫けば、逆に法廷地国の主権をそこなうことになりかねない」、したがって、免除は、国家間の関係を円滑に保つという「必要から見て合理的な範囲にとどめるべきである」とする制限免除主義の立場[30]が、憲法の要請であると解される。したがって、絶対免除主義の立場を貫こうとする条約、法律、判決等がある場合には、その憲法適合性が問われなければならない。

---

[27] 佐藤功『日本国憲法概説［全訂第5版］』（学陽書房、1996）581頁。
[28] 岩沢・前掲（3）［経済のグローバル化と法］68頁。
[29] 太寿堂・前掲（3）［新・実務民事訴訟講座7］55頁。
[30] 太寿堂・前掲（3）［別冊法教］126頁。

第 2 に、主権免除の例外事由の具体化は国家機関の一次的任務である。主権免除の例外事由については、それを明示する条約ないし立法が存在しない限り、解釈として網羅的に提示することは困難である。例外事由の具体化は、立法府・行政府の裁量に委ねられているものと解されるからであり、また、「国家の裁判権免除規則が、国際法上の規則である限り、国際的に統一した基準を設定することが必要であり、またそのことによって、はじめて国際取引の安全も保障されると思われる」からである[31]。

　第 3 に、このような条約や法律が存在しない領域に属する問題が裁判で争われた場合には、裁判所が、制限免除主義の適用基準[32]に関していかなる立場が妥当であるかを判断して決すべきである。但し、少なくとも不法行為とりわけ重大な基本的人権の侵害をもたらす外国の国家行為については、主権免除は妥当しない（憲法が裁判権の不行使ないし自制を禁止するという意味で）と解することが妥当である。この立場は、主権の相対化ないしそれを帰結する立憲主義の徹底の観点からは必然の帰結であり、また、国家行為を権力行為または公法的行為と非権力行為または私法的行為に区別して、前者のみが主権免除の対象とされなければならないと説く従来の制限免除主義の立場では不十分であることをも意味する。

5　主権免除と差止訴訟

　(1)　公務執行中の米軍の構成員・被用者の作為・不作為あるいは米軍自体の作為・不作為ないし事故によって、第三者に損害を与えた場合の賠償請求については、2 種の取扱いが規定されている。第 1 に、日本国が、第三者に替わって米軍当局に対し請求を提起するという方法である（日米地位協定第 18 条第 5 項）。第 2 に、被害を被った第三者自身が損害賠償請求を行うという方法である（日米地位協定の実施に伴う民事特別法）。後者の場合、訴訟

---

[31] 太寿堂・前掲 (3) ［法学論叢 68 巻 5・6 号］145 頁。
[32] 各国の裁判所で適用され、また学説において主張されている見解には、行為目的基準説、行為性質基準説、通商活動基準説、黙示放棄基準説、機関性格基準説、原則的免除否定説などがある。これらについては、太寿堂・前掲 (3) ［法学論叢 94 巻 5・6 号］156 頁以下等参照。

の相手方は日本国であり、米国に対して直接訴訟を提起することは主権免除によって不可とされる。米軍側は一定の場合を除いて、米軍の構成員・被用者に対する主権免除を請求することはできないとされるが（同協定第18条第9項（a））、このことは、米軍自体の行為については主権免除の適用が及ぶこと、したがって米国を被告として訴えることはできないことを意味しているからである[33]。

このように損害賠償の請求については一応の制度が用意されている。但し、損害賠償以外の訴訟形態たる差止訴訟については、条約・協定・国内法いずれにも規定は存在しない。このような場合において、必然的に米国の行為が絶対免除主義の立場に従って裁判権を免除されると解すべきかどうかが問題となろう。

（2）ここで、①米国に対する一定時間の米軍機の飛行差止、②米国及び日本に対する過去及び将来の損害賠償を求めた横田基地訴訟に触れておきたい。第1審判決は、「わが国の裁判権は、国際法上の原則によれば、外国を被告とする訴訟に関し当該外国に及ばず……、但し、当該外国が自発的にわが国の裁判権に服する意思を明示して応訴した場合、又は、わが国内に存在する不動産を直接の目的とする権利関係に関する訴訟である場合には、例外として、当該外国に及ぶこととなる」と絶対免除主義の立場を述べた上で、本件訴えを却下した[34]。

控訴審判決も、本件には裁判権は及ばないとして却下とする点では第1審判決と同様であるが、その理由において第1審判決とは異なる構成をとっている。すなわち、「地位協定18条5項は、直接的には、公務執行中の不法行為に基づく損害賠償請求訴訟に関する規定であって、差止請求訴訟に関しては明文の規定はない。しかし、損害賠償請求権に関する裁判権免除の規定の趣旨は、差止請求訴訟にも類推して適用すべきものである」。なぜならば、

---

[33] 本間浩『在日米軍地位協定』（日本評論社、1996）324頁参照。
[34] 東京地裁八王子支部平成9年3月14日判決・判時1612号101頁。本判決につき、平覚「国家の裁判権免除」ジュリ臨増『平成9年度重要判例解説』(1998) 279頁以下参照。

この「裁判権免除の要請は、駐留軍等の不法行為に関する訴訟である限りは、損害賠償請求訴訟も差止請求訴訟も変わりがなく、差止請求訴訟についてだけは、損害賠償請求とは別に、裁判権を免除しないと定めたとは考えられないからである」と述べた[35]。

（3）このように、横田基地訴訟第1審判決は、差止訴訟の裁判権について、明文の規定に根拠を求めずに「国際法上の原則」ないし絶対免除主義の先例に基づいて判断を下している。他方、控訴審判決は、米国の主権免除を規定した日米地位協定第18条第5項の類推適用により判断を示した。外国軍駐留自体の違憲性の問題を考察の対象外とするとして、ここでは、①差止訴訟につき、明文の規定に主権免除の根拠を求めずに、裁判所の判断として絶対免除主義の立場を採用することはできるか、また、②同協定第18条第5項を根拠として、差止訴訟についても米国に主権免除を認めることができるかという2つの問題を検討しておきたい。

第1の問題については、既に述べたように、違憲の疑いがあると解すべきである。絶対免除主義の立場は、世界的な動向からだけでなく憲法解釈上も支持できない。控訴審判決も、制限免除主義の立場が「世界の趨勢」であると指摘し、「地位協定18条5項の存在は、我が国も既に絶対的免除主義を廃棄して、制限的（相対的）免除主義を採用していることを示すものであるということも可能である。なぜなら、……この規定がなければ、駐留米軍の公務執行中の不法行為について、米国又は米軍に対して、わが国の裁判権が及んでしまうので、協定により特にこれを免除したとみることも可能だからである」と判示している点が注目される。

制限免除主義の立場を妥当と解するとしても、いかなる基準により免除を認めるかについては学説は分かれている。国内では、法律による解決が望ましいと説く見解[36]を除けば、行為の目的が国家目的に直接関連しているか否

---

[35] 東京高裁平成10年12月25日判決・判時1665号64頁。本判決につき、廣部和也「米軍に関する裁判権免除」ジュリ臨増『平成10年度重要判例解説』(1999) 282頁以下参照。

[36] 太寿堂・前掲（3）［法学論叢68巻5・6号］146頁。

かを基準とする行為目的基準説[37]、免除を認めるべき基準を訴訟目的におくとする訴訟目的基準説[38]等が主張されている。ただ、外国軍隊の活動に対し差止訴訟を提起することまでは、これらの学説によっても認められない。しかし、既に述べたように、主権免除が妥当する権力行為または公法的行為であっても、国民の重大な基本的人権の制約をもたらす外国の国家活動については、主権免除は及ばないと解すべきとすれば、これらの見解でもなお不十分であるといわざるをえない。差止請求の根拠として「人格権」を認める下級審判決[39]の立場を前提とする限り、ここで問題としているケースについては裁判所の審査は可能と解される。

また、第2の問題につき、同協定第18条第5項の類推適用という方法が仮に不可能だとすれば[40]、第1の問題に立ち返ることとなる。他方、控訴審判決が述べるようにそれが可能だとすれば、行政府・立法府の政治的・裁量的判断ないし司法府の解釈作用が差止訴訟に関する主権免除の根拠だということになる。この場合、制限免除主義の立場に立つ限り、主権免除の対象とするか例外事由とするかは裁判所を含めた国家機関の一次的任務であるとする先に述べたところからすれば、直ちに違憲の問題は生じない。

しかし、米軍自体の活動が国民の基本的人権を侵害するような場合にまでこの原則を貫くとすれば、やはり立憲主義の徹底の観点からは疑問視せざるをえない。したがって、国民の重大な基本的人権の制約をもたらす米軍の活動についても免除を認めるべきとする類推適用が違憲であるか（適用違憲）、また同協定第18条第5項の差止訴訟への類推適用を認めるとしても、国民の重大な基本的人権の制約をもたらす米軍の活動については免除を認めない

---

[37] 志田・前掲（3）37頁。
[38] 広瀬・前掲（3）［国際法外交雑誌］50頁、同・前掲（3）［明治学院論叢法学研究］59頁。
[39] 大阪空港訴訟に関する大阪高裁昭和50年11月27日判決・判時797号36頁、横田基地訴訟に関する東京高裁昭和62年7月15日判決・判時1245号3頁等参照。もっとも、後者の判決では、憲法第13条、第25条の規定は「国の施策の基本方針を定めた所謂綱領規定と解すべきであって、これらの規定から直接に具体的な私法上の権利が生ずるものと解することはできない」と述べられている。
[40] 廣部・前掲（35）284頁。

と解すべきであろう（合憲限定解釈）。仮にこのどちらにも解決の途を見いだせないとすれば、端的に同協定第18条第5項自体を違憲と判断する他はないであろう（法令違憲）。

　以上、本節で述べてきた論理は、「基地公害の差し止めは、結論的にいってわが国の領域内で発生する不法行為に関することであり、かつ、国家主権のあり方に対する審判や批判を含まない純粋に民事的な性格のものであるから、主権免除を否定すべきである」とする見解[41]とは、結論においては差異はないものと考える。主権免除の領域にも、基本的人権の尊重や立憲主義の徹底の視点が反映されることが望まれる。

---

[41] 榎本信行・加藤健次「基地騒音公害と外国政府の責任――横田基地騒音訴訟を中心に」淡路剛久・寺西俊一編『公害環境法理論の新たな展開』（日本評論社、1997）251頁。

第3章　米軍基地と爆音訴訟の諸論点

第2節　米軍司令官に対する民事裁判権——普天間爆音訴訟の論点

序——問題の所在

　本節は、普天間基地爆音訴訟（「平成 16 年（ネ）第 162 号　普天間米軍基地爆音損害賠償請求控訴事件」）における重要論点、すなわち、米軍基地司令官個人の民事責任を日本国裁判所が問うことができるかどうか、について検討するものである。そこで、本節においては以下の点を指摘する。第1に、後に触れる原判決は、被告に対する日本国の民事裁判権が及ぶと判断しているが、これは妥当であると解される。第2に、原判決は、被告個人に対する個人責任を否定しているが、これは妥当ではないと解される。第3に、原判決は、被告個人に対する損害賠償責任を認めるかどうかにつき検討を行っていないが、これは妥当ではないと解される。

　そこで、以下、本件訴訟の経緯（1）、日米地位協定第 18 条第 5 項と米軍司令官の被告適格（2）、民事特別法第 1 条と米軍司令官の賠償責任（3）の順に検討を行う。

1　本件訴訟の経緯

（1）原告の請求

（i）原告等は、普天間飛行場を使用するアメリカ合衆国軍隊（以下、「米軍」とする。）が騒音等を発生させたことを理由として、以下の主張を行った。

　第1に、被告国に対し、①アメリカ合衆国に、一定時間帯において一切の航空機を離着陸させないこと、また、一定程度以上の騒音等を発生させないこと、②普天間飛行場から発生する騒音を特定の方法により測定・記録することを求めた。

　第2に、被告国、及び、米軍普天間飛行場基地司令官である被告 Y に対し、①過去の損害に対する賠償の支払い、②口頭弁論終結後 1 年間継続する損害に対する賠償の支払いを求めた。

(ⅱ) その後、被告国に対する請求と被告Yに対する請求とが分離して審理され、後者につき後述するような原判決が下された。その際に争点とされたのは以下の点である。

第1に、「日本国とアメリカ合衆国との間の相互協力及び安全保障条約第6条に基づく施設及び区域並びに日本国における合衆国軍隊の地位に関する協定」（以下、「日米地位協定」とする。）第18条第5項を根拠として、被告Yに対する日本国の民事裁判権は及ばないこととなるのか。

第2に、「日本国とアメリカ合衆国との間の相互協力及び安全保障条約第6条に基づく施設及び区域並びに日本国における合衆国軍隊の地位に関する協定の実施に伴う民事特別法」（以下、「民事特別法」とする。）第1条を根拠として、被告Yに対する損害賠償請求はできないこととなるのか。

(2) 原判決

原判決は、被告Yに対する不法行為（民法第709条、第710条）に基づく損害賠償請求につき、以下の理由により請求棄却とした[42]。

(ⅰ) 日本国内に駐留する合衆国軍隊の構成員である被告がその職務を行うについて日本国内で違法に他人に損害を加えた場合については、民事特別法第1条が、「安保条約に基づき日本国内にある合衆国軍隊の構成員がその職務を行うについて日本国内で違法に他人に損害を加えたときは、日本国の公務員又は被用者がその職務を行うについて違法に他人に損害を加えた場合の例により、日本国がその損害を賠償する責に任ずる旨を規定しており、同条にいう日本国の公務員又は被用者がその職務を行うについて違法に他人に損害を加えた場合の賠償責任については、国家賠償法1条1項が、公権力の行使に当たる日本国の公務員が、その職務を行うについて、故意又は過失によって違法に他人に損害を与えた場合には、国がその賠償の責に任ずる旨規定している。そして、国家賠償法1条1項により、国が損害賠償の責に任ずるときは、公務員個人はその責を負わないものと解すべきであるから（最高裁判所第2小法廷昭和53年10月20日判決・民集32巻7号1367頁）、民事

---

[42] 那覇地裁沖縄支部平成16年9月16日判決・LEX/DB文献番号28100936。

特別法1条において国家賠償法1条1項を適用する上においても、日本国のみが損害賠償を負うのであつて、合衆国軍隊の構成員個人である被告は、故意又は重過失がある場合も含めて、被害者に対し直接損害賠償の責を負わないものと解するのが相当である」。

(ⅱ)「なお、被告に対する民事裁判権については、安保条約6条が、わが国における合衆国軍隊の地位は地位協定により規律される旨規定し、地位協定18条5項本文は、合衆国軍隊の構成員の作為もしくは不作為によって日本国政府以外の第三者に損害を与えたものから生ずる請求権については、日本国が次の規定(同項(a)から(g)まで)によって処理する旨を規定するが、他方地位協定18条5項(f)は、合衆国軍隊の構成員は、その公務の執行から生ずる事項については、日本国においてその者に対して与えられた判決の執行に服さない旨を規定し、さらに同条9項(a)は、合衆国は日本国の裁判所の民事裁判権に関しては、同条5項(f)に定める範囲を除くほか、合衆国軍隊の構成員に対する日本国の裁判所からの裁判権の免除を請求してはならない旨規定しており、これらの規定からすると、加害者である合衆国軍隊の構成員は、執行からの免除が与えられているにすぎず、同規定は民事裁判権に服さないことまで規定したものではないと解するのが相当であり、他に、合衆国軍隊の構成員に対する民事裁判権を免除するとの条約等国際法上の特別の定めはないから、本件請求に関し、被告に対して民事裁判権が及ぶと解するのが相当である」。

(3) 控訴理由

原告等(以下、「控訴人等」とする。)は、原判決に不服ありとし、以下の理由により控訴している。

第1に、米軍及び被告Y(以下、「被控訴人」とすることがある。)が違法に訴状送達を拒否し、裁判所が被控訴人の反論を求めることもなく控訴人の請求を棄却したことからすれば、原判決には、控訴人等の裁判を受ける権利を奪う違法がある。

第2に、原判決には、日米地位協定と民事特別法との関係につき正確な理解が欠けているという問題、米軍構成員と日本国の公務員との本質的な差異

についての洞察が欠けているという問題、国家賠償法の解釈として公務員の個人責任の免除を無限定に認めているという問題がある。

以下では、第2の問題に焦点を絞り、かつ、日米地位協定第18条第5項及び民事特別法第1条の解釈について整理したい。

2 日米地位協定第18条第5項と米軍司令官の被告適格

(1) 肯定説

原判決は、被告Yに対する民事裁判権が及ぶと判断しているが、これは妥当であると解される。

第1に、日米地位協定第18条第5項本文は、「公務執行中の合衆国軍隊の構成員若しくは被用者の作為若しくは不作為又は合衆国軍隊が法律上責任を有するその他の作為、不作為若しくは事故で、日本国において日本国政府以外の第三者に損害を与えたものから生ずる請求権……は、日本国が次の規定に従って処理する」と規定し、同項 (a) は、「請求は、日本国の自衛隊の行動から生ずる請求権に関する日本国の法令に従って、提起し、審査し、かつ、解決し、又は裁判する」と規定する。公務執行中の米軍構成員の加害行為に対する請求については、日本国の裁判所が裁判を通じて解決することが予定されている。

第2に、日米地位協定第18条第5項 (f) は、「合衆国軍隊の構成員又は被用者……は、その公務の執行から生ずる事項については、日本国においてその者に対して与えられた判決の執行手続に服さない」と規定する。これは、合衆国軍隊の構成員は、判決の執行から免除される旨を規定するにすぎず、加えて民事裁判権の免除までも含む趣旨ではない[43]。

第3に、日米地位協定第18条第9項 (a) は、「合衆国は日本国の裁判所の民事裁判権に関しては、5 (f) に定める範囲を除くほか、合衆国軍隊の構成員又は被用者に対する日本国の裁判所の裁判権からの免除を請求してはな

---

[43] 宮崎繁樹「米軍機墜落事故訴訟判決について」『法律時報』59巻9号 (1987) 65頁、河西直也「米軍ファントム機墜落事故と損害賠償請求」『ジュリスト』905号 (1988) 128頁参照。

らない」と規定する。これは、加害行為が公務執行中のものであるか公務外のものであるかの別、また、加害行為が軍隊という国家機関としてのものであるか構成員個人としてのものであるかの別を前提として、公務執行中のものであっても構成員個人による行為である場合には、裁判権免除の対象とならないとする趣旨である。

以上から、加害者である被告Yは、判決の執行からの免除を与えられているが、それを越えて裁判権免除までを付与されているわけではない。

(2) 他の判決

同旨の判断は、他の訴訟の判決においても為されている。

(ⅰ) ファントム機墜落事故判決

ファントム機墜落事故により被害を被った原告等が、同機を操縦していた被告等を相手に損害賠償を請求した訴訟である。横浜地方裁判所は、以下の理由により、被告等に対し、損害賠償請求訴訟での被告適格を認めた[44]。

①「日本国の司法権は国際法上、治外法権を有する外国の元首、使節など及び条約により特別の定めがある場合を除き、原則的には日本国内の外国人にも及ぶ」。

②「ところで安保条約第6条は、日本国における合衆国軍隊の地位は地位協定により規律される旨を規定し、地位協定第18条第5項本文は、本件事故のような公務執行中の合衆国軍隊の構成員の作為もしくは不作為で日本国政府以外の第三者に損害を与えたものから生ずる請求権については日本国が次の規定((a)から(g)まで)に従つて処理する旨を規定するが、同項(f)は合衆国軍隊の構成員はその公務の執行から生ずる事項については日本国においてその者に対して与えられた判決の執行に服さない旨を規定し、同条第9項(a)は合衆国は日本国の裁判所の民事裁判権に関しては、第5項(f)に定める範囲を除くほか、合衆国軍隊の構成員に対する日本国の裁判所の裁判権からの免除を請求してはならない旨を規定するから、右地位協定は本件事故のような場合につき、加害者たる合衆国軍人の日本国民事司法権からの

---

[44] 横浜地裁昭和62年3月4日判決・判時1225号45頁。

完全免除までは規定しておらず、単に執行からの免除を規定しているに止まると解すべきであり、他に右被告らの主張を裏付ける条約などの国際法規は存しない」。

(ⅱ) 軍雇用労働者解雇事件判決

在日米軍基地で従業員として勤務していた原告は、米軍軍属である被告等による私的制裁として、低い等級への変更処分及び解雇処分を受けた。原告は、被告等に対し不法行為に基づく損害賠償請求を行った。東京地裁は、以下の理由により、被告等に対し、損害賠償請求訴訟での被告適格を認めた[45]。

①「日本国の民事裁判権は、原則として日本国に在住する外国人についても及ぶが、外国の元首、外交使節、その随員等国際法上治外法権を有する者には及ばない。また、軍隊は、他国の領域内にある場合には、関係国間の協定がなされない限りは、所在国の裁判権に服さず、本国の裁判権に服することが国際法上の原則として承認されていると解される。ところで、日本国に駐留する米軍構成員等の行為に関する裁判権については、日米両国間において地位協定が締結されているので、地位協定の定めにより決せられることになる」。

②日米地位協定第18条第5項 (f)、同条第9項 (a) からすると、「米軍構成員または被用者の公務執行から生ずる事項については全面的に日本国の民事裁判権が排除されているとはいえず、判決の執行手続に服さない限度においてのみ民事裁判権が排除されているものと解するのが相当である」。「したがって、本件について民事裁判権に服しないとの被告らの主張は失当である。」

③「本件の訴訟物は、被告らの不法行為を理由とする原告の被告らに対する損害賠償請求権であり、原告は、被告らが右損害賠償義務を負担する者であると主張している。給付訴訟においては、原告から給付義務を有していると主張される者に被告としての当事者適格があるのであり、本件において、

---

[45] 東京地裁平成2年9月25日判決・判タ759号254頁。

原告から損害賠償義務を有する者であると主張されている被告らには当事者適格を肯定できる。被告らは、本件の場合、民特法により日本国が損害賠償義務を負うことにより、被告らに対する請求が認められないことを理由として、被告らには当事者適格がないと主張するが、当事者適格の存否は請求が理由があるかどうかという請求の当否とは別の問題であるから、被告らは右主張は失当である」。

3 民事特別法第1条と米軍司令官の賠償責任

(1) 否定説

(ⅰ) 原判決は、①民事特別法第1条では、米軍の構成員が日本国内で違法に他人に損害を加えたときは、日本国の公務員又は被用者の例により、日本国が賠償責任を負うこととされていること、②国家賠償法第1条第1項により国が損害賠償の責に任ずるときは、公務員個人はその責を負わないものと解すべきであることを根拠に、被告Ｙに対する損害賠償責任を否定している。

(ⅱ) また、別の事件でも、加害者たる米軍の構成員の個人的な損害賠償責任を否定する判決がみられる。

Ａ　ファントム機墜落事故判決　　前記ファントム機墜落事故訴訟横浜地裁判決では、次のように判示された。

「民事特別法第1条は、被告ミラー、同ダービンのような安保条約に基づき日本国内にある合衆国軍隊の構成員がその職務を行うについて日本国内で違法に他人に損害を加えたときは、国の公務員がその職務を行うについて違法に他人に損害を加えた場合の例により、国がその損害を賠償する責に任ずる旨を規定し、国の公務員がその職務を行うについて違法に他人に損害を加えた場合については国家賠償法第1条第1項が規定する」。「ところで国が同法により損害賠償の責に任ずるときは、損害賠償法は損害の完全な填補賠償を目的とするものであり、国の賠償能力は十分であることなどに照らすと、加害公務員個人は故意、重過失ある場合でも被害者に対し賠償責任を負うものではないと解すべきであるから（同旨・最高裁判所第2小法廷昭和53年

10月20日判決・民集32巻7号1367頁)、国の公務員がその職務を行うについて違法に他人に損害を加えた場合の例により、とされる民事特別法第1条の適用上も、被害者に対し損害賠償の責に任ずるのは日本国だけであって、加害合衆国軍人個人は被害者に対し賠償責任を負わないと解するのが相当である」。

B　軍雇用労働者解雇事件判決　前記軍雇用労働者解雇事件判決においても、同様の判決が下されている。

①「公権力の行使に当たる国の公務員が、その職務を行うについて、故意又は過失によって違法に他人に損害を与えた場合には、国がその被害者に対して賠償の責に任ずるのであって、公務員個人はその責を負わないものと解すべきであるから(最高裁判所昭和30年4月19日第3小法廷判決・民集9巻5号534頁、最高裁判所昭和53年10月20日第2小法廷判決・民集32巻7号1367頁参照)、国の公務員又は被用者がその職務を行うについて違法に他人に損害を加えた場合の例により国がその損害を賠償する責に任ずると規定されている民特法1条の場合も同様に日本国がその被害者に対して賠償の責に任ずるのであって、米軍構成員又は被用者個人はその責を負わないものと解するのが相当である」。

②「原告の本件請求は、民特法1条に規定する米軍被用者のその職務を行うについて日本国内において違法に他人に損害を加えた場合の損害賠償請求に当たるといわなければならない。そうすると、仮に被告らの行為が違法であり、これによって原告が損害を被ったとしても、その損害賠償責任を負うのは日本国であり、米軍被用者である被告ら個人に対する損害賠償請求は理由がない」。

(2)　国家賠償法の解釈

原判決及び前記他の判決において、米軍の構成員個人の責任を否定する根拠として、日本国の公務員に関する最高裁判所の判決[46]が先例としてあげられている。また、原判決は、最高裁判所による判決を公務員個人の責任の否

---

[46]　最高裁昭和53年10月20日判決・民集32巻7号1367頁。

定に例外の余地を認めないものと理解しているように読める。そこで、最高裁判所の判決は、公務員個人の責任を例外なく否定する趣旨かどうか、また、仮にそうであるとしても、その立場には問題がないのかについて、以下検討することとする。

　(ⅰ) 判例の趣旨

　まず、最高裁判所の判決が公務員個人の責任を例外なく否定する趣旨かどうかが問題となる。これは、国家賠償法第1条第1項が、公権力を行使する公務員の職務に関する損害について「国又は公共団体」が賠償責任を負い、同条第2項が故意・重過失の公務員に対しては組織内部での「求償」があり得ると規定するところ、公務員個人が民法第709条に基づき賠償責任を負うかどうかは文理上明らかでないため、解釈上の争点とされてきたものである。

　A　賠償責任の本質論との関連　公務員個人の責任の理論的前提として、国家賠償責任の本質をどのように理解すべきかという問題がある。これについては、①違法行為の責任は本来的には加害公務員個人が負うべきではあるが、被害者救済の実を図るために国が公務員に代位して負うと解する立場（代位責任説）[47]、②国家活動には違法な加害行為を伴う危険が内在しており、こうした危険から発生する損害については、国は自ら責任を負うと解する立場（自己責任説）とが主張されてきた[48]。

　一般に、代位責任説を採る論者は公務員個人の責任を否定する傾向があり[49]、他方、自己責任説を採る論者はそれを肯定する傾向がある[50]と指摘される。もっとも、代位責任説を前提としても、国家賠償法第1条第1項ひい

---

[47] 田中二郎『新版行政法・上巻［全訂第2版］』（弘文堂、1974）206頁。

[48] 兼子仁『行政法学』（岩波書店、1997）203頁、有倉遼吉・小林孝輔編『別冊法セミ・基本法コンメンタール憲法［第3版］』(1986) 77頁［西埜章執筆］、小林孝輔・芹沢斉編『別冊法セミ・基本法コンメンタール憲法［第4版］』(1997) 99頁以下［莵原明執筆］等参照。

[49] 田中・前掲(47) 208頁、佐藤功『ポケット註釈全書・憲法(上)［新版］』（有斐閣、1983）283頁。

[50] 樋口陽一他『注釈日本国憲法・上巻』（青林書院、1984）366頁以下［浦部法穂執筆］。

ては憲法第17条は、明治憲法下の国家無答責の原則を否定する趣旨であって、公務員個人の責任まで否定したものではないと解する余地がある。また、自己責任説を前提としつつ公務員個人の責任を否定する立場も主張されている[51]。結局、公務員個人の責任の問題は、それを認める実質的理由が存するかどうかにあると解すべきであり、「賠償責任の本質論と公務員のかかる責任の認否には理論的には直接的関連性はないと言える」[52]であろう。

B 判例の立場　判例の立場は、一般に「代位責任説の立場から、個々の公務員は、直接被害者に対して責任を負うことはない」[53]とするものと受け止められてきた。また、植村栄治は、公務員個人の責任を否定した最高裁判所の判決（①最高裁昭和30年4月19日判決・民集9巻5号534頁、②最高裁昭和40年3月5日判決・集民78号19頁、③最高裁昭和40年9月28日判決・集民80号553頁、④最高裁昭和46年9月3日判決・判時645号72頁、⑤最高裁昭和47年3月21日判決・判時666号50頁、⑥昭和52年10月25日判決・判タ355号261頁、⑦前掲最高裁昭和53年10月20日判決）の分析を行い、第1に、「⑤の判決があえて公務員個人の責任の否定に例外を認める余地を示さなかったことには重大な意味が認められると言わなければならない」こと、すなわち、例外の余地を示唆した「④の判決に真向から対立するものであったと位置づけるのが適当」であること、第2に、⑥判決も⑦判決も、「いずれも何ら限定を付することなく公務員個人の責任を否定し、⑤の判決を支持した」こと、第3に、⑦判決が「①のほかに⑤を初めて前例として引用したことは、公務員個人の責任の否定に例外を認めまいとする最高裁判所の固い意思の現れと見てよいであろう」ことを指摘している[54]。

しかし、こうした理解は妥当なものとは思われない。まず、第1の点については、判決による先例の引用の仕方に特別な意味を認めがたいとする反論

---

[51] 兼子・前掲（48）201頁以下。
[52] 小林・芹沢編・前掲（48）100頁［莵原執筆］。
[53] 樋口他・前掲（50）368頁以下［浦部執筆］。
[54] 植村栄治「公務員個人の責任」『ジュリスト』993号（1992）159頁以下。

が可能である。例えば、「公務員個人の責任の否定に例外を認める余地を示さなかった」としてその意義が強調されている⑤判決では、①判決含めて一切先例が引用されてない。また、⑦判決とともに、「何ら限定を付することなく公務員個人の責任を否定し、⑤の判決を支持した」とされる⑥判決は、実際には①判決を引用するのみで、⑤判決を引用してはいない。引用判決からして、⑥判決と⑦判決から裁判所の一貫した態度を伺うことはできない。

　第2の点については、⑤⑥⑦判決がそれぞれ公務員個人の責任を否定した理由を問わなければならない。また、第3の点についても同様であり、ここでは①判決の趣旨が問われなければならない。そこで以下、①、⑤、⑥、⑦判決が、いかなる理由から公務員個人の責任を否定したのか、そこに例外として公務員個人の責任を認める余地が全く存しないのかどうかについて、検討を加えることとする[55]。

　C　判例の理解　　まず、①判決は、被告知事が町農地委員会に対する解散命令を発したところ、これを不服とする同委員会委員長等が、被告知事等に対し、解散命令の無効確認と慰謝料の支払いを求めて訴えたものである。最高裁判所は、「上告人等の損害賠償等を請求する訴について考えてみるに、右請求は、被上告人等の職務行為を理由とする国家賠償の請求と解すべきであるから、国または公共団体が賠償の責に任ずるのであつて、公務員が行政機関としての地位において賠償の責任を負うものではなく、また公務員個人もその責任を負うものではない。従つて県知事を相手方とする訴は不適

---

[55] 判例についての理解、また、否定説の検討については、真柄久雄「公務員の個人的責任」塩野宏編『行政判例百選Ⅱ［第2版］』(1987) 312頁以下［以下、真柄・前掲①として引用］、同「公務員の個人的責任」塩野宏・小早川光郎編『行政判例百選Ⅱ［第3版］』(1993) 298頁以下［以下、真柄・前掲②として引用］、同「公務員の個人的責任」塩野宏・小早川光郎・宇賀克也編『行政判例百選Ⅱ［第4版］』(1999) 318頁以下［以下、真柄・前掲③として引用］、同「公務員の不法行為責任」雄川一郎他編『現代行政法体系第6巻』(有斐閣、1983) 177頁以下［以下、真柄・前掲④として引用］、俵正市「体罰的懲戒に基づく生徒の自殺事件」小林直樹・兼子仁編『教育判例百選［第2版］』(1979) 126頁以下、篠田省二「国家賠償法1条と公務員個人の責任――芦別国賠請求事件上告審判決」西村宏一他編『国家補償法大系3』(日本評論社、1988) 295頁以下等参照。

法であり、また県知事個人、農地部長個人を相手方とする請求は理由がないことに帰する。のみならず、原審の認定するような事情の下においてとつた被上告人等の行為が、上告人等の名誉を毀損したと認めることはできないから、結局原判決は正当であつて、所論は採用することはできない」と判断した。

　公務員個人の責任を否定した判決の中で先例として引用されることが多いものであるが、しかし、本件は、農地委員会の解散処分に対する損害賠償請求につき、熊本県に対して請求をすることなく被告個人を訴えたものである。判決は、まずは公共団体を被告として訴訟を提起すべき旨を述べた趣旨とも解され、公務員個人の責任について判断をする必要性を感じなかったものと捉えることが可能である。また、被告による右処分には違法性もなかったと判断されており、公務員個人の責任を問う余地が存しなかったことも影響を与えていたと解される。その意味で、本判決が、公務員個人の責任を例外なく否定した趣旨かどうかは明らかではない。

　次に、⑤判決については、その事案は明らかではない。但し、原告が④判決と同一人物であり、また、第1審判決・第2審判決の時期や場所が④判決と近接していること等から、④判決の事件と同一の事案に基づくものではないかといえる[56]。最高裁判所は、「公権力の行使に当たる国の公務員が、その職務を行なうについて、故意または過失によって違法に他人に損害を与えた場合には、国がその被害者に対して賠償の責に任ずるのであって、公務員個人はその責任を負わないと解するのが相当である。したがって、右と同旨の見解に立って上告人の本訴請求を排斥した原審の判断は相当であって、原判決には、国家賠償法1条の解釈について所論の違法があるとはいえない。また、上告人は、もしその主張事実が真実と認められるならば、前記のように国に対して損害を求めうるのであるから、同法1条の規定によってなんらの不利益を被るものでもない。したがって、上告人は、同条の違憲を主張する利益を有しないものというべきであって、これが憲法14条に違反するとす

---

[56]　植村・前掲（54）161頁。

る論旨は採用することができない」と述べた。

　表面上は、公務員の個人責任を否定しているかのように読める。しかし、④判決と同一事案であるとすれば、「本件のような事実関係のもとにおいては、公務員個人は被害者に対して直接その責任を負うものではないと解するのが相当である」と述べ、例外を認める余地を残した④判決を確認する趣旨のものと見ることができるであろう。したがって、⑤判決は、④判決の趣旨と変わるものではない旨を述べたにとどまるものと解すべきであり、その文脈を越えて一般的に例外の余地を一切否定した判決と捉えるべきではない。

　続いて、⑥判決は、担任教師から体罰を受けたことを恨みに思って自殺した学生の両親が県のほか校長と担任教師を被告として損害賠償を請求した事案である。最高裁判所は、「公権力の行使に当たる国又は公共団体の公務員が、その職務を行うについて、故意又は過失によつて違法に他人に損害を与えた場合には、国又は公共団体がその被害者に対して賠償の責に任ずるのであつて、公務員個人はその責任を負わないと解するのが、相当である（最高裁昭和28年（オ）第625号同30年4月19日第3小法廷判決・民集9巻5号534頁）」と判断した。

　詳細な事案や原判決は明らかではないが、⑥判決からは、学生の自殺についての責任を公務員個人に対して追及しているようにも読める。とすれば、担任教師の懲戒行為の違法性を認めつつ、学生の自殺との間には相当因果関係がないと判断したことで、損害賠償責任を追及することは、少なくとも本件の場合にはできないとの趣旨の判決とも捉えることができるであろう。

　最後に、⑦判決である。これは、刑事事件において無罪判決を受けた原告等が、国及び当時の検察官、警察官に対し損害賠償を請求した事案である。最高裁判所は、「公権力の行使に当たる国の公務員が、その職務を行うについて、故意又は過失によつて違法に他人に損害を与えた場合には、国がその被害者に対して賠償の責に任ずるのであつて、公務員個人はその責を負わないものと解すべきことは、当裁判所の判例とするところである（最高裁判所昭和28年（オ）第625号同30年4月19日第3小法廷判決・民集9巻5号534頁、最高裁判所昭和46年（オ）第665号同47年3月21日第3小法廷

判決・裁判集民事 105 号 309 頁等)。したがつて、右と同旨の見解に立つて上告人らの被上告人……に対する本訴請求を排斥した原審の判断は相当であつて、原判決には、国家賠償法1条の解釈について所論の違法はない」と述べている。

本判決も、表面上は公務員個人の責任を例外なく否定する趣旨のものとも読める。しかし、公訴を提起・追行した検察官の判断が合理的であるとした原審の判断、検察官が本件発破器を提出しなかったことをもって隠匿行為とは認められないとした原審の判断、検察官が故意に虚偽の論告をなしたとみることはできないとした原審の判断などを正当として是認できると述べ、検察官ないし警察官の行為や判断の違法性等を否定している。その流れの中で公務員個人の責任を否定するという趣旨を位置づけるならば、⑦判決は、加害公務員の行為につき不法行為が成立する余地がなかったため、公務員個人の責任を問う余地が存しなかったものと位置づけることができる。

以上述べてきたように、判例が公務員個人の責任を否定してきたのは、①公務員個人の責任を問う必要性などの合理的理由が存しなかったか、あるいは、②加害公務員につき故意・過失や違法性、加害行為と結果との間の因果関係などが存しないなど公務員個人の責任を問う余地が存しなかったためと解される。それを越えて、公務員個人の責任を認めうる場合を一般的に定式化することは、具体的事件の解決を任務とする裁判所の扱うところではない。したがって、判例の意図は、一般的な受け止め方とは異なり、公務員個人の責任を必ずしも否定するものではないと解すべきである[57]。

D 下級裁判所による判例の理解　　そうした理解は、下級審判決にも現れている。⑦判決以後も公務員個人の責任を認める判決がいくつか見られることからすれば、下級裁判所の捉え方も同旨であると解される。以下、検討したい。

まず、警察官偽証工作損害賠償請求事件を取り上げる。事案は、公務執行妨害罪等の刑事裁判において、捜査官による目撃証人ねつ造の疑いがあると

---

[57] 真柄・前掲① 313 頁、真柄・前掲② 299 頁、真柄・前掲③ 319 頁、真柄・前掲④ 194 頁、植村・前掲 (54) 164 頁注 (23) 等同旨。

して無罪となった本件原告が、東京都と警察官個人等を被告として提訴したものである。東京高等裁判所は、次のように述べて、公務員個人の責任を肯定した。第1に、被告警察官が「捜査機関の取調べに対し虚偽の供述をし、かつ刑事裁判において偽証したことは、同人の警察官としての職務を行うについてした行為に該当しないので、右所為については第1審被告東京都に国家賠償法1条1項の責任はないものというべきである」。第2に、「公権力の行使に当たる国又は公共団体の公務員が、その職務を行うについて、故意又は過失によって違法に他人に損害を与えた場合には、当該公務員の所属する国又は公共団体がその被害者に対して賠償の責めに任ずるのであって、公務員個人は民法709条による損害賠償責任を負うものではない。……警察官としての職務を行うについてされた……右行為については同第1審被告に民法709条の責任はない」。「しかし、第1審被告東京都に国家賠償法1条1項の責任がないと判断された」被告警察官の行為については、「同第1審被告に民法709条の損害賠償責任があることは明らかである」[58]。

次に、共産党幹部宅盗聴事件を取り上げる。事案は、原告である日本共産党幹部の自宅において、神奈川県警所属の警察官等が組織的に盗聴行為を行っていたことを理由に、神奈川県及び警察官個人等に対し損害賠償請求をしたというものである。東京地方裁判所は、次のように述べて被告警察官個人の責任を認めた。第1に、「本件盗聴行為は、電気通信事業法104条所定

---

[58] 東京高裁昭和61年8月6日判決・判時1200号42頁。他方、東京地方裁判所は原判決において次のように述べ、公務員個人の責任を否定していた。被告警察官については、「公務員がその職務を行うに当って不法行為を行ったのであるから、被告東京都だけが国家賠償法による責任を負うものであって被告……個人が責任を負うものではないと解すべきであり、原告の同被告に対する請求は失当として棄却すべきである……。もっともこのように解することに対しては、いわば本件の最大の責任者ともいえる被告……が責任を負わないのは不当であるという反論が予想される。しかしながら、国家賠償法を含め、民事法の規定する損害賠償制度は、本来損害を受けた者の財産的な救済を目的とするものであって、加害者に対する制裁を目的とするものではないから国家賠償法により十分な救済が期待できる以上、損害賠償請求の目的は達せられたものというべきであり、結局原告の被告……に対する請求は棄却する外はない」。東京地裁昭和58年4月22日判決・判時1077号89頁。

の通信の秘密を侵す違法な行為に該当するものと見ることができるから、法を遵守すべき立場にある現職の警察官が犯罪にも該当すべき違法行為を行ったという点だけを見ても、本件盗聴行為の違法性は極めて重大である」。「更に、本件は、行為者である被告甲野らにおいて、自らの行為が違法であることを当初より十分認識しつつ、なおかつ、敢えて公務として盗聴行為に及んだものと認められる事案であり、このことは、職務に熱心なあまり、違法な職務行為を適法と誤信して、結果として違法な職務執行がなされてしまったような場合との比較において、際立った特殊性を有するものである」。第2に、「思うに、公務は、私的業務とは際立った特殊性を有するものであり、その特殊性ゆえに、民事不法行為法の適用が原則として否定されるべきものであると解されるが、右の理は、本件のごとく、公務としての特段の保護を何ら必要としないほど明白に違法な公務で、かつ、行為時に行為者自身がその違法性を認識していたような事案については該当しないものと解するのが相当である」[59]。

以上の諸判決をどのように理解すべきかが問題である。まず、警察官偽証工作損害賠償請求事件では、東京高等裁判所の判決が、「職務を行うについて」した行為と個人的行為とを分けることによって問題の解決を図ろうとした。これは、同裁判所において、最高裁判所の判例が公務員個人の責任を例外なく否定する趣旨のものと受け止められていたことによるものと理解しう

---

[59] 東京地裁平成6年9月6日判決・判タ855号125頁。ところが、本件控訴審において、東京高等裁判所は次のように述べ、公務員個人の責任を否定するに至った。「公権力の行使に当たる国又は公共団体の公務員が、その職務を行うについて、故意又は過失によって違法に他人に損害を加えた場合には、その公務員が属する国又は公共団体がその被害者に対して賠償の責に任ずるのであって、公務員個人はその責を負わないものと解すべきである（最高裁昭和30年4月19日第3小法廷判決・民集9巻5号534頁、最高裁昭和47年3月21日第3小法廷判決・裁判集105号309頁、最高裁昭和53年10月20日第2小法廷判決・民集32巻7号1367頁等参照。）」。東京高裁平成9年6月26日判決・判時1617号35頁。これは、東京地方裁判所と東京高等裁判所との間で、最高裁判所の先例に関する理解が異なっていること、すなわち、最高裁判所の先例自体が、公務員個人の責任を例外の余地なく否定した趣旨かどうかについて不明確さを残していることの反映である。

る。しかし、一連の公務員の行為を「職務を行うについて」した行為と個人的行為とに区別して個人責任を認めようとする態度は、極めて技巧的というべきであり、また、行為の客観的・外形的側面によって職務に該当するかどうかを判断しようとする先例とは相容れない[60]。むしろ、より直截に、例外として公務員個人の責任を認める判断が適切であったと評される。にも関わらず、あえて前記のごとき判断を行ったのは、公務員個人の責任を肯定する必要性を認めた趣旨と捉えるべきであろう。そのための論理的操作が、「職務を行うについて」した行為と個人的行為との区別であったと解される[61]。

その点、明確に公務員個人の責任を肯定したのが、共産党幹部宅盗聴事件での東京地方裁判所の判決であった。このように、下級審判決においても、公務員個人の責任を認める余地を残す判断を示している。以上の諸判決は、公務員個人の責任を認める必要性を肯定したものとして評価すべきであろう。

(ⅱ) 否定説の妥当性

仮に、最高裁判所の判決自体は、公務員個人の責任を例外なく否定する趣旨であると解されるとしても、それが妥当かどうかが問題となる。すなわち、公務員個人の責任を否定する実質的理由の存否である。

A　賠償責任を否定する理由　　否定説があげる根拠は以下のものである。第1に、国家賠償法は、国が賠償責任を負うことで被害者の救済を図り、さらに公務員個人の直接責任を認めることは、被害者にとって復讐心を満足させる以外に実益のないという点である。前記ファントム機墜落事故訴訟横浜地裁判決も、「国の賠償能力は十分であることなど」を指摘し、公務員個人の責任を否定しているし、また、「国にその責任を負わせることが被害者の救済を図るうえからいって遙かに有効であるという政策的理由」を指

---

[60] 最高裁昭和31年11月30日判決・民集10巻11号1502頁。西埜章「刑事事件における検挙警察官とその友人が偽証工作をしたとして、東京都及び友人のほか、警察官個人に対する損害賠償請求が認容された事例」判評336号［判時1215号］(1987) 161頁参照。

[61] 阿部泰隆『国家補償法』(有斐閣、1988) 73頁同旨。

摘する見解もある[62]。第 2 に、公務員の直接責任を認めると、公務員の職務執行を萎縮させるおそれがあるという点である。第 3 に、国家賠償法第 1 条が「国又は公共団体が、これを賠償する責に任ずる」と規定している点である。第 4 に、国家賠償法第 1 条第 2 項の求償権に関する規定が存すること、しかも、公務員が賠償の責に任じなかった場合や国が賠償の責に任じた場合などの条件をつけていないことである。第 5 に、国家賠償法の附則において、従来個人責任を規定していた公証人法第 6 条、旧戸籍法第 4 条等が削除されていることである。

以上の否定説の根拠については、それぞれ批判をすることが可能である。まず、第 1 の点については、それならば、公務員個人の責任を問う「実益」が認められるならば、例外を認めるべきではないかと指摘することができる。第 2 の点については、公務員の職務執行を多少なりとも萎縮させてもなお考慮すべき「価値」が存する場合には、国家賠償法の解釈が変わりうるのではないかと指摘することができる。第 3 の点については、国家賠償法第 1 条が従来認められていなかった国の責任を新しく規定したにとどまり、必ずしも公務員個人の直接責任を否定したものと断定するのは早計であるとする点を指摘することができる。第 4 の点については、求償権は、そもそも国と公務員との内部関係の問題であって、被害者との対外関係を拘束するものではないとする批判が可能である。第 5 の点については、これは、一律に民法第 709 条によって処理をする趣旨とも読むことが可能である。ここで否定説を再検討する場合に重要なのは、第 1 の点について指摘した「実益」と第 2 の点について指摘した「価値」をどのように理解するかという視点である。これを問うのが国家賠償法の機能という問題である。

　B　判例・否定説の再検討　　国家賠償法の機能には、いくつかの側面がある。宇賀克也は、国家責任の機能について考察する理由の 1 つに「解釈上の理由」が存するとし、「国家責任制度には複数の機能が考えられるが、そのいずれを重視するかによって異なった解釈が成立しうる」と述べる[63]。そ

---

[62]　田中・前掲（47）208 頁。
[63]　宇賀克也「国家責任の機能」高柳信一先生古稀記念論集『行政法学の現状分析』↗

の上で、国家責任の機能には、「被害者救済機能」だけでなく「制裁機能」や「違法行為抑止機能」などがあるとする。すなわち、国家責任制度の機能を被害者救済に純化し、制裁機能・違法行為抑止機能を行政争訟制度、刑事罰、懲戒処分等の他の制度に担わせようとする主張もあるが[64]、それぞれの制度にも限界があるのであり、「国家責任制度の制裁機能、違法行為抑止機能に期待せざるを得ない局面が生じる」のである。したがって、国家責任の制裁機能や違法行為抑止機能こそが、「法律による行政の原理の担保に資する積極的側面」を有するものであり、「限定された範囲でも公務員責任を残そうとすることは十分に理解しうる」と指摘されている[65]。

また、真柄久雄も同様に、「国家賠償制度を単なる経済的救済という趣旨のみに限定して理解すべきではなく、公務執行の適正を担保するという機能（行政に対する統制機能）においても理解すべきであり、故意・重過失の場合にも個人責任を認めないのは必要以上に公務員を保護し、かえって公務員の責任意識を薄弱にするおそれがある。とくに公務員の職権濫用に対しては、被害者からの公務員個人に対する直接の賠償請求は、その具体的な現れとして尊重されなければならない」[66]と指摘する。

このように、国家責任・国家賠償制度の理解について、「被害者救済機能」の側面だけでなく「制裁機能」・「違法行為抑止機能」ないし「行政統制機能」の側面をも重要な要素として考慮すべきとする立場に立つ場合には、公務員の個人責任を認めるかどうかという問題についても否定説とは異なる結論が妥当と解される。すなわち、これらの機能、総じて法治主義の担保という視点こそが、既に述べた公務員個人の責任を問う「実益」であり、かつ、公務員の職務執行を萎縮させても考慮すべき「価値」と考えられるのである。

こうした視点から、否定説を批判する立場は次のような見解を主張してい

↘ （勁草書房、1991）423頁。
[64] 公務員個人の責任を否定する判例の趣旨は、この点に存するものと思われる。
[65] 宇賀・前掲（63）448頁以下。
[66] 真柄・前掲① 313頁、真柄・前掲② 298頁、299頁、真柄・前掲③ 318頁、319頁。同旨、真柄・前掲④ 190頁。

る。①「公務員の行為が保護に値しない場合には公務員個人の責任を肯定するのが当然の帰結である」とする見解[67]、②「少なくとも『故意の職権濫用』の場合には、これを『職務外』の行為として公務員自身の直接責任を認め、それが同時に『職務を行うについて』加えた損害であるとして国の責任が認められるという場合には、両者の責任の競合を認めるべきであろう」とする見解[68]、③「公務員に違法行為について故意がある場合に限定して、その対外的個人責任を肯定」すべきとする見解[69]、④公務員に故意・重過失がある場合には、個人責任を肯定すべきとする見解[70]、⑤加害公務員に軽過失を含めて故意・過失がある場合には、個人責任を肯定すべきとする見解[71]等である。

　この点については、一般的には次のように考えるべきであろう。すなわち、第1に、公権力の行使を担う組織内部での処分や措置に委ねることが、当該公務員に対する制裁ないし別の事例や組織における違法行為の抑止に結びつくと期待しうるような場合には、公務員個人の責任を認める必要はない。しかし、損害賠償責任以外のそうした制度では、制裁機能や違法行為抑止機能が期待できない場合には、公務員個人の責任を認めることに合理的理由ないし「実益」が存するといいうる。第2に、公務員の職務執行を一般的に萎縮させることのない、極めて特殊なケースでは、例外を認めるべきである。例えば、公務員による加害行為が極めて悪質であり、違法性の程度が強い場合が該当するものと思われる[72]。

---

[67] 植村・前掲（54）163頁。

[68] 真柄・前掲①313頁、真柄・前掲②299頁、真柄・前掲③319頁、真柄・前掲④194頁。

[69] 阿部・前掲（61）70頁。

[70] 芝池義一「公権力の行使と国家賠償責任」杉村敏正編『行政救済法2』（有斐閣、1991）136頁。

[71] 下山瑛二『国家補償法』（筑摩書房、1973）256頁以下。

[72] 宇賀克也も、公務員個人責任の「メリットとデメリットを比較衡量した場合、公務員個人責任を否定することには、相当の根拠があると考える」としつつ、前記東京地裁平成6年9月6日判決のような事案においては、「公務員個人責任を認めることのメリットの方がデメリットよりも大きいとみることができ」、「かか↗

第3章 米軍基地と爆音訴訟の諸論点

（ⅲ）本件へのあてはめ

以上述べてきた点を整理する。第1に、最高裁判所の判例は否定説を採用してきたのではなく、例外を認めるべき条件等について判断を留保してきたと解される。第2に、例外として公務員個人の責任を認めるべきかどうかは、損害賠償責任以外の制度では、制裁機能や違法行為抑止機能が期待できない場合かどうか、また、公務員の職務執行を一般的に萎縮させることのない、極めて特殊なケースかどうかによって判断すべきと解される。

以上の判断を本件にあてはめると次のように考えられる。第1に、被告Yの個人責任を認めるかどうかについては、最高裁判所の判例を引用するだけで否定すべきではない。個人責任を認めるべき合理的理由の存否について実質的判断を行うべきである。

第2に、米軍機による航空機騒音問題という違法状態を解決するためには、被告Y個人の責任を認める他には手段がないのではないかと解する余地がある。①被告Yは、米軍の司令官であって日本の公務員ではないこと、また、②日米地位協定第18条第5項の規定により訴訟は日本政府に対して提起するものとされ、原告に対する損害賠償の支払いは、日本政府によって行われるものとされていること、したがって、③国家賠償法の適用により被告Y個人の責任を認めなければ、他の制度では制裁ないし違法行為抑止を期待することはできないことを指摘しうる。

もっとも、この点については、日米地位協定第18条第5項（e）により米国政府も一定程度で分担金の負担を負う旨規定されており、その限りで米軍に対しても公務執行の適正さを担保する機能は存するとする反論があり得る。しかし、航空機騒音訴訟における損害賠償の分担金については、米国政府は支払いを拒否しているとされている[73]。日米地位協定の実際の運用を前

↘ る場合に限定してであれば、公務員個人責任を認めても、誠実に職務を執行している公務員を訴訟の矢面に立たせ、結果として、公務員を萎縮させ、公務の適正な執行を阻害する可能性は皆無とまではいえなくても、ほとんどないと考えられるからである」と述べている。宇賀克也『国家補償法』（有斐閣、1997）96、97頁。

[73] 琉球新報社・地位協定取材班『検証［地位協定］日米不平等の源流』（高文研、↗

提とすれば、分担金の支払いに違法行為抑止機能を見いだすことはできない。

　第3に、以下の事実からすれば、被告Yの損害賠償責任を肯定する余地が十分ある。①被告Yは、これまでの航空機騒音訴訟において、一定程度以上の騒音を出すことが違法性を帯びると判断されてきたことを知るべき立場にあること、また、②日米合同委員会において、「嘉手納飛行場及び普天間飛行場における航空機騒音規制措置に関する合同委員会合意」が承認されており（平成8年3月28日）、それによれば、騒音規制措置の責任は司令官、すなわち、被告Yにあるとされていること、③それにもかかわらず、何らの措置を講ずることなく航空機騒音による被害を甚大ならしめたことは、公務員個人の責任を原則として認めない判例の立場を考慮してもなお、容認すべからざる行為と評価すべきであること等である。裁判所は、これらの点を十分に検討する必要がある。

(3) 民事特別法の解釈

（ⅰ）民事特別法と国賠法

　民事特別法第1条は、米軍の構成員又は被用者が、「その職務を行うについて日本国内において違法に他人に損害を加えたときは、国の公務員又は被用者がその職務を行うについて違法に他人に損害を加えた場合の例により、国がその損害を賠償する責に任ずる」と定める。したがって、被告Yによる不法行為の処理については、日本国の公務員の「例により」為されることとなる。ここで「例により」とは、本来性質の異なる他の事項に関する制度である「民法や国家賠償法の規定が、包括的に一体となって適用される」趣旨であり、したがって、「民法や国家賠償法に関する学説や判例が、そのまま当てはまることになる」とされている[74]。

　国家賠償法に関する学説・判例をそのまま当てはめるとすれば、次のように解される。すなわち、以上述べてきたように、公務員個人の責任を否定する判例の立場は、例外を必ずしも否定するものではないということ、また、

↘　2004) 217頁以下参照。

[74] 古崎慶長「『民事特別法』の一考察」『ジュリスト』886号（1987）57頁。

仮に公務員個人の責任については例外なく否定する趣旨であると解するとしても、こうした立場は妥当ではないと解されること、民事特別法第１条の解釈に際しても、この立場に立って理解すべきものと思われることである。したがって、被告Ｙの個人責任を認めることは可能となる。

但し、仮に、公務員個人の責任を否定する判例の立場が例外を認めないものであり、また、その立場は基本的に妥当であるとしても、その解釈がそのまま民事特別法の解釈に反映されるのかどうかが別途問題となりうる。この点について以下検討する。

(ⅱ) 民事特別法と地位協定

まず、民事特別法は、日米地位協定に基礎を置くものであるから、日米地位協定自体が米軍の行動に起因する不法行為についてどのように取り扱っているのかを明らかにする必要があろう。それにより、民事特別法の「例により」の射程を確定することができるのではないかと思われるからである。

外国軍隊の行動に起因する不法行為については、次のような国際法上の原則が存するものとされる[75]。第１に、外国の軍隊が他国にある場合、外国及びその国家機関は、他国の裁判管轄権に服さない法権免除の特権がある。第２に、外国の軍隊が、他国の政府やその国民に損害を与えた場合には、国家と国家との間の問題として処理される。国家の国際法上の責任が発生するためには、軍隊所属員に故意又は過失があり、かつ、その行為が違法であることが要求される。第３に、外国の軍隊所属員の服務外の加害行為については、外国に責任はなく、軍隊所属員が被害国の法権に服する。この国際法上の原則と日米地位協定とを比較すれば、「行政協定又は地位協定は、合衆国の軍隊の活動に起因する損害賠償について、日本国内法の適用と日本国の裁判管轄権の支配とを承認することにして、前述した国際法上の原則を修正し、他方、賠償義務の履行は、日本国が行うことにより、国家は外国の法権に服しないという国際法上の原則が貫かれたことになる」[76]。

---

[75] 古崎・前掲 (74) 52頁。また、平賀健太「日米行政協定とこれに伴う民事特別法について」『法曹時報』4巻6号 (1952) 1頁以下参照。

[76] 古崎・前掲 (74) 54頁。

民事特別法第1条が「例により」と規定するのは、こうした国際法上の原則を一部修正する日米地位協定を受けてのものであることは明らかである。そこで、本件で問題となっている米軍構成員個人の責任をどのように取り扱うかについては、民事特別法第1条の「例により」との規定では想定されていないものと解すべきである。その理由として、軍隊構成員個人の責任は、上で述べられた国際法上の原則では述べられておらず、日米地位協定でも明確な規定は存在しないという点を指摘しうる。その一方で、日米地位協定第18条第5項（f）が「日本国においてその者に対して与えられた判決の執行手続に服さない」と規定するのは、構成員個人の責任を問いうることを前提とするもののように思われる。このように解する場合には、民法や国家賠償法に関する学説や判例がそのまま当てはまる、とする解釈は採用することができない。宮崎繁樹も、「国家賠償法の場合は一般の公務員つまり国民の納税により雇傭されるいわば国民の公僕の責任の問題であり、民事特別法の場合は国民と無関係の外国軍隊構成員の不法行為についての責任負担の問題であることを思うと、後者について行為者個人の責任を追及しえぬ合理性は一層とぼしく、法文上も地位協定第18条第5項（f）の『日本国においてその者に対して与えられた判決の執行手続に服さない』という文言からは、本来執行しうる（給付）判決が裁判所から言渡されることがありうる（しかし執行手続には服さない）と読み取ることのほうが自然であるように思われる」と指摘している[77]。

(ⅲ) 民事特別法の解釈

　民事特別法第1条の「例により」の規定では、構成員個人の責任の処理が明確に規定されているわけではない。とすれば、民事特別法第1条の解釈により、米軍構成員個人の責任を認めることが可能であるかどうかが明らかにされなければならない。この点については、(2)(ⅱ) B 及び(ⅲ)で述べた趣旨がここでも妥当するものと解され、この解釈準則に従い同様に処理すれば足りるものと解すべきである。

---

[77] 宮崎・前掲（43）65頁。

結──被告の出頭拒否の効果

　以上述べてきたように、公務員個人の責任を否定するとされる国家賠償法第1条の解釈について、また、米軍構成員の個人責任の取扱を国家賠償法に委ねる民事特別法第1条の解釈については、修正すべきものと思われる。それぞれにつき制限解釈の余地があるとすれば、裁判所は、例外を認めるべき要件を設定し、それを前提に本件被告ないし被控訴人につき要件をみたすかどうかを認定・判断すべきであった。被告が裁判所に出頭しなかったにせよ、その負担は被告側が負うべきであって、少なくとも裁判所は、主張・立証を尽くしていない被告側に一方的に有利な解釈を施すことは許されないはずである。これが許されるならば、敗訴をおそれる被告がいわば「ごね得」をねらうことを容認することとなるのであって、法治主義に立脚するわが国の法制上、そうした可能性は排除されなければならない。

[附論 2] 普天間爆音訴訟・控訴審判決を読む

1 最近、従来の判例の潮流からすれば、画期的ともいえる判決が続いている。例えば、住民基本台帳法上の住基ネットを違憲と判断した判決（金沢地裁平成 17 年 5 月 30 日判決・判時 1934 号 3 頁）、在外邦人の選挙権が制限されてきた公職選挙法について、その違憲性を認め、かつ、立法不作為の違法性を認めた判決（最高裁平成 17 年 9 月 14 日大法廷判決・民集 59 巻 7 号 2087 頁）、内閣総理大臣の靖国神社公式参拝について、それが政教分離原則に違反するとして違憲性を指摘した判決（大阪高裁平成 17 年 9 月 30 日判決・訟月 52 巻 9 号 2979 頁）等である。

これらを、裁判所が「司法改革」という名の外圧に屈した結果であるとは思いたくない。が、だからといって、人権や憲法原理に真摯に向き合う法律家の良心が成し遂げた成果だ、と捉えるのも、いささか無邪気すぎる見方であろうか。少なくとも、人権や憲法原理の確保を強化する方向性を示す判決に対しては、その「サプライズ」を積極的に歓迎すべきであろう。

2 さて、以上の判決群の中にあって、基地問題が絡む訴訟については、なかなか従来の判断の枠組みを超える判決が出てこない。普天間爆音訴訟についても同様である。以下では、去る 9 月 22 日に福岡高等裁判所那覇支部から出された判決[78] について、検討することとする[79]。今回判決が出されたのは、普天間爆音訴訟のうちの分割審理されている一部についてである。本件訴訟の特徴は、日本国政府でも米国政府でもない、米軍司令官個人を被告として損害賠償を請求している点にある。

---

[78] 福岡高裁那覇支部平成 17 年 9 月 22 日判決（判例集未登載）。本判決については、筆者によるコメント（『琉球新報』2005 年 9 月 23 日）及び拙稿「米軍司令官に対する民事裁判権——普天間爆音訴訟の論点」『琉大法学』74 号（2005）1-30 頁（本書 265 〜 289 頁）参照。

[79] 米軍機爆音訴訟をめぐる様々な論点のうち、国家の裁判権免除については、比屋定泰治「国家の裁判権免除と米軍基地訴訟」『真織』創刊号（2004）19 頁以下参照。

もともと、日米地位協定の仕組みでは、米軍の構成員が日本国内で違法に他人の権利を侵害した場合には、被害者は日本政府を被告として損害賠償請求をなすものとされ、かつ、これまでも米軍機騒音訴訟では、日本政府が多額の賠償金を支払ってきた。ところが、日本政府が損害賠償を支払っても、米軍の違法行為を抑止することにはならなかった。本来、損害賠償制度に期待されていた違法行為抑止機能[80]が、十分に機能していない状況が存するのである。米軍司令官個人を訴える、という「戦法」は、こうした騒音公害という違法行為の野放し状況を打開するための原告側の工夫であった。

　3　本判決の内容については、以下の点を指摘することができよう。第1に、国内法の解釈上、司令官個人は損害賠償責任を負わない、とされた点である。すなわち、国家賠償法第1条第1項の適用がある「場合には公務員個人は民法709条等に基づく不法行為責任を負わないと解するのが相当である」とする先例の理解、また、「合衆国軍隊の構成員による不法行為の被害者は、資力に問題のない国から損害の賠償を得ることができれば経済的側面では十分な満足を得ることができるのであって、資力があるとは限らない合衆国軍隊の構成員に対する請求を認める必要性はないし、また、地位協定18条5項（e）によれば、合衆国軍隊の構成員の不法行為による損害の賠償をすることによって生じた費用は、日本国が25パーセントをアメリカ合衆国が75パーセント分担することになっており、民事賠償制度による違法行為の抑制機能もその限度で存する上、民事特別法1条の日本国の公務員又は被用者がその職務を行うについて違法に他人に損害を加えた場合の例による旨の文言の解釈としてもこれを国家賠償法の適用される日本国の公務員による不法行為の場合とは別異に解する必要はないというべきである」とする立場が述べられている。

　本判決が、最高裁の先例につき、公務員の個人責任を例外なく否定した趣旨と捉えたものかどうかは明らかではない。他の事件での下級審判決の中には、公務員の個人責任を例外的に容認すべきとする注目すべき判決が出され

---

[80]　この点については、宇賀・前掲（63）423頁、宇賀・前掲（72）96、97頁、真柄・前掲③318頁、真柄・前掲④190頁等参照。

ている状況に鑑み、この点に踏み込んで先例に関する具体的な適用の条件を示す必要があったのではないか。また、本判決は、米軍司令官についても「この理が妥当する」と述べ、日本政府が支払った賠償金については日米地位協定上、米国が75パーセント分担するとされている点を指摘している。すなわち、損害賠償制度の違法行為抑止機能は存する、という判断であった。しかし、米国がこの分担金の支払いを拒否しているという事実、また、日米合同委員会で「航空機騒音規制措置」が合意されているにも関わらず騒音被害が軽減していないという事実は、考慮の外に置かれており、この点の実質的判断が不十分であったとの批判を免れないであろう。

4　第2に、日米地位協定の解釈上、個人責任の処理については国内法に委ねる、とされた点である。すなわち、日米地位協定の規定からすれば、「少なくとも合衆国軍隊の構成員個人に対する……請求を否定してはいないというべきである」が、「しかし、他方において、……これを積極的に認める旨の規定も存しない。これらの各規定の文理及びその相互関係からすれば、地位協定は、合衆国軍隊の構成員の公務執行中の不法行為についての個人責任の処理については、その国内実施法に委ね、ただ、国内実施法が日本国の責任とともに合衆国軍隊の構成員の個人責任を併存させる立場で規定された場合や当該国内実施法の解釈として、裁判所が合衆国軍隊の構成員個人の責任を認め、その賠償を命じる給付判決をするような場合を想定して、合衆国軍隊の構成員は、公務執行中の不法行為による損害賠償の給付を命じる判決の執行手続には服さないこととしたものであると解するのが相当である」。以上、要するに、否定も肯定もしていないのだから、国内法に委ねるとする趣旨なのだ、という理解である。

しかし、およそ日米地位協定が国家間の合意であり、また、軍隊が他国の主権の下に駐留するという特異な状況を規定したものであることからすれば、法的な「空白状態」を真正面から容認する解釈には問題があるのではないか。とりわけ米国の立場からしても、米軍構成員の処遇について、日本政府に全面的に任せるとする選択は、容易に想定しがたい。日米地位協定第18条第5項（f）が、米軍構成員につき判決の執行手続からの免除を規定し

ているのは、個人責任を認めた上でなお自国の構成員を保護するための規定と読むべきであって、そうして初めて意味をもってくるもののように思われる。

第3節　第3次嘉手納爆音訴訟第1審判決

1　事実

　本件は、沖縄県における嘉手納基地（以下、「本件飛行場」という。）の周辺に居住し、若しくは居住していた者又はその相続人である原告らが、本件飛行場で離着陸するアメリカ合衆国の航空機が発する騒音により健康被害を受けていると主張して、アメリカ合衆国に本件飛行場を提供している国（以下、「被告」という。）に対し、以下の請求をした事案である。第1に、人格権、環境権又は平和的生存権に基づき、①毎日午後7時から翌日午前7時までの間において、主位的には、本件飛行場における航空機の離発着禁止、予備的には、原告らの居住地域に本件飛行場の使用によって生じる40dBを超える騒音の到達禁止、②毎日午前7時から午後7時までの間において、本件飛行場の使用によって生じる65dBを超える騒音の到達禁止をそれぞれ求める差止請求である。

　第2に、①主位的には、国家賠償法（以下、「国賠法」という。）第2条第1項に基づき、予備的には、「日本国とアメリカ合衆国との間の相互協力及び安全保障条約第6条に基づく施設及び区域並びに日本国における合衆国軍隊の地位に関する協定の実施に伴う民事特別法」（以下、「民特法」という。）第2条に基づき、月ごとに1か月当たり5万7500円の割合による損害賠償金及び支払済みまでの民法所定の年5分の割合による遅延損害金の支払、②口頭弁論終結の日である平成28年8月25日の翌日から差止めを求める行為がなくなるまでの間、月ごとに1か月5万7500円の割合による将来の損害賠償金及びこれに対する各支払済みまでの民法所定の年5分の割合による遅延損害金の支払を求める請求である。

　本件飛行場は、昭和19年に旧日本陸軍が中飛行場として使用を開始し、昭和20年に沖縄県が占領されて以降、合衆国軍隊によって整備拡張が行われ使用されるようになったものである。その後、昭和47年5月15日の沖縄返還協定により沖縄県が日本に復帰した後、日米両政府は、日米合同委員会

を通じて、本件飛行場を含む沖縄県内の米軍基地をアメリカ合衆国軍隊に提供する協定を締結した。現在も、本件飛行場は、「日本国とアメリカ合衆国との間の相互協力及び安全保障条約」(以下、「日米安保条約」という。)6条及び「日本国とアメリカ合衆国との間の相互協力及び安全保障条約第6条に基づく施設及び区域並びに日本国における合衆国軍隊の地位に関する協定」(以下、「日米地位協定」という。)第3条第1項に基づき、その管理運営権がアメリカ合衆国に委ねられている。

2 判旨(那覇地裁沖縄支部平成29年2月23日判決・判時2340号3頁);一部認容、一部却下、一部棄却

① 「原告らが主張する人格権侵害行為は、本件飛行場において航空機を運航させ、騒音を生じさせる行為であるところ、このような直接の侵害行為を行っているのは、……被告ではなく、アメリカ合衆国であると認められる。したがって、被告を直接の侵害行為者であるとして上記差止請求の相手方とすることはできない」。「被告がアメリカ合衆国による原告らの人格権の侵害状態を除去、是正し得る立場にあると認められるためには、本件飛行場における合衆国軍隊の航空機の運航等を規制し、制限することのできる立場に被告があることを要するというべきである」。日米安保条約第6条及び日米地位協定第3条第1項に基づき「本件飛行場の管理運営の権限は、全てアメリカ合衆国に委ねられており、被告は、本件飛行場における合衆国軍隊の航空機の運航等を規制し、制限することのできる立場にはないと評価せざるを得ない」。「本件差止請求は、被告に対してその支配の及ばない第三者の行為の差止めを請求するものであるから、その余の点について判断するまでもなく、理由がない」。

② 「本件飛行場を設計、建造したのはアメリカ合衆国と見るべきであるし、その後に維持、修繕及び保管を行い、原告らを含む周辺住民への損害の危険を生じさせているのもアメリカ合衆国といえる。したがって、本件飛行場は、被告が設置又は管理しているということはできず、国賠法2条1項の『公の営造物』に該当しない」。「本件飛行場は、アメリカ合衆国が日米安

保条約及び日米地位協定に基づき使用を許与され、その軍隊を駐留させ、使用、管理していると認められる。したがって、民特法2条にいう『合衆国軍隊の占有し、所有し、又は管理する土地の工作物その他の物件』に該当する」。「民特法2条にいう設置又は管理の瑕疵とは、土地の工作物その他の物件が通常有すべき安全性を欠いている状態、すなわち他人に危害を及ぼす危険性のある状態をいうのであるが、これには工作物等が供用目的に沿って利用されることとの関連においてその利用者以外の第三者に対して危害を生ぜしめる危険性がある場合をも含むものであり、工作物等の設置・管理者であるアメリカ合衆国において、このような危険性のある工作物等を利用に供し、その結果周辺住民に社会生活上受忍すべき限度を超える被害が生じた場合には、被告は、原則として同条の規定に基づく責任を免れることができないものと解すべきである」。

③ 「本件飛行場の航空機の運航等によって、原告らは相当に大きな騒音に曝露され、少なくとも本件コンター上 W75 を超える区域に居住する原告らについては法的保護に値する重要な利益の侵害があると認められること、このような被害を防止又は軽減する必要があることは法令上も認識され、住宅防音工事等の対策が講じられていること、しかし、そのような対策の効果は限定的であるし、被告が環境基本法上の努力義務を十分に果たしているとはいい難いこと、特に本件コンター上 W95 以上の地域については、航空機騒音対策緊急指針において緊急に対策を講じるべきとされた強度の騒音曝露状況が現在も続いていること、しかも、航空機騒音による被害が社会問題化してから既に 40 年以上が経過している上、裁判所によって本件飛行場周辺住民の被害が違法であることが判断されているにもかかわらず、アメリカ合衆国又は被告がより抜本的な被害防止策を講じずに、その被害を漫然と放置していると評価し得ること、他方で、本件飛行場における合衆国軍隊の活動に公共性又は公益上の必要性が認められるが、これによって原告らの被害を正当化することはできないことが認められる。これらの事情を総合考慮すれば、本件コンター上 W75 以上の地域に居住する原告らの被害は、社会生活上受忍すべき限度を超える違法な権利侵害ないし法益侵害と結論すべきであ

る」。

④ 「沖縄県は、そもそも狭隘で、他県と陸で接していない上に、……本件飛行場が所在する沖縄県中部には、本件飛行場に加えて、普天間飛行場やキャンプ瑞慶覧等の合衆国軍隊施設が多く所在しており、沖縄県中部地区の総面積に占める合衆国軍隊施設の総面積は約23・5％である」。「航空機騒音が広範囲に及ぶものであることも考慮すれば、血縁上、地縁上又は職業上等の様々な理由によって沖縄県中部地域に居住する場合、本件飛行場や普天間飛行場の航空機騒音の影響を受けずに生活することができる地域に居住することは容易とはいい難い。これらの事情に照らすと、本件飛行場の航空機騒音による被害があることを認識していたからといって、直ちにこれを容認していたと推定し、当該被害を受忍すべき限度内にあるとして、当該被害に対する金銭賠償請求を許さず、又は賠償額を減額するのは、危険への接近法理が基礎とする公平の理念に反するというべきである」。「危険への接近法理を本件に適用することはできない」。

⑤ 「飛行場等において離着陸する航空機の発する騒音等により周辺住民らが精神的又は身体的被害等を被っていることを理由とする損害賠償請求権のうち事実審の口頭弁論終結の日の翌日以降の分については請求者においてその立証の責任を負うべき性質のものであって、このような請求権は、将来の給付の訴えを提起することのできる請求権としての適格を有しないと解すべきである」。「損害賠償請求権のうち当審口頭弁論終結の日の翌日以降の分については、……不適法として却下されなければならない」。

3 評釈

(1) 爆音訴訟における本件の位置づけ

(ⅰ) 嘉手納基地における米軍機の爆音をめぐっては、これまでも、第1次訴訟（前掲那覇地裁沖縄支部平成6年2月24日判決、前掲福岡高裁那覇支部判平成10年5月22日判決）、第2次訴訟（那覇地裁沖縄支部平成17年2月17日判決・訟月52巻1号1頁、福岡高裁那覇支部平成21年2月27日判決・LEX/DB文献番号25470447）が提訴され、いずれも確定している。

また、普天間基地をめぐっても、第1次訴訟（那覇地裁沖縄支部平成20年6月26日判決・判時2018号33頁、福岡高裁那覇支部平成22年7月29日判決・判時2091号162頁）、第2次訴訟（那覇地裁沖縄支部平成28年11月17日判決・判時2341号3頁）がある。本件は、周辺住民2万2048名が原告となって提訴したものであり、同種の訴訟と比べて原告数が過去最多となった。

（ⅱ）航空機による騒音公害をめぐっては、大阪空港訴訟の最高裁判決（最高裁昭和56年12月16日大法廷判決・民集35巻10号1369頁）以降、軍用機による騒音をめぐる事案を中心として多くの訴訟が提訴されている。代表的な判決として、第1に、本件同様、米軍機の爆音については、①横田基地に関する第1次・第2次訴訟（東京地裁八王子支部昭和56年7月13日判決・判時1008号19頁、前掲東京高裁昭和62年7月15日判決、最高裁平成5年2月25日判決・判時1456号53頁）、第3次訴訟（東京地裁八王子支部平成元年3月15日判決・判時1498号44頁、東京高裁平成6年3月30日判決・判時1498号25頁）等がある。また、②新横田基地訴訟として、第1次訴訟（東京地裁八王子支部平成14年5月30日判決・判時1790号47頁、東京高裁平成17年11月30日判決・判時1938号61頁、最高裁平成19年5月29日判決・判時1978号7頁）、第2次訴訟（東京地裁立川支部平成29年10月11日判決・裁判所ウェブサイト）がある。

第2に、米軍機と自衛隊機の騒音については、①厚木基地に関する第1次訴訟（横浜地裁昭和57年10月20日判決・判時1056号26頁、東京高裁昭和61年4月9日判決・判時1192号1頁、最高裁平成5年2月25日判決・民集47巻2号643頁）、第2次訴訟（横浜地裁平成4年12月21日判決・判時1448号42頁、東京高裁平成11年7月23日判決・訟月47巻3号381頁）、第3次訴訟（横浜地裁平成14年10月16日判決・判時1815号3頁、東京高裁平成18年7月13日判決・判例集未搭載）、第4次訴訟（横浜地裁平成26年5月21日判決・判時2277号38頁、東京高裁平成27年7月30日判決・判時2277号13頁、最高裁平成28年12月8日判決・民集70巻8号1833頁）がある。また、②小松基地に関する第1次・第2次訴訟（金沢地

裁平成3年3月13日判決・判時1379号3頁、名古屋高裁金沢支部平成6年12月26日判決・判時1521号3頁）、第3次・第4次訴訟（金沢地裁平成14年3月6日判決・判時1798号21頁、名古屋高裁金沢支部平成19年4月16日判決・裁判所ウェブサイト）、さらに、③岩国基地に関する訴訟（山口地裁岩国支部平成27年10月15日判決・LEX/DB文献番号25541580）がある。

（ⅲ）米軍機による騒音をめぐる訴訟では、①過去の損害に対する賠償請求については認容するものの、②将来の損害に対する賠償請求については却下、③飛行差止請求については棄却と判断してきた。司法が騒音を違法と認定し損害賠償を認めてきたにもかかわらず、被害が軽減されなかったことに直面した住民は、従来の訴訟戦略に加えて米軍の司令官個人やアメリカ合衆国を被告とする手法をとってきた。①普天間基地司令官訴訟（前掲那覇地裁沖縄支部平成16年9月16日判決、前掲福岡高裁那覇支部平成17年9月22日判決）、②横田基地対米請求訴訟（前掲東京地裁八王子支部平成9年3月14日判決、前掲東京高裁平成10年12月25日判決、最高裁平成14年4月12日判決・民集56巻4号729頁）等である。

また、米軍機の飛行差止を直接求めるのではなく、米軍の侵害行為を停止させる行為を日本政府に求める主張も為された。「飛行計画の不承認、便益供与の停止、日米合同委員会における協議又はその他の外交交渉等を行うこと」を求める訴え（横田基地第1次・第2次訴訟における前掲東京高裁昭和62年7月15日判決は、法律等に規定が存在しないため主張自体失当とする。）[81]、外交交渉義務付け訴訟（横田基地第1次・第2次訴訟における前掲東京地裁八王子支部昭和56年7月13日判決は、統治行為論に基づき「不適法な訴え」とした。）、外交交渉義務確認請求（嘉手納基地第2次訴訟における前掲那覇地裁沖縄支部平成17年2月17日判決は、「民事訴訟の手続ですることは不適法」とし、新横田基地第1次訴訟における前掲東京地裁八王子

---

[81] これを可能とする主張として、田山輝明「最新判例批評」判評335号（1987）30頁［判時1212号192頁］参照。

支部平成14年5月30日判決は、根拠を欠くもので主張自体失当とする。)[82]
等である。本件は、改めて国を被告とする訴えに一本化したものであり、米軍機の違法行為について司法がどのような判断をするのかが注目されていた。

(2) 飛行差止請求に関する本判決の論理

(ⅰ) 航空機の飛行差止をめぐる判決のうち、自衛隊機の事案では一定の進展が見られる。行政訴訟で提起された初めての訴訟[83]である厚木基地第4次訴訟において、下級審判決は、夜間の飛行差止を命じる一部認容判断を下した(前掲横浜地裁平成26年5月21日判決、前掲東京高裁平成27年7月30日判決。上告審である前掲最高裁平成28年12月8日は、行政事件訴訟法第37条の4第1項に基づく差止の訴え自体は認めたものの、同条第5項所定の事由があるとは認められないとして差止請求を棄却した。)[84]。それに

---

[82] この請求の可能性を主張するものとして、小林秀之・藪口康夫「最新判例批評」判評422号(1993)49頁[判時1482号211頁]参照。

[83] 厚木基地第1次訴訟最高裁判決は、「自衛隊機の運航に関する防衛庁長官の権限の行使」を「公権力の行使に当たる」として、民事訴訟による請求を不適法と判断した(前掲最高裁平成5年2月25日判決)。その理由としてあげられた「受忍の義務づけ」とする論理を批判的に検討するものとして、神橋一彦『行政訴訟と権利論』(信山社、2003)305頁以下、同「行政法における『義務』の概念・再論——『強制行為による実効性確保』の要素との関連を中心に」藤田宙靖博士東北大学退職記念『行政法の思考様式』(青林書院、2008)3頁以下、同「法律上の争訟と『義務』の概念——公法学の基礎概念を検討することの意味」『法学教室』377号(2012)69頁以下参照。また、同判決については、内山衛次「民事訴訟と行政訴訟」中野貞一郎先生古稀祝賀『判例民事訴訟法の理論(上)』(有斐閣、1995)57頁以下等参照。

[84] 最高裁判決につき、楠松晴子「最高裁時の判例」『ジュリスト』1506号(2017)81頁以下、神橋一彦「判例セレクト」『法学教室』438号(2017)135頁、北見宏介「自衛隊機運航の差止訴訟」法セミ増刊『新・判例解説Watch』21号(2017)51頁以下、島村健「厚木基地第4次訴訟(行政訴訟)上告審判決」法セミ増刊『新・判例解説Watch』21号(2017)275頁以下、人見剛「最新判例演習室」『法学セミナー』746号(2017)117頁、福田護・北村理美「第4次厚木基地航空機騒音訴訟——飛行差止めに最高裁の厚い壁」『法学セミナー』746号(2017)58頁以下、村上裕章「厚木基地第4次訴訟(行政訴訟)上告審判決」ジュリ臨増『平成29年度重要判例解説』(2018)44頁以下、安西明子「将来給付の訴えを提起す↗

対し、米軍機に関する訴訟では、裁判所の判断にはほとんど変化が見られていない。

被告に対し米軍機の飛行差止請求が認められるかどうかは、①被告が直接の侵害行為者であるか、また、②被告が侵害行為を規制し、制限することのできる立場にあるかによって判断される。本判決は、①及び②のどちらも否定し、差止請求を棄却した（【判旨】①）。「人格権に対して直接侵害行為を行っている者は、侵害行為を止めることによって侵害状態を除去、是正できるから上記差止請求の相手方となり、また、直接には侵害行為を行っていない者であっても、人格権の侵害状態を除去、是正し得る立場にある場合には、当該侵害行為を支配内に収めているものといえるから、上記差止請求の相手方となる」が、被告はどちらの立場にもないとするのが理由である。

（ⅱ）これに加えて、本判決は、原告の主張を取り上げてさらに詳細に検討している。①の「直接侵害行為者」性について、原告は、「被告が、昭和47年の沖縄県の施政権返還当時、既に航空機騒音による人格権侵害が生じていることを知りながら、被害防止の措置等を講じることなく、本件基地を合衆国軍隊に提供し、これを現在に至るまで継続している」ことをもって、「原告らの人格権を侵害している者」と主張していた。これに対し、本判決は、直接の侵害行為者はアメリカ合衆国であると繰り返し指摘し、この判断

ることのできる請求権としての適格」ジュリ臨増『平成29年度重要判例解説』（2018）126頁以下等参照。また、下級審判決については、麻生多聞「最新判例演習室」『法学セミナー』716号（2014）114頁、神橋一彦「受忍義務構成のゆくえ——第4次厚木基地訴訟（自衛隊機飛行差止請求）第1審判決について」『立教法学』91号（2015）1頁以下、鈴木秀雄「判例解説」『平成26年・行政関係判例解説』（ぎょうせい、2016）88頁以下、人見剛「最新判例演習室」『法学セミナー』730号（2015）125頁、深澤龍一郎「厚木基地空港騒音第4次訴訟（行政事件訴訟）第1審判決」法セミ増刊『新・判例解説Watch』16号（2015）37頁以下、福田護「第4次厚木基地航空機騒音訴訟——静かな空への半世紀の闘いに初の飛行差止め判決」『法学セミナー』719号（2014）20頁以下、本多滝夫「第4次厚木基地騒音訴訟・第1審判決について」『法学教室』411号（2014）50頁以下、村上裕章「厚木基地第4次訴訟（行政訴訟）第1審判決」『法政研究』82巻1号（2015）65頁以下、山下竜一「最新判例演習室」『法学セミナー』716号（2014）115頁等参照。

は、被告が本件飛行場をアメリカ合衆国に提供することで「原告らの被害に加功していると評価できるとしても、変わらない」と述べている。

②の「支配」可能性については、(a)「被告は、日米安保条約の破棄や、日米地位協定に基づく本件飛行場の返還合意やその他の外交交渉等を通じて、アメリカ合衆国による原告らの人格権侵害行為を是正させることができる」ことを挙げ、「賃貸借契約に関する事例のアナロジー」から、被告が本件差止請求の相手方となるとする主張、また、(b)「本件飛行場の上空空域での飛行演習及び訓練の条約上の根拠が明確でな」く、日米地位協定上規定のある「基地間移動に基づく離発着」とは異なる「上空での演習や訓練のための離発着は許されておらず、被告が領空主権に基づき合衆国軍隊のこのような行為を規制することは可能」とする主張がなされていた。

(a)については、「私人間の私法上の法律関係と国家間の国際法上の法律関係」を同列に論じることはできないこと、本件飛行場の管理運営について、「関係条約及び国内法令上、被告にその権限を与える旨の規定はなく、被告が国際法上執り得る選択肢が限られる」ことから、被告の「支配」性は否定され、(b)についても、「基地間移動に基づく離発着と演習や訓練のための離発着」の区別が困難であること、「本件飛行場を離発着する航空機が……被告の領空を航行する……限界は必ずしも明確ではない」こと、「関係条約上、被告が合衆国軍隊の航空機の航行を規制し、制限することのできる規定は見当たらない」ことから、「被告の支配内にはない」と判示している。

(3) 飛行差止請求に関する本判決の問題点

(ⅰ) 従来の訴訟において、住民側は、被告の「直接侵害行為者」性を立証しようとして、①被告が米軍に対して本件飛行場を提供している事実(横田基地第1次・第2次訴訟における前掲東京高裁昭和62年7月15日判決及び前掲最高裁平成5年2月25日判決)、②莫大な税金を投じて飛行場の維持管理に協力・関与してきた事実(普天間基地第1次訴訟における前掲那覇地裁沖縄支部平成20年6月26日判決)、③様々な便宜を提供している事実(嘉手納基地第2次訴訟・前掲那覇地裁沖縄支部平成17年2月17日判決)、以上に加えて、④飛行場への出入りや飛行に積極的に協力してきた事実(横

きた。これにより、被告を共同妨害者・共同不法行為者とする考え方を主張してきたのではあるが、これらは各判決で退けられている。

　本件原告は、基地提供の事実等より一歩踏み込み、昭和47年の沖縄県の施政権返還以降も続く侵害行為を放置・黙認してきた経緯を指摘し、被告の間接侵害者としての立場を根拠に共同不法行為者に該当すると主張した。この主張は、沖縄県内の米軍基地をめぐる訴訟でこそ展開可能な主張であり、事実、同様の主張は、普天間基地第2次訴訟でも見られた（前掲那覇地裁沖縄支部平成28年11月17日判決）。本判決は、以上の事実によっても、被告の「直接侵害行為者」性を説明するには足りないと判断したものである。しかし、米軍と自衛隊との一体化が法制度としても実態としても進む中で、それでもなお同旨の判断を繰り返すのか、今後の司法判断が注目される[85]。

　（ⅱ）他方、「支配」可能性に関するいわゆる「第三者行為論」は、横田基地第1次・第2次訴訟最高裁判決（前掲最高裁平成5年2月25日判決）及び厚木基地第1次訴訟最高裁判決（前掲最高裁平成5年2月25日判決）等によって繰り返し採用されている見解である。第三者行為論では、日本政府が日米安保条約の当事国として米軍に駐留を認めていることの当事者性ないし責任を否定することとなってしまう。そこで、この論理を乗り越えて、国による米軍機の航行に対する「支配」可能性を立証すべく、様々な試みがなされてきた。日米地位協定第3条・第16条・第18条第5項、航空特例法及び航空法第97条に基づき、米軍機に対する被告の規制権限を根拠づけようとする主張である。しかし、それも全て退けられてきた（嘉手納基地第2次訴訟における前掲那覇地裁沖縄支部平成17年2月17日判決、普天間基地第1次訴訟における前掲那覇地裁沖縄支部平成20年6月26日判決、新横田基地第1次訴訟における前掲東京地裁八王子支部平成14年5月30日判決）[86]。

---

[85] 国は「共同不法行為の幇助者」として「妨害状態を惹起している」と評価されうると主張する見解として、大塚直「厚木基地第1次、横田基地第1、2次訴訟最高裁判決について」『ジュリスト』1026号（1993）59頁。

[86] この点、管理権や提供根拠が異なる区域（日米地位協定第2条第1項（a）、第4項（a）、同項（b））が混在する厚木基地については、異なる考慮が必要となる。

本件における上記（a）の主張は、普天間基地第 1 次訴訟における原告の主張と同様であるが、同訴訟の控訴審判決は、国の行為が、「我が国の安全保障全般に直接影響し、かつ、国の存立の基礎に極めて重大な関係を持つ事柄であるから、……被告（政治部門である日本国政府）による政治的責任を伴った広範な裁量にゆだねられている」のであり、「司法機関において……差止命令を発することはできない」と判断した（前掲福岡高裁那覇支部平成 22 年 7 月 29 日判決）。この判決は、米軍機に対する被告の規制権限の有無を問われているにもかかわらず、規制権限を持つことを前提に、その行使に対する差止命令を発することを否定するもので、「第三者行為論」の一歩先の論点に関する判断を示していたものとも解される。本判決はその論理を修正し、改めて被告の「支配」性を否定した。

　しかし、このような考え方には根本的な疑問が残る。領域主権の結果として、国内における外国軍隊には「領域国の国内法令が適用される」のであり、外国軍隊は「協定に定められた措置のみ」をとり得ると解される[87]。日米安保条約の破棄、米軍基地の返還合意その他の外交交渉等、国は、包括的な権限を有するのであり、その意味で、人格権の侵害状態を除去、是正し得る立場にあると考えられ得る。それにもかかわらず、米軍機の運航等の直接の規制・制限というピンポイントの権限がないことを理由に「支配」性を否定することに説得力があるかは疑わしいといわざるを得ない。また、「賃貸借契約に関する事例のアナロジー」を「法律関係」の違いを理由に退ける点

↘ 日本に管理権のある共同使用区域での米軍機の飛行差止が問われているにもかかわらず、米軍専用区域や米軍に管理権のある共同使用区域と同一に論じて「法律関係の異なる区域を一緒くた」にしている点で、厚木基地第 1 次訴訟最高裁判決（前掲最高裁平成 5 年 2 月 25 日判決）には問題があると指摘するものとして、岡田正則「基地騒音の差止請求と改正行政事件訴訟法」『早稲田法学』88 巻 3 号（2013）1 頁以下、特に、44 頁以下参照。同様の指摘として、田山・前掲（81）29 頁参照。また、「領域主権の原則から説明しきれない」と指摘するものとして、松井章浩「第 4 次厚木基地騒音訴訟第 1 審判決における米軍機離発着差止めの可否」法セミ増刊『新・判例解説 Watch』17 号（2015）334 頁参照。

[87] 松井芳郎「駐留外国軍隊に対する国内法の適用（完）──横田基地公害訴訟の国際法上の問題点」『法律時報』57 巻 12 号（1985）102、103 頁。

にも問題が存する（同様の判断は、普天間基地第2次訴訟における前掲那覇地裁沖縄支部平成28年11月17日判決でも見られる）。人格権に基づく差止請求権は、物権的請求権の理論を準用して根拠付けられてきたものであり[88]、「直接占有者（賃借人）と間接占有者（賃貸人）の双方がいる場合には、そのいずれも物権的請求権の相手方となりうる」[89]ことに鑑み、請求権の発生根拠の類似から主張されたのがこの「アナロジー」だと解される。権利の本質にかかわる主張を法関係の違いによって退けることが適切か、再検討が必要である[90]。

　（b）の主張に対する本判決の理由については、日米地位協定第5条第2項が米軍に認めている施設・区域間の移動と、明文規定のない本件飛行場上空での演習・訓練のための離発着とは、明確に区別されうることが指摘されなければならない。米軍の演習・訓練が施設・区域内で行われるべきことは当然としても、米軍が提供施設・区域外で軍事演習を行うことが日米地位協定上可能かどうかについては、議論されたことがある。玉城栄一議員による昭和54年5月29日付けの質問趣意書に対する答弁において、「個々の活動の目的、態様等の具体的な実態に即し、同協定に照らして合理的に判断されるべき」としつつも、合衆国軍隊が「本来施設・区域内で行うことを予想されている活動（通常「軍事演習」と称されるような活動を含む。）を施設・区域外で行うことは、同協定の予想しないところである」と述べられていた

---

[88] 山本敬三「人格権――北方ジャーナル事件」星野英一・平井宜雄・能見善久編『民法判例百選Ⅰ　総則・物権［第5版新法対応補正版］』（有斐閣、2005）17頁、根本尚徳『差止請求権の理論』（有斐閣、2011）26頁等参照。また、「欠缺補充」で説明する広中俊雄『民法解釈方法に関する12講』（有斐閣、1997）87頁、「勿論解釈」で説明する笹倉秀夫『法解釈講義』（東京大学出版会、2009）101頁等参照。
[89] 加藤雅信『新民法体系Ⅱ物権法［第2版］』（有斐閣、2005）36頁。また、川井健『民法概論2物権［第2版］』（有斐閣、2005）12頁参照。
[90] なお、横田基地第1次・第2次訴訟控訴審判決は、①直接の加害者に対して「侵害行為差止請求権を認めることが最も有効適切で」「それだけで十分」として国に対する請求を否定しつつ、②以上の理は、外国の軍隊が直接の加害者であり、「我が国の裁判権が及ばないということによっても変ることはない」と述べるが（前掲東京高裁昭和62年7月15日判決）、矛盾しているといわざるを得ない。

(内閣衆質87第33号、昭和54年6月12日)。

　また、外務省が作成したとされる日米地位協定の「公式な解説書」によれば、「合衆国軍隊の軍隊の機能に属する活動であって、施設・区域外で行い得るものは存在し得るとの立場は堅持すべきであるが、このような活動はあくまでも例外的なものと考えるべきであり、これが歯止めなく広がることは阻止する必要がある。政府はこのような観点から、施設・区域外における米軍の行き過ぎた行動（パラシュート降下訓練、ヘリコプター昇降訓練等）についてはその都度米軍に注意を喚起してきている」と述べている[91]。さらに、同文書は、「上空の空間しか使用しない態様の活動」である「単なる飛行訓練」につき、「専ら航空安全の見地より適当な調整が行われれば、その活動によって直ちに我が国の社会秩序に影響を及ぼすものではない」と説明する一方で、この説明を「最大の困難を伴う」とし、「飛行訓練に伴う騒音等を考えれば、このようなことが言えるのかとの疑問が提起される可能性は排除されない」とする[92]。この立場を前提とする限り、米軍に認められている活動とそうでない活動との区別は、日米地位協定の解釈上可能なのであり、それを否定して、米軍機の「航行を規制し、制限することのできる規定は見当たらない」と断ずる司法の判断では、原告側の主張に対する合理的な説明にはなっていない。

　(4) 損害賠償請求における論点

　(ⅰ) 過去の損害賠償請求について、本判決は、国賠法と民特法の法解釈（【判旨】②）、違法性の判断基準ないし「受忍すべき限度を超える違法な権利侵害ないし法益侵害」とする判断（【判旨】③）等、概ね従来の判例の考え方を踏襲する判断を示した。損害賠償請求を認容する判断は、嘉手納基地第1次・第2次訴訟、普天間基地第1次・第2次訴訟、第4次にまで及ぶ厚木基地訴訟、横田基地訴訟等の流れに沿ったものと評価できる。救済対象をうるささ指数（W値）75以上の地域に居住する住民とした点も、従来の判

---

[91] 琉球新報社編『外務省機密文書・日米地位協定の考え方［増補版］』（高文研、2004）21頁。
[92] 琉球新報社編・前掲（91）23頁。

決で示された判断基準を踏襲したものといえ、妥当なものと解される。本判決は、被告に約301億9862万円の損害賠償を命じており、損害賠償請求が認められた原告は2万2005人に及んだ。広大な面積を有する嘉手納基地であるだけに、原告となった周辺住民の数も膨大となっている。賠償額も全体として高額となるのも当然である。もっとも、理由はそれだけではなく、次の点も注目されるべきである。

第1に、嘉手納基地第1次・第2次訴訟の判決確定後、日米両政府による「被害防止対策に特段の変化は見られ」ず、「違法な被害が漫然と放置されている」ことも「被害の違法性を検討するに当たり、考慮される必要がある」として、国の不作為の問題性を指摘する点である。第2に、嘉手納基地第2次訴訟において賠償請求が認められなかった地域に居住する住民についても、受忍限度を超える被害が生じていると認めた点である。「読谷村騒音測定と沖縄県等騒音測定」の「結果の比較に基づけば」、「被害状況及び騒音曝露状況のいずれからしても、座喜味以北の地域をその余の本件コンター上W75以上80未満の地域と区別する理由はない」とした。さらに、第3に、住民の被害の認定について、従来の「共通損害」の立証で足りるとする立場（前掲最高裁昭和56年12月16日大法廷判決）を維持しつつ、「住民の一部にのみ生じている特別の被害」も、「違法性の判断」又は「慰謝料発生原因事実」としての損害に含むと解すると述べた点、また、「公平の理念」の観点から、損害賠償請求の否定の論理としても賠償額減額の論理としても、「危険への接近法理」を適用しなかった点（【判旨】④）も、評価されるべきであろう。

（ⅱ）他方、将来の損害賠償請求について、本判決は、大法廷判決（前掲最高裁昭和56年12月16日大法廷判決）を繰り返し、口頭弁論終結後の「将来の給付の訴え」を不適法・却下とした（【判旨】⑤）。大阪空港訴訟最高裁判決の論理には、原告・被告間の「訴訟に投入可能な資源の格差」から批判する見解[93]、「最小限度の被害の発生が確実に継続するものと認められる

---

[93] 新堂幸司『新民事訴訟法［第5版］』（弘文堂、2011）269頁。

期間を控え目にみてその終期を定め」て認めるべきとする見解（前掲最高裁昭和 56 年 12 月 16 日大法廷判決における団藤重光裁判官の反対意見）等が見られ、学説からの支持はほとんどないという状況にあった[94]。その後、新横田基地第 1 次訴訟控訴審判決は、口頭弁論終結後判決言渡日までの期間には「航空機騒音の程度」や「受忍限度や損害額（慰謝料、弁護士費用）の評価」に変化が生じないこと、また、「再び訴えを提起しなければならないことによる原告らの負担」も考慮して、将来の損害賠償請求権を認めるべきとした（前掲東京高裁平成 17 年 11 月 30 日判決）ものの、上告審で破棄されている（前掲最高裁平成 19 年 5 月 29 日判決）。ただ、この判決には、大阪空港訴訟最高裁判決のどの部分が「判例」であるのか、原判決は「判例」に違反するのかをめぐって、5 名の裁判官全員の個別意見が付されており、大法廷判決で述べられた判例法理が必ずしも盤石ではないこと、その見直しの兆候を感じさせるところに意義を見いだすことができること等指摘されており[95]、判例変更が期待される。

とはいえ、現在まで司法は、過去の損害賠償請求のみを認容し、将来の損害賠償請求及び飛行差止請求を退ける判断を続け、また、米国政府を被告とする訴訟でも、主権免除を理由に一切受け付けないとする判断を繰り返してきた[96]。そのために、継続的不法行為について、住民に 3 年以内に 1 回ず

---

[94] 民事訴訟法学の研究として、松浦馨「将来の不法行為による損害賠償請求のための給付の訴えの適否――公害訴訟を中心として」中野古稀・前掲（83）187 頁以下、山本弘「将来の損害の拡大・縮小または損害額の算定基準の変動と損害賠償請求訴訟」『民事訴訟雑誌』42 号（1996）25 頁以下等参照。

[95] 川嶋四郎「最新判例演習室」『法学セミナー』632 号（2007）121 頁、山本和彦「最新判例批評」判評 592 号（2008）2 頁以下［判時 1999 号 164 頁］等参照。また、最高裁判決については、森博英「判例解説」『平成 19 年・行政関係判例解説』（ぎょうせい、2008）260 頁以下等参照。

[96] 嘉手納基地第 3 次訴訟では、本判決の訴訟と並行して、「外国等に対する我が国の民事裁判権に関する法律」（対外国民事裁判権法）を根拠とする対米訴訟が提起されていた。主権免除に関する先例に従い不適法・却下と判示した判決（那覇地裁沖縄支部平成 29 年 2 月 9 日判決・LEX/DB 文献番号 25545116）については、比屋定泰治「第 3 次嘉手納対米訴訟における対外国民事裁判権法の解釈適用」TKC ローライブラリー『新・判例解説 Watch』国際公法 No.40（2017 年 9 月 15 日掲↗

つ損害賠償請求をする負担を負わせることとなっている（民法第724条）。損害賠償請求が認容されることで違法行為の抑止につながる期待もあり得るが、米国政府が、日米地位協定第18条第5項に基づく賠償金の分担金の支払いすら拒否している状況[97]では、賠償金支払いに期待することもできない。現状では、本判決自身が指摘した、「抜本的な被害防止策が採られずに」「違法な被害が漫然と放置されている」とする批判は、司法にも妥当するといわざるを得ない。賠償額を支払いながらも違法行為を放置し続ける国の態度からは、賠償金も在日米軍駐留経費の一環として捉えているようにも感じられ、違法性を解消する態度の希薄さがにじみ出ている。その問題性に結果的に切り込まない判断となっている点で、本判決は、爆音による被害を今後も訴訟を通じて訴え続けるしかない周辺住民の落胆や、賠償金が税金から支払われるため違法性の抜本的解消こそ必要ではないかという市民の感覚と、かけ離れてしまっているように思われる。

↘ 載）、水島朋則「米軍嘉手納基地の騒音と主権免除」ジュリ臨増『平成29年度重要判例解説』（2018）290頁以下参照。

[97] 照屋寛徳議員による平成18年11月27日付けの質問趣意書に対する答弁（内閣衆質165第181号、平成18年12月5日）参照。

第3部
沖縄米軍基地と市民・民主制・自由

第1章　米軍基地に抗う市民性
——沖縄戦の歴史の継承

第1節　沖縄戦「集団自決」検定意見をめぐる状況と憲法学

1　文脈——新自由主義から新保守主義へ

（1）沖縄戦における「集団自決」への軍の強制性に関し、その記述を教科書から削除するよう求める検定意見が付けられた。これについては、近現代史学の側から大きな異論が出され、また、それを直接体験させられた「沖縄」の側から反発の声が上がり続けている。この問題を憲法学の立場からどのように整理するのか、が本節の課題である。

新保守主義とは、「経済成長や近代化によって既存の社会統合が弛緩し価値観が崩壊することに強い危機感をもち、その崩壊を伝統的な共同体の維持・復権によって再建することをめざす主張・思想」をいう[1]。天皇・靖国による共同体の復権を目指す運動は、その代表的なものである。今回の検定意見は、新自由主義的構造改革を進めた小泉内閣から首相在任中での改憲を目指す安倍内閣へと移行した中で出されたが、新自由主義に新保守主義やナショナリズムが後続する状況は、新自由主義国家一般に見られる傾向である[2]。新保守主義の傾向は、一元的な価値観を国家が強制しようとする態度及び負の歴史を忘却させようとする歴史修正主義として現れる。愛国心の強制や思想自体を裁こうとする不当逮捕・微罪逮捕等は前者の事例であり、今回の検定意見は後者の実践である。

（2）なぜ、沖縄戦「集団自決」が攻撃の対象とされたのか、また、軍の強制性が否定されながら「集団自決」自体に検定意見がつけられなかったのはなぜか。それは、「集団自決」には2つの異なる理解が存するからである。

---

[1]　渡辺治『安倍政権論』（旬報社、2007）212頁。

[2]　デヴィッド・ハーヴェイ、渡辺治監訳『新自由主義——その歴史的展開と現在』（作品社、2007）120頁参照。

第1に、沖縄戦では軍隊が住民を直接殺害したり、命令や強制により住民を集団自決に追い込んだとする一般的な理解である。第2に、沖縄戦は、住民も軍隊と一体として行動し共に自ら死を選んだ「美しい」歴史だとする理解である。今回の検定意見は、第2の理解、すなわち、「皇民化教育・軍国主義教育の結果、軍民一体の発露として『殉国死』（自らの意志による死）した」という歪んだ認識の表れと見るべきであり[3]、天皇・靖国の価値観によって共同体の維持・復権を図った新保守主義思想に基づくものと考えるべきであろう。このような「美しくない」歴史の否定や天皇・靖国の思想を基礎とする愛国心の強制の先には、日本国憲法の「改悪」が控えていることはいうまでもない。

2　制度――教科書検定の憲法問題

（1）教科書検定制度は、家永・高嶋教科書裁判を契機として憲法学において議論されてきた。中心的な問題点である表現の自由との関連で、最高裁判所は、つぎのように判示している[4]。①教育内容は、正確・中立・公正で、全国的に一定の水準であること、また、児童、生徒の心身の発達段階に応じたものであることが要請される。②上記目的の実現には、不適切と認められる教科書の発行・使用等を禁止する必要があること、その制限も、教科書という特殊な形態での発行を禁ずるものにすぎないことなどを考慮すると、教科書検定による表現の自由の制限は、合理的で必要やむを得ない限度のものというべきである。③教科書の検定が、教育に対する不当な介入を意図する目的の下に、検定制度の目的、趣旨を逸脱して行われるようなことがあれば、適用上の違憲の問題も生じ得る。

（2）以上の判例を前提とすれば、今回の検定意見は、検定制度の目的・趣

---

[3] 石原昌家「書き換えられた沖縄戦――『靖国の視座』による沖縄戦の定説化に抗して」『世界』767号（2007）70頁。
[4] 最高裁平成5年3月16日判決・民集47巻5号3483頁（第1次家永訴訟）、最高裁平成9年8月29日判決・民集51巻7号2921頁（第3次家永訴訟）、最高裁平成17年12月1日判決・判時1922号72頁（高嶋訴訟）。なお、適用違憲については、前掲最高裁平成9年8月29日判決。

旨(正確性・中立性・公正性、全国一定水準、心身発達段階への適応)を逸脱したものであり、また、教育への不当な介入の意図・目的によるものと見るべきである。第1に、根拠として示された資料への意図的な「曲解」がなされていた点である。教科書調査官は、軍による強制性を否定する資料として、林博史『沖縄戦と民衆』(大月書店、2001)を挙げた。しかし、この書物は、特定の軍幹部による直接の命令についてのみ疑問を呈したものであり、軍の責任を強く指摘するものであった。第2に、現実の学説状況が、検定意見を基礎づけるものではないという点である。沖縄戦研究では、「集団自決」が日本軍の強制と誘導によって起きたこと及び日本軍の存在が決定的であったことが共通認識とされる。この点で学説の状況に変化はない。第3に、もう1つの根拠として挙げられた民事裁判の提訴(当時の守備隊長等による損害賠償等を求める訴訟)も理由とはならない点である。第1審の段階で、しかも、検定意見が付けられた時点では実質的審理にも入っていなかった訴訟が、教科書の重要な内容を覆すほどの正当性を持つとは思われない(むしろ、検定意見への状況整備のための提訴であったとする見方もある)。第4に、客観的な状況から教育に対する不当な介入という意図・目的があったといえる点である。自由主義史観研究会というグループが教科書から軍の強制性を削除するよう求める運動を行っていたこと、その中心人物による「新しい歴史教科書を作る会」と密接な関係を持つ人物が、教科書調査官として今回の記述削除を調査意見書に盛り込んだこと、検定調査審議会には沖縄戦の専門家がいなかったため、その調査意見書の内容が検定意見書に入ったこと等が指摘されている[5]。

(3) 今回の検定意見をめぐり、11万6千人が参加する県民大会で検定意見削除・撤回を求める沖縄の「民意」が確認され、沖縄県議会や県内全市町村議会で意見撤回決議が可決された。また、全国の自治体でも同様の決議が可決され続けている。この民意を背景とした沖縄県側の行動に対し、伊吹文

---

[5] 以上の点につき、安田浩一「誰が教科書記述を修正させたか」『世界』771号(2007)45頁以下、林博史「教科書検定への異議(上)(下)」『沖縄タイムス』2007年10月6日、7日参照。

明文科相（当時）が「大臣の立場で意見を言うことは、教育への政治介入になる」と発言するなど、政府は一貫して撤回要求を拒否してきた。政府による検定意見の削除・撤回は、本当に政治介入に該当するのであろうか。

　そもそも、ここでいう政治介入とは、適正に運用されている行政作用に「政治的意図」を持って介入しそれを歪めさせることを指すものと考えられる。教科書検定という教育の場で政治介入が許されないという原則は、最高裁が認めた教科書検定の立法目的、また、学術的正統性の確保という観点からすれば、妥当なものと解されよう。しかし、今回の場合、「大臣の立場」での意見削除・撤回は、政治介入には当たらないと解される。既に述べたように、今回の検定意見が適用違憲と評価されうるのであり、大臣が、担当省庁の行政運用上生じる問題について是正措置を講じることは、むしろ適正な行政権の行使と解されるからである。教科書検定の運用が政治介入によるものであったことを真摯に受け止め、それを正すことこそが必要である。

3　記憶──「集合的記憶」と国民概念

　(1)　沖縄戦「集団自決」の問題は、過去の歴史・記憶の位置づけを問う問題でもある。石田雄は、記憶という行為を「現在の立場から過去を再構成し、そのことによって未来にむけた行為を意味づける作用」とする。記憶は「過去と未来の間」での「選択」を内実とし、その基準として「行為主体の価値志向」を基礎とするが故に、主観的な作用である。しかし、記憶は、「国民」概念と結びつくことにより共通の・公共的な「集合的記憶」となりうる。この集合的記憶とは「複数の個人に集合的に持たれている記憶」であり、「『日本』という国民意識は、本来共通の集合的記憶によって支えられているべきはず」とされる[6]。この議論に倣えば、教科書検定制度は、集合的記憶の確認・形成を通じて「国民」を作り上げる装置だということになる。これが、閉鎖的・排他的な国民共同体を創設しようとする立場によって利用されるとき、特定の「美しくない」歴史に対する忘却・無視・序列化がなされ

---

[6]　石田雄『記憶と忘却の政治学──同化政策・戦争責任・集合的記憶』（明石書店、2000）12頁以下、243・246・248頁。

ることとなる。

(2)「国民」は、統治権・主権や領土と並んで国家概念を構成する一要素である（国家3要素説）。国民とは何か、国民のアイデンティティをどこに求めることができるのか、という問は、「日本人が一人ひとりバラバラにされてしまって、自分のことしか考えない」という「新自由主義と親和的なアトム的世界観が浸透することで日本の国民統合が内側から壊れかけている」[7]現在、緊急の問題となっている。しかし、これは極めて難しいテーマである。その理由としては、その要素の多様さに加え日本に固有の事情があろう。例えば、「一切のアイデンティティーの要求を歴史的に放棄」してきたドイツは、「代替アイデンティティー」として「西欧への帰属」、「絶対的ヨーロッパ信仰」を選択してきた[8]。その後、東西ドイツ統一に際し憲法にアイデンティティが求められ、憲法愛国主義という有名な概念が持ち込まれた。他方、日本では、ドイツとは異なり、アジアも憲法も日本人のアイデンティティとはならなかった。ナショナルなものの排除に変わるべき要素が見出されなかったが故に、その復興を警戒し抑えることが課題とされてきたのである。

(3) そこで、国民のアイデンティティと集団的記憶との関係を明らかにすることが課題となる。これには、集合的記憶を国民のアイデンティティとして位置づける立場（①）と位置づけない立場（②）、また、前者につき、負の記憶をアイデンティティへ持ち込まない立場（①A）とそれを刻み込もうとする立場（①B）とがありうる。②の見解によれば、国家が国民を形成するための記憶の画一化というプロジェクトは、その必要性を失う。教科書検定制度自体を否定する議論は、この立場と親和的であろう。他方、①Aは歴史修正主義の立場、①Bは検定意見の削除・撤回を求める沖縄県等の立場となる。

---

[7] 山口二郎・佐藤優「対談・なぜ安倍政権はメルトダウンしたか——露呈した権力中枢の空白」『世界』771号（2007）59頁［佐藤発言］。

[8] ジャン＝クロード・ギュボー、菊地昌実・白井成雄訳『啓蒙思想の背任』（法政大学出版局、1996）101頁。

ここでは、①Ｂの見解に立ち、加害の歴史や「他者」の記憶、今回のケースでいえば沖縄戦「集団自決」への軍の命令・強制を集合的記憶に留めることが、以下の点で重要であることを指摘したい。第１に、国内外における被害を受けた「他者」の記憶を理解し、今なお残る苦しみへと思いを馳せることによって、将来あるべき国家像や国際関係を模索することができるという点である。また、第２に、それが国際的平和への環境整備につながり、「未完の憲法第９条」を完成させることができるという点である。第３に、負の記憶を集合的記憶として「公共」の領域で受け止めることで、様々な判決によって立法裁量に任されている戦後処理の問題や沖縄の基地問題などを国民自らの手で解決することが可能となるという点である。第４に、各人が、特定の価値をあらかじめ排除されることなく開かれた討議の中に置かれ、そこで、全体として基本的なコンセンサスを形成・確認・維持しうる統一的な主体を作ることができるという点である。

　教科書検定をめぐる今回の事件は、これまで沈黙を守ってきた体験者の方々にその重い口を開かせ、期せずして沖縄戦の歴史を国民全体で再認識する契機となった。負の記憶を問い続ける沖縄の歴史を集合的記憶として継承し続けることが、体験者の方々の痛み・苦しみを少しでも和らげることにつながることを期待したい。

第2節　表現・歴史・民主政——教科書検定と沖縄の「民意」

1　表現の自由と民主政

(1)　表現の自由の意義

表現の自由（憲法第21条）とは、内心における精神作用を外部に公表する自由をいう。表現されうるものは、思想や信条に限られない。意見、知識、事実、感情など、個人の精神活動に関係する全てのものと理解する必要がある。また、方法については、憲法が列挙するように、集会、結社、言論、出版の他、「その他一切」が含まれることとなる。

この意味の表現の自由は、他の人権に比べて「優越的地位」を占めるとされる。その根拠として、表現の自由に含まれる次の3つの価値を指摘できよう。すなわち、①個人が、自らの言論活動を含む他者との相互交流を通じて、人格を発展させることができるという価値（個人的な「自己実現の価値」）、②国民が、言論活動によって政治的意思決定に関与しうるという価値（社会的な「自己統治の価値」）、③各人は、自己の意見を自由に表明し理を尽くして議論することによって、市場における競争の中で真理に到達できるという価値（「思想の自由市場論」）である（もっとも、③については、自由市場において「真理」が勝利する保障はあるのか、マスメディアはともかく、個人が容易に参入しうる「思想」や「言論」の自由市場は現実に存在しているのか、結局は、大きな「声」が市場を支配することになるのではないか等、様々な問題点も指摘されているところである）。

(2)　表現の自由の保障内容

表現の自由には、その自由としての本質あるいは重要性から、内容を拡張して理解される傾向がある。まず、元来は、精神作用を外部に公表する自由であるが、①その反面として、公表しない自由（消極的表現の自由）が含まれる。この点、思想・良心の自由（憲法第19条）に含まれる「沈黙の自由」との重なり合いが生じうるのであるが、両者の保障範囲は異なるものと解すべきである。消極的表現の自由が問題となるのは、一般的な公表の強制の問

題であるのに対し、沈黙の自由は、信仰に準ずべき世界観、主義、思想、主張等人格形成に関連のあるものを、その人から探知しようとする際に問題となるものだからである。このように考えると、反戦平和を求める市民集会への参加者を、公安警察がビデオで隠し撮りをするような行為は、自由なる表現行為を萎縮させ、また、匿名での表現をさせないようにするものとして表現の自由に対する侵害と見ることもできるし、公的機関が市民の政治思想を本人の同意なく探知しようとするものとして思想・良心の自由に対する侵害とも見ることができるであろう[9]。

また、②公表の前提として、知る権利（情報を受け取る自由、情報を収集する自由）が含まれると解すべきである。知る権利とは、聞く・読む・視るという表現の受け手の自由を意味するが、知る権利が認められる根拠は、現代国家における国家機密の増大にともなう政府への情報の集中化、また、マス・メディアへの情報の集中化により個人による情報収集が不可能ないし困難になったことにある（情報の送り手と受け手の分離）。こうした事態に至ったことにより、情報提供に不可欠な情報収集・情報受領を権利として保障することが必要とされるようになった。

この趣旨は、判例によっても認められている。例えば、よど号ハイジャック記事抹消事件で、「意見、知識、情報の伝達の媒体である新聞紙、図書等の閲読の自由が憲法上保障されるべきことは」、憲法第19条や第21条の「規定の趣旨、目的から、いわばその派生原理として当然に導かれるところであり」、また、「憲法13条の規定の趣旨に沿うゆえんでもあると考えられる」と述べている（最高裁昭和58年6月22日大法廷判決・民集37巻5号793頁）。同様に、レペタ事件でも、「各人が自由にさまざまな意見、知識、

---

[9] 公安警察によるビデオ撮影は実際にあった事件である。集会の主催者が東京都を相手に損害賠償請求を求めて提訴した事件で、東京高裁は、原告の請求を棄却し（東京高裁平成25年9月13日判決・LEX/DB文献番号25502099）、最高裁は上告棄却及び不受理とした（最高裁平成27年1月21日決定・LEX/DB文献番号25505829）。東京高裁判決については、拙稿「警察官による集会の監視行為等が集会開催の妨害ではなく違法ではないとされた事例」法セミ増刊『新・判例解説Watch』14号（日本評論社、2014）43頁以下参照。

情報に接し、これを摂取する機会をもつことは、その者が個人として自己の思想及び人格を形成、発展させ、社会生活の中にこれを反映させていく上において欠くことのできないものであり、民主主義社会における思想及び情報の自由な伝達、交流の確保という基本的原理を真に実効あるものたらしめるためにも必要であって、このような情報等に接し、これを摂取する自由は」、憲法第 21 条第 1 項の「趣旨、目的から、いわばその派生原理として当然に導かれるところである」とされた（最高裁平成元年 3 月 8 日大法廷判決・民集 43 巻 2 号 89 頁）。さらに、博多駅事件では、「報道機関の報道は、民主主義社会において、国民が国政に関与するにつき、重要な判断の資料を提供し、国民の『知る権利』に奉仕するものである」とされ、「知る権利」が報道の自由に憲法的価値を認める根拠として援用されている（最高裁昭和 44 年 11 月 26 日大法廷決定・刑集 23 巻 11 号 1490 頁）。

(3) 民主政における表現の自由の機能

民主政とは、治者と被治者の同一性を意味する。そのため、市民が、国家による政策決定に対し自由に批判したり積極的な提言を行いうることが認められなければならない。自由な批判・提言によってこそ、政治が市民にとって自らのものとなるからである。ここでは、市民の間で多元的な民意が形成されていくことが重要となろう。もっとも、議会制民主主義を採用する日本国憲法の下において、公権力による政策決定は国会の統一的な意思決定によりなされることとなる。市民の間での多元的な民意形成と国会による統一的な意思決定との関係をどのように理解すべきであろうか。

この点、市民は自由に表現しうるだけであって、決定は公権力によってのみなし得るとする考え方もあり得る。この理解によれば、市民が公的決定に影響力を持ちうるのは、代表者を選挙で選ぶ場面に限られ、一度、代表者を選んだ後は、批判や対案提示の自由だけが残されることとなる。しかし、これでは、治者と被治者は分離されたままで、両者の一体性は、制度としても実感としても得られない。民主主義の「質」を高めるためにも、表現行為の自由に加え、公権力による徹底した情報開示と説明責任の遂行が必要であろう。こうして、情報を摂取し公表するという表現の自由の保障内容は、民主

政の質的向上を実現するために欠かせない重要な機能を営むこととなる。

2　沖縄戦の「歴史」と教科書検定

(1) 消された「歴史」

　2007年3月30日、文部科学省は、2008年度から使用される高校教科書の検定結果を公表した。これを契機に、沖縄では、島ぐるみでの抗議の声が上げられることとなる。沖縄戦の「集団自決」（沖縄戦の実相研究が進展する中で、現在では「集団自殺」の用語は不適切であり、正確には「強制集団死」と表現をすべきだとの見解が広まっている。本書も、この問題意識を共有するものではあるが、「集団自決」の語を括弧付きで表記することにより、問題の本質へと視線を誘う導きとしたい）について、日本軍の強制ないし命令があったとは断定できないとの立場から検定意見が付され、これに伴って、いずれの教科書からも「軍命」の記述が消されることとなったからである。しかし、沖縄戦初期の1945年3月以降に、慶良間諸島の座間味島、慶留間島、渡嘉敷島等で、「軍官民共生共死の一体化」の意識を叩き込まれた住民が、軍の強制と誘導により、軍から配布された手榴弾を使って次々と「玉砕」していったことは、紛れもない事実である。このことが、スパイ等の名目での日本軍による直接的な住民殺害とともに、沖縄戦の「歴史」を形成することとなるのである。

　では、なぜ、沖縄戦「集団自決」が攻撃の対象とされたのか、また、軍の強制性が否定されながら「集団自決」自体に検定意見がつけられなかったのはなぜか。それは、「集団自決」には、軍隊が命令や強制により住民を集団自決に追い込んだとする一般的な理解の他に、異なるもう1つの理解が存するからである。すなわち、沖縄戦は、住民も軍隊と一体として行動し共に自ら死を選んだ「美しい」歴史だとする理解である。今回の検定意見は、後者の理解、すなわち、皇民化教育・軍国主義教育の結果、住民が、自らの意思によって死を選んだという歪んだ認識の表れと見るべきであり、天皇・靖国の価値観によって共同体の維持・復権を図った新保守主義思想に基づくものと考えるべきであろう。このような「美しくない」歴史の否定や天皇・靖国

の思想を基礎とする愛国心の強制の先には、日本国憲法の「改悪」が控えていることはいうまでもない。

　しかも、注目すべきことは、「集団自決」という言葉は、もともとは教科書検定で記述を加えるべきである旨の修正意見がつけられて用いられるようになった用語であり、その意図が、日本軍による加害行為を薄めることにあったことは明らかであろう。この時の教科書検定をめぐっては、文部大臣による修正意見や改善意見等の違法性を主張して国家賠償請求訴訟が提起された（家永教科書検定第3次訴訟）。その上告審で最高裁判所は、家永三郎氏の主張を退けつつも、「多数の県民がなぜ集団自決という異常な形で死に追いやられたのかということを含め、地上戦に巻き込まれた沖縄県民の悲惨な犠牲の実態を教えるためには、軍による住民殺害とともに集団自決と呼ばれる事象を教科書に記載することは必要と考えられ、また、集団自決を記載する場合には、それを美化することのないよう適切な表現を加えることによって他の要因とは関係なしに県民が自発的に自殺したものとの誤解を避けることも可能であり……」と指摘していた（最高裁平成9年8月29日判決・民集51巻7号2921頁）。今回の「軍命」削除は、この判決の趣旨からも大きく外れるものとなってしまっているのである。

(2) 教科書検定の憲法問題

　今回の検定意見を憲法学の観点から評価しようとする場合、次のように、異なる複数の視点からの検討が必要となろう。即ち、第1に、そもそも教科書検定制度自体が、教科書の執筆者及び出版社の表現の自由、また、教科書を使用する生徒の知る権利や学習権を侵害し違憲ではないかという問題である。また、第2に、制度それ自体は合憲であるとしても、制度の適用のあり方が、憲法上の権利を侵害し違憲ではないかという問題である。

　教科書検定制度の合憲性をめぐる問題は、家永・高嶋教科書裁判を契機として議論されてきた（第1次家永教科書訴訟に関する最高裁平成5年3月16日判決・民集47巻5号3483頁、前掲最高裁平成9年8月29日判決、高嶋教科書訴訟に関する最高裁平成17年12月1日判決・判時1922号72頁）。中心的な問題点である表現の自由との関連で、まずは、上記第1の点に関す

る最高裁判決を見よう（前掲最高裁平成5年3月16日判決）。

①「検閲」（第21条第2項）に該当し違憲であるとする点について、過去の先例に従って「行政権が主体となって、思想内容等の表現物を対象とし、その全部又は一部の発表の禁止を目的とし、対象とされる一定の表現物につき網羅的一般的に、発表前にその内容を審査した上、不適当と認めるものの発表を禁止することを特質として備えるものを指すと解すべきである」と述べた上で、「本件検定は、……一般図書としての発行を何ら妨げるものではなく、発表禁止目的や発表前の審査などの特質がないから、検閲に当たらず、憲法21条2項前段の規定に違反するものではない」と判断した。

②「事前抑制禁止の原則」に反し違憲であるとする点については、北方ジャーナル事件判決を考慮する必要がある。「表現行為に対する事前抑制は、新聞、雑誌その他の出版物や放送等の表現物がその自由市場に出る前に抑止してその内容を読者ないし聴視者の側に到達させる途を閉ざし又はその到達を遅らせてその意義を失わせ、公の批判の機会を減少させるものであり、また、事前抑制たることの性質上、予測に基づくものとならざるをえないこと等から事後抑制の場合よりも広汎にわたり易く、濫用の虞があるうえ、実際上の抑止的効果が事後制裁の場合より大きいと考えられる」ため「厳格かつ明確な要件」のもとでのみ許される（最高裁昭和61年6月11日大法廷判決・民集40巻4号872頁）。

しかし、本件では、この先例の趣旨は妥当しないとしている。北方ジャーナル判決は、「発表前の雑誌の印刷、製本、販売、頒布等を禁止する仮処分、すなわち思想の自由市場への登場を禁止する事前抑制そのものに関する事案において、右抑制は厳格かつ明確な要件の下においてのみ許容され得る旨を判示したものであるが、本件は思想の自由市場への登場自体を禁ずるものではないから、右判例の妥当する事案ではない」。

③表現の自由に対する不当な規制であり違憲であるとする点については、「（一）……普通教育の場においては、教育の中立・公正、一定水準の確保等の要請があり、これを実現するためには、これらの観点に照らして不適切と認められる図書の教科書としての発行、使用等を禁止する必要があること

(普通教育の場でこのような教科書を使用することは、批判能力の十分でない児童、生徒に無用の負担を与えるものである)、(二) その制限も、右の観点からして不適切と認められる内容を含む図書のみを、教科書という特殊な形態において発行を禁ずるものにすぎないことなどを考慮すると、本件検定による表現の自由の制限は、合理的で必要やむを得ない限度のものというべきであって、憲法21条1項の規定に違反するものではない」とした。

以上の判例に従えば、今回の検定意見も憲法に反するものではないということになる。しかし、①の点については、判例の検閲概念は不当に狭すぎる点で問題があり、また、最高裁が「検閲」概念の定義を設定する際に参考にしている、戦前の出版法・新聞紙法に基づく内務大臣による発売頒布禁止制度は、判例の定義によっても検閲に該当しないこととなり[10]、その妥当性が疑われる。

また、③については、先例として、猿払事件判決(最高裁昭和49年11月6日大法廷判決・刑集28巻9号393頁)と成田新法事件判決(最高裁平成4年7月1日大法廷判決・民集46巻5号437頁)を挙げている点に関しては、そこで採用された「合理的関連性の基準」や「比較衡量論」は、表現の自由を含む精神的自由権を規制する法律の違憲審査において用いるべき審査基準としては緩やかにすぎるものであり、表現の自由への規制が問題となっている本件では、用いるべきではないこと、また、よど号ハイジャック記事抹消事件判決(前掲最高裁昭和58年6月22日大法廷判決)を挙げている点については、最高裁が採用した「相当の蓋然性の基準」を用いて教科書検定の合憲性を判断する場合、より詳細な検討が必要ではなかったか、例えば、教科書としての発行の禁止に代わる他の規制方法の可能性等について、立ち入った検討をすべきだったのではないか等の批判が妥当するであろう。

さらに、全体を通じて強調されている、教科書という方法による表現を規制しているだけであって表現内容が市場へ登場することを禁止しているわけではない、とする点については、特定の方法による思想の自由市場への登場

---

[10] 奥平康弘『なぜ「表現の自由」か』(東京大学出版会、1988) 95頁以下参照。

を禁止することが、表現の自由にとって大きな打撃を与えうることを過小評価しているのではないかという疑問があることを指摘することができる。戸別訪問の禁止の合憲性が問題となった訴訟での、伊藤正己裁判官による次の補足意見が参照されるべきである。「表現の自由の行使の一つの方法が禁止されたときも、その表現を他の方法によって伝達することは可能であるが、禁止された方法がその表現の伝達にとって有効適切なものであり、他の方法ではその効果を挙げえない場合には、その禁止は、実質的にみて表現の自由を大幅に制限することとなる」(最高裁昭和 56 年 7 月 21 日判決・刑集 35 巻 5 号 568 頁)。

3 沖縄戦「軍命」削除の違憲性と沖縄の「民意」

(1) 沖縄戦「軍命」削除の適用違憲性

教科書検定制度を合憲とする最高裁の論理は、教育内容については、正確・中立・公正で全国的に一定の水準であること、また、児童、生徒の心身の発達段階に応じたものであることが要請されることに多く依拠している。とすれば、教科書の検定が、教育に対する不当な介入を意図する目的の下に、検定制度の目的、趣旨(正確性・中立性・公正性、全国一定水準、心身発達段階への適応)を逸脱して行われるようなことがあれば、適用違憲と考えることもできる。そこに、今回の検定意見の違憲性を主張する余地が生じよう。

検定意見の理由として挙げられた 2 つの点、沖縄戦研究における学説の動向と民事裁判が提起されていることについて、検討することとする。

第 1 に、沖縄戦研究の学説上の根拠として、ある書物が「軍命」否定の根拠として示されたが、そこには、資料への意図的な「曲解」がなされていたという点である。教科書調査官は、軍による強制性を否定する資料として、林博史『沖縄戦と民衆』(大月書店、2001)を挙げた。しかし、この書物は、特定の軍幹部による直接の命令についてのみ疑問を呈したものであり、軍の責任を強く指摘するものであった。沖縄戦研究では、「集団自決」が日本軍の強制と誘導によって起きたこと及び日本軍の存在が決定的であったこ

第1章 米軍基地に抗う市民性——沖縄戦の歴史の継承

とが共通認識とされる。この点で学説の状況に変化はないのである。

第2に、もう1つの根拠として挙げられた民事裁判の提訴（当時の守備隊長等による損害賠償等を求める訴訟）も理由とはならない点である。第1審の段階で、しかも、検定意見が付けられた時点では実質的審理にも入っていなかった訴訟が、教科書の重要な内容を覆すほどの正当性を持つとは思われない（むしろ、検定意見への状況整備のための提訴であったとする見方もある）。

さらに、第3に、客観的な状況から教育に対する不当な介入という意図・目的があったといえる点である。特定のグループが教科書から軍の強制性を教科書から削除するよう求める運動を行っていたこと、その中心人物による「新しい歴史教科書を作る会」と密接な関係を持つ人物が、教科書調査官として今回の記述削除を調査意見書に盛り込んだこと、検定調査審議会には沖縄戦の専門家がいなかったため、その調査意見書の内容が検定意見書に入ったこと等が指摘されている。

(2) 11万人の「民意」

「軍命」削除の検定意見をめぐり、11万6千人が参加する県民大会で検定意見削除・撤回が求められた（2007年9月29日）。沖縄県議会や県内全市町村議会でも意見撤回決議が可決された。沖縄の「民意」は、一連の動きによって確認されたといえよう。また、全国の自治体でも同様の決議が可決されており、沖縄の「民意」は、沖縄を越えて全国に広まり、日本全体の「民意」形成に重要な役割を果たしている。この民意を背景とした、検定撤回を求める沖縄県側の要請行動に対し、伊吹文明文科相（当時）が「大臣の立場で意見を言うことは、教育への政治介入になる」と発言するなど、政府は一貫して撤回要求を拒否した。政府による検定意見の削除・撤回は、本当に政治介入に該当するのであろうか。

そもそも、ここでいう政治介入とは、適正に運用されている行政作用に「政治的意図」を持って介入しそれを歪めさせることを指すものと考えられる。教科書検定という教育の場で政治介入が許されないという原則は、最高裁が認めた教科書検定の立法目的、また、学術的正統性の確保という観点か

らすれば、妥当なものと解されよう。しかし、今回の場合、「大臣の立場」での意見削除・撤回は、政治介入には当たらないと解される。既に述べたように、今回の検定意見が適用違憲と評価されうるのであり、大臣が、担当省庁の行政運用上生じる問題について是正措置を講じることは、むしろ適正な行政権の行使と解されるからである。教科書検定の運用が政治介入によるものであったことを真摯に受け止め、それを正すことこそが必要である。

　文部科学省は、検定意見への強い反発を受け、「集団自決」に対する日本軍の関与を示す記述の復活をついに認めた。しかし、検定意見の削除は実現されず、「軍の強制」についても認めないという態度を崩さなかった。沖縄の「民意」に対応する徹底した情報開示と説明責任は、いまだ十分とはいえず、民主政の質的向上は、依然として遠いままである[11]。

---

[11] 以上については、芦部信喜『現代人権論』(有斐閣、1974)、岩波書店編『記録・沖縄「集団自決」裁判』(岩波書店、2012)、沖縄タイムス社編『挑まれる沖縄戦――「集団自決」・教科書検定問題　報道総集』(沖縄タイムス社、2008)、謝花直美『証言　沖縄「集団自決」――慶良間諸島で何が起きたか』(岩波新書、2008)、世界臨増『沖縄戦と「集団自決」――何が起きたか、何を伝えるか』(岩波書店、2008)、林博史『沖縄戦・強制された「集団自決」』(吉川弘文館、2009)、毛利透『民主制の規範理論』(勁草書房、2002) 等参照。

第1章　米軍基地に抗う市民性——沖縄戦の歴史の継承

［附論3］沖縄戦「集団自決」裁判

　沖縄戦「集団自決」裁判とは、2005年8月5日に、大江健三郎氏と岩波書店に対し、『沖縄ノート』（岩波新書、1970）等の書籍で名誉を毀損されたとして、慰謝料の支払いと出版差止等を求めて提訴された事件である。原告は、座間味村の海上挺身第1戦隊長であったA氏と渡嘉敷島の海上挺身第3戦隊長だったB氏の弟、C氏である。原告らは、①「集団自決」は、隊長命令（軍命）によるものではなく皇民化教育の結果であり、住民が自ら選んだ「美しい死」であった、②集団自決の命令は、座間味村の助役や渡嘉敷村の村長によるものであった等と主張した。

　しかし、裁判の過程で、次の事実が明らかになった。①戦陣訓等により、住民にはあらかじめ玉砕が命令されており、生きる選択肢はなかった。②助役や村長が独断で自決命令を出すことはあり得ず、住民が手榴弾を持っていたことは、軍命の証左である（A氏は、手榴弾等の武器が自分の許可なく住民にわたることはない、と法廷で答えた）。③住民は、軍命があったと認識していたことは事実であり、「美しい死」というストーリーは破綻した。他方、裁判の政治性も浮き彫りとなった。①A氏は、提訴の段階で『沖縄ノート』を読んでいなかったし、提訴に乗り気でもなかった。②『沖縄ノート』には、A氏の名前や座間味村に関する具体的な記述はない。③C氏は、兄のB氏と「集団自決」や提訴の希望について話をしたことはない、と認めた。

　結局、この裁判は、特定の思想傾向を持った弁護士等による、沖縄戦の歴史修正を求める試みである。軍命を教科書から削除することを目的に起こされた、政治的性格を強く帯びたものである。こうした狙いは、「軍隊は国民を守らない」歴史の修正、戦争のできる国への転換、平和主義を謳う憲法の改悪まで視野に納める。この種の主張が認められるはずもなく、「集団自決」の軍命の歴史は、動かしがたいものとして私たちの記憶に刻印されることとなった。大阪地裁平成20年3月28日判決（判タ1265号76頁）及び大

阪高裁同年10月31日判決（判時2057号24頁）は、どちらも名誉毀損の成立を認めず、原告の請求を棄却した（最高裁は上告棄却・不受理とし、この判断は確定した。最高裁平成23年4月21日決定・LEX/DB文献番号25471224）。

　実は、歴史修正を求めて裁判が起こされるのは、今回が初めてではない。南京事件の際、捕虜等を虐殺したとの記述が亡少尉やその遺族の名誉を毀損している等として、出版社等を相手に提訴された「百人切り裁判」がある。ここでも、東京地裁平成17年8月23日判決（LEX/DB文献番号28112411）、東京高裁平成18年5月24日判決（LEX/DB文献番号28112410）ともに請求を棄却し、最高裁で確定している（最高裁平成18年12月22日決定・LEX/DB文献番号25400726）。ここでは歴史修正を求める企ては失敗に終わったが、「集団自決」裁判も含め、これらの動きの背後には、ナショナリズムが根強く残る日本社会の負の側面が横たわる。このことは、日本では、理性と普遍性による統合ではなく、「日本人」という血による排他的な統合への誘惑がいかに強いものであるかを物語っている。

第2章　米軍基地に抗う市民の直接行動
――民主主義の「質」と憲法学

序――問題の所在

（1）日本の憲法学は、存在と当為、事実と価値、主観と客観、認識と評価それぞれの二分論に基づいて構築されている。この点をとらえて、「すでに滅んだ19世紀の新カント派哲学を暗々のうちに信奉している日本の憲法学者達」[1]とする指摘もあるが、こうした根本的な問題提起を真正面から受け止める用意は、筆者にはない。まずは、従来の憲法学の枠組みを前提とした議論にとどまらざるを得ないことを記すことから始めたい。

（2）ただ、そうであるからといって、「学」としての憲法学は、ただイデオロギー批判の任に専念すべきものでもない。高橋和之は、イデオロギー批判には「理念の制度化の次元で生じるもの」と「制度の運用の次元で生じるもの」という二つの構造が存在すること、「憲法学はイデオロギー批判にとどまっていてはならない。イデオロギー批判を越えて進まねばならない」ことを指摘し、次のように述べる[2]。

「理念が制度化されていないことを暴露することも重要である。しかし、さらに進んで、理念を制度化するには、いかなる可能な諸制度が存在するのか、それら諸制度が理念といかなる適合関係をもつのかを提示するのも憲法学の課題でなくてはならない。制度が理念通りに機能していないことを指摘することも重要である。しかし、さらに進んで、いかなる制度がいかなる条件の下で理念通りに機能するか、しないか、またどの程度において、を分析することも憲法学の任務でなくてはならない」。

この指摘は、イデオロギー批判にとどまらない憲法学の方向性を示すものとして重要な指針であるといえよう。本稿は、この高橋の問題提起に沿っ

---

[1] 水波朗「日本国憲法解釈論と二十世紀の哲学――新カント派観念論の奇異な残存」阿南成一他編『自然法と実践知』（創文社、1994）92頁。

[2] 高橋和之『国民内閣制の理念と運用』（有斐閣、1994）7、8頁。

て、主として「制度の運用の次元」における民主主義の「質」を問うことを目的とする。すなわち、民主主義制度がいかなる条件の下でどの程度よりよく機能しうるかを検討することが本章の課題である。その際、特に、沖縄で基地問題をめぐって展開されてきた市民の直接行動が、民主主義の「質」の向上にとってどのように位置づけられるのかを考えてみたい。

(3) 具体的には次のような行動である。① 2001 年 4 月 27 日に発足した「わったー市長を選ぼう会」の活動である[3]。名護市辺野古での基地建設に反対する民意を名護市政に反映させるため、既存の組織・政党に頼るのではなく市民自ら市長選挙の候補者を選んでいこうとする試みである。複数の候補予定者が公開討論会で自らの政策を訴え、市民も学習を通じて市政のあり方に関する積極的な議論を行った。

②名護市辺野古で基地建設を阻止するための座り込みである。2004 年 4 月 19 日に那覇防衛施設局(現「沖縄防衛局」)が基地建設のための海上ボーリング調査作業の準備に入った。そのための機材の搬入や作業自体を阻止するため、テントを設営しての座り込み行動が続けられた。その後、施設局が潜水調査、ボーリング調査を強行するに至ったため、阻止行動は海上でも展開されるようになる。カヌー隊を組織しての非暴力による阻止行動である[4]。

③東村高江でのヘリパッド建設を阻止するための座り込みである。日米両政府間で合意されている北部訓練場の一部返還に伴って、ヘリコプターの着陸帯(ヘリパッド)の移設が計画されているが、これを阻止するため監視行動・座り込みが続けられている。移設予定地である高江区の住民は、ヘリ墜落事故の危険性や環境破壊のおそれ等を理由に反対の意思を明確に示している。

これらの活動は、民主主義制度とは直接の関係を持たない事実上のものとして、あるいは、集会の自由や表現の自由等の人権論として捉えられうる。しかし、市民の直接行動の意義は、民主主義との関連で捉えてはじめて積極

---

[3] わったー市長を選ぼう会編『記録報告集』(2001)。

[4] 阻止行動の現場の様子については、大西照雄『愚直 辺野古からの問い』(なんよう文庫、2005)等参照。

的に位置付けうるのではないかと思われる。そこで、本章では、民主主義と議会制との関連において、「民意」を国政へいかに正確に「反映」させるかが課題であったことを述べ（1）、また、民意の「反映」をさらに確実にするために主張されてきた議論について整理する（2）。その上で、「反映」されるべき民意の「形成」の側面にも光が当てられるべきではないか検討し、人権論に包摂しきれない市民の直接行動を民主主義に位置付ける試みを提示したい（3）。

1　民主主義と議会制の接続と対抗

　治者と被治者の自同性・同一性という原義に従えば、民主主義とは、統治権の主体と個々人とが本性上一体であることを確保する政治的仕組みである。統治権の主体と個々人との一体性は、国政への「民意」の反映によって維持されうるが、その場合、必然的に民意を議会へ反映させること（議会制）が帰結されるわけではない。ここでは、民意の反映のさせ方に着目し、議会までの民主主義、議会ぬきでの民主主義に区別して、民主主義と議会制の関係を整理しておきたい[5]。

（1）民主主義と議会制の接続

　民意を議会へ反映させることで統治権の主体と個々人との一体性を確保しようとする見解を議会制民主主義と呼ぶことができる。樋口陽一は、「議会制民主主義の理念像的シェーマ」として、次のように整理する。「国民の最大限の部分が選挙人団に組織され（普通選挙制）、選挙民のレヴェルに存する諸利害・諸主張が、政治的諸自由（とりわけ表現の自由）の保障のもとで、できるだけ正確に議会に反映される。このような主権者＝国民から議会への選挙過程において、また、議会における公開の自由な討論を通じて、諸々の利害・主張がたがいに説得し説得されることによって統合され、暫定

---

[5]　同様に、議会制と民主主義との関係という視角から、「議会制民主主義の今日的問題」に検討を加え、「議会までの民主主義」と「行政権までの民主主義」との対比として論じるものとして、樋口陽一『現代民主主義の憲法思想――フランス憲法および憲法学を素材として』（創文社、1977）203頁参照。

的な意味におけるひとつの政治的真理に到達する（統合的機能）。他方、そのプロセスは公開されていることそのことによって、選挙民に対する問題提起的な役割をはたす（教育的機能）。そして、このようないわば無限軌道的循環がくりかえされることによって、デモクラシーの全政治過程が展開する」[6]。

　選挙を通じて民意を議会へ反映させる近代の代表制は、次の特徴を有するものとされる[7]。第1に、民選の議会のみが「国民」の意思を決定する「国民代表」とされるという点である。第2に、有権者集団としての「人民」は、「国民」の意思を決定することができず、また、それを議会に強制することもできないという点である。具体的には、「人民投票（referendum）・人民拒否（veto populaire）・人民発案（initiative populaire）、『人民』による議会解散請求制度等の排除、および議員に対する命令的委任の禁止、免責特権の保障、それからの帰結でもある『人民』による法的および政治的責任の追及制度の排除が、憲法上維持されていた」[8]。第3に、女性と民衆層とが選挙権自体を否定され、有権者団としての「人民」から排除されていたことである。第4に、憲法上代表の地位にない機関が議会へ干渉することが禁止されていたことである。したがって、裁判所による違憲立法審査制度の排除、議会解散制度の排除が帰結された。第5に、国政調査権が不十分なものにとどまっていたことである。

　議会制民主主義の下では、議会は、それのみが国民の代表者として民意を国政へ反映する機関であり、身分的・地域的な個別意思には拘束を受けることなく独立して活動しうる。ここでは、民主化とは議会の民主化を意味していた。議会制民主主義の危機の時代にあってなお議会制擁護の態度を示したハンス・ケルゼンは、次のように述べる。「もとより、デモクラシーと議会主義とは同一ではない。しかし、近代的国家にとっては直接的デモクラシー

---

[6] 樋口陽一『議会制の構造と動態』（木鐸社、1973）250頁。
[7] 杉原泰雄・只野雅人『憲法と議会制度』（法律文化社、2007）47頁以下〔杉原執筆〕。
[8] 杉原・只野・前掲（7）49頁〔杉原執筆〕。

は実際上不可能であるから、議会主義こそ、デモクラシーの理念が今日の社会的現実内で実現せられうる唯一の現実的な形式であることを、おそらく真面目に疑う理由はないにちがいない。従って、議会主義に対する決定は、同時にデモクラシーに対する決定である」[9]。

(2) 民主主義と議会制の対抗

議会へ民意を届けること、議会が民意を具現化すること、これこそが民主主義の課題であったといえよう。また、それは、議院内閣制を採用する場合には、「議会さえ民主化しうれば、行政権も当然に民主化されるはず」[10]とする考え方とも結びついていた。しかし、一度、議会と民意との接続について疑念が生じると、それは、議会制自体への批判として噴出する。宮沢俊義は、これを「議会制に対する左からの攻撃」と「議会制に対する右からの攻撃」として整理する[11]。

まず、選挙が市民的勢力から十分解放されず、また、金銭的に議員になることが困難である状態では、議会制は、無産層の社会的解放にとって無力であるとする批判がなされた。これが「左からの攻撃」である。無産者の意思が議会に反映されないというこの批判は、代表制の問題でもある。純粋代表制を特徴とする近代の代表制は、国民の意思が議会の議員に直接影響を与えることを排除する。「議会によって形成せられる国家意思は絶対に国民の意思ではない、そして議会主義によって統治される国家の憲法によれば、国民の一意思も——議会選挙の行動を除いては——決して形成せられることはできないから、議会は国民の意思を表現することはできない」[12]。かくして、議会制は民主主義と対立し、「権威制的性格をもつ」とされることとなる[13]。

他方、選挙が一般無産者にも拡張して保障されるようになると、議会は、政党の党議拘束故に、妥協のない様々な諸利害の対立する場となってしまい、全体的な利益を示す機能を失うこととなる。これが「右からの攻撃」で

---

[9] ケルゼン、西島芳二訳『デモクラシーの本質と価値』(岩波文庫、1948) 57頁。
[10] 高橋・前掲 (2) 21頁。
[11] 宮沢俊義『憲法と政治制度』(岩波書店、1968) 12頁以下。
[12] ケルゼン・前掲 (9) 62頁。
[13] 宮沢・前掲 (11) 10頁。

ある。カール・シュミットはいう。議会主義は、「政治的な指導者選択の手段」であり、「最良最有能の人物を政治的指導に当たらせるための確実な方法」を意味していたが、しかし、「議会がはたして真に政治的エリートを形成する能力を事実上もっているかどうかということは、極めて疑わしくなってしまっている」。しかも、「多くの国家において、あらゆる公共の問題が諸政党およびその追随者たちの利得および妥協の対象物と変じ、政治はエリートの仕事であるどころか、かなり賤しい種類の人間のかなり賤しい商売となり果てている、というところまで議会主義がきている」[14]。

　こうした民主主義と議会制との対抗を解決するために、両者を分離し議会制によらないで民主主義を維持・貫徹しようとする試みがみられた。この文脈で有名なシュミットの見解は、次の特徴を有している。第1に、「公開」と「討論」の役割の重要性である。シュミットが議会制を批判するのも、大衆的民主主義の発展が、議会を討論の場ではなく、あらゆる種類の交渉および妥協の場としてしまったからであり、また、それ故、弁論を闘わす公開の討論を形式的なものにしてしまったからなのである。したがって、ここでいう「討論」とは、妥協の機会ではなく、理性的な意見の交換、合理的な主張、真理性と正当性の発見をこそ内実とするものなのである[15]。

　第2に、シュミットのいう民主主義は、次の2つを本質とする。「第1に、同質性ということであり、第2に——必要な場合には——異質的なものの排除ないし絶滅ということ」である[16]。同質的な人民によるからこそ、真理の発見、討論は可能となるのであり、ひいては、治者と被治者の同一性＝民主主義も可能となるのである。

　第3に、同質的な人民は「公共性の領域」においてのみ存在するのであり、その意思は、公開の場で表明されるべきものである。そのため、シュミットは、秘密投票を批判し、また、「喝采（acclamatio）」という「反論

---

[14]　カール・シュミット、稲葉素之訳『現代議会主義の精神史的地位』（みすず書房、2000）7、8頁。
[15]　シュミット・前掲（14）8-12頁。
[16]　シュミット・前掲（14）14頁。

の余地を許さない自明なもの」による人民の意思の表現を強調するのである[17]。そして、もはや民主主義の対立物ではなくなった独裁こそが、喝采を通じて人民の意思を表明しうる民主主義的制度となる。

2　議会制民主主義の展開と民主主義の「質」

　以上見てきた議論は、民意を議会へ確実に反映させる方法の模索であり、また、議会を通じてあるいは議会を回避して行政にまで到達させるための試みとして整理することができよう。実在する民意を議会ないし行政にまで反映させる理論は、その後、発展しており、近時、さらに民主主義の「質」の視点から展開する議論としても主張されている。ここではそのような議論について整理し検討を加えたい。

　(1) 議会制民主主義の修正と深化

　民意と議会制との対抗を再度修正し、議会制民主主義を維持しつつその弊害を他の制度や思想と組み合わせることで解消しようとする議論が提唱された。これは、ちょうど上に述べた議会制に対する2つの攻撃への応答として整理されうる。すなわち、「左からの攻撃」に対しては純粋代表に代わる代表制観が、また、「右からの攻撃」に対しては直接民主制を議会制の補完物として取り入れることが、それぞれ対応する[18]。

　まず、「左からの攻撃」への応答については、純粋代表制観を修正することで、議会と民意との事実上の切断を解消しようとする見解が見られるようになった。それが、「半代表制」及び「社会学的代表制」である[19]。「半代表の概念は、議会・議員と『人民』・その単位との間における意思の拘束関係

---

[17]　シュミット・前掲 (14) 24、25頁。

[18]　もちろん、厳密な意味での対応ではない。特に、後者については、直接民主制であっても秘密投票制を維持する限り、シュミットが考える民主主義からはなお距離があるからである。ここでは、民意の反映のさせ方、すなわち、どのように民意を議会にまで反映させるかという方法、また、どのように民意を行政にまで反映させるかという方法において、論理的連関が見られるということである。

[19]　2つの代表制観については、杉原・只野・前掲 (7) 54頁以下〔杉原執筆〕、高橋和之『現代憲法理論の源流』(有斐閣、1986) 301頁以下等参照。また、議員・議会の地位・性格としての「代表」性の問題と、国民と議会との権限配分上の関↗

を事実上または法的に確保しようとするものであった。社会学的代表……は、同じ目的を、議会構成のあり方の問題として、確保しようとするものである」[20]。

　前者の半代表制は、民意による代表者の意思の事実上または法的な拘束を意味するものであるが故に、「議会制が、民意による政治の手段となること、直接民主制の代替物となること」[21] を求めるものである。ここでは、純粋代表制の場合とは異なり、男子直接普通選挙制度、さらには男女平等の直接普通選挙制度の導入、民意との一致を図るという観点からの議会解散制度への積極的評価、憲法典における直接民主制の採用、違憲立法審査制度の導入等を特徴とするものと指摘されている[22]。

　また、後者の社会学的代表制は、民意による代表者の意思の拘束を確保するために、議会の構成が民意の分布状態と事実上重なることを要求することとなる。その典型は、比例代表とされる[23]。この代表制観を説いたデュヴェルジェは、比例代表制の出現により、代表という語は法学的観念ではなく社会学的観念へと転換したこと、すなわち、選挙で表明された民意とその選挙の結果発生した議会の構成との事実上の類似性を確保することが問題となっていること、しかし、民意それ自体というのは客観的には認識しえないものであるから、これと議会の構成との類似を知ることはできないこと、そこで、民主主義といえるためには、市民が被選挙者によって代表されていると感じることが必要であること等を指摘している[24]。

　次に、「右からの攻撃」への応答については、民意を行政にまで反映させ

　↘ 係を問う問題とを区別すべきとする視点から、半代表制（政）や半直接制の整理を行うものとして、大石眞『立憲民主制』（信山社、1996）146 頁以下参照。
[20]　杉原・只野・前掲 (7) 64 頁〔杉原執筆〕。
[21]　杉原・只野・前掲 (7) 60 頁〔杉原執筆〕。
[22]　杉原・只野・前掲 (7) 60、61 頁〔杉原執筆〕。もっとも、高橋は、「半代表制」の政治形態について分析したエスマンにつき、その本質として「代表者の意思の拘束を重要視していなかった」ものと指摘する。高橋・前掲 (19) 309 頁参照。
[23]　杉原・只野・前掲 (7) 64 頁〔杉原執筆〕。
[24]　M. Duverger, Esquisse d'une théorie de la représentation politique, dans L'evolution du droit public, Etudes offertes à Achille Mestre, SIREY, 1956, ↗

第 2 章　米軍基地に抗う市民の直接行動——民主主義の「質」と憲法学

ることによって、議会制民主主義を補完しようとする制度や考え方が見られるようになった。この点、樋口は、「第 5 共和制のもとで一転して、『行政権までの民主主義』が中心問題として登場してきた」フランスを題材に論じている[25]。

ここでは、①「民意」は議会を通してのみ表明されるという議会中心主義の伝統が変更され、第 5 共和制憲法は大統領中心主義を打ち出したこと、②「1962 年の憲法改正による大統領直接公選制の導入以来、大統領公選制と大統領の人民投票付託権を 2 本の柱にして、大統領と選挙民の直結という傾向が全面化した」こと[26]、③大統領中心主義により、政党対立は 2 大ブロック対立＝分極化への傾向を見せはじめ、「行政権までの民主主義」という傾向が現実のものとなっていること、④ 1969 年 4 月の人民投票で憲法改正案が否決され、ド・ゴールが大統領を辞任したが、この実例により、「大統領責任制による『行政権までの民主主義』という構図が、確認された」こと[27]等が指摘されている。

↘ p.211 et s. デュヴェルジェの社会学的代表については、高橋・前掲 (2) 211 頁以下等参照。また、日本国憲法第 43 条「全国民の代表」の解釈として社会学的代表の意義を重視し、小選挙区制の問題性を指摘する芦部信喜『憲法と議会政』(東京大学出版会、1971) 389 頁以下、他方、「芦部の『社会学的代表』の観念には、なお検討を要する重要な問題も含まれているように思われる」と指摘する杉原・只野・前掲 (7) 153 頁以下〔只野執筆〕等参照。

[25] 樋口・前掲 (5) 216 頁以下。
[26] 樋口・前掲 (5) 219 頁。
[27] 樋口・前掲 (5) 223 頁。「強い政府」の中心に位置する大統領が、人民に対して直接に責任を負うという構図は、ルネ・カピタン等によるものであるが、カピタンの憲法思想については、樋口・前掲 (5) 249 頁以下、高橋・前掲 (2) 45 頁以下等参照。他方、戦前においては、カピタンは、「内閣が統治し、議会が統制する」議院内閣制を主張していた。René Capitant, «Régimes parlementaires», Mélanges Carré de Marberg, Sirey, 1933, p.33 et s. (repris dans René Capitant, Écrits constitutionnels, Paris, Éditions du CNRS, 1982), La réforme du parlementarisme, Sirey, 1934 et «La crise et la réforme du parlementarisme en France. Chronique constitutionnelle française (1931-1936) », Jahrbuch der öffentlichen Rechts der Gegenwart, Tübingen, 1936, p.1 et s. (repris dans René Capitant (Textes réunis et présentés par Olivier Beaud), Écrits d'entre-deux-guerres (1928-1940), Paris, Éditions Panthéon-Assas, 2004). 兵田愛子「ルネ ↗

但し、この「行政権までの民主主義」には、立憲民主主義にとって正と負の側面があるとされる。まず、正の側面として、「一定の社会的同質性の回復のもとで、2大ブロックが中間層を求めて接近しあう求心的傾向が見られ」、「そのようなところで、『行政権までの民主主義』は、現代国家の中枢というべき行政権の首長の国民による選択を可能にするとともに、国民に対する政治責任のメカニズムとして機能しうる」。他方、負の側面として、そうした「『求心的傾向』を背景にした『権力への参加』は、同時に、体制統合の手段ともなり、国民と権力の緊張意識が欠けているところでは、『参加』の形骸化が生じ、さらには、もともと権力との緊張関係のうえにのみ成立するはずの『人権』という観念が『参加』の名においてほりくずされる、というおそれ」が指摘される[28]。

(2) 民主主義の「質」の視点とその理論化

　民主主義に関する議論は、実在する民意——デュヴェルジェによれば認識不可能ということになるが——を前提に、〈人民・民意→議会→行政〉という民主化のプロセスにおいて、どこに問題があると考え、その問題点をどのように解消するかをめぐって展開されてきたといってよい。この議論の延長上に、民主主義の「質」の視点から再度民意の反映をより確実なものにしようとする議論が主張されている。ここでは、議院内閣制につき内閣を中心として構成し直そうとする議論、また、「責任」概念の再構成によって対応しようとする議論を検討することとしたい。

　まず、前者の議論として、高橋和之の「国民内閣制論」を取り上げる。高橋は、「議会さえ民主化しうれば、行政権も当然に民主化されるはず」だから議会制民主主義が日本の民主主義の課題だ、とされてきたことに対し、次のように議論の転回を求める。「『議会制民主主義』が担った課題は、今の日本の憲法学の中心的課題であることを終えたというのが、私の診断である。

　＼・カピタンの議院内閣制論（1）〜（3・完）」『関西大学法学論集』68巻1号（2018）244頁以下、同巻2号46頁以下、同巻3号82頁以下参照。

[28] 樋口・前掲（5）225頁。もっとも、日本の場合、特に国政については、「議会までの民主主義」を確保することこそが課題だと指摘する。樋口・前掲（5）228頁。また、樋口・前掲（6）264頁以下参照。

第 2 章　米軍基地に抗う市民の直接行動——民主主義の「質」と憲法学

……より高次の民主政の実現こそが現在の中心的課題となっている……。その根本的理由は、現代の『行政国家』といわれる現象にある。……議会には、今日の複雑化した社会を適切に運営していく能力はない。したがって、議会をいくら『民主化』しても、議会の手からこぼれ落ちた『政治』の民主化には必ずしもつながらない。現代政治の民主化のためには、『行政国家』といわれる実態に即した、新たな民主政の構想が必要なのである」[29]。

　この「新たな民主政の構想」が、国民内閣制と呼ばれるものである。高橋は、「『行政国家』における民主政の質を問題とする現在の段階では、議会と行政権の関係を括弧にいれて民主政を論じることはできない」とし[30]、現代代表制の課題が、「選挙を通じて民意を『国政』に反映させること」にあること、そのために、「国政の中心を内閣にみて、選挙を通じて選挙民の多数派に支持された内閣の形成を実現しようとする」内閣中心構想が望ましいこと、そこで、「内閣中心構想がめざすのは、国政の基本となるべき政策体系とその遂行責任者たる首相を、国民が議員の選挙を通じて事実上直接的に選択することである」ことを指摘する[31]。

　国民内閣制論は、それが、憲法構造の改正を迫るものではなく議会制の運用により「新たな民主政の構想」を目指すものであること、内閣中心構想とこれに対置される議会中心構想との違いは、民意の反映の場の違い（議会への反映か、内閣への反映か）にあるのではないということ、両者とも民意の議会への反映を当然の前提とすること、両者の違いは、「議会へ反映されるべき民意の内容、あるいは、レベル」にあること、すなわち、議会中心構想では、多様な民意をできる限り忠実に議会へ反映させ、議会がそれを統一的

---

[29]　高橋・前掲（2）21、22 頁。
[30]　高橋・前掲（2）22 頁。
[31]　高橋・前掲（2）29-31 頁。したがって、国民内閣制論は、多様な意見・要求間の合意形成を目指す「コンセンサス原理」に基づくものではなく、多数派の意思に従って国政運営を行う「多数決原理」に基礎を置くものである。民主主義の諸類型については、高見勝利「デモクラシーの諸形態」岩村正彦他編『岩波講座・現代の法 3・政治過程と法』（岩波書店、1997）33 頁以下［高見勝利『現代日本の議会政と憲法』（岩波書店、2008）所収］参照。

な国家意思へと統合していくことが想定されているのに対し、内閣中心構想では、統一的な国家意思の形成、多数派の形成を「国民内部の統合プロセス」において実現し、その結果を議会及び内閣へと反映させようとするものであること等を特徴とする[32]。

その上で、内閣中心構想を基礎に置いた場合、議院内閣制、選挙制度、政党制は、次のように捉えられることを指摘する。第1に、議院内閣制について、「内閣が議会に責任を負うことよりは、国民に責任を負うことの方が重要になる」ということである。そのためには、解散権の重要性が強調されることとなり、「内閣が国民に信を問うべきような重要問題に直面したときにはいつでも自由に解散が行えるように、無制限の解散権が認められるべきだという考え方になる」。第2に、選挙制度については、選挙の目的が「国政の基本政策とその遂行責任者を選挙民が直接選択すること」にあり、比例代表制も小選挙区制もそれぞれが、目的実現にとり特有の危険性を有していることである。どの制度が最適かということは、「政党制、国民の政治的意見の分布状況、政治的伝統・文化など」、選挙制度を取り巻く環境をも加味しながら決すべき問題である。第3に、政党制について、内閣中心構想からして二党制が適切であり、それは小選挙区制度と不可分の関係にあるということである。他方、一般に、多党制の下では、議院内閣制は安定政権の確立と結びつきにくいが、政党の数、連立の核となる政党が存在するかどうか等の多党制のあり方如何では、安定政権を生み出す可能性が高いとされる。しかも、その場合に重要なのは、政党の体質、すなわち、妥協に応じやすく連立志向的なプラグマティズム政党であるか、自らのイデオロギーの純粋性に固執するため連立が困難となるイデオロギー政党であるかの区別である[33]。

---

[32] 高橋・前掲（2）30、31頁。したがって、国民内閣制論は、「『議会までの民主主義』か『行政権までの民主主義』かという捉え方とは、発想を異にする」のであり、「議会あるいは行政権の民主化ではなくて、『統治』の民主化」こそが中心問題だとする。高橋・前掲（2）233頁注（31）参照。

[33] 高橋・前掲（2）32頁以下。なお、「国民内閣制論」については、杉原・只野・前掲（7）162頁以下〔只野執筆〕、高見・前掲（31）［現代日本の議会政と憲法］53頁以下、糠塚康江『現代代表制と民主主義』（日本評論社、2010）序章、↗

第 2 章　米軍基地に抗う市民の直接行動——民主主義の「質」と憲法学

　他方、国民と代表者との関係に再度着目し、代表者の「責任」について論じる吉田栄司の見解を取り上げることとする。吉田は、国民主権と国民代表とを統一的に把握すべきとの立場から、次のように述べる。「国家権力の正当性根拠としての国民（全国民）と国家権力の最終的行使者としての国民（選挙人団）の分裂と併存を認識し……、そのことを背景として、国家権力の正当性根拠としての全国民の意思と最終的行使者としての選挙人の意思と、さらには議会におけるその代表者の意思という三者二段階の近似性を要請する国民代表制が、国民主権原理のコロラリーとしてのシステムである」[34]。このうち、最初の段階の近似性、すなわち、「国家権力の正当性根拠としての全国民の意思」と「最終的行使者としての選挙人の意思」との近似性は、普通選挙制の採用を規範的に要請する。また、後者の段階の近似性、すなわち、「最終的行使者としての選挙人の意思」と「議会におけるその代表者の意思」との近似性は、半代表概念ないし社会学的代表概念と一致する。

　国民代表の理解について強調されているのは、純粋代表概念と半代表・社会学的代表概念の関係である。「この半代表概念の成立に伴う代表概念の古典的意義の変容に関して見落としてはならないのは、少なくとも理念的に、古典的な純粋代表概念の決定的メルクマールであった代表者の被代表者からの独立性（命令委任の禁止）がそのことによって消滅せしめられ、従属性に取って替えられたのでは決してなく、独立性に従属性が加味され両者が拮抗するにいたったということ、そのような意味において代表者の被代表者（選挙人団、理念的には全国民）に対する『責任』の観念が成立したということであろう」。こうして、国民と代表者との関係については、「規範的に独立性と従属性がともに要請されるようになったととらえるべき」とされるのであ

　　本秀紀『政治的公共圏の憲法理論——民主主義憲法学の可能性』（日本評論社、2012）第 4 章、山口二郎『内閣制度』（東京大学出版会、2007）118 頁以下等参照。
[34]　吉田栄司「国会議員の対国民責任について」佐藤幸治・初宿正典編『人権の現代的諸相』（有斐閣、1990）386 頁［吉田栄司『憲法的責任追及制論 I』（関西大学出版部、2010）所収］。

る[35]。

　半代表概念における独立性と従属性の併存から、規範的な「責任」概念をどのように理解すべきであろうか。吉田は、政権過程に着目し、「主権者たる国民から国民代表そして内閣という責任系統の一元化が志向されていたことは明白であり、国民代表制の規範内容を把握する上でも、『責任』の観念の果たす役割は決定的である」[36]として、次のように整理する。第1に、任務的責任（duty、obligation）である。これは、代表者の任務として捉えられる責任概念である。第2に、応答的責任（responsibility）である。これは、代表者が委任者たる国民の意思に合致して委任された任務を遂行する責任を意味するものである。第3に、弁明的責任（accountability）である。これは、代表者が応答の努力をしても国民によって応答不十分と評価された場合に、国民の問責に対して弁明する責任を意味する。第4に、被制裁的責任（liability）である。これは、代表者が弁明できず、あるいは弁明を国民に対して理解させ十分に是認させることができない場合に受ける非難ないし制裁である[37]。

　但し、「応答的責任は決してそのままの形で弁明的責任となり、さらには被制裁的責任になるわけではない」。その理由として、第1に、「責任には委任者による受任者に対する委任者の強制（受任者の従属性）の要素と、同時にそれと逆の自由（独立性）の要素とが内包されている」こと、第2に、委任者が君主から国民へと移行したことにより、「委任者の意思の多様性、不確定性」が生じており、また、委任者が議員を支持する基準は「現実の任務遂行の基準としては抽象性、不明確性あるいは不十分性を免れない」ことが挙げられている。そのため、国民の政治的意思の組織化、政党の存在、選挙公約等を通じて議員の裁量の範囲をできるだけ狭め、議員に応答させ、弁明させる基準を明確にする必要性が強調されることとなる[38]。

---

[35] 吉田・前掲（34）386、387頁。
[36] 吉田・前掲（34）389頁。
[37] 吉田・前掲（34）391、392頁。
[38] 吉田・前掲（34）392、393頁。以上の責任論については、吉田栄司「権力統制機構としての権力分立制と複数政党」『公法研究』57号（1995）44頁以下、同「国／

民主主義をめぐる議論は、〈人民・民意→議会→行政〉という民意の反映の過程のうち、その全体を視野に納める議論（国民内閣制論）と特に〈人民・民意→議会〉の関係の強化を図り民意の拘束性を強調しようとする議論（「責任」概念）とに整理することができる。また、この2つの流れは、かつて宮沢が整理した「左からの攻撃」・「右からの攻撃」への応答とかなりの程度重なり合いを有しているように思われる。すなわち、後者の「責任」概念についての吉田の見解は、「左からの攻撃」への応答として位置付けられる、純粋代表制観の修正に沿うものとして捉えられうる。他方、前者の国民内閣制論は、国民が国政の基本的な政策体系とその遂行責任者である首相を事実上直接に選択すると考えることで、「右からの攻撃」への応答と実際に同一の方向を目指すものとなりうる。それでは、民主主義の問題は、この2つの基本的潮流によって論じつくされうるものなのであろうか。

3 民主主義の「質」の向上とその条件

従来の憲法学は、実在する民意を前提に、議会への民意の反映、議会ぬきでのまたは議会を通じた行政までの民意の反映を議論してきた。しかし、制度として国政への民意の反映が一定程度確保されるようになった段階では、民主主義の「質」をより向上させるための条件についての議論が求められる。それが、民意の「形成」の問題である。従来の議論では、国民による民意の形成プロセスが、適正に民主主義の運用において位置付けられてこなかったのではないか、との疑念がつきまとう。問われるべきなのは、いかなる条件の下であれば、民意の形成がよりよく実現されうるのであろうか、と

↘ 会議員の免責と非免責——ライアビリティーとアカウンタビリティー、レスポンシビリティーの区別」佐藤幸治先生還暦記念『現代立憲主義と司法権』（青林書院、1998）549頁以下、同「内閣・国会の制度改革と日本国憲法——憲法解釈論として四段階責任論と責任追及制度論の導入を提唱する」『憲法問題』12号（2001）15頁以下、同「地方議会議員の免責と非免責——ライアビリティーとアカウンタビリティー、レスポンシビリティーの区別」『関西大学法学論集』54巻6号（2005）63頁等参照［以上の諸論稿については、吉田・前掲（34）［憲法的責任追及制論Ⅰ］及び同『憲法的責任追及制論Ⅱ』（関西大学出版部、2010）所収］。

いう点にあるのではないか。そうして、民意の形成の側面についての議論を通して、「合意の貧困」[39]とも指摘される現代政治の問題に即した新たな民主制の構想の可能性を検討したい。

(1) 民意の形成・実存・反映と民主主義

高橋の国民内閣制論において重要な指摘だと思われるのは、従来の民主主義では、民意の「反映」の側面に焦点があてられてきたのに対し、ここでは、民意の「形成」の側面が重視されているように思われる点である。多数派の形成を「国民内部の統合プロセス」で実現させようとする構想は、「反映」されるべき民意をいかにして「形成」しうるかという視点を提示したものとして意義深い。他方、吉田の責任論では、民意の「実存」に注意が払われていることが重要であろう。「議員に応答させ、弁明させる基準としての国民の意思をできるだけ明確にし、かつ多様な形でそれを確保すること」が規範的に要請されるとする指摘[40]は、まさに民意の「実存」への視点を示したものとして注目されるべきであろう[41]。まさに民主主義の議論においては、反映されるべき民意の存在自体ないしその形成にも適切な議論の場が提供されなければならないのではなかろうか。民意の形成・実存・反映のダイナミズムの中で民主主義を捉え直すことにより、民主主義の質をより向上させうる議論を提示できるのではないかと思われる。

但し、その場合には次の問題点を解消する必要が生じる。すなわち、民意というのは実体を伴わず認識することが不可能であり、したがって、実在も形成もあり得ないのではないかという問いである。これについては、次の3点を指摘することが可能であろう。第1に、従来の民主主義理論は、民意が実在することを前提として議論してきたのであり、それ自体を疑うことこそが、理論的整合性を失うものとなることである。第2に、民意を認識することが不可能だとしても、その存在を否定することはできないということであ

---

[39] この用語自体は、井上達夫『現代の貧困』(岩波書店、2001)第Ⅲ部に負う。
[40] 吉田・前掲(34)393頁。
[41] ただ、これらの議論の中心的関心事は、やはり民意の国政への反映にあるため、民意の実存ないし形成の側面についてはあまり論じられていない。

る。認識と存在、認識論と存在論を区別しなければならない[42]。民意の実在を語りうるのであれば、その形成についても議論が可能となるであろう。第3に、制度的なものを通じて民意を把握するしかないとしても、民意の形成の重要性や条件を語ることにより、その存在に迫ることはできるということである。現に、民意の把握の不可能性を指摘していたデュヴェルジェ自身が社会学的代表を論じているところからも分かるように、認識不可能であることが接近不可能を同時に意味するものではないのである[43]。

(2) 民意の形成における討議と直接行動の意義

それでは、民意の存在を肯定した上で、どのようにして民意の形成へアプローチすべきであろうか。通常、指摘されるのは、民意は、多様性と流動性とを特徴とする、ということである。それ自体を把握することは困難であるため、民意が表出するプロセスに着目し、そこでの政党の役割や選挙制度の意義を論じることとなる。本章でも同様に、民意の認識を問題としているわけではないが、しかし、民意の表出という出口の側面ではなく民意への入口に着目する点で、それらの見解とは異なる主張となる。民意の形成にとって必要な条件やその特徴などを検討することが、民意の形成へアクセスする方途となるであろう。

民意の形成を可能にする要素には様々なものがある。まず、民意を反映させる制度（選挙、政党等）がその条件となる場合がある。すなわち、形成された民意を国政へ反映させる制度が、反映された民意を受けて再度新たな民意へと形成させていく不断の政治過程を形作る契機となるという意味である。また、制度的民意形成へと集約される前段階に着目し、上記のような制度によらない民意形成の側面に限定する次のような議論も考えられる。すな

---

[42] 現象学が参照されるべきであろう。これについては、今村仁司他『現代思想の源流』（講談社、1996）211頁以下［野家啓一執筆］、エマニュエル・レヴィナス、佐藤真理人・桑野耕三訳『フッサール現象学の直観理論』（法政大学出版局、1991）等参照。なお、この点については、後述する「［附論］民意へのアプローチ」も参照。

[43] M. Duverger, Esquisse d'une théorie de la représentation politique, op.cit., pp.214 et s.

わち、民意とはむき出しの私的利益か、公共性を特質とする公益・共通善なのかという民意の「内容」の問題、民意が形成されるのは私益が支配する私的空間か、私益から解放された公共空間か、国家・市場両者から区別される市民社会かという民意形成の「場」の問題、結社、集会、組合、市民運動、マスメディア等の民意形成の「アクター」に注目する議論等である。

　ここでは「討議」に着目し、上の議論は「討議」を論じる上で必要な限りにおいて言及する。討議の重視それ自体は、議会制と敵対的なものとなることもありうるし、反対に議会制の正当性を支えるものとして主張されることもある。「公開性と討論とが議会運営の事実上の現実において空虚で、取るに足らぬ形式と化してしまっているとすれば19世紀において発達した議会もまた、その従来の基礎とその意味とを失ってしまっているのである」[44]と述べ、議会制を放棄して公開性と討論を救い出そうとするシュミットの議論は、前者の典型であろう。他方、近時有力に主張されている討議民主主義は、議会制と敵対する理論ではない。これは、討議を重要視しそれを通じた公益の発見をもって民主主義過程を描く理論である[45]。

　議会制と敵対しないものとして討議を捉えたとしても、民主主義における討議の意義については、さらに議会における討議の問題と議会外での討議の問題とに区別する必要がある。議会制民主主義のあり方をめぐる議論は、必然的に議会における討議の問題を検討の中心に据えていた[46]。議会外での討

---

[44] シュミット・前掲（14）67頁。

[45] 討議民主主義については、阪口正二郎「リベラリズムと討議民主政」『公法研究』65号（2003）116頁以下、旗手俊彦「法の帝国と参加民主主義」井上達夫他編『法の臨界1・法的思考の再定位』（東京大学出版会、1999）165頁以下、木下智史「アメリカ合衆国における民主主義論の新傾向」『法律時報』73巻6号（2001）70頁以下、小泉良幸『リベラルな共同体——ドゥオーキンの政治・道徳理論』（勁草書房、2002）83頁以下、長谷部恭男『憲法の理性［増補新装版］』（東京大学出版会、2016）第12章、田村哲樹『熟議の理由——民主主義の政治理論』（勁草書房、2008）、本・前掲（33）第1章等参照。

[46] 井上達夫のいう「批判的民主主義」の構想も、主として議会における討議を論じているようである。これは、同質性喪失により価値解釈も分化したことに着目し、熟議を経た上での多数決原理の貫徹を説く立場であり、コンセンサス原理ではなく多数決原理を重要視する。その理由は、「多数者意志を絶対化するからではな↗

議の重要性にも考慮すべきであろうが、但し、その場合には困難な問題が生じることとなる。すなわち、議会外での討議が、代表制を通じてどのように統一的な意思決定へと接続されうるかという問題である。議会外での討議は、思想の自由市場として構成されるが故に、多元性をもって特徴とするものと捉えられなければならない。統一的な民意を帰結するということはない。そうであるなら、議会における討議は、どのようにして統一的な意思決定へと至りうるのであろうか。

　この点、議会内外を問わず、討議に流れ込む議論を制限することによって対処しようとする議論がある。例えば、「政治参加において、あからさまに私益を主張してよいということにはならない」とし、また、「代表者は選挙民の利益を代弁するのではなく独自の公益を追求すべき」と説く見解[47]、討議の場に流れ込む議論を「公共的理由」の要件により制限し、あるいは、憲法上の基本問題に限定することにより対応しようとする見解[48]等である。しかし、これでは討議に参加する資格の有無が問われることとなり、公共的理由や公共性なき議論を排除することとなる結果、自由な言論の場の確保が困難となるという難点が指摘されうるであろう。そのため、議会の内と外とで区別した整理を行おうとする方向で検討する必要があろう。

　この点に関し、議会外での討議については自由な議論に任せ、他方、代表者の側での自由な討議を維持することで公正さを確保し、さらに、議会外での討議に対しては説明責任を強調することによって対応するという方法も論じられる[49]。毛利透も、基本的にこのような観点に立ち、次のように主張する。第１に、討議へ流れ込む議論については公益性によって制限されてはな

──────────

　＼く、政治的決定に対する責任主体を明確化し、無原則な妥協を排して、代替的な整合的政策体系の競争と試行錯誤的淘汰を促すため」とされる。井上・前掲（39）197頁。
[47] 松井茂記「プロセス的司法審査理論　再論」佐藤幸治先生還暦記念『現代立憲主義と司法権』（青林書院、1998）75頁。
[48] 阪口・前掲（45）122、123頁参照。
[49] この点を指摘するものとして、小泉・前掲（45）97頁、阪口・前掲（45）118、119頁参照。

らないとする点である。「討議的意見形成は、できる限り各参加者が制約なく意見を論じあうことを求める。そのような自由な意見交換から生まれた世論こそ、民主的正当性をもつからである」[50]。ただ、「内心で何を考えていようがレトリックとしては『公益』を標榜せざるをえない」ということ、「そしてそのことが、少なくともあからさまな私益の追求を控えさせることになり、政治討論の質を向上させる」ことを指摘する[51]。第2に、議会が民意をくみ取って統一的な意思決定を行うことで、議会の討議と議会外での討議の結びつきが示されなければならないという点である。その際、次のように述べて討議の公開性と説明責任の重要性を指摘する。「議会の存在理由は、公共で自由の行使としておこなわれる言論活動にさらされつつ、多数決での決定に至ることのできるまで集団の意思をまとめあげていくことにある。そのプロセスが公開でおこなわれ、投票に至るまで説明責任が免除されないことが、そこでの議論と議決の共同体関連性を保障しているのである」[52]。

　この見地からすれば、議会外での討議において、十分な意見、主義、思想、情報が流通し、そのことを通じて市民の間での討議が活発に行われ、議会における統一的な意思決定への前提たる民意の形成が具体化するということになろう。したがって、討議を通じた民意形成を可能にする条件としては、様々な主義・主張が流通することや徹底した情報開示が重要であることはもちろんのこと、直接には言論活動でなくとも、討議過程への問題提起を含むような市民の直接行動も、広く民主主義理論の中で捉えるべきものと考えるべきであろう。この点にいたって、本章の冒頭で挙げた市民の直接行動を民主主義過程の中で適正に位置付けることができるのではないかと思われる[53]。

---

[50] 毛利透『民主政の規範理論——憲法パトリオティズムは可能か』（勁草書房、2002）279頁。
[51] 毛利・前掲（50）233頁。
[52] 毛利・前掲（50）280頁。
[53] なお、暴力行為がもつ問題提起機能についても否定されえない。2005年秋にパリ郊外での事件をきっかけにフランス全土に広がった「暴動」は、失業問題、就職差別・人種差別、文化対立、警察権力の横暴等の問題に対する異議申し立ての↗

第 2 章　米軍基地に抗う市民の直接行動——民主主義の「質」と憲法学

結——沖縄の基地問題と民主主義の展望

　本章は、民主主義理論の中で市民の直接行動の意義を捉えるべきことを指摘した。その際、議会との関連で語られてきた民主主義を、民意の形成・存在・反映という全体の過程として捉え直し、議会外での討議に着目した上で、民意の形成へとアプローチする視点を提示した。本章が、民意の形成、とりわけ議会外における討議の重要性に着目する理由は、次の点にある。

　第 1 に、会議体の意思決定を行うためには最終的には多数決原理に従うのが合理的だとしても、民主主義の「質」を語るには多数決だけでは不十分だという点である。十分な討議を経ていない多数決では、民意との切断が顕著となってしまうからである。とりわけ、実質的な議論が行われないまま決定だけがなされてしまうような議会の実態では、民主主義の制度運営として不十分だといわざるをえない[54]。第 2 に、十分な討議がなされない状況は議会外でも見られ、そうしたあり方が、ますます民主主義を形式的なものとしてしまっているという点である。特に、言論活動に対する不当逮捕が為され、議会外での思想の流通を規制する傾向の強い政治的・社会的状況にあっては、民主主義の観点から再度批判的に考察する必要があるものと考える。

　沖縄の基地問題をめぐって続けられてきた市民運動は、次の点で公益の実現を「標榜」するものとして行われてきた。平和・人権・環境など、重要な法目的の達成を目指すものである点、特に、平和を脅かす戦争について、その被害者とも加害者ともならないという強い信念に基づいて行われているという点等である。討議の場に流れ込む主張として正当性を有するこうした考え方に対し、政治的代表者は、市民の合意を得られるよう説明責任を果たし

↘ 意味を有し、それ故、政治的公共の問題として受け止められていることに留意すべきであろう。現代思想 2 月臨時増刊『総特集・フランス暴動・階級社会の行方』(2006) 参照。ただ、本稿で取り上げた市民運動は、徹底して非暴力の姿勢を貫いて実践されている点で、フランスの例とは切り離して取り扱う必要があろう。

[54] 多数決の正当性について検討したものとして、長谷部・前掲 (45) 第 13 章、同『比較不能な価値の迷路——リベラル・デモクラシーの憲法理論 [増補新装版]』(東京大学出版会、2018) 第 6 章、宇佐美誠『決定』(東京大学出版会、2000) 等参照。

た上での決定を行わなければならない。現状が、民主主義の「質」を高めるための運用の条件を満たしているかは、極めて疑わしいといわざるを得ない。

第2章　米軍基地に抗う市民の直接行動——民主主義の「質」と憲法学

[附論4] 民意へのアプローチ

1　問い——「民意」とは何か？

　民主主義にとって、「民意」は、統治作用の正統性を支える重要な働きを有する。しかし、「民意」という概念が何を意味するのかは、明らかではない。「民意」は、一定の仕組み（選挙、住民投票、政党の予備選挙、世論調査など）によって「知覚」されるものにすぎないのか。そこで知覚される以外には、その「存在」を持ち得ないのであろうか。それらの仕組みを経ないまま、「存在」することは可能であろうか。可能であるとしても、そのような「民意」を学問の対象とすることは可能であろうか。可能だとすれば、それはどのような意味においてか。

　この問いは、従来の学問領域からすれば、政治学、社会学、マスメディア論等の守備範囲に属するものであろう。制度それ自体を学問対象とする法律学では、そこまでカバーするのは容易ではない。しかし、民主主義の問題を、国民－議会－行政の関係だけで捉えるのではなく、国民の側での「民意の形成」まで含めた「制度の運用の次元」から解き明かそうとする場合、学際的なアプローチにあえて踏み込むべきなのであろう。但し、他方で、これらの領域諸科学が明らかにするそれぞれの成果の寄せ集めが「民意」を明らかにしたことになるのか、という問題もある。結局、従来の諸科学では、「民意」を十分に理解することができるのか、それ自体が疑問に思えてくるのである。

2　存在——現象学のプロジェクト

　フッサールが解き明かそうとしたのは、①存在の意味、すなわち、「対象が存在するということは何を意味するのか」ということ[55]、また、②①の結果を基にして諸対象を理解すること、「諸対象の世界を——知覚の対象、科

---

[55] レヴィナス・前掲（42）16頁。

学の対象、論理学の対象を——われわれの生の具体的生地の中に置き直し、そしてそこから出発して諸対象を理解すること」[56] である。諸学の学、哲学的な学、根源的なものへたどり着き、そこから対象を見つめ直す、というのが現象学のプロジェクトなのであろう。

現象学の目的をより明確にするには、フッサールが批判した自然主義について取り上げるのが便宜であろう。自然主義とは、存在するもの全ての「存在」を「自然」（物質的事物）に基づいて理解し、時間、空間、因果性といった「物理学者の用いる公式」によってそれを捉えようとする立場である[57]。したがって、意識、真理、理念、美、価値、あるいは一般的なもの全てを「自然」に還元しようとし[58]、知覚において与えられるものを捉え、その背後に存在する因果性を探求することによって「存在」を捉えようとする方法を採用することとなる。これは、正義や善という主観的価値の「存在」を捉えようとする場合の次のような立場と重なってくる。すなわち、社会構成員による一般的承認（心理学主義、承認説）や一般的遵守（社会学主義、慣行説）という事実（知覚において与えられるそれらのもの）から出発して価値の存在を捉えようとする立場である[59]。

3 可能性——民意の「存在」とは？

実証主義も、存在の意味の理解については自然主義と同様である。実証主義的方法によれば、社会科学上の諸概念は、「自然」、すなわち、知覚しうるものだけを存在の源泉としようとする。「民意」という言葉も、知覚において与えられるものから出発する概念となる。しかし、社会科学がこの方法論的原則に忠実であれば、「民意」概念は、きわめて曖昧であるといわざるをえない。一方では広すぎるという問題があろう。調査の対象となる事柄について内容的・空間的・時間的限定がないため、ここには、政治的な意味合い

---

[56] レヴィナス・前掲（42）205頁。
[57] レヴィナス・前掲（42）22頁。
[58] レヴィナス・前掲（42）28頁。
[59] しかし、自然主義には誤りがある。レヴィナス・前掲（42）21-23頁等参照。

第2章 米軍基地に抗う市民の直接行動——民主主義の「質」と憲法学

をもたない意識調査やアンケート結果なども含まれる可能性があるからである。他方では狭すぎるという問題もあろう。「民意」には、選挙や世論調査の対象になっていないものやその結果に還元されないものもありうるからである。「民意」という概念を用いる場合、どのような事実をどの範囲から収集したらよいのか、わからない。

そこで、フッサールが明らかにしようとしたのは、第1に、意識が、あらゆる存在の根源であり、絶対的存在だという点である。「あらゆる存在の根源が意識生の本有的意味によって規定されている」[60]。第2に、意識が「志向性」という特徴を有するという点である。「あらゆる意識は単に意識であるだけでなく、対象への関係を有する〈何ものかについての意識〉……でもあるということである」[61]。第3に、意識の志向的作用を明らかにすることにより、存在の意味が明らかになるという点、また、そこへと到達することを通じて、諸対象の存在を捉え直すことができるという点である。現象学的還元の方法により、世界の存在に対する素朴な措定（「自然的態度」[62]）をやめ、判断を中止し（エポケー）、それによって到達しうる純粋意識の領野において、哲学的直観を遂行することができる。そこにおいて、諸対象は、「意識から不可分なノエマとして再び見出される」[63]。

したがって、現象学的還元によって「民意」の存在を捉え直すこと、そこにこそ「民意」概念の可能性があるのではないかと考える。しかし、その結果、どのような概念に到達しうるのかについては、いまだ明らかになしえていない。この点は、引き続き研究を進めたい。

4 討議——民意の「形成」における意義

ここで「討議」という言葉を使用しているのは、「討議民主主義」を念頭に置いてのことであった。これを定義すれば、多様な価値・利益の間で行わ

---

[60] レヴィナス・前掲（42）34頁。
[61] レヴィナス・前掲（42）59頁。
[62] レヴィナス・前掲（42）170頁。
[63] レヴィナス・前掲（42）202、203頁。

れる説得、批判、調整、妥協などの諸作用によって公共的価値を共同で探求するプロセス、として理解できよう[64]。

このような意味での討議が機能しうる場は、議会内及び議会外、二つの場面に区別して捉えなければならないであろう。特に、議会の外においても民主的な意思決定の契機があるという点が重要である。議会に反映される価値・利益、議会における統一的決定、いずれのレベルでもそこには現れない「民意」というのがあるはずである。選挙結果などでは捕捉できない民意を、その存在を捉え直すことにより接近可能と考える拙稿の趣旨からすれば、議会外における民意の存在は、議会での決定と対峙することにより批判的意味をもちうる。

このように、討議は、議会における意思決定の前後でも継続して行われる公共的価値の共同探求のプロセスである。ただ、議会外での討議では、それ自身が統一的意思決定へと至ることが目的とされるのではないという点が特徴であろう。むしろ、多様な意見、価値、利益が主張されること、それをめぐって説得や批判等の相互交流が行われること、主張される意見等の中には広域的な合意を獲得するものもあれば、議会の意思決定に対する批判的意味を持ち続けるものもあること、したがって、議会外での討議は、議会における決定の前提となり、また、その内容を検証する重要な要素たり得るということなどが指摘されなければならないであろう。

---

[64] 本来であれば理性的な討議・熟議には含まれない要素も、民主主義モデルには必要となる場合がある。この点につき、田村・前掲（45）第4章、平井亮輔「妥協としての法――対話的理性の再編にむけて」井上達夫他編『法の臨界1・法的思考の再定位』（東京大学出版会、1999）187頁以下等参照。

第 3 章　米軍基地に抗う表現の自由論
——刑事法の適用とその合憲性

序——問題の所在

（1）米軍基地の建設に抗議の意思を示す目的でそのゲート前に座り込みをしていた者が、同じ目的でブロックを積み上げて座り込みを続ける行為（以下、「本件行為」という。）に対し、威力業務妨害罪（刑法第 234 条）を適用して処罰することは、表現の自由を保障する憲法第 21 条第 1 項に違反するのではないか。本件における争点の特徴をどのように理解すべきか。最高裁判所による判決を用いて説明すれば、次のように捉えることも可能かもしれない。各室玄関ドアの新聞受けにビラを投函する目的で、管理者が管理する集合住宅の敷地等に立ち入る行為に対し、住居等侵入罪（刑法第 130 条前段）を適用して処罰することの憲法適合性が争われた「立川反戦ビラ事件」で、「本件では、表現そのものを処罰することの憲法適合性が問われているのではなく、表現の手段……を処罰することの憲法適合性が問われている」（最高裁平成 20 年 4 月 11 日判決・刑集 62 巻 5 号 1217 頁）と述べている。

（2）判決の論理によれば、「表現の手段」の処罰については、人権制約の程度が強くなく、憲法上問題となりにくいともいいうる。しかし、本件行為は、単なる「表現の手段」にとどまるものではなく、「表現そのもの」（以下、「表現行為」ということがある。）と見る余地を有するものである。また、米軍基地の建設に抗議を行う表現行為であるが故の規制であるとすれば、表現内容に対する規制と解することも可能である。そこで、本件で問われるべき点は、「表現そのもの」の処罰と「表現の手段」の処罰とをどのように区別すべきか、また、本件行為に対する処罰の憲法適合性をどのように審査・判断すべきかという点にある。本章は、本件における憲法上の問題点について、本件行為に対する刑事法の適用が憲法違反となることを主張するものである。

（3）刑事法の適用の違憲性を判断する場合、次の方法が考えられる。第 1

に、法令の適用にあたり、具体的事例に適用する限りで当該規定を違憲とするものである[1]。これは、当該規定自体に対する違憲判断を含む点で第2の審査方法とは異なる。この方法を採用した判決として、公務員による政治活動を規制する国家公務員法第102条及び人事院規則14-7の合憲性が争われた「猿払事件」に係る第1審判決（旭川地裁昭和43年3月25日判決・下刑集10巻3号293頁）がある[2]。第2に、それ自体は合憲である法令につき、人権を侵害するような形で解釈適用する場合に、その解釈適用行為を違憲とするものである（処分違憲）[3]。第3に、法律が適用されようとしている行為が憲法上保護されたものである場合に、法律の合憲・違憲を問わずに法律を適用できないとする判断方法である（適用上違憲）。法律自体の違憲審査を伴わない点で、第2の処分違憲とは異なる方法である[4]。以上のうち、本章は、最高裁判所が第1の適用違憲について、「法令が当然に適用を予定している場合の一部につきその適用を違憲と判断するものであつて、ひつきよう法令の一部を違憲とするにひとし」いとして批判的な見解を示している（猿払事件に係る最高裁昭和49年11月6日大法廷判決・刑集28巻9号393頁）ことに鑑み、また、威力業務妨害罪自体の合憲性についての判断を行うもので

---

[1] 芦部信喜による適用違憲3類型のうち、第1類型に相当する。芦部信喜〔高橋和之補訂〕『憲法［第6版］』（岩波書店、2015）387頁。

[2] この判決では、「国公法110条1項19号は……同法102条1項に規定する政治的行為の制限に違反した者という文字を使つており、制限解釈を加える余地は全く存しないのみならず、同法102条1項をうけている人事院規則14-7は、全ての一般職に属する職員にこの規定の適用があることを明示している以上、当裁判所としては、本件被告人の所為に、国公法110条1項19号が適用される限度において、同号が憲法21条および31条に違反するもので、これを被告人に適用することができないと云わざるを得ない」と判断されている。大分県屋外広告物事件判決（最高裁昭和62年3月3日判決・刑集41巻2号15頁）において、伊藤正己裁判官の補足意見は、比較衡量による適用違憲の余地を認めているが、これも同じ類型に位置づけられるものとも解される。もっとも、宍戸常寿「合憲・違憲の裁判の方法」戸松秀典・野坂泰司編『憲法訴訟の現状分析』（有斐閣、2012）80頁は、両者の違いを指摘する。

[3] これは、芦部信喜による3類型のうち第3の類型である。芦部・前掲（1）388頁、宍戸・前掲（2）77頁以下参照。

[4] 高橋和之『憲法判断の方法』（有斐閣、1995）21頁以下、185頁以下等参照。

第3章　米軍基地に抗う表現の自由論——刑事法の適用とその合憲性

はないことから、第3の適用上違憲と判断されるべき旨を述べるものである。

1　表現の自由の規制態様と違憲審査基準

（1）表現の自由の規制態様

（ⅰ）憲法適合性の審査は、人権に対する制限が加えられている場合に必要となるものであるから、当該事案に人権に対する制限や国家介入が存在することが求められる。人権に対する制約・介入を考える場合、その差異や強弱等に応じて、違憲審査基準の選択、正当化の審査手法を検討する必要がある。

（ⅱ）第1に、表現の内容規制と表現の内容中立規制との区別が重要である。表現の内容規制とは、ある表現・言論が伝達するメッセージ内容に着目し、それがもたらす害悪を理由に規制するものをいう。表現の自由をその内容故に規制する場合、内容中立規制と比較して、さらに厳格な審査基準に基づきその違憲性が審査されなければならない。その理由として、内容規制については、①思想の自由市場を歪めるおそれ、②「誤った思想」の抑止という、それ自体許されない動機に基づく規制であるおそれ、③伝達的効果（メッセージの内容が「受け手」に起こす反応）への警戒に由来する規制であるおそれが高いからである[5]。

また、内容規制には「見解」規制と「主題」による規制（「見解中立」的な内容規制）との区別がある[6]。①「見解」規制とは、表現内容のみならず、その視点まで考慮して規制する場合をいう（例えば、戦争を批判する言論の規制、原発再稼働に反対する表現の規制等）。②「主題」による規制とは、特定の争点に関する言論または比較的に範囲の狭い一群の争点に関する言論に限って規制の対象とするものをいう（自衛隊基地から50メートル以内での戦争に関する発言を禁止する法律等。ここでは、賛成反対を問わず規制の

---

[5]　芦部信喜『憲法学Ⅲ・人権各論（1）［増補版］』（有斐閣、2000）404頁。
[6]　芦部・前掲（5）405頁、安西文雄「表現の自由の保障構造」安西文雄他『憲法学の現代的論点［第2版］』（有斐閣、2009）381頁。

対象となる)。前者については、後者以上の警戒が必要であり、違憲性の推定も最も強いものと解されるが、後者については、内容規制の側面と内容中立規制の側面とを併せ持つものと解され、前者ほどの厳格さは要求されない。

(ⅲ) 他方、表現の内容中立規制とは、表現をその伝達するメッセージの内容や伝達効果には直接関係なく制限する規制を意味する。表現の自由に対する制約を内容規制と内容中立規制とに区別し、後者については厳格度の緩和された審査基準を用いて判断するという考え方が、一般的に受け入れられてきた。その理由としては、①規制が思想内容ごとに差別的な効果を生じず、また、規制されたのとは別のチャンネルを通じて同じ内容が自由市場に参入できる、②美観維持のような正当な公共の利益に基づく、③表現行為と害悪発生との因果関係が直接であり、受け手の自律的判断という介在(因果関係の切断)がない、というものである[7]。

さらに、内容中立規制には異なる性質のものが含まれ、①表現の時・場所・方法に関する規制、②象徴的表現に対する規制、③言論プラスに対する規制等がある[8]。象徴的表現は、行為それ自体が表現行為と見なされる場合であり、また、言論プラス(行動を伴う言論)とは、純粋言論との区別を前提に、一般的・類型的に表現と見なされない行為と一緒になされた表現行為を意味する。言論プラスは、言論の要素と非言論の要素が同じ行動の中で結合している表現行為であり、言論に付随してなされる行動である点で、行動自体が何らかの主張を表している象徴的表現から区別される。

第2に、直接的制約とそれ以外の制約との区別が重要である。まず、直接的制約とは、ドイツの議論を参考に、「①目的志向性(規制する目的をもって意図的になされたのかどうか)、②直接性、③命令性(命令権および強制権の発動としてなされたものかどうか)、④法形式性(法律・命令・判決という法形式をもってなされたのかどうか)」の4要件を満たす国家行為と説

---

[7] 宍戸常寿『憲法 解釈論の応用と展開[第2版]』(日本評論社、2014) 136頁。
[8] 芦部・前掲(5) 431頁以下。

明されることがある[9]。表現の自由の直接的制約には、事前規制・事後規制の区別、内容規制・内容中立規制の区別等が考えられる。また、規制は直接的制約のみに限定されてはならない。現代では、非権力的・間接的手段による規制が見られ、また、技術の発達により規制手段の拡張が図られているからである。他方で、人権に何らかの影響を及ぼす国家行為を全て「制限」行為と捉えると、非常に多くの国家行為が基本権を侵害するものとみなされ、国家活動が不当に阻害されるおそれもある。多くの国家行為が人権侵害として裁判に持ち込まれる結果、裁判所の負担過剰、機能麻痺を起こすことも予想される[10]。「制限」の無限定な拡大は望ましくない。

(ⅳ) そこで、憲法適合性審査の対象となりうる「制限」には、どのようなものが考えられるのか。この点で、猿払事件に係る最高裁判所の判決(以下、「猿払判決」ということがある。)が重要な示唆を与える。「公務員の政治的中立性を損うおそれのある行動類型に属する政治的行為を、これに内包される意見表明そのものの制約をねらいとしてではなく、その行動のもたらす弊害の防止をねらいとして禁止するときは……単に行動の禁止に伴う限度での間接的、付随的な制約にすぎ」ない(前掲最高裁昭和49年11月6日大法廷判決)。

「政治的行為……に内包される意見表明そのものの制約」と「その行動のもたらす弊害の防止をねらい」とする制約との区別については、猿払判決の調査官解説を見ると、より明確になる。表現の自由の制約を、①「表明される意見がもたらす弊害を防止するためにその意見の表明を制約するもの」(猥褻文書の頒布、内乱の煽動を処罰する法令等)、②「表明される意見の内容とは無関係に、これに伴う行動がもたらす弊害を防止することを目的とするもの」(都市の美観や安全を確保するための屋外広告物の規制、交通や公衆の安全を守るためのデモの規制等)、③「競合する表現の自由の要請を相互に調整するために意見表明を制約するもの」(放送電波の免許制、集会のための公物利用の許可制等)と3つに区別し、このうち②の規制による「表

---

[9] 小山剛『「憲法上の権利」の作法［第3版］』(尚学社、2016) 36頁。
[10] 松本和彦『基本権保障の憲法理論』(大阪大学出版会、2001) 29頁。

現の自由の制約は付随的な結果にとどまる」とし、「表現の自由に対して及ぼす抑制の効果は間接的、付随的であ」るとする[11]。

ここから、猿払判決における「政治的行為……に内包される意見表明そのものの制約」と「その行動のもたらす弊害の防止をねらい」とする制約は、第1の点として述べた、表現の内容規制と表現の内容中立規制との区別に相当するものであり、また、「間接的、付随的な制約」という類型に言及している点で、第2の点である、直接的制約とそれ以外の制約との区別をも認めるものである。国家公務員法第102条及び人事院規則14-7による公務員の政治活動規制を「その行動のもたらす弊害の防止をねらい」とする制約、「間接的、付随的な制約」にとどまるとする判断には学説上異論が強いものの、ここでは、最高裁判所の判例が、表現の自由の規制態様について区別を認め、違憲審査基準と関連させて整理する視点が採用されていることを確認すれば十分であろう。

(2) 間接的・付随的制約と付随的制約との区別

(ⅰ) 猿払判決以降の判例の展開や学説上の議論の進展もあり、現在では、間接的・付随的制約(間接的制約)と付随的制約とを区別する考え方が示されている。例えば、「間接的・付随的制約」と「付随的制約」とを厳密に区別し、前者は、「一見したところ内容規制であるかのように見えるにもかかわらず、実際には当該表現活動から派生する間接的(secondary)な害悪を抑止するための規制が、付随的(incidentally)に表現活動を抑制してしまうもの」であり、後者は、「たとえば、売春が行われていた建造物全体を閉鎖する措置が、当該建造物の一部を使って営業していた書店の活動をも不可能にする事例(Arcara v. Cloud Books, Ins., 478 U.S. 697 (1986))や、銃の所持を禁止する規制が宗教目的で銃を貯蔵しようとする宗教団体の活動を困難にする事例」であるとする説明である[12]。

---

[11] 香城敏麿「最高裁判所判例解説」『最高裁判所判例解説刑事篇昭和49年度』(法曹会、1977) 188頁 [香城敏麿『憲法解釈の法理』(信山社、2004) 所収]。

[12] 長谷部恭男「表現活動の間接的・付随的制約」戸松・野坂編・前掲 (2) 237頁 [長谷部恭男『憲法の円環』(岩波書店、2013) 所収]。

また、間接的・付随的制約という用語を避け、「間接的制約」として説明する立場もある。①「『付随的』は、意見とは異なる弊害の抑止を狙った規制の結果、偶然的に意見表明の自由に制約が及んだことを、『間接的』は行動の結果としての弊害が直接的な規制対象だから、意見表明の自由の不利益の程度は小さいはずだ、ということを指す」とする説明[13]、②「付随的制約」を「ある特定の法益を保護するために、その法益を害するおよそあらゆる行為を禁止する規制が、表現行為や職業活動に対しても及ぶ場合（刑法130条とビラ配布の禁止、自然災害を理由とした立ち入り禁止による取材の自由、知る自由の制限など。また、いわゆる象徴的表現に対する規制の多くもこれに当たる）」とし、「間接的制約」を「典型的には《宗教法人に対する解散命令は、宗教的結社の自由を直接に制限するものではなく、また、信徒の信教の自由を直接に制限するものではない》という場合に限られ」るとする説明[14]等である。

　（ⅱ）用語や説明の仕方に若干の違いがあるとしても、総じて、付随的制約とは、思想・信条・意見等とは異なる弊害の抑止を目的とする一般的な規制の結果、偶然的に人権に制約が及ぶ場合を意味し、間接的・付随的制約は、人権行使である行動の結果として生じる弊害が直接的な規制対象であり、人権の側の不利益の程度は必ずしも大きくはない場合を意味するものと解される[15]。信教の自由に対する制約を例に挙げると、次のように整理され

---

[13] 宍戸・前掲（7）39頁。
[14] 小山・前掲（9）38頁。
[15] また、他者に対する権利利益が直接的な規制対象であり、それにより自らも影響を受ける場合を意味する事例もある。具体例として、オウム真理教解散命令事件決定（最高裁平成8年1月30日決定・民集50巻1号199頁）を挙げることができる。「解散命令によって宗教団体であるオウム真理教やその信者らが行う宗教上の行為に何らかの支障を生ずることが避けられないとしても、その支障は、解散命令に伴う間接的で事実上のものであるにとどまる」と述べられている。さらに、一定の行為を禁止する規制だけでなく、行為を強制する規制の場合にも、間接的制約と位置づけられる場合も見られる。思想良心の自由に対する規制の合憲性が問われた起立斉唱拒否事件で、最高裁判所は、「自らの歴史観ないし世界観との関係で否定的な評価の対象となる『日の丸』や『君が代』に対して敬意を表明することには応じ難いと考える者が、これらに対する敬意の表明／

うる。信教の自由に対する付随的制約として、信仰を理由とする兵役拒否や「エホバの証人剣道受講拒否事件」(最高裁平成8年3月8日判決・民集50巻3号469頁) を挙げることができる。エホバの証人剣道受講拒否事件につき、最高裁判所は、原級留置処分及び退学処分が「その内容それ自体において被上告人に信仰上の教義に反する行動を命じたものではなく、その意味では、被上告人の信教の自由を直接的に制約するものとはいえない」と述べるにとどまるが、これは、宗教とは異なる観点から設けられた一般的法義務(剣道受講義務)が偶然的に信教の自由に対する制約となる場合に相当し、付随的制約と位置づけるべき事案である[16]。

(ⅲ) 以上の内容は、次のように整理されうる。意見表明そのものの制約(表現の内容規制)とは区別される制約として、表現の内容中立規制がある。その中にはさらに、次の類型に分類される。第1に、直接的制約である。表現の時・場所・方法に関する規制は、一般的・類型的に表現行為と見

↘ の要素を含む行為を求められることは、その行為が個人の歴史観ないし世界観に反する特定の思想の表明に係る行為そのものではないとはいえ、個人の歴史観ないし世界観に由来する行動(敬意の表明の拒否)と異なる外部的行為(敬意の表明の要素を含む行為)を求められることとなり、その限りにおいて、その者の思想及び良心の自由についての間接的な制約となる面があることは否定し難い」と判断した(最高裁平成23年5月30日判決・民集65巻4号1780頁)。

[16] なお、直接的制約・付随的制約・間接的制約以外にも、「事実上の制約」、「事後的かつ段階的規制」と判断する判決も見られるが、ここでは触れない。「事実上の制約」については、本文で挙げたオウム真理教解散命令事件決定(最高裁平成8年1月30日決定)、「事後的かつ段階的規制」については、広島市暴走族追放条例事件判決(最高裁平成19年9月18日判決・刑集61巻6号601頁)等参照。事実上の制約であれば憲法上問題が生じない、とする考え方には問題があると指摘するものとして、小島慎司「憲法上の自由に対する事実上の制約について」『上智法学論集』59巻4号(2016) 75頁以下。さらに、ドイツでは、「間接性を理由とした審査密度の緩和は行われていない」のに対して、「最高裁判例では、『間接』という言葉の中に、制約が軽微であることが含意されているように思われる」と指摘するものとして、小山剛「間接的ないし事実上の基本権制約」『法学新報』120巻1・2号(2013) 168頁。表現の自由に対する多様な規制方法を整理するものとして、横大道聡「表現の自由に対する『規制』方法」阪口正二郎・毛利透・愛敬浩二編『なぜ表現の自由か──理論的視座と現況への問い』(法律文化社、2017) 49頁以下参照。

なされる行為（街頭演説、ビラ配布・ビラ貼付、集会・デモ行進等）、換言すれば、本質上コミュニケーション活動である行為に対する規制であり、通常、直接的制約と考えられる（道路交通法第77条第1項第4号、屋外広告物法及び屋外広告物条例、軽犯罪法第1条第33号前段等）[17]。第2に、間接的・付随的制約である。この種類の制約とされた事例としては、先の猿払事件以外には、戸別訪問を禁止する公職選挙法第138条第1項の合憲性が争われた判決（最高裁昭和56年6月15日判決・刑集35巻4号205頁）、裁判官の「積極的に政治運動をすること」を禁止する裁判所法第52条第1号の合憲性が争われた決定（最高裁平成10年12月1日大法廷決定・民集52巻9号1761頁）等がある。第3に、付随的制約である。象徴的表現及び言論プラスに対する規制の場合、通常は、適用される法規範自体は人権には向けられていないため、その適用行為は付随的制約と解される[18]。ビラ配布のため、他者が居住するマンションや住宅、また、私鉄の駅構内に立ち入る行為は、当該土地に立ち入るという行為が表現の手段として行われたものであり、その立入行為に住居侵入罪等を適用することも付随的制約と解される。

(3) 表現の自由の付随的制約と違憲審査基準

（ⅰ）人の社会的活動の自由を保護法益として設けられている威力業務妨害罪（刑法第234条）は、表現内容とは異なる弊害の抑止を目的とする一般的な規制であり、それ自体は、表現の自由に向けられた規制とは解されない。そのため、本件では、同罪自体の憲法適合性は問題とはならない。他方、それを表現行為に適用する場合には、一般的な規制が偶然的に表現の自由に不利益を及ぼすものであり、表現の自由に対する付随的制約が見いだされる。本件で問われているのは、ひとまずは表現の自由に対する付随的制約の憲法適合性と考えられうる。法適用上の違憲審査につき、いかなる審査基準を用いて判断すべきか。

---

[17] 宍戸・前掲（7）134頁。
[18] 宍戸・前掲（7）135頁。象徴的表現に対する制約及び言論プラスに対する制約については、表現と行為との関係が一体としてとらえられる場合、または、当該規制が直接に表現行為に向けられたものである場合には、直接的制約と解されようが、そうでない限り、付随的制約となると解される。

第3部　沖縄米軍基地と市民・民主制・自由

（ⅱ）第1に、表現の自由に対する付随的制約の違憲性を判断する基準として、アメリカの判例で採用されてきたのが、「オブライエン・テスト」である[19]。これは、「徴兵カード焼却事件」（United States v. O'Brien, 391 U.S. 367（1968））で採用された基準であり、この事件は、ヴェトナム戦争反対のデモに参加した者が、デモの後で徴兵カードを裁判所前で焼却したところ、その行為が、徴兵カードを偽造・変造し、または、故意に損壊・切断した行為等を処罰する選抜兵役法に違反するとして起訴されたものである。合衆国最高裁判所は、付随的制約が正当化されるための条件として、「①当該規制が政府〔統治機関〕の憲法上の権限内のものであること、②当該規制がある重要なもしくは実質的な政府利益〔公共的利益〕を促進するものであること、③その政府利益が自由な表現の抑圧とは関係ないものであること、④修正1条の自由に対する付随的な制約が右政府利益の促進に必須な（essential）もの以上に大きくないこと」という4条件を示した[20]。これは、①②③の条件、特に③の条件を満たす場合には、④の利益衡量で判断すれば足りるとする基準であり、厳格性の緩和された基準と解される。先に述べた整理に即していえば、表現の内容規制や表現行為に対する直接的制約とは異なり、付随的制約の憲法適合性については、利益衡量で判断すべきとする立場である。

このように表現の自由に対する制約の違いによって、違憲審査基準の厳格

---

[19] アメリカの議論状況については、伊志嶺恵徹「象徴的言論に関する考察――アメリカの判例に則して」『琉大法学』13号（1972）27頁以下［伊志嶺恵徹『公法の研究』（沖縄時事出版、1983）所収］、榎原猛『表現権理論の新展開』（法律文化社、1982）81頁以下、紙谷雅子「象徴的表現（1）～（4・完）」『北大法学論集』40巻5・6号（1990）730頁以下、41巻2号（1990）464頁以下、41巻3号（1991）232頁以下、41巻4号（1991）582頁以下、中川剛「象徴的言論の領域」『政経論叢』19巻2号（1969）51頁以下、長峯信彦「象徴的表現（1）～（4・完）」『早稲田大学大学院法研論集』67号（1993）167頁以下、69号（1994）197頁以下、70号（1994）321頁以下、『早稲田法学』70巻4号（1995）161頁以下、森脇敦史「象徴的言論――象徴への態度が示すもの」駒村圭吾・鈴木秀美編『表現の自由Ⅰ――状況へ』（尚学社、2011）221頁以下等参照。

[20] 芦部・前掲（5）438頁。また、伊藤正己「最近の判例」『アメリカ法』（1970）60頁以下、榎原・前掲（19）103頁以下、長峯・前掲（19）186頁以下［(1)］、197頁以下［(2)］等参照。

度を変えるという考え方は、日本の判例によっても採用されている。猿払事件では、「国公法102条1項及び規則による公務員に対する政治的行為の禁止が……合理的で必要やむをえない限度にとどまるものか否かを判断するにあたつては、禁止の目的、この目的と禁止される政治的行為との関連性、政治的行為を禁止することにより得られる利益と禁止することにより失われる利益との均衡の三点から検討することが必要である」とし、第3の利益の均衡について、「その行為の禁止は、もとよりそれに内包される意見表明そのものの制約をねらいとしたものではなく、行動のもたらす弊害の防止をねらいとしたものであつて、国民全体の共同利益を擁護するためのものであるから、その禁止により得られる利益とこれにより失われる利益との間に均衡を失するところがあるものとは、認められない」（前掲最高裁昭和49年11月6日大法廷判決）と判示された。表現に対する規制と行動に対する規制とを区別し、表現に伴う行動のもたらす弊害の防止を狙いとする規制の合憲性を利益の均衡で判断しようとする考え方は、先のオブライエン・テストと共通の特徴を有する[21]。

（ⅲ）第2に、利益衡量論で判断する場合でも、表現の自由の保障に対する最大限の配慮が必要となる。駅係員の許諾を受けないで駅構内において乗降客らに対しビラ多数を配布して演説等を行い、駅管理者からの退去要求を無視して約20分間にわたり駅構内に滞留した行為に、鉄道営業法第35条（「鉄道係員ノ許諾ヲ受ケスシテ車内、停車場其ノ他鉄道地内ニ於テ旅客又ハ公衆ニ対シ寄附ヲ請ヒ、物品ノ購買ヲ求メ、物品ヲ配付シ其ノ他演説勧誘等ノ所為ヲ為シタル者ハ科料ニ処ス」）及び刑法第130条後段の各規定を適用することの憲法適合性が争われた事件で、最高裁判所は、「たとえ思想を外部に発表するための手段であつても、その手段が他人の財産権、管理権を不当に害するごときものは許されない」とし、当該行為に法令を「適用してこれを処罰しても憲法21条1項に違反するものでない」としている（最高裁

---

[21] 猿払事件判決が打ち出した審査基準は、オブライエン判決を参照しつつ採用されるにいたったものである。芦部信喜『憲法訴訟の現代的展開』（有斐閣、1981）266頁以下、香城・前掲（11）187頁以下参照。

昭和 59 年 12 月 18 日判決・刑集 38 巻 12 号 3026 頁)。この事案は、ビラ配布及び演説という表現行為の手段として、他者の管理権が及ぶ場所へ立ち入り、退去しない行為の処罰が問われたものであり、一般的な法令の適用が偶然に表現の手段に及ぶ付随的制約の事例である点で、本件と共通の事案と考えてよい。

　但し、この判決には伊藤正己裁判官の補足意見が付されており、次の指摘は本件を検討する際にも重要な示唆を与えるものである。①「他人の財産権、管理権……の侵害が不当なものであるかどうかを判断するにあたつて、形式的に刑罰法規に該当する行為は直ちに不当な侵害になると解するのは適当ではなく、そこでは、憲法の保障する表現の自由の価値を十分に考慮したうえで、それにもかかわらず表現の自由の行使が不当とされる場合に限つて、これを当該刑罰法規によつて処罰しても憲法に違反することにならないと解される」。②「ビラ配布の規制については、その行為が主張や意見の有効な伝達手段であることからくる表現の自由の保障においてそれがもつ価値と、それを規制することによつて確保できる他の利益とを具体的状況のもとで較量して、その許容性を判断すべきであり、……この較量にあたつては、配布の場所の状況、規制の方法や態様、配布の態様、その意見の有効な伝達のための他の手段の存否など多くの事情が考慮されることとなろう」。以上の点は、利益衡量を行う場合には重要な視点であり、後で立ち返って検討する。

　(ⅳ) 第 3 に、政府利益が自由な表現の抑圧とは関係ないものである場合 (オブライエン・テストの条件③) に利益の均衡を判断する方法として、違法性阻却事由の有無を検討する審査もありうる。それ自体は合憲である法令につき憲法論を前提に解釈することで、規定の適用に際して開かれていた解釈の余地を充填し、その適用の違法・合法を決定しようとするものである (憲法適合的解釈)[22]。「外務省秘密漏えい事件」で、最高裁判所は、「報道機関の国政に関する取材行為は、国家秘密の探知という点で公務員の守秘義務

---

[22] 宍戸・前掲 (2) 68 頁以下参照。

と対立拮抗するものであり、時としては誘導・唆誘的性質を伴うものであるから、報道機関が取材の目的で公務員に対し秘密を漏示するようにそそのかしたからといつて、そのことだけで、直ちに当該行為の違法性が推定されるものと解するのは相当ではなく、報道機関が公務員に対し根気強く執拗に説得ないし要請を続けることは、それが真に報道の目的からでたものであり、その手段・方法が法秩序全体の精神に照らし相当なものとして社会観念上是認されるものである限りは、実質的に違法性を欠き正当な業務行為というべきである」と述べ（最高裁昭和 53 年 5 月 31 日決定・刑集 32 巻 3 号 457 頁）、表現の自由を実質的に確保しうるような判断を示している。

もっとも、外務省秘密漏えい事件判決のように違法性阻却事由の有無を判断する場合にも、次の点が重要となる。すなわち、これは、表現行為を行った者の側の目的や手段・方法の正当性を問うものであるが、法適用の合憲性を問う場合には、規制する側の行為こそ問わなければならないという点である。この点、オブライエン・テストは、規制する側の目的や手段・方法の正当性を問う審査基準であり、その判断こそが先行して行われなければならない。それをクリヤーした場合に、引き続いて表現行為を行った者についての違法性阻却事由の有無を検討することが必要である。規制する側の事情を十分に検討することなく、安易に表現行為を行った者の事情のみを対象に違法性阻却事由の有無の判断に落とし込んでしまわないよう注意すべきである。

2　本件表現行為に対する規制の合憲性

（1）規制態様の再検討と厳格審査の可能性

（ⅰ）しかし、以上の見通しにもかかわらず、本件行為を処罰することの憲法適合性を判断する場合には、オブライエン・テストや利益衡量論で審査するのは適切ではないとするのが本稿の見立てである。既に述べたように、「表現の手段」に対する刑法適用の憲法適合性が問われている本件は、言論プラスの非言論的要素に対する制約と解され、一見すると「表現内容中立規制」＋「付随的制約」の事案であり、オブライエン・テストが妥当するものと考えられる。しかし、このような判断にはなお検討すべき点が多い。以下

では、規制態様と規制目的について、異なる解釈が可能であることを示したい。

（ⅱ）まず、付随的制約と捉える点である。言論プラスの行為のうち非言論的要素に対する規制の場合、規制対象となる当該行動は、一般的・類型的に表現行為ではない。このとき、行動に対する制約は、付随的制約と位置づけられる。但し、第1に、「一般的・類型的」に表現行為とは見なされないものかどうかは、当該行為が為される場所や文脈によっても左右される。それでは、ある行為が表現行為と見なされるには如何なる要件が必要であろうか。後でも触れる「国旗焼却事件」(Texas v. Johnson, 491 U.S. 397（1989））[23]で、アメリカの合衆国最高裁判所は、ある行為が表現の自由の保護を受けるためには、「第1に行為者が、特定のメッセージを伝える意図を有していること。第2に、当該行為を目撃する一般人も、その特定のメッセージを理解する蓋然性が大きいこと」[24] を挙げた。本件でも、この考え方を参考に制約の性質を検討する必要がある[25]。また、第2に、「表現の自由は『送り手』の自由だけでなく、『受け手』の自由までを含み、『送り手』と『受け手』の間の自由なコミュニケーションを保障しようとするもの」であり、両者の間で成立しうる「コミュニケーションを『第三者』が遮断することは原則とし

---

[23] 伊志嶺恵徹「星条旗焼却事件にみる象徴的言論と司法権」『琉大法学』48号（1992）45頁以下、遠藤比呂道「国家・象徴・表現の自由——国旗冒瀆罪の適用違憲を認めた米連邦最高裁判決」『法学教室』110号（1989）26頁以下、同『自由とは何か』（日本評論社、1993）35頁以下、奥平康弘「国旗焼却と表現の自由——合衆国最高裁判決によせて」『法律時報』61巻10号（1989）100頁以下、紙谷雅子「象徴的言論としての国旗の焼却」『ジュリスト』963号（1990）134頁以下、阪田秀「星条旗焼却事件と憲法修正第1条」『新聞研究』458号（1989）90頁以下、高良鉄美「日の丸焼却と表現の自由（上）（下）」『琉大法学』48号（1992）71頁以下、49号（1992）1頁以下、同「象徴的言論小考——日の丸焼却事件に関連して」大隈義和他編『手島孝先生還暦祝賀論集・公法学の開拓線』（法律文化社、1993）29頁以下、長峯・前掲（19）348頁以下［(3)］、168頁以下［(4・完)］等参照。
[24] 遠藤・前掲（23）28頁［法教］。
[25] 佐々木弘道「『表現の自由』訴訟における『憲法上保護された行為』への着目」長谷部恭男・中島徹編『憲法の理論を求めて——奥平憲法学の継承と展開』（日本評論社、2009）113頁参照。

て許されない」[26]と解される。そのため、当該行為をめぐって現にコミュニケーションが成立しているかどうかが決め手となる。「送り手」と「受け手」との間にコミュニケーションが成立している場合、仮に、表現の手段であっても、それに対して刑事法を適用することは、「送り手」による表現行為と「受け手」の受領行為とのコミュニケーション過程を遮断することとなり、その制約は、表現行為に対する直接的制約となるはずである。

　(ⅲ) 立川反戦ビラ事件を例に挙げて説明する。ビラ配布のために「人の看守する邸宅」に管理権者の承諾なく立ち入った行為を処罰することの憲法適合性が争われた事件につき、最高裁判所は、当該行為を処罰することは憲法第21条第1項に違反するものではないと結論づけた（前掲最高裁平成20年4月11日判決）。この判断は、どのように説明されうるであろうか。まず第1に、「邸宅への立入り一般は表現行為ではない」ため、「本件立入り行為に……刑法130条を適用することは表現の自由の付随的制約である」[27]とする説明が可能である。この理解は、「表現者の側で必要であるということから、ビラを入れる場所がどこにあろうと、それが表現の自由の行使に当たるから、そこに入れることが許されるということにはならない」（即ち、立入行為は一般的に表現行為とはいえない）のであり、「本件のようなビラを配る行為一般の適否が問題とされているのではなく、そのために立川宿舎の各号棟の敷地及び階段や通路といった共用部分に立ち入ることができるかが問われている」とする調査官解説の指摘[28]とも符合する。また、第2に、ビラ配布のための立入行為は、住人に対する一方的行為であるが故に「受け手」不在の行為でもあり、そこにはコミュニケーションが成立してないと見ることも可能である。この理解もまた、「送り手が発する情報は必ず相手方に受領されるべきとするかのような立論は、やはり取り得ない」とする調査官解説の指摘[29]と同旨のものであろう。しかし、本件行為と立川反戦ビラ事件に

---

[26] 阪口正二郎「防衛庁宿舎へのポスティング目的での立入り行為と表現の自由」『法学教室』336号（2008）11頁。

[27] 宍戸・前掲（7）135頁。小山・前掲（9）38頁も同旨。

[28] 山口裕之「最高裁判所判例解説」『法曹時報』63巻9号（2011）155頁。

[29] 山口・前掲（28）162頁。他方、住人には情報を受領するかどうか、また、ど↗

おける立入行為とは異なる。

（ⅳ）第1に、本件行為は、その場所や文脈からして、表現行為であると考えなければならない。①本件行為に先立ち、多くの市民により、ゲート前での抗議行動や座り込みが行われてきた。本件行為は、同じゲート前でなされたものであり、その場所を考慮すべきである。②この座り込みは、名護市辺野古のキャンプ・シュワブ沖における米軍基地建設に反対する意思を示すために長年にわたり続けられてきたものである。本件行為は、米軍基地建設に対する反対の意思をより効果的に示すため、座り込みの代わりに行われたものであり、このような文脈を考慮に入れるべきである。③本件行為の行為者は、米軍基地建設に抗議しようとするメッセージを伝える意図を有していたことは明らかであり、また、それを目撃していた者が、その特定のメッセージを理解していたことも明白である。以上から、意見内容を伝達する表現行為として座り込みを行ってきたのであり、さらに、その座り込みと同じ趣旨の行為として、本件行為を行ったものと考えうる。

第2に、本件行為は、情報の「受け手」との間のコミュニケーションを構成するものと考えるべきである。①ゲート前での抗議行動を通じたコミュニケーションは、同じ目的でゲート前に集合する市民との間で見られただけでなく、米軍基地建設に賛成の意思を示す者をも呼び寄せ、言論のやりとりが度々行われていた。②ゲート前での抗議行動や本件行為は全国的に広く知られており、現場には居合わせない者との間でも、米軍基地建設の是非をめぐるコミュニケーションが成立していたことは明らかである。③本件行為に刑法を適用して処罰することは、成立していたコミュニケーション過程に国家

↘ こで受領するかに関する決定権としての表現の自由があるはずであり、それ故、立川反戦ビラ事件の争点は、「送り手の情報提供行為の自由と受け手の情報受領行為の自由との調整問題」と捉える指摘がある。これによれば、管理者が勝手にビラ配布行為を妨害することは、「送り手と受け手両者の『表現の自由』の侵害となる」。佐々木弘道「表現行為の自由・表現場所の理論・憲法判断回避準則」戸松・野坂編・前掲（2）259頁。この点の詳細な検討は控えるが、住人の意思と管理者・管理組合の意思との異同次第では、本文で指摘した「コミュニケーションが成立していない」とする評価は、当てはまらないこととなろう。

機関が介入することとなり、コミュニケーションを遮断することになる。以上から、本件行為に対する刑法適用は、付随的制約ではなく直接的制約と捉えるべきである。表現行為に対する直接的制約である限り、その違憲審査は厳格に行われるべきである。

(2) 規制目的の再検討と厳格審査の可能性

（ⅰ）続いて検討すべき点は、規制目的が表現の自由の抑圧と直接関係しないことを求めるオブライエン・テストの条件③に関わる。合衆国最高裁判所は、前述の徴兵カード焼却事件において、規制目的が、思想表現の抑圧自体にあるのではなく徴兵のための登録要請を推進することにあり、規制は、思想の非伝達的側面に向けられているに過ぎないため、適用上も合憲と判断した。それに対し、ヴェトナム戦争への介入に反対の意思を示すために黒腕章をつけて登校した高校生に対し、停学処分を行った校長の処分の違憲性が争われた「高校生黒腕章事件」(Tinker v. Des Moines School District, 393 U.S. 503（1969））[30]、また、政治的なデモに参加し、その終点で国旗に灯油をかけ火を放った者が、国旗冒瀆罪で起訴された国旗焼却事件では、校長の処分や国旗冒瀆罪の適用を違憲と判断した。両判決ともに、規制目的が特定の意見の抑圧にあることを認め、当該規制を思想の伝達的側面に向けられたものであることを理由に、当該規制の違憲性を厳格に審査したのである。オブライエン・テストを適用する際には、様々な状況から考えて、規制目的が自由な表現の抑圧と関係するかどうかを問わなければならない。

（ⅱ）本件行為に対し、威力業務妨害罪を適用して処罰しようとする規制目的が、自由な表現の抑圧と無関係といいうるであろうか。ここでは、法を適用しようとする国家機関、特に警察の意図・目的が問題となるが、さらに、次の２点が重要である。第１に、具体的事案において、警察の意図・目的を問いうるかという点である。実は、本件事案の特殊な側面は、他の事案と比較することで明確となる。例えば、先に述べた駅構内でのビラ配布等に対する刑法適用の憲法適合性が争われた事件では、駅長職務代理として駅構

---

[30] 久保田きぬ子「最近の判例」『アメリカ法』(1971) 329頁以下、榎原・前掲 (19) 108頁以下等参照。

内を管理していた助役からの依頼を受けた警察官が制止・退去要求を行ったものであり[31]、駅助役の意図・目的を問う余地はあるとしても、それとは別の警察・検察の意図・目的を問題とすることは困難であった。また、立川反戦ビラ事件では、宿舎の管理業務に携わっていた者が提出した被害届を受けて、逮捕・公訴提起が為されたものであり、管理業務に携わっていた者の意図・目的を問う余地はあるとしても、それとは別の警察・検察の意図・目的を問題とすることは困難と見ることができる。さらに、ビラの配布のために管理組合が管理する分譲マンションへ立ち入った行為に対し、住居等侵入罪（刑法第130条前段）を適用して処罰することの憲法適合性が争われた「葛飾区政党ビラ配布事件」で、最高裁判所は、立川反戦ビラ事件判決と同様、「本件立入り行為をもって刑法130条前段の罪に問うことは、憲法21条1項に違反するものではない」と判断している（最高裁平成21年11月30日判決・刑集63巻9号1765頁）。これは、居住者の通報を受けて警察が逮捕したという事案であり、居住者の意図・目的とは別に、警察の意図・目的を問題とすることは困難と考えうる。

ところが、以上の事案とは異なり、本件では、警察の意図・目的が直接問われなければならない。本件は、沖縄防衛局が名護警察署に被害申告をしたことから逮捕・公訴提起に至った事案であり、一見すると、業務を遂行すべき沖縄防衛局とは別に、警察の意図・目的を問題とすることは困難な事案とも受け取られかねない。しかし、米軍基地の建設を遂行し、それに反対する市民を排除する点で、沖縄防衛局も沖縄県警も連携して業務を行っていたものと捉えることができる。そうすると、財産権・管理権を有する者とは切り離された警察について、その意図・目的が問われにくい先の諸判決とは異なり、本件では、沖縄防衛局と一体となった警察の意図・目的が直接に問題とされなければならない。

(ⅲ) 第2に、本来、主観的な要素であるはずの意図・目的をどのように判断するのかという点である。行政裁量の逸脱・濫用の統制としての目的違

---

[31] 高橋省吾「最高裁判所判例解説」『最高裁判所判例解説刑事篇昭和59年度』（法曹会、1988）536頁。

反・動機違反等[32]、国家機関の意図・目的を考慮する審査方法は、従来の判例においてもみられる。その場合、主観的な要素として捉えられがちな意図・目的であっても、その客観的な判定が可能であることを認める判断が示されている。「愛媛玉串料訴訟」において、最高裁判所は、①「被上告人らは、本件支出は、遺族援護行政の一環として、戦没者の慰霊及び遺族の慰謝という世俗的な目的で行われた社会的儀礼にすぎないものであるから、憲法に違反しないと主張する」、しかし、②「戦没者の慰霊及び遺族の慰謝ということ自体は、本件のように特定の宗教と特別のかかわり合いを持つ形でなくてもこれを行うことができると考えられるし、神社の挙行する恒例祭に際して玉串料等を奉納することが、慣習化した社会的儀礼にすぎないものになっているとも認められない」、③「そうであれば、本件玉串料等の奉納は、たとえそれが戦没者の慰霊及びその遺族の慰謝を直接の目的としてされたものであったとしても、世俗的目的で行われた社会的儀礼にすぎないものとして憲法に違反しないということはできない」と述べている（最高裁平成9年4月2日判決・民集51巻4号1673頁）。これは、世俗的目的とする愛媛県の主張にもかかわらず、あえて玉串料等の奉納を選択した行為から宗教的目的を認定判断したものである。本件でも同様に、国家機関の行為を客観的に判定して、規制目的を確定することが可能である。具体的には、本件行為に至る中での沖縄防衛局や警察の行動、具体的な活動状況、市民側とのやりとり等、客観的な状況を考慮して判定することとなろう。

(3)「必要不可欠な公共的利益の基準」による違憲審査

（i）そこで、規制目的の観点から厳格審査の可能性を探ろうとする場合、以下の点が重要である。①本件行為は、工事用ゲート前で行われたところ威力業務妨害に問われた事案であるが、キャンプシュワブには、工事用ゲート以外にもメインゲート等が設置されており、本件行為当時においても、工事用車両の通行のために他のゲートを利用しうる状況にあった。②辺野古や高江には、全国から多くの警察や機動隊が派遣され、警察による過剰

---

[32] 塩野宏『行政法Ⅰ［第6版］』（有斐閣、2015）147頁参照。

な警備が日常的に行われていたのであり、海上保安庁の職員も、キャンプシュワブ沖でカヌーによる抗議行動を行っていた者に対し、同様に暴力を用いての排除を行っていた[33]。③警察官による「土人」発言に見られるように、抗議行動に参加する者に対して露骨な差別意識や嫌悪感、また憎悪さえも表す者も見られた。④警察の行為の背後には、「辺野古基金」[34]等を通じて賛同や支援が広がってくるにつれ、表現行為の影響が全国に波及することに対する警戒があったのではないかと考えられる。

以上からすれば、警察の目的が、威力業務妨害罪の法益保護を直接の目的としてなされたものであったとしても、米軍基地建設に対する反対の意思を示す表現行為であるが故の逮捕であり、自由な表現の抑圧にあると見るべきである。しかも、その規制は、思想の自由市場をゆがめ、また、伝達的効果への警戒に由来する規制であるため、表現内容規制であり、さらに、米軍基地建設に反対するという特定の見解に対する規制であるから、見解規制と解すべきである。

（ⅱ）なお、本件事案の分析において、沖縄防衛局と警察とを区別し、沖縄防衛局の目的が仮に表現内容規制ないし見解規制であったとしても、憲法上許容されるはずだ、とする考え方もありうるため、念のために検討しておきたい。この点については、立川反戦ビラ事件判決における調査官解説のように、「本件起訴が被告人らの行為の内容との関連でなされたことは否定できないであろう。しかし、被告人らの行為が……、管理権者としてこれを放置できないと考えたことは、管理権者側のいわば都合として、それ自体非難されるべきものではないはずである。そして、それが一般的な犯罪を構成するものである以上、取締りの対象となることは……、当然甘受しなければならないはずである」とする指摘もある[35]。刑事法上、法益の保護を受ける者の利益を考慮すれば、表現行為も取締の対象となることはやむを得ないとす

---

[33] 森川恭剛「基地ゲート前の暴力と法」『現代思想』44巻2号（2016）56頁以下参照。
[34] 林公則「辺野古基金における寄付の意義」『現代思想』44巻2号（2016）95頁以下参照。
[35] 山口・前掲（28）166頁。

る主張である。しかし、この考え方によれば、刑事裁判の場では常に、法益侵害を主張する側の利益が重視され、表現行為を行う者の利益が刑事罰の対象となるのであって、表現の自由の価値が過少に評価されてしまう[36]。

　立川反戦ビラ事件における管理権者に相当するのは、本件では、業務遂行者である沖縄防衛局ということになろうが、仮に、業務遂行者の利益にも配慮することが必要であるとしても、それを理由に、警察権限が表現行為に向けられることのインパクトを無視することがあってはならない。問題は、表現者と業務遂行者の利益を水平的関係において調整することにあるのではなく、国家機関が垂直的関係において、警察権限を用いて表現行為を抑圧することがどこまで認められるのかという点にある。先の見解は、この点に関する考慮が不十分と言わざるを得ず、本件ではそのままでは妥当しないと考えるべきである。以上から、本件行為に対する法適用は、内容中立規制ではなく内容規制・見解規制と理解すべきであり、法適用の合憲性は、厳格に審査されなければならない。

　(ⅲ)　表現内容規制でありかつ見解規制である本件事案には、厳格審査基準たる「必要不可欠な公共的利益（compelling government interest）の基準」が妥当する。これは、①規制目的が「やむにやまれぬ必要不可欠な公共的利益」であること、②規制目的達成手段がその公共的利益のみを具体化するように「厳密に定められている」ことを求める基準である[37]。①に関して

---

[36] 表現の自由保障は「居住者・管理者の意思が常に優先するというドグマを否定することを要請する」とし、「国家権力は、特定の内容のビラを排除したいという私人の願望……を、権力発動を正当化するものだと評価してはならない」とする指摘が重要である。毛利透『表現の自由——その公共性ともろさについて』（岩波書店、2008）334頁、335頁。

[37] 芦部・前掲(5) 411頁。なお、表現内容規制の違憲審査においては、「明白かつ現在の危険の基準」を用いることも考えられる。しかし、この基準は、害悪発生の「危険性」に着目して適用されるものであり、危険性を理由に規制する場合（扇動罪、集会の許可制等）に用いるのが適切と解される。本件は、既に結果を発生させている事案であり、適用すべき場面を異にするものと考えられる。「明白かつ現在の危険の基準」を適用したものと評価される判例として、最高裁昭和29年11月24日大法廷判決・刑集8巻11号1866頁、最高裁平成7年3月7日判決・民集49巻3号687頁等参照。

は、当該表現のメッセージ内容そのものが具体的な社会的害悪を引き起こしているかどうか、また、その具体的な社会的害悪は「やむにやまれぬ必要不可欠な公共的利益」といいうるかが問われなければならない。そのような害悪が発生していないのに、当該表現を規制しようとすることは、その見解・観点が間違っている・悪しきものであるという決めつけのみで表現を規制するものであり、「こういう場合は、『表現の自由』を規制する正当な根拠を公権力が有しているとは言えない」[38]。規制を正当化しうるような具体的な社会的害悪の有無・程度を、裁判所は厳しく審査しなければならない。

　本件規制は、沖縄防衛局が進める米軍基地建設に反対する表現行為のメッセージ内容そのものに向けられたものであるところ、次の点を指摘することができる。第1に、本件では、規制目的自体が表現内容の規制を正当化しうるものとは言い難い。威力業務妨害罪の保護法益は、人の社会的活動の自由と解されるところ、本件行為が妨げたとされる業務は米軍基地の建設であり、それ自体、個人の自由とは異なるものである。また、公務であっても私的業務と同様の保護を受ける場合を認めるとしても、要保護性は低くなるものと解され、社会的活動の保護という規制目的は、本件事案との関係では「やむにやまれぬ必要不可欠な公共的利益」とはいえないものと解される。また、第2に、別の規制目的として、米軍基地建設に対する異論の広がりに伴い外交関係が傷つけられることの防止、また、基地建設の担当者が受ける精神的負担といった害悪の排除も考えられる。しかし、威力業務妨害罪の保護法益とは無関係の目的により本罪を適用すること自体許されないことであるし、そもそも表現の自由は、公権力の行動や政策に対する批判的内容を自由に主張しうることにこそ中核的意味を有するのであり、異論それ自体を害悪と捉えることはできない。それ以外に米軍基地建設に反対するメッセージが、何か具体的な社会的害悪をもたらしているとする明確な根拠はない。

　他方、②規制目的達成手段については、規制目的を達成するために是非とも必要な最小限度でなければならないと解されるところ、本件行為に対し

---

[38] 佐々木弘道「公立高校卒業式における来賓発言と『表現の自由』」『成城法学』78号（2009）50頁。

て威力業務妨害罪を適用することは、「是非とも必要な最小限度」とはいえず、過大規制であるが故に憲法に適合しないと解される。規制目的を社会的活動の保護とした場合、業務を妨害している原因を除去しうる手段の中で、言論に対して最も制限的でない手段である必要があるのであるが、本件では、次の2つの意味で、規制手段の違憲性が指摘されうる。第1に、司法的執行の中でいえば、道路交通法に基づく対応が可能である。すなわち、道路交通法第76条第3項（「何人も、交通の妨害となるような方法で物件をみだりに道路に置いてはならない」）に違反した場合には、「3月以下の懲役又は5万円以下の罰金」（第119条第12号の4）と定められ、また、道路交通法第81条第1項（禁止行為に対する措置としての警察署長による中止・除去命令等）に違反した場合に「3月以下の懲役又は5万円以下の罰金」（第119条第14号）とされている。道路交通法に基づく対応のうち、間接罰方式であるという点、また、刑罰の重さからいえば、後者が最も制限的でない手段といいうる。また、②行政的執行まで視野に入れるならば、道路法第43条第2号（「道路の構造又は交通に支障を及ぼす虞のある行為をすること」）に違反する場合には、道路管理者は、移転・除去・原状回復命令等の措置をとりうることが認められており（道路法第71条第1項）、その命令にも従わない場合、「戒告」「通知」を経た上で代執行の措置をとりうるのである（行政代執行法）。本件では、規制する側が、行政的執行ではなく司法的執行を選択し、また、司法的執行の中でも最も刑罰の重い威力業務妨害罪を適用した点で、「是非とも必要な最小限度」とはいえないものと解される。以上から、本件行為に刑法を適用して処罰することは、憲法に違反すると解すべきである。

(4) 適正な利益衡量の探求の必要性

（ⅰ）以上の捉え方とは異なり、本件の問題を、表現行為に対する付随的制約の合憲性にあるものとして捉え、オブライエン・テストによる利益衡量で判断するとしても、利益の均衡を評価する際には次の点に留意する必要がある。第1に、民主主義における表現の自由の意義を最大限に考慮すべきとする点である。表現の自由は、市民による集合的決定にとって必要不可欠で

ある点で重要な権利である。その際、自分の好きなことを述べる自由も表現の自由に含まれるが、そのような私的自由である以上に、公益ないし公的議論に資する自由であるところに特別な意義を有する[39]。表現の自由の「自己統治」の価値については、多くの判例によっても指摘されている[40]。

本件行為についていえば、それは、①米軍基地の建設に反対の意思を示す表現行為であり、その内容は、日本の平和主義ないし安全保障に関わる純粋に公的議論に資するものであった。また、②沖縄において、米軍基地に関する言論は、沖縄戦や戦後の米軍基地の被害実態、米軍基地建設をめぐる沖

---

[39] 表現の自由の公的性質ないし「自己統治」の価値を重視する見解として、例えば、Alexander MEIKLEJOHN, Free Speech and Its Relation To Self-Government (Harper & Brothers, 1948) 参照。ミクルジョンの主張については、阪口正二郎「表現の自由の原理論における『公』と『私』――『自己統治』と『自律』の間」長谷部・中島編・前掲（25）48頁以下参照。また、「表現の自由の政治的権利としての側面」が「表現の自由の核心部分をなす」と指摘するものとして、松井修視「政治活動・政治運動――政治的表現の自由と政治的ビラのポスティング規制」駒村圭吾・鈴木秀美編『表現の自由Ⅱ――状況から』（尚学社、2011）301頁以下参照。もちろん、公的議論と私的議論との区別は容易ではなく、民主的決定の過程への関わり方は自らの自律的判断に基づいて行われることこそ重要ではないかと思われることから、自分の好きなことを述べる自由も同様に強い保障が与えられるべきとする主張にも、合理的な根拠がある。結果として、表現の自由の「自己統治」の価値も「自己実現」ないし「自律」の価値も、ともに表現の自由の「優越的地位」を支えているという理解が必要となろう。

[40] 「表現の自由が、侵すことのできない永久の権利すなわち基本的人権に属し、その完全なる保障が民主政治の基本原則の一つであること、とくにこれが民主主義を全体主義から区別する最も重要な一特徴をなすことは、多言を要しない」とする東京都公安条例事件判決（最高裁昭和35年7月20日大法廷判決・刑集14巻9号1243頁）、「出版その他の表現の自由や学問の自由は、民主主義の基礎をなすきわめて重要なものである」とする「悪徳の栄え」事件判決（最高裁昭和44年10月15日大法廷判決・刑集23巻10号1239頁）、「憲法21条の保障する表現の自由は、民主主義国家の政治的基盤をなし、国民の基本的人権のうちでもとりわけ重要なものであり、法律によつてもみだりに制限することができないものである」とする猿払事件判決（前掲最高裁昭和49年11月6日大法廷判決）、「表現の自由、とりわけ、公共的事項に関する表現の自由は、特に重要な憲法上の権利として尊重されなければならないものであり、憲法21条1項の規定は、その核心においてかかる趣旨を含むものと解される」とする北方ジャーナル事件判決（最高裁昭和61年6月11日大法廷判決・民集40巻4号872頁）等がある。

縄県知事・県議会、名護市長・名護市議会による政策と日本政府の政策との対立、それへの評価を背景とする米軍基地建設をめぐる賛否等、「自己統治」の観点からは最大限に尊重すべきものといいうる。従来、最高裁判所の判例は、表現の自由の優越性に対する考慮が不十分であるのみならず、その「自己統治」の価値にも十分配慮してきたとは言い難いが[41]、本件で問われているのが純粋に公的議論に資する言論であったことを思えば、刑事法の適用における利益衡量を行う際には、表現の自由に比重を置いて判断すべきである。

（ⅱ）第2に、本件行為が行われた場所を考慮すべきとする点である。表現活動のために公共の場所を利用する権利は、場合によってはその場所における他の利用を妨げることになっても保障されるべきとする考え方は、「パブリック・フォーラム論」と呼ばれる[42]。ここでいうパブリック・フォーラムとは、道路、公園、広場等一般公衆が自由に出入りできる場所をいう。パブリック・フォーラム論を展開したものとして、伊藤正己裁判官の補足意見（前掲最高裁昭和59年12月18日判決）が参照されなければならない。「ある主張や意見を社会に伝達する自由を保障する場合に、その表現の場を確保することが重要な意味をもっている。特に表現の自由の行使が行動を伴うときには表現のための物理的な場所が必要となってくる。この場所が提供されないときには、多くの意見は受け手に伝達することができないといってもよい。一般公衆が自由に出入りできる場所は、それぞれその本来の利用目的を

---

[41] 「わが国の最高裁は『自己統治』論にすら実は真面目にコミットしていないのではないか、という疑問が生じる」と指摘するものとして、阪口・前掲（39）62頁。

[42] 紙谷雅子「パブリック・フォーラム」『公法研究』50号（1988）103頁以下、同「表現の自由──合衆国最高裁判所の判例にみる表現の時間、場所、方法および態様に関する規制と表現の方法と場所の類型（3・完）」『国家学会雑誌』102巻5・6号（1989）1頁、同「パブリック・フォーラムの落日」芦部信喜先生古稀祝賀『現代立憲主義の展開・上』（有斐閣、1993）643頁以下、中林暁生「パブリック・フォーラム」駒村・鈴木編・前掲（19）197頁以下、横大道聡「公的言論助成・パブリックフォーラム・観点差別──連邦最高裁判決の検討を中心に」『法学政治学論究』65号（2005）165頁以下、同『現代国家における表現の自由──言論市場への国家の積極的関与とその憲法的統制』（弘文堂、2013）等参照。

備えているが、それは同時に、表現のための場として役立つことが少なくない。道路、公園、広場などは、その例である。これを『パブリック・フォーラム』と呼ぶことができよう。このパブリック・フォーラムが表現の場所として用いられるときには、所有権や、本来の利用目的のための管理権に基づく制約を受けざるをえないとしても、その機能にかんがみ、表現の自由の保障を可能な限り配慮する必要があると考えられる」。

　このような考え方は、道路における集団行進についての道路交通法による規制について、「許可が与えられない場合は、当該集団行進の予想される規模、態様、コース、時刻などに照らし、これが行われることにより一般交通の用に供せられるべき道路の機能を著しく害するものと認められ、しかも、……警察署長が条件を付与することによつても、かかる事態の発生を阻止することができないと予測される場合に限られる」（最高裁昭和57年11月16日判決・刑集36巻11号908頁）として、法律の合憲限定解釈を行った判決の趣旨とも軌を一にするものと評価できる。そこで、本件についてはどのようなことが言いうるであろうか。本件行為が行われていた場所は公道であり、他者の管理権の及ぶ米軍基地の敷地内や私道ではない。もちろん、公道とはいえ、多くの人や車両が往来する都市部・繁華街であれば、表現行為ではあっても一定の制約を受けることはやむを得ないと考え得る。しかし、本件行為が行われたキャンプシュワブゲート前付近は、近くに民家や集落はあるものの、広大な自然林や米軍基地に囲まれた場所である。他者の私生活上の平穏や往来の自由等と衝突するおそれは極めて低いと見るべきであり、パブリック・フォーラムにおける表現行為として、表現の自由を最大限尊重した判断を行うべきである。

　(ⅲ) 第3に、表現行為に対する規制に伴って生じる効果（萎縮効果）を考慮すべきとする点である。憲法上保障された表現の自由は、様々な国家の規制によって容易に縮減させられるもろい自由でもある。それ故に、表現の自由の行使を断念させる実際上の効果（萎縮効果）を発しうる措置については、特に警戒を要する。しかも、この萎縮効果は、事後的な救済が困難であり、それが存在するだけで自由な精神活動を窒息させてしまい、抑圧のない

雰囲気の中で民主主義社会に寄与しようとする表現活動に対し深刻な危機をもたらす。国家規制の憲法適合性を審査する際には、萎縮効果の有無を考慮に入れたうえで、それを除去するように法解釈や法適用の是非を判断しなければならない。

　この趣旨は、最高裁判所の判決においても採用されてきたものである。旧関税定率法第21条第1項第3号「公安又は風俗を害すべき書籍、図画」等（現関税法第69条の11第1項第7号）のうち、「風俗」の文言が明確性の原則に反し違憲ではないかが問題となった事件で、最高裁判所は、「猥褻な書籍、図画等に限定して解釈する」ことで合憲と判断したが、その際に次のように述べている。法律の文言につき限定解釈をすることには一定の制約が必要であり、「かかる制約を付さないとすれば、規制の基準が不明確であるかあるいは広汎に失するため、表現の自由が不当に制限されることとなるばかりでなく、国民がその規定の適用を恐れて本来自由に行い得る表現行為までも差し控えるという効果を生むこととなるからである」（最高裁昭和59年12月12日大法廷判決・民集38巻12号1308頁）。ここでいう「本来自由に行い得る表現行為までも差し控えるという効果」こそが萎縮効果である。

　それでは、本件において考慮すべき萎縮効果とはどのようなものであろうか。まず、本件行為を行った者について、本件の逮捕から始まる一連の国家行為が、今後の表現の自由の行使を断念させる効果を有することは明らかである。表現行為を理由に逮捕され、長期間にわたって勾留され、起訴されて公開の法廷に引きずり出され、被告人席に座らされ、精神的負担を与えられ続ける。本件行為への刑事法の適用が、表現の自由ひいては人格的生存に対して与える影響は、甚大でかつ深刻である[43]。また、他者に対する同様の萎

---

[43] 表現の自由に関する国連特別報告者のデビッド・ケイによる報告書では、本件における日本政府の行動が、「表現、特に、公的な抗議活動及び反対意見」に与えうる萎縮への懸念を表明している。Report of the Special Rapporteur on the promotion and protection of the right to freedom of opinion and expression on his mission to Japan, § 60（http://hrn.or.jp/wpHN/wp-content/uploads/2017/05/A_HRC_35_22_Add.1_AUV.pdf）。仮約については、「デビッド・ケイ『表現の自由』国連特別報告者　訪日報告書（未編集版）」（http://www.mofa.go.jp/mofaj/ ↗

縮効果も無視できない。本件行為が伝達する意見に賛同する者が、その意見内容を自ら表明することにより、差別や脅迫等の被害を受ける恐れを抱くことは容易に想定しうる。実際に、2013年1月27日、米軍普天間基地に配備されたオスプレイの配備撤回と同基地の県内移設断念を求めて、沖縄県内41市町村の首長が「オスプイレイ配備撤回」を求める建白書を携えて上京した際、銀座でデモ行進をする沿道で「売国奴」「非国民は出て行け」等の言葉を投げつけられた。先に触れた警察官による「土人」発言や暴力等も併せて考えると、日本社会における、米軍基地への批判的なメッセージに対する抑圧は、現実に発生しているものである。これを放置すれば、表現の自由の萎縮がますます進んでしまい、自由保障にとっても民主制にとっても取り返しのつかない段階に至ってしまう[44]。

↘ files/000262308.pdf#search=%27%E3%83%87%E3%83%93%E3%83%83%E3%83%89%E3%82%B1%E3%82%A4%27）参照（最終閲覧日：2017年10月23日）。また、人前に「さらされる」ことの苦痛が甚大で深刻であることは、本件における検察側証人として出廷予定であった警察官と沖縄防衛局職員について、那覇地検が遮蔽を求めていたことが如実に物語っている。

[44] この点、敵意や圧力等の私的な行為による被害は国家のものとは言いえず、萎縮効果の責任を国家に負わせることは不当とする主張もありうる。しかし、米軍基地への批判的なメッセージに対するネガティブな評価は、国家の行為と私的な行為との共同作用というべきであり、むしろ、日本政府による基地建設の強行や警察・海上保安庁の暴力行為が、私的な行為を助長しているとさえ言えるのであって、国家はその責めを免れることはできないと考えるべきである。この点を断じたNAACP v. Alabama, 357 U.S. 449（1958）の判決については、毛利・前掲（36）75頁参照。また、萎縮効果は、法律自体によるものだけでなく、本件のように、法適用機関によって生じることもある。このような場合には、萎縮効果論を用いて適用違憲と判断すべきこととなる。例えば、NAACPが、税法上の手続として自治体内で活動する団体に対し構成員等の個人情報の開示を要求する条例に違反し、構成員リストの提出を拒否したことで起訴された事件がある。判決は、この条例が表現活動に対して萎縮効果を及ぼすことを理由に「やむにやまれぬ」利益による正当化を求め、それを否定して違憲判断を下した。Bates v. Little Rock 361 U.S. 516（1960）. ここでは、「それ自体としては表現への制約とはいえない条例」について、「問題となった具体的適用が表現活動への制約として機能することが抑止効果論によって認識され、違憲と判断されている」。毛利・前掲（36）120頁、121頁。法律の適用の憲法適合性が問題とされるケースにおいて、萎縮効果論に依拠して適用違憲を導く判例として、本件↗

(5) 先例との関係

（ⅰ）以上の諸点に加え、利益衡量に際して先例との整合性を図る必要もある。第1に、憲法上の人権に対する付随的制約の事例において、人権が、他者の生命・健康等を保護法益とする犯罪の構成要件に該当する場合には、容易に違法性を阻却すべきでない。このことは判例でも認められている。依頼を受けて治療をなす目的で宗教行為として加持祈祷を行なった結果、死に至らしめた僧侶の行為について、傷害致死罪により処罰しても違憲ではないとした事例がある。最高裁判所は、「被告人の本件行為は、所論のように一種の宗教行為としてなされたものであつたとしても、それが……他人の生命、身体等に危害を及ぼす違法な有形力の行使に当るものであり、これにより被害者を死に致したものである以上、被告人の右行為が著しく反社会的なものであることは否定し得ないところであつて、憲法20条1項の信教の自由の保障の限界を逸脱したものというほかはなく、これを刑法205条に該当するものとして処罰したことは、何ら憲法の右条項に反するものではない」とした（最高裁昭和38年5月15日大法廷判決・刑集17巻4号302頁）。本件は、このような事例とは異なるものであり、区別して判断しなければならない。

（ⅱ）第2に、表現の自由に対する付随的制約の合憲性が争われた先例との比較をする際には、次の各判決を検討する必要がある。既に触れた①駅構内ビラ配布事件判決（前掲最高裁昭和59年12月18日判決）、②立川反戦ビラ事件判決（前掲最高裁平成20年4月11日判決）、③葛飾区政党ビラ配布事件判決（前掲最高裁平成21年11月30日判決）に加え、④卒業式直前に保護者らに対して大声で呼び掛けを行い、制止しようとした教頭らに怒号するなどして式の円滑な遂行を妨げた行為に対し刑法第234条を適用することの合憲性が争われた都立板橋高校事件判決である。最高裁判所は、「たとえ意見を外部に発表するための手段であっても、その手段が他人の権利を不当に害するようなものは許されない。被告人の本件行為は、その場の状況にそ

＼でも参照されるべきである。なお、萎縮効果論については、毛利透「表現の自由と民主政——萎縮効果論に着目して」阪口他編・前掲（16）26頁以下等参照。

ぐわない不相当な態様で行われ、静穏な雰囲気の中で執り行われるべき卒業式の円滑な遂行に看過し得ない支障を生じさせたものであって、こうした行為が社会通念上許されず、違法性を欠くものでないことは明らかである。したがって、被告人の本件行為をもって刑法234条の罪に問うことは、憲法21条1項に違反するものではない」と判断した（最高裁平成23年7月7日判決・刑集65巻5号619頁）。これらはいずれも適用上合憲と判断されているが、本件との異同についてはどうであろうか。

（ⅲ）まず、利益衡量の方法について、先例は、表現の自由と他者の財産権・管理権、私生活の平穏等の私的利益との間（①駅構内ビラ配布事件判決、②立川反戦ビラ事件判決、③葛飾区政党ビラ配布事件判決）[45]、また、静穏かつ厳粛に卒業式を円滑に執り行うという業務遂行者の利益[46]との間（④都立板橋高校事件判決）で、水平的関係において利益衡量を行い後者の利益保護を図ったものといいうる。他方、既に述べたように本件は、表現の自由と業務遂行者の利益を水平的関係において調整すべき事案ではなく、国家機関が垂直的関係において、警察権限を用いて表現行為を抑圧することの合憲性が争われているものである（(2)(ⅱ)）。先例と本件との違いは明白であり、形式的な構成要件該当性のみで犯罪の成立を判断すべきではない。

[45] これらの先例のうち、特に立川反戦ビラ事件判決、葛飾区政党ビラ配布事件判決において表現の自由を軽視する判断については、郵便受けへのビラの配布が住居の平穏等を害する程度は極めて小さいとする指摘、情報の「受け手」（住人）を管理者にとって都合のよい情報のみを受け取る「囚われの聴衆」にしてしまうという指摘、利益衡量が不十分ないし皆無であるとする指摘等がなされている。長岡徹「『郵便受けの民主主義』——憲法解釈論の可能性」阿部照哉先生喜寿記念論文集『現代社会における国家と法』（成文堂、2007）201頁以下、曽根威彦「ポスティングと住居侵入罪適用の合憲性——2つの最高裁判決をめぐって」『法曹時報』65巻5号（2013）1頁以下等参照。

[46] 都立板橋高校事件判決の調査官解説では、「卒業式が円滑に遂行されることによって得られる利益（学校生活に有意義な区切りを付けて、厳粛で新鮮な気分を生徒に味わわせ、新しい生活の展開への動機付けとする。）は、卒業式を円滑に遂行させるべき権限と責務を持つ校長だけに限らず、その他の学校関係者（何よりも卒業生と保護者ら）にとっても重要な意義を有するのであり、本件卒業式を円滑に遂行する業務も十分に保護されるべきものである」と指摘されている。小森田恵樹「最高裁判所判例解説」『法曹時報』66巻8号（2014）279頁、280頁。

（ⅳ）また、表現行為の場所について、先例は、駅の構内（①駅構内ビラ配布事件判決）、集合住宅の敷地（②立川反戦ビラ事件判決）、分譲マンションの敷地（③葛飾区政党ビラ配布事件判決）、都立高校の体育館（④都立板橋高校事件判決）における行為が刑事法の適用を受ける事件であった。これらの場所は、既に触れたパブリック・フォーラムとは言い難いものであり、都立板橋高校事件判決の事案でも、「パブリック・フォーラム……たる性質を有する場所、例えば校門前の道路等で行われるのであれば、原則として、憲法21条1項により表現の自由として保障される」が、「被告人の行為が、本件卒業式の行われる体育館という場で」行われた点が問題視されていたのである（宮川光治裁判官の補足意見）。それに対し、本件行為はパブリック・フォーラムにおいてなされたものであり、この点を無視して判断されてはならない。

（ⅴ）さらに、表現行為の態様について、先例の各事例は、次のような特徴を有していた。①駅構内ビラ配布事件では、駅係員の許諾を受けないでビラ多数を配布し演説を繰り返したうえ、管理者からの退去要求を無視して約20分間にわたって駅構内に滞留したというもので、鉄道の管理権者の管理権のみならず、鉄道利用者等、一般公衆の通行を妨げる態様のものであった。また、②立川反戦ビラ事件や③葛飾区政党ビラ配布事件では、一般に人が自由に出入りすることのできない場所に管理権者の意思に反して立ち入り、管理権を侵害するのみならず、私的生活を営む者の私生活の平穏を侵害する態様のものであった。④都立板橋高校事件では、式の開始直前に大声を上げて呼び掛けを行い、教頭や校長による制止や退場の求めにも応じずに怒号を浴びせることで、校長のみならず卒業生・保護者等の利益をも侵害する態様のものであった[47]。それに対し、本件行為は公道上で行われ、一般公衆の通行を妨げる程度のものではなく、また、妨げた業務（米軍基地の建設）と言論内容とが直接関係するもので、反対運動が当該業務を対象として表現

---

[47] 他方、宮川光治裁判官の補足意見は、「本件卒業式が実施される体育館に赴いて、本件卒業式の開始前に、保護者席を歩いて回り、ビラを配布した行為は、威力を用いて卒業式式典の遂行業務を妨害したとは評価できない」とする。

行為を行おうとすることは、むしろ当然のことと評価されるべきものであった。

　（vi）なお、伊藤正己裁判官の補足意見が述べていた「その意見の有効な伝達のための他の手段の存否」という考慮要素についても、次の点に留意する必要がある。③葛飾区政党ビラ配布事件は、被告人が、玄関ホールにあった集合ポストではなく、各住戸のドアポストにビラを配布したという事案であったが、この点につき、調査官解説は、「本件で被告人が立ち入った場所、取り分け、玄関内東側ドアより先に進んだ廊下、階段、エレベーター部分は居住者以外の者が一般に自由に出入りすることのできる場所ではなく、そのような場所への立入りの違法性の程度が軽微とはいえないことが指摘でき」るとする[48]。また、④都立板橋高校事件において、既に引用したように、宮川光治裁判官の補足意見は、「パブリック・フォーラム」の性質を有する場所での表現行為であれば、憲法上の保障が及ぶものであったことを指摘し、また、調査官解説も、「被告人が自己の意見を保護者らに伝える手段としては、例えば、学校外において、来校してくる保護者らに対してビラを配るなどの方法によって行うことが十分に可能であったと思われ」ると指摘する[49]。これらの利益衡量の仕方から読み取ることができるのは、「他の手段の存否」の判断に際して重要な点は、当該行為と同じ程度で、メッセージを伝達する効果が期待できるような「他の手段」があるかどうかの判断であり、それがなければ規制は正当化されないということであろう。本件においても同様の検討が必要であり、本件における表現行為と同じ効果が期待できるような「他の手段」が存しないとすれば、やはり本件行為に対する規制は正当化できないものと解される。

　以上、民主主義における表現の自由の意義、本件行為が行われた場所、表現行為に対する規制に伴って生じる効果（萎縮効果）、先例との均衡を考慮し、本件行為に対する刑事法の適用は、表現の自由を侵害し憲法違反と解す

---

[48]　西野吾一「最高裁判所判例解説」『最高裁判所判例解説刑事篇平成21年度』（法曹会、2013）549頁。

[49]　小森田・前掲(46)280頁。

べきである。

結──適用上違憲の判断と法的安定性

（1）これまで、本件行為に対して刑事法を適用することが、表現内容規制、さらには、見解規制に該当するものであり、それ故、最も厳格な審査基準に照らして判断し、適用上違憲と判断すべきこと、また、付随的制約として利益衡量論で判断するとしても、様々な要素を考慮した上でなお適用上違憲と判断すべきことを述べてきた。最後に、法律自体の合憲性を問わずに事例に応じて適用上違憲と判断することが、法の不安定を招くことになるのではないか、との指摘も見られるため、この点について検討しておきたい。

（2）確かに、適用上違憲の判断は、構成要件に該当する行為の違法性を実質上部分的に削り取ることを意味し、法律の予見機能を大きく損なわせ、法秩序の安定性を失わせる恐れを有するものともいいうる。最高裁判所も、公務員の争議行為およびそのあおり行為等を禁止し、違反した場合に刑事罰を科す国家公務員法第98条第5項（現・同条第2項）、第110条第1項第17号の合憲性が争われた全農林警職法事件で、当該規定の合憲限定解釈を否定し、全面的にその合憲性を認めた際に、次のように述べている。「あおり行為等の罪として刑事制裁を科されるのは……違法性の強い争議行為に対するものに限るとし、あるいはまた、あおり行為等につき、争議行為の企画、共謀、説得、慫慂、指令等を争議行為にいわゆる通常随伴するものとして、国公法上不処罰とされる争議行為自体と同一視し、かかるあおり等の行為自体の違法性の強弱または社会的許容性の有無を論ずることは、いずれも、とうてい是認することができない」。「このように不明確な限定解釈は、かえつて犯罪構成要件の保障的機能を失わせることとなり、その明確性を要請する憲法31条に違反する疑いすら存するものといわなければならない」（最高裁昭和48年4月25日大法廷判決・刑集27巻4号547頁）。

（3）しかし、次の点で、適用上違憲の判断を避ける態度には問題があると考えるべきである。第1に、法秩序の整合性の観点である。憲法規範に反して法律の解釈適用が行われ、それが放置されてしまうと、憲法が最高法規と

して法律・命令・処分等により具体化されていく法秩序の整合性が維持されないこととなる。法律の解釈適用のみの形式的判断を行い、そこに憲法規範を読み込んだ実質的判断を行わないことで、日本の法体系は、憲法なき法律秩序となり、その方が法の不安定を招くのではないかと思われる[50]。第2に、比較憲法の観点である。まず、日本の司法制度はアメリカ流のものと言われる。しかし、アメリカでは適用上判断が主流となっており[51]、文面上判断に固執する司法制度の運用は、沿革からすればその理念や趣旨から乖離したものとなってしまう。また、適用上判断よりも文面上判断を重視する態度は、ドイツの憲法裁判制度の判例傾向へと傾斜することとなり、それはそれで、判例法主義ではなく制定法主義たる日本の司法制度としては望ましいのではないかとする考え方もありうる。しかし、このような理解は、実際はドイツにおいても、法律の憲法適合的解釈や適用審査が広汎に行われている現実とは一致しない。「ドイツの憲法裁判制度が規範統制による憲法秩序維持を主任務とした『抽象的審査制』であるという命題は、現状と大きく乖離してきている」[52]。日本の判例も、具体的な事案ごとの憲法適合性審査へと転換すべき時期である[53]。

---

[50] 「法秩序の安定性は、制定される様々な法律が一律適用されることによってではなく、『憲法上の権利』の実体論の中味を安定したものに構成することによって、かなりの程度、確保される」と指摘するものとして、佐々木・前掲（25）119頁。

[51] 高橋和之は、文面上判断よりも適用上判断を優先すべき理由として、「立法府に対する敬譲」、「事件の具体的事実関係に限定された判断の方が裁判所が誤る危険が小さいという経験的事実」を挙げている。高橋・前掲（4）193頁。

[52] 毛利透「『法治国家』から『法の支配』へ——ドイツ憲法裁判の機能変化についての一仮設」『法学論叢』156巻5・6号（2005）346頁。また、宍戸常寿『憲法裁判権の動態』（弘文堂、2005）289頁以下、山田哲史「ドイツにおける憲法適合的解釈の位相」『岡山大学法学会雑誌』66巻3・4号（2017）131頁以下等参照。

[53] 憲法判断の方法や対象についての近時の議論として、青井未帆「憲法判断の対象と範囲について（適用違憲・法令違憲）——近時のアメリカ合衆国における議論を中心に」『成城法学』79号（2010）41頁以下、山田哲史「『憲法適合的解釈』をめぐる覚書——比較法研究のための予備的考察」『帝京法学』29巻2号（2015）277頁以下等参照。

第 3 章　米軍基地に抗う表現の自由論——刑事法の適用とその合憲性

［附論 5］刑事法の適用の合憲性に関する判断方法——第 1 審判決についてのコメント

1　本稿の目的　この小稿は、「平成 28 年（わ）第 386 号　公務執行妨害・傷害、器物損壊被告事件」及び「平成 28 年（わ）第 444 号　威力業務妨害被告事件」（以下、「本件」という。）に関し、2017 年 7 月 28 日付で那覇地方裁判所刑事部に提出した「威力業務妨害事件に関する意見書（表現行為に対する刑事法の適用とその合憲性）」（以下、「意見書」という。）を補うものとして書かれている。本稿の目的は、本件における第 1 審判決で示された憲法論が、憲法判断の方法という観点からみて甚だ不十分であることを免れず、改めて、意見書で示したプロセス（第 3 部第 3 章参照）にて、威力業務妨害罪の適用の合憲性を審査すべきことを述べることである。

2　第 1 審判決の内容　本件における第 1 審判決は、「被告人らの行為に威力業務妨害罪を適用して処罰することは、憲法 21 条に違反する」とする弁護人の主張に対し、次のように判示して違憲の主張を退けた。「憲法 21 条は表現の自由を保障しているが、これは絶対無制限の保障ではなく、公共の福祉のため必要かつ合理的な制限を是認するものである（最高裁平成 23 年 7 月 7 日判決・刑集 65 巻 5 号 619 頁参照）」。「被告人らの行為は、普天間飛行場代替施設建設工事に反対、抗議するという表現活動という面を有するが、単なる表現活動にとどまらず、(2) で認定した態様で実力を行使して工事用車両の進入を阻止しようとするものであって、憲法で保障される表現の自由の範囲を逸脱している。したがって、被告人らの行為に威力業務妨害罪を適用して処罰することは、憲法 21 条に違反するものではない」（那覇地裁平成 30 年 3 月 14 日判決・LEX／DB 文献番号 25560372）。

ここで「(2)」とは、「構成要件該当性について」と題された次の判示部分を指す。「被告人らは、キャンプシュワブ工事用ゲート前で、コンクリート製ブロック（幅約 39 センチメートル、高さ約 19 センチメートル、奥行き約 15 センチメートル、重量約 13.4 キログラムのもの）合計 1486 個を、幅 5.48 メートル、高さ 2.10 メートル、奥行き 1.56 メートルの直方体状に積み上げ

た（甲1〜3）。この場所は、普天間飛行場代替施設建設のための工事用資材等をキャンプシュワブ内に搬入する工事用車両の進入路に当たる（j　3回公判2頁）。被告人らがブロックを積む間、沖縄防衛局職員は、ブロックを撤去するよう、また、違法行為をやめるよう警告するとともに、警察の援助を得て、工事用車両の進入時にはブロックを撤去するなどしていたが、被告人らは、撤去されてもブロックを積む行為を繰り返したほか、工事用ゲートに向かう工事用車両の前方に立ちふさがるなどした（甲138、甲147、j　3回公判8〜10頁、13〜15頁）。そして、平成28年1月30日午前7時20分頃、工事用車両が同ゲート前に到着した時点では、ブロックが前記のように積み上げられ、工事用車両が進入することは不可能な状態になっており（j　3回公判19頁）、警察官らがブロックの上に座り込んでいた者を排除したり、ブロックを撤去したりして、工事用車両がキャンプシュワブ内に入ることができたのは、約1時間20分後の同日午前8時40分頃であり、その間、工事用車両は、入りたくても入れないまま、同ゲート前で待つことを余儀なくされた（同20頁）」。「これらの事実によれば、判示した被告人らの一連の行為は、威力、すなわち人の意思を制圧するような勢力を用いて、工事用車両の進入を妨害するものであって、威力業務妨害罪の構成要件に該当すると認められる」。

　以上から、第1審判決は、被告人らの行為が、「普天間飛行場代替施設建設工事に反対、抗議するという表現活動という面を有する」と認めたものの、ブロックを積み上げる等の行為により「工事用車両の進入を阻止しようとするもの」であって、憲法で保障される表現の自由の範囲を逸脱していると判断しており、この点は、威力業務妨害罪の構成要件に該当することをもって、弁護人の主張を退ける判断をしたものと解される。

　3　第1審判決の問題点——表現の「場」に対する考慮の欠如　　以上の判示にもかかわらず、第1審判決には次の2点の問題点が指摘されなければならない。第1に、本件の事案の特徴を見誤っているおそれがあるという点である。それは、本件の事案と、第1審判決が先例として引用する最高裁判決（以下、「平成23年判決」という。）の事案との違いから、明らかにな

るものと思われる。平成23年判決は、被告人が、東京都立高校の卒業式の際、①「体育館」及び「隣接する格技棟廊下」において、②保護者らに対し国歌斉唱のときに着席してほしいと大声で呼びかけ、③それを制止しようとした教頭と校長には怒号するなどし、同校が主催する卒業式の円滑な遂行を妨げたことが、威力業務妨害罪に該当するとして起訴された事案であった。この事案で最高裁は、「被告人の本件行為は、その場の状況にそぐわない不相当な態様で行われ、静穏な雰囲気の中で執り行われるべき卒業式の円滑な遂行に看過し得ない支障を生じさせたものであって、こうした行為が社会通念上許されず、違法性を欠くものでないことは明らかである。したがって、被告人の本件行為をもって刑法234条の罪に問うことは、憲法21条1項に違反するものではない」と判示していた。

しかし、本件の事案の憲法問題を審査する際、平成23年判決を参照して合憲判断を導くのは困難であると考えなければならない。本件における表現行為が為されたのは公道上であったのに対し、平成23年判決の事案では、都立高校の「体育館」及び「隣接する格技棟廊下」であったからである。そもそも公物には、公衆の用に供される「公共用物」と、直接には官公署の用に供される「公用物」との区別が認められるところ、後者に属する公立学校の体育館その他の施設は、「一般公衆の共同使用に供することを主たる目的とする道路や公民館等の施設とは異なり、本来学校教育の目的に使用すべきものとして設置され、それ以外の目的に使用することを基本的に制限されている（学校施設令1条、3条）」のである。地方自治法第238条の4第7項、学校教育法第85条とも合わせて考えると、「学校施設の目的外使用を許可するか否かは、原則として、管理者の裁量にゆだねられているものと解するのが相当である」（最高裁平成18年2月7日判決・民集60巻2号401頁）。

このように、平成23年判決の事案で被告人の行為がなされた場所が「公共用物」ではなく「公用物」であったことは、重要な要素であったと考えなければならない。この点は、宮川光治裁判官の補足意見も正当に指摘する通りである。「被告人が、本件卒業式には違憲違法な本件通達に基づく『君が代斉唱時の起立斉唱』の強制が組み込まれていると考え、その事実を、ビラ

を配布したりして本件卒業式に参加する保護者等に知ってもらうとともに、国歌斉唱時に着席したままでいることに協力してもらいたいと呼び掛けをすることは、それがいわゆるパブリック・フォーラム（最高裁昭和59年（あ）第206号同年12月18日第三小法廷判決・刑集38巻12号3026頁における伊藤正己裁判官の補足意見参照）たる性質を有する場所、例えば校門前の道路等で行われるのであれば、原則として、憲法21条1項により表現の自由として保障される」。本件の事案における表現行為が、ここでいう「パブリック・フォーラム」でなされたことが正当に評価されなければならない。

4　第1審判決の問題点——憲法判断に関する明確な推論の欠如　第2に、いかなる推論を用いて憲法判断を行っているのかが不明という点である。日本国憲法第98条第1項が、「この憲法は、国の最高法規であつて、その条規に反する法律、命令、詔勅及び国務に関するその他の行為の全部又は一部は、その効力を有しない」と規定しているところからすれば、国家機関による法秩序の形成や維持は、憲法に適合するものでなければならない。法律についていえば、法律の制定、法律の解釈、法律の適用の各段階において、憲法に適合することが要請されているのである。その憲法適合性を判断するに際し、裁判所は、人権の種類や重要性、人権の行使の態様、人権に対する規制の性質等を考慮して違憲判断の基準や枠組みを示し、憲法判断を行わなければならないし、これまでも、最高裁判所は、そうした判断を積み重ねてきたはずである。ところが、第1審判決は、「被告人らの行為は、……単なる表現活動にとどまらず、(2)で認定した態様で実力を行使して工事用車両の進入を阻止しようとするものであって、憲法で保障される表現の自由の範囲を逸脱している」として合憲とした。表現行為の「態様」に着目している点は読み取ることができるが、どのような判断の枠組みで審査したのか、また、どのような要素を考慮に入れたのか不明であるし、どの要素をどの程度重視して判断したのかも全く明らかではない。

他方、平成23年判決は、「被告人の本件行為は、その場の状況にそぐわない不相当な態様で行われ……」と述べており、表現行為の「態様」が重視されたものと解される。この点は、先に挙げた宮川光治裁判官の補足意見も指

摘するところである。「本件卒業式が実施される体育館に赴いて、本件卒業式の開始前に、保護者席を歩いて回り、ビラを配布した行為は、威力を用いて卒業式式典の遂行業務を妨害したとは評価できない。しかし、続く被告人の行為が、本件卒業式の行われる体育館という場で、かつ、式の開始の直前（約 18 分前）に、大声を上げて呼び掛けをするという態様のものであれば、静穏かつ厳粛に本件卒業式を円滑に執り行うという業務を妨害するおそれがあるものとなるといえる。しかも、本件では、被告人は、保護者席の前方中央に立ち、保護者に対し大声で呼び掛けを行い、これに対し教頭や校長が制止したり退場を求めたりしたことは必要かつ合理的な行為であるというべきところ、これに従わず両名に対し怒号を浴びせ、その結果、会場内を一時喧噪状態に陥れ、本件卒業式の開式も遅れたという事実が認定できるのであるから、こうした一連の行為について、威力業務妨害罪の成立を認めても、憲法 21 条 1 項に違反するものではない」。「また、本件は、場所、時を選ばずなされた行為の態様が問題なのであるから、正当行為及び正当防衛の主張に理由がないことは明らかである」。

　第 1 審判決は、この平成 23 年判決を先例として挙げているところからすれば、本件における表現行為の「態様」を決め手とし、その結論を導いたものとも解される。しかし、表現行為の「態様」だけでなく表現の「場」も考慮すべきことは、第 1 の問題点として述べたところであるし、表現行為の「態様」だけで合憲判断の決め手としてよいとは、最高裁判所の判決自体からも読み取ることはできない。平成 23 年判決も先例として挙げる最高裁昭和 59 年 12 月 18 日判決（刑集 38 巻 12 号 3026 頁）における伊藤正己裁判官の補足意見は、次のように述べる。①「他人の財産権、管理権……の侵害が不当なものであるかどうかを判断するにあたつて、形式的に刑罰法規に該当する行為は直ちに不当な侵害になると解するのは適当ではなく、そこでは、憲法の保障する表現の自由の価値を十分に考慮したうえで、それにもかかわらず表現の自由の行使が不当とされる場合に限つて、これを当該刑罰法規によって処罰しても憲法に違反することにならないと解される」。②「ビラ配布の規制については、その行為が主張や意見の有効な伝達手段であることか

らくる表現の自由の保障においてそれがもつ価値と、それを規制することによつて確保できる他の利益とを具体的状況のもとで較量して、その許容性を判断すべきであり、……この較量にあたつては、配布の場所の状況、規制の方法や態様、配布の態様、その意見の有効な伝達のための他の手段の存否など多くの事情が考慮されることとなろう」。本件においても、表現の場所の状況、規制の方法や態様、表現の態様、意見の有効な伝達のための他の手段の存否等、多くの事情が考慮されなければならない。

　5　意見書の内容のポイント　　那覇地方裁判所刑事部に提出した意見書は、ここで指摘してきた、あるべき憲法判断の方法について説明した文書であり、控訴審においても参照されるべきものと考える。意見書に沿って、①本件の争点と特徴を明確にするとともに、先例から有用な準則を導くこと、②表現の自由の規制態様の理解を前提に、先例が採用してきた違憲審査基準を明らかにすること、③本件の特徴を踏まえ、先例とは異なる規制態様が問題となっており、そのため、異なる違憲審査基準が採用されるべきであること、④仮に先例と同様の審査基準に従って判断するとしても、本件に固有の事情を考慮すれば、先例とは異なる結論となり、また、そのように判断したとしても、先例との区別は可能であること、が検討されるべきである。

第 3 章　米軍基地に抗う表現の自由論——刑事法の適用とその合憲性

［附論 6］「喪失」の日本、「可能性」の沖縄

　1　3・11 後の日本は、大地震・大津波・原発事故と次々と襲いかかる災厄を、お互いに助け合って乗り越えようとする決意に溢れていた。しかし、この状況は何だろう？　人々がナショナリズムに支配され、「ヘイトスピーチ（憎悪表現）」も公然化している。日本社会の振り子は、真逆の方向に大きく振り切った状態である。本稿は、日本の政治・社会を覆う情景を 2 つの「喪失」として特徴付け、そこからもう一度、振り子を元に戻す「可能性」を沖縄に見出す方法を述べることとしたい。

　2　第 1 に、「謙抑」の喪失である。元来、政治機関は、権力作用を有している。それ故に、刑罰権であっても、その行使は必要最小限度であることが望ましい（謙抑主義）。しかし、政治機関が自らの意思・政策を強引に進めるために、非政治的な機関まで用いる傾向が存する。政治の拡張ないし全面的展開が見られるのである。2 つの事例を挙げておこう。

　1 つは、「司法」の政治利用である。沖縄・高江のヘリパッド建設、原発再稼働、震災がれきの広域処理等に反対する市民を、司法を使って排除する。警察や行政が不当逮捕・告発に及ぶ事案だけでなく、民事訴訟での妨害排除請求の被告として、特定の市民を狙い撃ちにする。電力会社による損害賠償請求も同様である。この種の「スラップ訴訟」が常態化すれば、司法に対する国民の信頼が揺らぐこととなる。

　もう 1 つは、「天皇」の政治利用である。これは「象徴天皇制」の本質にかかわる。民主党政権の時に、外国賓客が来日し天皇と会見する際の「1 ヶ月ルール」（宮内庁が日程調整を行うため、1 ヶ月以上前までに内閣・外務省からの打診を求めるルール）を破って会見実現を強く要請したことが、「天皇」の政治利用として問題とされた。安倍内閣による「主権回復の日」（2013 年 4 月 28 日）にも同様の問題点が存する。内閣が恣意的に天皇の権威を利用し、政治的な意味を込めて影響を期待すると、「象徴」に反することとなる。

3 第2に、「連帯」の喪失である。市民は、価値観、思想、宗教、性別、職種等の違いを越えて連帯し、権力者と対峙することで、権力の発動を適正に統制できる。しかし、現代の特徴は、連帯ではなく「分断」である。権力者が統治しやすくするために、市民間に対立構造を作って結束させない方法である。対立構造が維持される限り、権力者は一方の市民からは支持を調達し、また、紛争解決の名目で権力を発動する。権力者にとって都合のよい民意だけを強調して利用するため、民意の正確性・公正性を大きく損なう。

顕著に浮かび上がってきたのは、米軍基地という不利益の押しつけの構造である。普天間飛行場の移設問題が、基地の即時撤去という選択肢を奪われた中で議論された結果、移設候補地からの反対、交渉・説得という政治コストを引き受けない政治家の怠慢等から、結局、固定化の危険に見舞われている。「オール沖縄」でオスプレイ強行配備反対・県内移設反対の声を挙げた際には、無関心・無理解だけではなく、沿道から罵声を浴びせられる始末。こうした心ない声は、本土と沖縄の分断の原因であり結果でもある。

また、「引き下げデモクラシー」による分断も深刻である。公務員バッシング、教員批判、生活保護不正受給批判など、民意をバネに、公務員の給与削減、生活保護の見直し、「既得権」攻撃等が議論されている。自分よりも得をする（ように思われる）者を批判し引き下げることで満足する心性は、丸山真男も論じている。得をしているとされる市民に対する猜疑嫉妬を助長・利用して、権力者が様々なサービス切り下げに難なく取り組むことができる。バッシングの雪崩現象が止まらない。

4 政治と市民の双方での喪失がもたらすものは何であろうか。社会との関係が希薄となった個人は、自らの居場所もアイデンティティも見いだせない。不安に駆られた者は、一方で集団への帰属を求め、他方で排外的になり、ナショナリズムへと駆り立てられる。民主党・野田政権が「自民党化」したことで、政党としての独自性を出そうとした自民党はさらに大きく右に振れ、市民のナショナリズム・排外主義を利用する。その結果、軍国主義・改憲へと進んでいっている。しかし、これを押しとどめる「潜勢力」が沖縄にはある。

第3章　米軍基地に抗う表現の自由論——刑事法の適用とその合憲性

①悲惨な沖縄戦の経験である。「論理」では戦争への流れを止められない状況がきた場合、必要なのは「倫理」である。戦争への嫌忌を直接訴えてくる「倫理」の力が必要だ。戦争の経験がそれを可能とする。②米軍統治の経験である。現行憲法が存在しない社会を想定しよう。復帰前、人権保障や民主主義が適用されなかった沖縄で起こったことは、この仮定の疑問を可視化してくれる。自民党等の改憲勢力に対抗するには、現実が持つ圧倒的な説得力が必要である。③「独立」の選択肢である。「絶交」宣言は、声なき声を聞かせる力となる。これは、多数派による不利益押し付けに対する異議申立であり、多数派に覚醒を促す方法である。「独立論」が持つ論理的可能性に注目すべきではないか。

終章　辺野古が問う平和主義
——民主主義と法治主義の「質」を問う

序——日・米・沖縄をめぐる秩序

（1）1995年に発生した米軍人による犯罪は、沖縄と日米両政府との間で、修復不可能なまでの亀裂を生じさせた。沖縄県内からの在沖米軍基地即時撤去を求める声は、時には運動の形で、また、時には訴訟の形を取って展開されていくこととなった[1]。公法上の問題についてのみ焦点を当てるとしても、次のような難問が提示されていた。米軍用地の強制使用手続を規定する法律及びその適用の違憲性・違法性という問題である。

米軍用地の強制使用手続を定める、「日本国とアメリカ合衆国との間の相互協力及び安全保障条約第6条に基づく施設及び区域並びに日本国における合衆国軍隊の地位に関する協定の実施に伴う土地等の使用等に関する特別措置法」（以下、「米軍用地特措法」とする。）をめぐっては、主として次の2つのケースが議論の場を提供した[2]。

（2）第1に、沖縄代理署名訴訟である。米軍用地特措法に基づく強制使用について、太田昌秀沖縄県知事（当時）が手続代行を拒否したことにより訴訟に発展した。内閣総理大臣が沖縄県知事を被告として署名等代行事務の執

---

[1] 沖縄における米軍基地形成の歴史や現状、さらには95年以降の一連の経緯については、沖縄県編『沖縄　苦難の現代史』（岩波書店、1996）、沖縄タイムス社編『50年目の激動——総集　沖縄・米軍基地問題』（沖縄タイムス社、1996）、同『民意と決断——海上ヘリポート問題と名護市民投票』（沖縄タイムス社、1998）、中富公一「沖縄住民投票に関する憲法社会学的考察序説（1）～（4・完）」『岡山大学法学会雑誌』48巻1号（1998）41頁以下、同巻2号195頁以下、49巻1号（1999）75頁以下、50巻2号（2001）75頁以下、新崎盛暉『沖縄現代史』（岩波新書、1996）、船橋洋一『同盟漂流』（岩波書店、1997）、明田川融『沖縄基地問題の歴史——非武の島、戦の島』（みすず書房、2008）等参照。また、当事者の証言として、太田昌秀『沖縄の決断』（朝日新聞社、2000）参照。
[2] 以下の問題につき、憲法学の観点から論じたものとして、高良鉄美『沖縄から見た平和憲法——万人（うまんちゅ）が主役』（未来社、1997）、浦田賢治編『沖縄米軍基地法の現在』（一粒社、2000）等参照。

行を命じる裁判を提起したのである。最高裁は、署名等代行事務を機関委任事務と解し、また、「職務執行命令訴訟においては、下命者である主務大臣の判断の優越性を前提に都道府県知事が職務執行命令に拘束されるか否かを判断すべきものと解するのは相当でなく、主務大臣が発した職務執行命令がその適法要件を充足しているか否かを客観的に審理判断すべきものと解するのが相当である」として、特に憲法問題については、次のように判示している[3]。

① 「日米安全保障条約及び日米地位協定が違憲無効であることが一見極めて明白でない以上、裁判所としては、これが合憲であることを前提として駐留軍用地特措法の憲法適合性についての審査をすべきであるし……、所論も、日米安全保障条約及び日米地位協定の違憲を主張するものではないことを明示している。そうであれば、駐留軍用地特措法は、憲法前文、9条、13条、29条3項に違反するものということはできない」。

② 「沖縄県における駐留軍基地の実情及びそれによって生じているとされる種々の問題を考慮しても、同県内の土地を駐留軍の用に供することがすべて不適切で不合理であることが明白であって、被上告人の適法な裁量判断の下に同県内の土地に駐留軍用地特措法を適用することがすべて許されないとまでいうことはできないから、同法の同県内での適用が憲法前文、9条、13条、14条、29条3項、92条に違反するというに帰する論旨は採用することができない」。

(3) 第2に、象のオリ訴訟である。先の沖縄県知事による署名等代行事務

---

[3] 最高裁平成8年8月28日大法廷判決・民集50巻7号1952頁。本判決については、市川正人『ケースメソッド憲法［第2版］』（日本評論社、2009）8頁以下、斎藤誠「沖縄県知事『代理署名』職務執行命令訴訟」『法学教室』193号（1996）76頁以下、山田洋「沖縄県知事署名等代行職務執行命令訴訟最高裁大法廷判決」『ジュリスト』1103号（1996）66頁以下等、また、本件の争点のうち機関委任事務に関わる問題点については、白藤博行「沖縄県職務執行命令訴訟と機関委任事務論」『ジュリスト』1087号（1996）104頁以下、仲地博「機関委任事務と団体委任事務の区別について――土地収用法における知事の立会・署名押印を素材として」大谷正義先生古稀記念論文集『国家と自由の法理』（啓文社、1996）191頁以下等参照。

終章　辺野古が問う平和主義——民主主義と法治主義の「質」を問う

の拒否により、国は、土地の強制使用上必要な手続を経ることができず、そのため、土地の使用期限が終了し国の使用継続は不法占拠となるに至った。そこで、国は、米軍用地特措法を改正していわゆる「暫定使用」の制度を創設し、本件不法占拠状態を合法化する対応を行った。本件土地の占有の違法性を理由とする損害賠償請求訴訟で、最高裁は、本件改正法を違憲とする主張について次のように判示した[4]。

①日米安全保障条約第6条、日米地位協定第2条第1項からすれば、国は、米軍に対し施設及び区域を提供する条約上の義務を負うものと解されるところ、その「義務を履行するために必要な土地等を所有者との合意に基づき取得することができない場合に、当該土地等を駐留軍の用に供することが適正かつ合理的であることを要件として（特措法3条）、これを強制的に使用し、又は収用することは、条約上の義務を履行するために必要であり、かつ、その合理性も認められるのであって、私有財産を公共のために用いることにほかならないものというべきである……」。本件暫定使用制度もまた、「上記の条約上の義務を履行するために必要であり、かつ、その合理性も認められるのであって、私有財産を公共のために用いることに該当するものというべきである」。本件暫定使用制度は、憲法第29条第3項に違反しないものというべきである。

②「附則2項及び特措法15条に基づく暫定使用は、平成9年一部改正法の施行後に、その定める一定の要件を満たした場合に、同法施行後の一定の時点（附則2項前段の場合は『当該使用期間の末日の翌日』、同項後段の場合は『当該担保を提供した日の翌日』）を起点として将来に向かって発生するものであり、遡及効を定めたものではないから、上告人らの法の不遡及の原則に違反する旨の上記違憲主張は、その前提を欠くものである」。

③本件法律が個別立法であり、憲法第41条に違反するとの主張については、「上記各規定は、平成9年一部改正法施行の際の経過措置を一般的に定めたものであり、本件第1土地を対象に選定して法的規制を定めるものでは

---

[4]　最高裁平成15年11月27日判決・民集57巻10号279頁。

なく、法律としての一般性、抽象性を欠くものでないことは、上記各規定の表現、内容に照らして明らかである」[5]。

(4) 以上の2つのケースは、沖縄県及びその住民が日本の法秩序自体に対して大きな問題提起を行うものとなった。日米両政府が維持しようとする日米安保体制の秩序に対し、平和主義を中心とした人権保障・民主主義・地方自治の原則を確保しようとする憲法秩序を対峙させて、秩序の転換を図ったのである。人権保障、民主主義、地方自治の各基本原理が平和主義と密接に結びついている日本国憲法の基本構造が明らかとなってこよう。

沖縄は、1996年12月2日に出された合意文書、「沖縄に関する特別行動委員会（SACO）」の最終報告で普天間飛行場が「5年ないし7年以内」の返還が盛り込まれて以来、現在に至るまで、普天間飛行場返還問題に揺れている[6]。代替基地の建設先として日米両政府間で合意されている名護市辺野古では、基地の建設の差止を求めて住民が様々な運動を展開している。他方、普天間飛行場を抱える宜野湾市では、法のあり方や外国軍に対する国内法の適用、さらには日本政府の対応が問題とされている。これらは、平和主義と民主主義との関係性、また、平和主義と法治主義との関係性をそれぞれ示しているものとして重要な事象と捉えるべきであろう。

以下では、移設「先」である名護市で、民主主義のあり方や「質」が問われている様を検討し(1)、その後で、移設「元」である宜野湾市では、国や国家機関による法の遵守への疑問が提示されていることを明らかにする(2)。

1 民主主義の「質」を問う──移設「先」で生じる諸問題

名護市民投票から10年余りが経過した。投票結果については、そこで示された民意がどのように取り扱われてきたのか、そこにはどのような問題が

---

[5] 先の代理署名訴訟における最高裁判決でも、「駐留軍用地特措法が沖縄県にのみ適用される特別法となっているものではないから、同法の沖縄県における適用の憲法95条違反をいう論旨は、その前提を欠く」と述べられていた。

[6] 普天間飛行場返還問題については、拙稿「日米地位協定と自治体──普天間飛行場返還問題に関連して」『琉大法学』73号（2005）7頁以下（本書212～247頁）で触れたことがある。

含まれているのか、現在、その妥当性・有効性についてどのように考えるべきなのか等の諸点が問題となろう。以下、これらの問題について検討を加えることにより、名護市民投票が民主主義の「質」を向上させる契機となった様子を明らかにしていく。

(1) 名護市民投票をめぐる攻防

米軍基地への異議申立を主張する沖縄の民意は、様々な道筋を通って表出することとなる。第1に、県民大会である。1995年10月21日に宜野湾市の海浜公園で開催された「米軍人による少女暴行事件を糾弾し、地位協定見直しを要求する沖縄県民総決起大会」では8万5千人の人々が集まり、同じ日に、石垣市や平良市（現在の宮古島市）でも同じ趣旨の集会が開かれた。また、1年後の1996年12月21日には「12・21県民大会」が開催され、約2万2千人の参加者により、SACO最終報告で示された県内移設に反対の意思が示された。

第2に、県民投票である。1996年9月8日に実施された「日米地位協定の見直し及び基地の整理縮小に対する県民投票」では、投票率59.53パーセント、賛成の得票は有効投票の91.26パーセント、投票総数の89.09パーセントを占めた。都道府県単位では初めてとなる住民投票において、国防の根幹に関わる政策にNOの民意が示された意義は極めて重いといわざるを得ない[7]。

こうした中で、1997年4月、比嘉鉄也名護市長（当時）は、海上ヘリ基地建設の候補地であるキャンプ・シュワブ沖の事前調査に対する受け入れを表明する。また、太田知事も「名護市が総合的に判断した結果は、県としても尊重したい」と述べ、県として調査容認の立場を明らかにした。住民無視の政治に対しついに住民自身が立ち上がる。同年6月、海上ヘリポート基地建設の是非を問う「市民投票推進協議会」が発足し、市民投票の実現に向けた取り組みを本格化させた。①基地建設に賛成か、②反対かの二者択一を求

---

[7] 公的機関による報告書として、沖縄県総務部知事公室『県民投票の記録』(1997)、北中城村平和文化課『県民投票総括報告集』。また、投票結果の分析については、高良・前掲(2) 151頁以下等参照。

める市民投票条例案が市議会に提出された。

　しかし、名護市議会における審議の中で、市民投票条例案は思いがけない修正を被ることとなる。比嘉名護市長は市民投票条例に対する意見書で、選択肢を①賛成、②環境対策や経済効果が期待できるので賛成、③反対、④環境対策や経済効果が期待できないので反対の4つに変更するよう要請したのである。名護市議会も比嘉市長の意見を取り入れる形で、結局設問方法を四者択一とする市民投票条例を可決、成立させた。明らかに海上ヘリ基地反対の票を切り崩すために為された修正であった。

　また、政府は、海上ヘリ基地建設と事実上リンクさせた北部振興策を打ち出し、那覇防衛施設局は、職員を市内での戸別訪問へと派遣して海上基地建設への理解を訴え、さらには自衛隊員も動員して、基地建設賛成のための集票活動を積極的に展開した。住民投票の結果を尊重することを前提とした、政府による不当介入が公然と行われたのである。

　1997年12月21日に実施された住民投票では、①賛成、8.13％、②条件付き賛成、37.18％、③反対、51.63％、④条件付き反対、1.22％という結果となり、反対票と条件付き反対票が合わせて52.85％にまで達した。「市民投票で示された賛成、反対それぞれの票の重みを厳粛に受け止め、慎重に検討を行い、この問題に対処していく」と語った比嘉市長であったが、一転、海上基地受け入れと市長の辞職を表明する（同月25日）。その後、太田知事による海上基地反対表明（1998年2月6日）、海上基地問題についての争点を巧妙に回避した岸本建男氏が名護市長に当選（同月8日）、という経緯を経て、普天間返還問題は宙に浮いたままとなっていく[8]。

(2) 市民投票の拘束力と名護市民投票裁判

　「ここにヘリポートを受け入れると同時に、私の政治生命を終わらしていただきたい」。比嘉名護市長が下したこの決断は、多くの住民に怒りと政治への失望感を与えた。これに反発した住民は、比嘉市長及び名護市に対する

---

[8] 名護市民投票の結果とそれ以降の政治状況については、沖縄タイムス社編・前掲(1)［民意と決断］115頁以下、朝日新聞社編『沖縄報告――サミット前後』（朝日文庫、2000）等参照。

損害賠償請求訴訟を提起した。この訴訟は住民投票の拘束力、即ち住民投票の結果に反する行為の違法性如何が主たる争点とされる初めてのケースとして注目を集めた。より詳しくは、第1に、訴訟は政治的意見の対立にすぎず、「法律上の争訟」に該当しないため却下すべき、とする被告側から提出された問題についてどのように考えるべきか、第2に、市民投票に法的拘束力を認めることはできるか、第3に、市民投票の法的拘束力を前提に、これに反する公務員の言動が違法と評価されうる場合の判断基準をどのように解するかが問題とされたのである。

那覇地方裁判所は、次のように述べて原告の請求を棄却した[9]。まず、第1の点については、「原告らは、本件訴訟において、自己の権利が侵害され、精神的苦痛を被ったとして、その損害賠償を求めている以上、慰謝料請求権の存否という具体的な法律関係について紛争があり、かつ、右紛争の判断にあたって、ヘリポート基地建設の政治的な当否についての判断に立ち入る必要はないのであるから、いわゆる事件性を是認することができる」と述べ、被告側の主張を退けた。

第2に、市民投票の法的拘束力については、「本件条例は、住民投票の結果の扱いに関して、その3条2項において、『市長は、ヘリポート基地の建設予定地内外の私有地の売却、使用、賃貸その他ヘリポート基地の建設に関係する事務の執行に当たり、地方自治の本旨に基づき市民投票における有効投票の賛否いずれか過半数の意思を尊重するものとする。』と規定するに止まり（以下、右規定を『尊重義務規定』という。）、市長が、ヘリポート基地の建設に関係する事務の執行に当たり、右有効投票の賛否いずれか過半数の

---

[9] 那覇地裁平成12年5月9日判決・判時1746号122頁。本判決については、高良鉄美「住民投票の法的拘束力――名護市民投票裁判を素材として」『琉大法学』65号（2001）33頁以下、大津浩「住民投票結果と異なる首長の判断の是非」ジュリ臨増『平成12年度重要判例解説』（2001）24頁以下、大城渡「公法判例研究」『法政研究』68巻4号（2002）65頁以下、新村とわ「住民投票結果と異なる首長の判断の是非」高橋和之他編『憲法判例百選Ⅱ［第5版］』（2007）462頁、拙稿「住民投票の拘束力――元名護市長に対する損害賠償請求訴訟について」『アーティクル』150号（1998）13頁以下（本書199～211頁）等参照。また、名護市民投票裁判原告団編『資料集・名護市民投票裁判』（1999）参照。

意思に反する判断をした場合の措置等については何ら規定していない。そして、仮に、住民投票の結果に法的拘束力を肯定すると、間接民主制によって市政を執行しようとする現行法の制度原理と整合しない結果を招来することにもなりかねないのであるから、右の尊重義務規定に依拠して、市長に市民投票における有効投票の賛否いずれか過半数の意思に従うべき法的義務があるとまで解することはできず、右規定は、市長に対し、ヘリポート基地の建設に関係する事務の執行に当たり、本件住民投票の結果を参考とするよう要請しているにすぎないというべきである」と判示した[10]。

市民投票に法的拘束力を認めないとするこの判断は、条文上の文言や、投票結果に反する市長の行為への対処について規定が存在しないこととともに、間接民主制の基本原理と整合しないことをもその理由として挙げている。前者は、条例解釈の問題であるのに対し、後者は、憲法及び地方自治法等の解釈の問題である。いずれの点についても、裁判所の判示には疑問があるが[11]、ここでは、以下の点を本件の特徴として示すにとどめたい。すなわち、市民が、市民投票によって示された民意を、裁判を活用して貫徹させようとしたこと、また、その試みにより、民主主義が市民による投票にとどまるものではなく、民意の形成から代表者へのその反映ないし実現へと至るプロセスの中で、実効されるべきものであるということが示されたことである。特に、最後の点は、次に述べる事実とも相俟って、民主主義の「質」を向上させうる視点として、その意義が強調されなければならないものと解される[12]。

(3)「民主的かどうか」から「いかなる民主主義か」へ

市民投票という直接民主制の手法、また、裁判を通じた投票結果の実効化

---

[10] また、本判決は、基地のない環境のもとで平穏に生きる権利・平和的生存権の侵害の有無、思想、良心の自由の侵害の有無についても判断しているが、ここでは触れない。

[11] 拙稿・前掲（9）15頁以下等参照。

[12] 拙稿「民主主義の『質』と憲法学——市民の直接行動の位置づけをめぐって」ホセ・ヨンパルト他編『法の理論27』（成文堂、2008）29頁以下（本書331～352頁）参照。

終章　辺野古が問う平和主義——民主主義と法治主義の「質」を問う

を図ろうとした市民の行動は、それに止まるものではなかった。第1に、2001年4月27日に発足した「わったー市長を選ぼう会」の活動である[13]。名護市辺野古での基地建設に反対する民意を名護市政に反映させるため、既存の組織・政党に頼るのではなく市民自ら市長選挙の候補者を選んでいこうとする試みである。会の活動を通して、複数の候補予定者が公開討論会で自らの政策を訴え、また、市民も、学習会を企画するなど、市政のあり方に関する積極的な議論を行った。民主主義の「質」を向上させることとなった会の目的について、発起人である上山和男氏は、趣意書で次のように述べていた。

「すでに1年をきった現時点において、ヘリ基地反対の民意を守る市長候補は、私たち市民の見えるところにはおりません。だからといって、誰かが、何処かで決めてくれるのを、待っていてよいのでしょうか。誰かが、何処かで決めてくれた複数の候補者を待って、そのなかの一人に一票を入れる。既に、ここ数年間、ヘリ基地反対を願い、行動してきた名護市民の多くはそんな段階をとっくに卒業しているのではないでしょうか。」

第2に、名護市辺野古で基地建設を阻止するための座り込みである。2004年4月19日に那覇防衛施設局（現・沖縄防衛局）が基地建設のための海上ボーリング調査作業の準備に入った。そのための機材の搬入や作業自体を阻止するため、テントを設営しての座り込み行動が続けられた。その後、施設局が潜水調査、ボーリング調査を強行するに至ったため、阻止行動は海上でも展開されるようになる。カヌー隊を組織しての非暴力による阻止行動である[14]。この市民の行動の広がりは、国の違法行為を引き出すこととなる。

国は、2007年5月18日に環境現況調査（事前調査）が着手された際、海上自衛隊の掃海母艦「ぶんご」を派遣し、また、海上自衛隊員であるダイバーを調査機器の設置作業に動員した。政府は、「現況調査に対する海上自衛隊の部隊による協力は、防衛省設置法（昭和29年法律第164号）第4

---

[13] わったー市長を選ぼう会編『記録報告集』（2001）。
[14] 阻止行動の現場の様子については、大西照雄『愚直　辺野古からの問い』（なんよう文庫、2005）等参照。

条第19号に規定する事務を所掌する防衛施設庁が実施する現況調査に対して、国家行政組織法（昭和23年法律第120号）第2条第2項の規定の趣旨を踏まえ行ったものである」と説明した[15]。しかし、この派遣は、法的根拠の乏しいものであるか、または作用法に欠ける活動であったといえよう[16]。

　このように、市民は、市民投票の結果を貫徹させるための行動をさらに拡大していった。その行動は、治者と被治者の自同性を意味する民主主義の徹底を志向するという意味において、また、選挙を通じての民意の表明という代表民主制の企てを超えて、市民が民意形成に直接関与していくという意味において、より実質的な民主主義を目指すものといえる。さらに、この傾向は、地方公共団体の運営が「民主的かどうか」というレベルから、「いかなる民主主義か」というレベルへの転換を意味するものと位置づけうるものであり、その意義は軽視されてはならないであろう。

　この点、高橋和之が、国民主権について、「いまや問題は『誰の意思が』ではない。『いかなる意思が』こそが問われている」と指摘する点が参照されるべきである[17]。高橋は、ナシオン主権とプープル主権との対立について、第1に、「『誰の』という問いに対して、議会（ナシオン主権）と個々の国民（プープル主権）とが対立する構図となる」こと、第2に、「『いかなる意思が』の側面で全国民に共通の利益（公共善）を志向する意思を想定していた点では、大きな対立はなかった」ことを指摘する[18]。その上で、現代の多元主義的政治過程を制度として存続させるためのストラテジーとして、「政治過程への参加者全員に平等な政治的力を保障すること」を挙げ、次のように述べている。

---

[15] 照屋寛徳衆議院議員による平成19年5月24日付けの質問趣意書に対する答弁書（内閣衆質166第238号、平成19年6月1日）。

[16] 拙稿「自衛隊派遣と『官庁間協力』論批判」『けーし風』第55号（2007）60頁以下（本書426～428頁）参照。また、現況調査自体の違法性については、沖縄ジュゴン環境アセスメント監視団『『普天間飛行場代替施設建設事業に係る環境影響評価方法書』に対する意見・関連資料集』（2007）参照。

[17] 高橋和之『現代立憲主義の制度構想』（有斐閣、2006）61頁。

[18] 高橋・前掲（17）55、56頁。

終章　辺野古が問う平和主義——民主主義と法治主義の「質」を問う

「このストラテジーは、ナシオン主権が掲げた『代表者による討論を通じての全国民意思の形成』という課題を、利益対立を所与とする多元社会を前提としたプープル主権の下で遂行しようとするものと評することができよう。ここでの『討論・対話』は、ナシオン主権の下におけるように、代表者の間、つまり議会内に限定されてはいない。むしろ、中心は市民の間の『討論・対話』であり、それを基礎として国家意思が形成されてゆく全過程を『討論・対話』の観点から捉えなおし、真の討論・対話を実現するメカニズムをその全過程の中に組み込むことが課題となるのである」[19]。

市民投票以後の名護市民の行動は、高橋の国民主権に関する議論、すなわち、討論・対話を通じた「全国民の意思」「全国民の利益」「公共善」の回復という理念を、地方自治の場面で実践に移したものと整理することができよう。また、沖縄の基地問題が日本全体の問題であることからすれば[20]、それを自らの問題として受け止められるかどうかが、主権者としての成熟度ないし民主主義の「質」の程度を示す指標となるものと思われる。

(4) 名護市民投票と「米軍再編」

さて、米軍再編に関する日米合意が為され、SACO から米軍再編へと日本・米国・沖縄の3者をめぐる交渉の枠組みは変化を見せている[21]。そのような政治状況において、1997年12月に示された名護市民の民意は、なお妥当性を有するかどうかが問われなければならないであろう。

この点に関し、SACO と米軍再編の2つの「最終報告」の間で「連続面」と「断絶面」が見られる。まず、普天間飛行場返還問題への対処という点、すなわち、名護市辺野古への移設という点では共通性を有している。他方

19　高橋・前掲（17）58頁。この「現代のプープル主権論がナシオン主権論と共有していたはずの『討論を通じての全国民利益』の理念に回帰しようとする傾向」が、サンスティン等による現代の共和主義思想と共通性を有していることが指摘されている。高橋・前掲（17）59頁。

20　目取真俊『沖縄・地を読む時を見る』（世織書房、2006）194、224頁等参照。

21　米軍再編の交渉過程については、久江雅彦『米軍再編』（講談社現代新書、2005）、渡辺豪『「アメとムチ」の構図——普天間移設の内幕』（沖縄タイムス社、2008）参照。また、拙稿「米軍再編と平和主義」『法律時報』78巻6号（2006）35頁以下（本書55～64頁）も参照。

で、両者の「断絶面」については、以下の3点を指摘することができる。第1に、両者は議論の出発点が異なっている。SACOが、米兵による犯罪への対処から設置された委員会であったのに対し、米軍再編は、米国政府の世界規模での兵力見直しの結果である。第2に、日米合意の実施過程における違いも指摘できる。すなわち、SACOでは、北部振興策と基地建設とがリンクするのかしないのかをめぐる駆け引きが見られ、沖縄県ないし名護市の側で、基地負担を自ら負う決断をすることが期待されていたのに対し[22]、米軍再編では、再編に協力する地方公共団体に対してのみ「再編交付金」を支給することとし(「駐留軍等の再編の円滑な実施に関する特別措置法」)、地域振興と基地負担とのリンクを明確化した。第3に、基地建設の案についても違いがある。SACOでは、いわゆる「海上案」が合意されたのに対し、米軍再編では、「キャンプ・シュワブ区域」で、「辺野古岬とこれに隣接する大浦湾と辺野古湾の水域を結ぶ形で設置し、V字型に配置される2本の滑走路」として建設される「沿岸案」で合意されている[23]。

最後の点は、市民投票で示された民意の効力をどのように理解すべきかという、住民投票の一般理論に関わる問題である。すなわち、日米間で合意された「沿岸案」も、市民投票で否定されたとみるのか、それとも、市民投票で示された民意が及ばない提案であるとするのかという問題である。一般に住民投票で示された民意の効力が失われたと解しうる場合には、①民意が問われた政策自体が見直され、廃案になったか全く新たな提案が為された場合、②再度の住民投票ないし選挙が行われ、明示的に過去の住民投票の結果を覆す新たな民意が示された場合、③住民投票が行われてから長期の期間が経過し、民意の効力が失われたと判断するのが合理的である場合等が考えられるであろう。

これまでに、市民投票で賛否が問われた政策について、狭く限定すべきとする理解が示されたことがあった。県知事公室長が、市民投票は政府が計画していた辺野古地先の海上基地に関するものだった、とする見解を示したの

---

[22] 沖縄タイムス社編・前掲(1)[民意と決断]88頁以下参照。
[23] 「再編実施のための日米のロードマップ」(2006年5月1日)。

終章　辺野古が問う平和主義——民主主義と法治主義の「質」を問う

である。これは、上記①の観点から、市民投票の効力を制限的に解釈しようとするものとして整理することができる。これに対し、発言の撤回を求めて県庁を訪れた宮城康博名護市議会議員は、次のように述べた。「条例請求当時は海上基地がどういう形になるか何も分からなかった。浮体式、埋め立てなどの議論があり、海を使って基地を造っていいのかという意味を込め、条文を作った。議会可決当時も政府案はなかった」と指摘した[24]。

　移設先及び基本方針が閣議決定されたのは1999年12月であったことからすれば、市民投票当時の建設案には正確な場所・工法等について限定がなかったのは事実である。また、4択であったにもかかわらず反対が過半数に及んだことに着目すれば、基地建設反対の意思は明確であると言いうるであろう。市民投票で賛否が問われた政策は、工法の別や基地の建設場所を問わないものだったのであり、したがって、名護市民の意思はあらゆる基地建設について拒否を示したものとする理解が合理的と思われる。既に述べたように、SACOと米軍再編の2つの「最終報告」の間で「連続面」が見られることも考慮すれば、上記①の場合には当てはまらないと考えるべきであろう。また、市民投票以降、明示的にその結果を覆す新たな住民投票が行われたこともないし、選挙の争点とされたこともないため、②の要素も存在しない。さらには、市民投票以降の10余年の間、名護市辺野古での新基地建設の是非をめぐり、継続的に議論が行われてきた経緯からして、これを長期の期間が経過したと捉えるのは形式的にすぎるように思われる。③の場合にも該当しないと解されよう。そうだとすれば、市民投票の結果は、今でも妥当すると解すべきであろう。

　仮に、米軍再編で合意された「沿岸案」について全く新たな提案と見て市民投票の結果が及んでいない、とする理解をしたとしても、問題は解決されない。この場合には、再度、沖縄県側の「合意」が必要となるのであり、地方公共団体の議会議員や首長の選挙、また、場合によっては住民投票等による新たな合意形成プロセスをたどるしか方法はない。いずれにしても、名護

---

[24] 『沖縄タイムス』1999年9月14日朝刊。

市民投票は、市民によって示された意思が様々なルートをたどって展開され、継続的に民意の形成が行われていく出発点であったのであり、民主主義の「質」を向上させうる記念碑的な出来事として記憶に残り続けるであろう。

2 法治主義の「質」を問う──移設「元」で生じる諸問題

米軍普天間飛行場は、既に返還が合意されている。住宅密集地に位置するが故に、その危険性が指摘され続けてきた結果である。但し、運用面に着目すれば、米軍基地自体に関わる、同程度に深刻な他の問題も浮かび上がる。米軍基地の運用や米軍人の行為によってもたらされた被害に対しては、救済が十分に為されるのか、米軍は日米間の合意や日本の国内法を遵守するのか、日本政府は国内で活動する米軍に対し国内法を遵守させ得ているのだろうか。これらの問題は、国家が自国民を守るかどうかを問うものであり、沖縄戦で軍隊が国民を守らなかった経験を持つ沖縄にとっては、常に思考の根幹にある意識である。以下では、基地を受け入れた地域が必ず直面する上記の課題について検討する。

(1) 航空機の騒音公害と市民の人格権

航空機騒音公害訴訟、特に、自衛隊機及び米軍機に関わる公害訴訟では、個人の環境権ないし人格権を保護する必要性と、安全保障政策に密接に関わる訓練実施の「公共的利益」の重要性とをいかに調整すべきか、という視点が求められている。この課題に直面する司法は、政治との関係で適切な役割を果たしているといえるのであろうか。航空機騒音公害訴訟の「原点」である大阪空港判決[25]の枠組みを用いて判例を整理する。

---

[25] 最高裁昭和56年12月16日大法廷判決・民集35巻10号1369頁。大阪空港判決の「先例性」については、「成田国際空港、関西国際空港、中部国際空港という第一種空港がすべて民営化された今日においては、同判決の先例としての価値はほとんど失われている」とする指摘もある。樺島博志「環境をめぐる憲法と民法」『法学セミナー』646号（2008）27頁注（15）。この趣旨は、民営化されていない空港については妥当しないものと思われるため、自衛隊基地や米軍基地をめぐる航空騒音訴訟においては、以前として大阪空港判決の先例性は失われていない。

終章　辺野古が問う平和主義——民主主義と法治主義の「質」を問う

　第1に、過去の損害に対する賠償請求である。最高裁が示した違法性の判断基準のうち、「公共性ないし公益上の必要性」に着目すべきであろう。判決は、その内容につき「航空機による迅速な公共輸送の必要性をいう」とし、現代社会ではその「公共的要請が相当高度のものであることも明らか」としつつも、「絶対的ともいうべき優先順位を主張しうるものとは必ずしもいえない」と述べ、次の点を指摘している。

　すなわち、「本件空港の供用によつて被害を受ける地域住民はかなりの多数にのぼり、その被害内容も広範かつ重大なものであ」ること、「これら住民が空港の存在によつて受ける利益とこれによつて被る被害との間には、後者の増大に必然的に前者の増大が伴うというような彼此相補の関係が成り立たないことも明らか」であること、「公共的利益の実現は、被上告人らを含む周辺住民という限られた一部少数者の特別の犠牲の上でのみ可能であつて、そこに看過することのできない不公平が存することを否定できない」こと等の点である。

　このような判断の基本構造は、軍用機の騒音公害をめぐる訴訟においても基本的に維持されることとなる。自衛隊機による騒音公害の違法性が争われた厚木基地訴訟で、最高裁は、日本の防衛につき「高度の公共性」を認めて違法性を否定した東京高等裁判所の判決[26]を覆し、付近住民の被害が「当然に受忍しなければならないような軽微な被害」ではないこと、したがって、「高度の公共性」を理由にそれを「受忍限度の範囲内」とした原審の判断は誤りであることを認め、「公共性」への評価を過大評価しない判断を示した[27]。

　第2に、将来の損害に対する賠償請求である。大阪空港判決は、次のように述べて口頭弁論終結後に生ずべき損害の賠償を求める訴えを却下した。「たとえ同一態様の行為が将来も継続されることが予測される場合であつても、……損害賠償請求権の成否及びその額をあらかじめ一義的に明確に認定することができず、具体的に請求権が成立したとされる時点においてはじめ

---

[26] 東京高裁昭和61年4月9日判決・判時1192号1頁。
[27] 最高裁平成5年2月25日判決・民集47巻2号643頁。

てこれを認定することができるとともに、その場合における権利の成立要件の具備については当然に債権者においてこれを立証すべく、事情の変動を専ら債務者の立証すべき新たな権利成立阻却事由の発生としてとらえてその負担を債務者に課するのは不当であると考えられるようなものについては、前記の不動産の継続的不法占有の場合とはとうてい同一に論ずることはできな」い。

将来の損害賠償請求を認めないとする大阪空港判決の論理については、口頭弁論終結後も引き続き騒音公害にさらされる被害実態を考慮すべきではないか、繰り返し訴訟を提起しなければならない住民の負担を考慮すべきではないかといった批判がなされていた。そこで、新横田基地訴訟では、下級審で、口頭弁論終結後の被害についても賠償請求を認めるべきとする判断が示されるに至った[28]。しかし、最高裁は、改めて将来の損害賠償請求を却下すべしとする判断を示し、大阪空港判決の論理を維持している[29]。

第3に、夜間の飛行差止請求である。大阪空港判決は、民事訴訟でなされた本件請求につき、不適法却下とした。その考え方の前提には、航空機の離着陸のために空港を使用する行為についての次のような理解があった。すなわち、運輸大臣の「空港管理権」は、私的施設の所有権と同様、非権力的な権能であること、他方、運輸大臣の「航空行政権」は、「公権力の行使」を本質とする作用であること、離着陸のための空港使用は、上記二種の権限の不可分一体的な行使の結果であることである。

その上で、本件「請求は、事理の当然として、不可避的に航空行政権の行使の取消変更ないしその発動を求める請求を包含することとなるものといわなければならない。したがつて、右被上告人らが行政訴訟の方法により何らかの請求をすることができるかどうかはともかくとして、上告人に対し、いわゆる通常の民事上の請求として前記のような私法上の給付請求権を有するとの主張の成立すべきいわれはないというほかはない」と述べた。

自衛隊機についての飛行差止請求が争われた厚木基地訴訟で、最高裁は、

---

[28] 東京高裁平成17年11月30日判決・判時1938号61頁。
[29] 最高裁平成19年5月29日判決・判時1978号7頁。

終章　辺野古が問う平和主義——民主主義と法治主義の「質」を問う

大阪空港判決とは異なる論理を用いながらも、民事訴訟による差止請求を不適法却下とする判断を示した。その判断の中心は、本来的に内部行為にとどまるはずの防衛庁長官の規制権限であっても、住民に対して受忍を義務づけるものといえる点を捉えて「公権力の行使」と認定していることである。

(2) 米軍機騒音公害訴訟の到達点と課題

民間機ないし自衛隊機の騒音公害訴訟における以上の論理構成は、基本的には米軍機の騒音公害訴訟でも維持されているといってよい。しかし、訴訟を通じて、米軍機、とりわけ沖縄の米軍基地についての特殊な問題が明らかにされていった。また、米軍機の飛行差止訴訟については、被告適格を有する者が事実上存在しないという不合理ともいえる状況になっている。以下、判例の現状と問題点を指摘する。

まず、米軍機に関する訴訟については、日米地位協定が基本構造を定めている。公務執行中の米軍の構成員や米軍自体の行為により第3者に損害を与えた場合には、次の2種の取り扱いが規定されている。第1に、日本国が、第3者に替わって米軍当局に対し請求を行う方法である（日米地位協定第18条第5項）。第2に、被害を受けた第3者自身が日本国を相手として損害賠償請求を行うという方法である（日米地位協定の実施に伴う民事特別法）。したがって、損害賠償請求を行う場合、被害者が日本国に請求し、日本国が米軍当局に請求するという手続が設けられているのである。また、この場合の日米両国の費用負担については、次のように規定されている（日米地位協定第18条第5項(e)）。すなわち、合衆国のみが責任を有する場合には、25パーセントを日本国が、その75パーセントを合衆国が分担するとされ、また、日本国及び合衆国が損害について責任を有する場合には、両当事国が均等に分担するとされている。他方、差止請求については、条約、地位協定、国内法いずれにおいても規定は存しない。

そこで、米軍機に起因する損害の賠償請求については、日本政府を被告として訴訟を提起することとなる。この場合、沖縄県における嘉手納基地及び普天間飛行場の裁判で争点とされてきたのは、「危険への接近の法理」であった。裁判所は、沖縄の特殊事情・地域事情などに配慮し、この法理の適

用を排除する判断を示してきている。このことにより、在日米軍であることの評価については、特に自衛隊機の場合と区別することなく、従来の判断の枠組みに従った判決が下されてきたといってよい。ここでは、騒音による影響を受けずに居住できる地域はもともと極めて限られていること、沖縄においては地縁、血縁関係の結びつきが強く、地元へ回帰する意識が強いことが指摘され[30]、また、普天間飛行場については、日米両政府の返還合意期限が既に過ぎていることに言及が為されていることが注目されるべきであろう[31]。

他方、米軍機の飛行差止請求については、次のような判断が示されてきた。まず、米軍機の運航につき何らの規制権限を持たない日本政府を被告として訴えを提起することは、法的に不可能である、とする立場である。これは、厚木基地訴訟の第1審判決で示された判断である[32]。また、その上告審である最高裁も、日本政府は米軍の本件飛行場の管理運営の権限を制約し、活動を制限し得るものではないこと、したがって、本件請求がその支配の及ばない第三者の行為の差止めを請求するものであり主張自体失当とした。日本政府を被告とすることができないとすれば、米国政府を被告とする方法しか残されておらず、実際に米国政府を相手に差止請求訴訟が提起された。しかし、ここでは、「国家及びその固有財産は、一般に外国の裁判管轄権に服しない」とする国家の裁判権免除という原則により、訴えはやはり却下とされている[33]。

以上の判例の状況には、国家の安全保障と人間の安全保障との調和という

---

[30] 嘉手納基地訴訟における福岡高裁那覇支部平成10年5月22日・判時1646号3頁、新嘉手納基地訴訟における那覇地裁沖縄支部平成17年2月17日判決・訟月52巻1号1頁及び福岡高裁那覇支部平成21年2月27日判決・LEX/DB文献番号25470447。
[31] 那覇地裁沖縄支部平成20年6月26日判決・判時2018号33頁。
[32] 横浜地裁昭和57年10月20日判決・判時1056号26頁。
[33] 横田基地対米請求訴訟における最高裁平成14年4月12日判決・民集56巻4号729頁。国家の主権免除という論理に対する憲法学からの対応については、拙稿「主権免除と基地問題——憲法学の立場から」『法律時報』72巻3号（2000）28頁以下（本書249〜264頁）参照。

終章　辺野古が問う平和主義——民主主義と法治主義の「質」を問う

点からして、いくつかの課題がみえてくるように思われる。第1は、損害賠償請求の実効性に対する疑問である。損害賠償請求が繰り返し判例で認められてきたため、一定の救済が為されていることは否定できない。しかし、過去の損害を対象とする訴訟を繰り返し提起しなければならないとする判断は、不当に住民に負担をおわすものである。金銭さえ支払えば、違法行為の継続が容認される、との誤った判断へと日本政府を導いてしまうのではないか。

　第2に、違法行為の抑止に対する疑問である。損害賠償という制度には、金銭での解決という点以外に違法性を抑止するという機能が期待されているはずであるが、この違法性抑止機能が十分に働かないおそれがある点も問題であろう。米軍機に起因する損害の賠償請求については、最終的に日本政府から米軍当局へと支払い請求がなされるのが建前である。しかし、日本政府が莫大な賠償金を支払っているにも関わらず、米軍当局は、日本政府からの賠償金の分担の支払いを拒否し続けている[34]。分担金の支払いを拒否したままでは、違法行為の抑止に結びつくことはない。損害賠償制度では、人間の安全保障の実現には問題が残るといわざるを得ない。

　日本政府及び米国政府を被告とする差止請求訴訟がいずれも認められなかったため、住民側が違法行為を抑止するために「発明」した訴訟方法が、米軍の司令官個人を被告とする損害賠償請求訴訟であった。しかし、裁判所は、民事特別法第1条では、米軍の構成員が日本国内で違法に他人に損害を加えたときは、日本国の公務員等の例により、日本国が賠償責任を負うとされていること、また、判例上、国家賠償法により国が賠償責任を負う場合には、公務員個人は責任を負わないとされてきたことを理由として、請求を棄却した[35]。やはり違法行為の抑止、ひいては人間の安全保障の実現には問題

---

[34] 琉球新報社・地位協定取材班『検証［地位協定］・日米不平等の源流』（高文研、2004）217頁以下参照。

[35] 那覇地裁沖縄支部平成16年9月16日判決・LEX/DB文献番号28100936、福岡高裁那覇支部平成17年9月22日判決・判例集未搭載、最高裁平成18年2月28日判決・判例集未搭載。1審判決段階のものではあるが、判決を批判的に検討したものとして、拙稿「米軍司令官に対する民事裁判権」『琉大法学』74号（2005）↗

が残されている[36]。

第3に、米軍再編の影響である。米軍再編により、米軍による演習が日本各地に拡大し、また、自衛隊との共同使用が実現する飛行場も増加している。こうした中で、これまで限られた地域でしか生じなかった騒音公害が日本全国で生じうる事態となっている。先の諸問題を軽視し見過ごすようであれば、国家の安全保障と人間の安全保障との間の調和に深い亀裂をもたらすことになるのではないか、それは結局、国防という公共性と人権保障との対立を浮き上がらせることになるのではないか、と思われる[37]。

(3) 米軍機の墜落事故と市民の安全

2004年8月13日に発生した米軍ヘリ墜落事故は、住宅密集地にある普天間飛行場の危険性を再認識させるきっかけとなった[38]。その際の米軍による一連の行為、すなわち、沖縄県警を排除して現場を封鎖した行為、一般人・報道陣の取材フィルムを押収しようとした行為、大学側の許可を得ることなく構内に立ち入り、機体を回収し、立木を伐採した行為、沖縄県警による現場検証に対し同意しなかった行為等が違法ではないかが指摘され、さらに、市民の安全よりも米軍の立場を擁護する日本政府の姿勢も浮き彫りになった[39]。ここでは、事故後に公表された事故原因の解明及び事故の再発防止策を眺めることにより、日米地位協定の「運用改善」とその真実を明らかにし

↘ 1頁以下（本書265〜289頁）参照。

[36] 新嘉手納基地訴訟における前掲福岡高裁那覇支部平成21年2月27日判決は、従来の判決と同様、飛行差止請求につき「第三者行為論」により請求棄却とした。しかし、その結果、米国政府を含め、誰を被告としても司法的救済を受けることができなくなる。本判決はこの点に応え、日本政府には、騒音の状況の改善を図るべき政治的責務があることを認めた。法的義務を認めなかった点で従来の判断枠組みを超えるものではなく、また、その点で大いに疑義のあるところではあるが、損害賠償のみでは不十分であることを積極的に認めた点で、意義のある判断である。

[37] もちろん、憲法第9条の下ではそもそも軍事的公共性の要請自体が否定され、それと人権保障とを調整させようとする思考枠組みそのものが憲法に適合しないのではないか、とする根本的な問いはなお重要である。

[38] 黒澤亜里子編『沖国大がアメリカに占領された日』（青土社、2005）等参照。

[39] これらの点については、拙稿・前掲（6）26頁以下参照。

終章　辺野古が問う平和主義——民主主義と法治主義の「質」を問う

ていくこととする。

　まず、最初に行われた作業は、事故原因の解明であった。米軍側は、2004年10月8日に英文で210頁に及ぶ事故調査報告書を提出した[40]。その中で、結論として、①整備の不正行為、②整備員が定められた手順に従わなかったこと、③整備部門が長時間働きすぎていたこと、④整備マニュアルがあいまいだったことが原因とされた。その上で、改善策として、①整備員の労働時間の指針を直ちに策定すること、②整備手順に従わず、事故を引き起こした隊員たちを懲戒、行政処分すること、③乗員の飛行前点検のチェックリストにコッター・ピン部分を加えること、④整備マニュアルの不明確な部分を取り除くこと、⑤被害者の正当な損害賠償要求には全額を支払うこと、⑥CH53とCH46の座席を緩衝式に交換することが勧告された。

　これを受けて、運用改善のための措置が講じられることとなる。この作業は、次のように進められた。第1に、「事故分科委員会」による事故の再発防止に関する最終報告書の提出である（2005年2月16日）[41]。ここでは、米軍の調査結果が妥当なものと判断された上で、「日米合同委員会」に対し、今後の再発防止のため引き続き努力し、その取り組みを適時適切に合同委員会に報告することや、可能な安全対策について検討を行い、その結果を合同委員会へ報告すること等の措置が勧告された。

　第2に、航空機事故に関するガイドラインの策定である（2005年4月1日）[42]。「日本国内における合衆国軍隊の使用する施設・区域外での合衆国軍用航空機事故に関するガイドライン」は、米軍機が墜落した場合の日米の協力手続や警察権限に関するルールを明確化し、日米地位協定の運用改善を図るものであった。

　第3に、「日米合同委員会」における在日米軍の取組み状況に係る報告書の受理である（2005年4月21日）[43]。これは、先に述べた事故分科委員会に

---

[40] 事故調査報告書は、黒澤・前掲（38）10頁以下［黒澤執筆］でも検証されている。
[41] 『琉球新報』2005年2月17日朝刊。
[42] http://www.mofa.go.jp/mofaj/area/usa/sfa/pdfs/jiko.pdf （最終閲覧日：2018年3月26日）
[43] 『沖縄タイムス』2005年4月22日朝刊。

よる最終報告書において、事故再発防止のための米側の取組み状況の報告が勧告されたことを受けて提出されたものであり、整備指導マニュアルの変更や勤務時間ガイドラインの適用等の措置が実施されたとしている。これについて、日本政府は、「米側の取り組みを評価するとともに、事故再発防止のための継続的な取組みを期待する」とのコメントを出している。

　一般に日米地位協定の運用改善は、米軍による事件・事故が発生した際に日米両政府による対応として繰り返し行われてきた。そのため、これは、日米地位協定の改定を求める世論を抑える機能を果たしてきている。しかし、運用改善が本当に十分であるのかについては、疑問なしとしない。それは、以下の点において顕著に表れているように思われる。すなわち、運用改善は、日本政府及び外務省によって米軍に有利な「改善」となっており、しかも、その情報が一般に知られないまま合意されているという点である。先に述べた航空機事故に関するガイドラインでは、一般的方針として、次のように記載されている。

　「合衆国軍用航空機が日本国内で米軍施設・区域の外にある公有又は私有の財産に墜落し又は着陸を余儀なくされた場合において、日本国政府の職員又は他の権限ある者から事前の承認を受ける暇がないときは、合衆国軍隊の然るべき代表者は、必要な救助・復旧作業を行う又は合衆国財産を保護するために、当該公有又は私有の財産に立ち入ることが許される。ただし、当該財産に対し不必要な損害を与えないよう最善の努力が払われなければならない。日本国政府の当局及び合衆国軍隊の当局は、墜落現場又は余儀なくされた着陸の現場において、許可のない者が事故現場の至近に立ち入ることを制限するため、共同して必要な規制を行う。」

　ここでは、米軍側による基地の外での公有・私有財産への立ち入りが、「事前の承認を受ける暇がないとき」に限定されており、日本側の主権や市民の財産権を尊重する建前となっている。しかし、同じガイドラインの英文では、「……appropriate representatives of the US armed forces will be permitted to enter such property without prior authority ……」と書かれており、日米両政府の間では、事前の承認なくして立ち入りが認められる旨

終章　辺野古が問う平和主義——民主主義と法治主義の「質」を問う

合意されているのである。これは、日本政府が米軍に有利な基地使用を保障しつつ、国民にはその意図を隠蔽しようとする態度を示したものといえるのではないだろうか[44]。

結——「民意」も「法」も守らない基地運営の実態

名護市民投票以来 10 年余りの間、沖縄という辺境で挙げられてきた基地建設反対の声は、日本国が抱える深刻な問題を提起することとなった。民意も法も十分に遵守されない基地運営の実態である。移設「先」である名護市では、自ら政治のあり方について考え、形成された民意を継続ないし深化させるよう行動する逞しい市民の姿が見られた。一連の市民の直接行動は、民主主義の「質」の向上という観点からして際だった特徴を有しているといえよう。にもかかわらず、その民意は政治から排除されたままである。他方、既に存在する基地の運用は、国内に駐留する外国軍隊に対し法を遵守させることがいかに困難であるかを示すこととなった。政府は、裁判所によって違法と認定された米軍の行為を抑止せず、しかも、米軍の行為を擁護するためには、自国民さえも欺こうとする。法による権利や自由の保障という理念が抜け落ちているといわざるを得ない。

日本国憲法の下へ復帰したはずの沖縄が、日本国憲法の原理から隔絶されてしまっているという事実をどのように理解したらよいのだろうか。法によ

---

[44] 2005 年 4 月 22 日の衆議院外務委員会で、外務省北米局長の河相周夫は、赤嶺政賢議員の質問に答える形で次のように苦しい説明をしている。「英語の単語一語一語としては明示的な単語はないかもしれませんけれども、考え方としては、原則としては事前の同意を得る、しかし、その時間が、いとまがない場合には事前の同意なくして立ち入ることができるという考え方でございます」。「繰り返しの答弁になりまして申しわけございませんが、この件につきましては、日米間で種々議論をした上で紙にしてまとめておるわけでございますけれども、その種々の議論の経過も踏まえて御説明を申し上げれば、原則としては、それは同意を得た上で行うのが原則ではある。ただ、時と場合によって、そういう時間がない、しかし人命の救助もしくは現場の保護、もしくはその他の人たちが現場に近づくことによる危険をできる限り除去しなくてはいけないという中で、そのいとまがないときには、許可を待つことなく立ち入ることができるという規定を設けたものでございます」。

る拘束を受けない米軍により、また、そのような法の空白状態を放置し続ける日本政府により、沖縄は、法秩序の「例外」の位置に放擲されているものと捉えることはできないか。それが可能であれば、ジョルジョ・アガンベンがいう「ホモ・サケル」の論理構造により、その状態を説明することが可能となるように思われる。アガンベンは、古代ローマ法における「殺害が処罰されない、犠牲が禁止されている、という2つの特徴」を備えていたホモ・サケル[45]が、人間の法からも神の法からも外に置かれる「例外」として、暴力により「死へと露出されている生（剥き出しの生ないし聖なる生）」[46]であったことを明らかにする。その上で、そのような「生」が現れる空間である「例外状態」・「境界線」で為される「生政治」[47]の営みの解明を通じて、「地球規模の新秩序の血なまぐさい欺瞞に対する回答」を示そうとしたのである。

　米軍の軍人による不法行為については、日米地位協定や見舞金支払い方式、加害米兵の除隊・帰国等により、民事賠償が不十分な程度にしか行われておらず泣き寝入りを強いられることもあった[48]。「生」が米軍の暴力にさらされながらも、正当な賠償・被害補償の「外」に追いやられている沖縄の実態は、「ホモ・サケル」の地位に限りなく近い。しかも、問題はそこに止まらない。現在のように、米軍再編の影響から日本全国で基地問題が生じうる状況では、アガンベンが指摘する「例外状態こそが基礎的な政治構造として

---

[45] ジョルジョ・アガンベン、高桑和巳訳『ホモ・サケル——主権権力と剥き出しの生』（以文社、2003）106頁。
[46] アガンベン・前掲（45）126頁。
[47] 「自然的な生が反対に国家権力の機構と打算とに包含されはじめ、政治が生政治に変容する」（アガンベン・前掲（45）9頁）と説いたのは、ミシェル・フーコーであった。「人々が、国民国家の住民として、把握され、健康、衛生、出生率の維持、長寿対策などによって囲いこまれる『生命＝生活に関わる政治（la biopolitique）』が問題として論じられていた」のである。桜井哲夫『フーコー——知と権力』（講談社、1996）256頁。アガンベンが試みたのは、フーコーが用いた「生政治」の概念の含意を展開し深化させることであった。
[48] 森口豁『「安保」が人をひき殺す——日米地位協定＝沖縄からの告発』（高文研、1996）、新垣進・海老原大祐・村上有慶『日米地位協定——基地被害者からの告発』（岩波ブックレット、2001）等参照。

終章　辺野古が問う平和主義——民主主義と法治主義の「質」を問う

しだいに前景に現れ、ついには規則になろうとする」事態[49]、すなわち、沖縄の基地問題が全国化し、ついには憲法秩序自体が例外状態に乗っ取られてしまうおそれ(「規範の宙吊り」)も、否定できないのではなかろうか。

---

[49] アガンベン・前掲(45) 32頁。

［附論7］ 自衛隊派遣と「官庁間協力」論批判

1　問題の所在

2007年5月18日、普天間代替施設・環境現況調査（事前調査）が着手された。それに際し、海上自衛隊が投入され、隊員が潜水による機器設置作業に参加していた。防衛省は、海上自衛隊から掃海母艦「ぶんご」とダイバーが作業に協力していると説明した。

今回の自衛隊派遣については、法的根拠が問題とされている。久間章生防衛大臣（当時）の説明では、「官庁間協力でいろいろなことができる」とされ、また、塩崎恭久官房長官（当時）の説明でも、「防衛省の所掌事務である現況調査の実施に際して、官庁間協力の趣旨を踏まえ、防衛省と防衛施設庁の機関相互の協力が行われていると理解している」とされており、「官庁間協力」が自衛隊派遣の根拠として持ち出されている。

本稿は、「官庁間協力」を根拠に自衛隊派遣を正当化しようとする日本政府の説明を批判することを目的とするものである。

2　「官庁間協力」と自衛隊

まずは、自衛隊法で規定されている様々な「官庁間協力」を整理してみたい。第1のカテゴリーは、他の公的機関による自衛隊への協力である。これには、都道府県等が処理する自衛官募集事務（第97条）、海上保安庁等による協力関係（第101条）、防衛出動時における物資の収用等（第103条）、展開予定地域内の土地の使用等（第103条の2）、電気通信設備の利用等（第104条）等がある。第2のカテゴリーは、自衛隊による他の公的機関への協力である。これには、土木工事等の受託（第100条）、教育訓練の受託（第100条の2）、運動競技会に対する協力（第100条の3）、南極地域観測に対する協力（第100条の4）、国賓等の輸送（第100条の5）等がある。第3のカテゴリーは、自衛隊による外国軍隊への協力である。これには、合衆国軍隊・オーストラリア軍隊・英国軍隊に対する物品・役務の提供（第100条の6、第100条の8、第100条の10）等がある。今回の派遣は、自衛隊による

終章　辺野古が問う平和主義――民主主義と法治主義の「質」を問う

他の公的機関への協力であるため、第2の場面ということになる。

3　「官庁間協力」論の問題点

しかし、「官庁間協力」は、今回の自衛隊派遣の法的根拠とはならない。その理由としては、以下の2点を挙げることができる。第1に、今回の派遣は、個別に列挙された事項のどれにも当てはまらないことである。第2に、政府の説明からは、様々な事項に共通する「官庁間協力」を原則として導き出しておいて、さらにそこから今回の調査任務を演繹しようとするものと捉えることができるが、これは、法的思考からすれば、重大な違反を犯しているものと解される。まず、「法治主義」の考え方からすれば、行政の活動には法的な根拠が必要となるところ、今回のように明文の根拠がないのに権限が付与されているものと解することはできない。そのことは、列挙されている事項、例えば、運動競技会への協力や土木工事等の受託についてすら、明文で規定があることとの比較からもいえると思われる。また、自衛隊の活動については、シビリアンコントロールの観点から、「法治主義」の要請がより強く働くものと解されるため、安易に抽象的な概念をくくりだしてそれを根拠として活動を認めようとする態度は許されないと考えられる。

なお、政府の説明では、国家行政組織法や防衛省設置法（第4条第18号、第19号）を根拠とする可能性にも言及されていた。これについても批判をしておきたい。国家組織が特定の権限を行使するためには、組織を作ることを目的とする法律（組織法）と作られた組織に権限を付与することを目的とする法律（作用法）の2つが必要と解される。しかし、この説明によれば、今回の派遣は、作用法である自衛隊法に基づくものではないため、組織法のみを根拠とするものということになる。これは、作用法のない権限行使ということになり、法律上根拠のない違法な国家行為といえるであろう。

4　自衛隊派遣の意義

法的根拠を欠きながらも、なぜ、自衛隊を今回の調査に派遣したのだろうか。最近、さらに自衛隊と米軍との一体化が加速しているが（F22Aラプターが参加する初の日米共同訓練、ミサイル防衛強化に向けての防衛秘密

の共有拡大、「軍事情報に関する一般的保全協定（GSOMIA）」の締結合意[50]等）、日本政府が新基地建設に積極的姿勢を示すための政治的なアピールという意味合いが強いように思われる。こうした流れは、集団的自衛権を目指す「明文改憲」と「解釈改憲」を先取りし、あるいは後押しをするものとして、許されないものと解される。

　他方、陸自の情報保全隊が、自衛隊の活動に批判的な団体や市民の動向について情報収集していたことが発覚した[51]。また、今回の海自派遣は、反対運動によって不測の事態が発生した場合の対応とも説明されていた。こうした動きは、自衛隊の治安出動を想定したものであり、自国民の思想や言論、さらには生命や安全までも危険にさらす軍隊の本質が露顕したものとして捉えることが必要ではなかろうか。

---

[50] 「特定秘密の保護に関する法律」（平成25年法律第108号）は、GSOMIAに基づいて米国から日本に提供された秘密情報の保護制度を国内法として立法化したものと位置づけることができる。同法によって保護の対象となる情報が、日本の安全保障に直接関係するものに限定されない可能性を指摘するものとして、青井未帆「特定秘密保護法の目的について——国際約束に基づく情報の保護」全国憲法研究会編『日本国憲法の継承と発展』（三省堂、2015）385頁以下参照。

[51] 仙台地裁平成24年3月26日判決・判時2149号99頁、仙台高裁平成28年2月2日判決・判時2293号18頁。第1審判決については、榎透「最新判例演習室」『法学セミナー』693号（2012）138頁、片桐直人「自衛隊の情報保全活動の一環として行われた情報収集・保存が違法とされた例」法セミ増刊『新・判例解説Watch』12号（2013）23頁以下、中曽久雄「公法判例研究」『岡山大学法学会雑誌』63巻1号（2013）133頁以下、丸山敦裕「自衛隊情報保全隊による情報収集活動の適法性」ジュリ臨増『平成24年度重要判例解説』（2013）16頁以下、甫守一樹「自衛隊の国民監視差止訴訟」『法と民主主義』480号（2013）50頁以下等、また、控訴審判決については、清水雅彦「自衛隊情報保全隊による国民の監視活動が一部違法とされた事例」法セミ増刊『新・判例解説Watch』20号（2017）11頁以下、玉蟲由樹「自衛隊情報保全隊による情報収集活動の適法性」ジュリ臨増『平成28年度重要判例解説』（2017）12頁、丸山敦裕「最新判例批評」判評696号（2017）2頁［判時2314号148頁］等、さらに、鑑定意見書として、小林武「自衛隊とその『情報保全』活動の違憲性（1）（2・完）」『愛知大学法経論集』185号（2010）83頁以下、186号46頁以下参照。

【初出掲載誌等一覧】

序章
* 「主権・自衛権・安全保障――『危機』の概念としての憲法制定権力」水島朝穂編『シリーズ日本の安全保障・第3巻・立憲的ダイナミズム』（岩波書店、2014）49-71頁

第1部
第1章
  第1節
* 「立憲主義と周辺事態法」『憲法問題』10号（三省堂、1999）92-106頁
  第2節
* 「新ガイドラインと沖縄基地」『アソシエ』Ⅱ（御茶の水書房、2000）85-98頁
第2章
  第1節
* 「米軍再編と平和主義」『法律時報』78巻6号（日本評論社、2006）35-39頁
  [附論1]
* 「リレー評論・『日米合意』を問う③」『琉球新報』2006年2月7日
  第2節
* 「憲法第9条の平和主義とその正当性――沖縄の歴史と経験から」『PRIME』26号（明治学院大学国際平和研究所、2007）25-31頁
  第3節
* 「個別的および集団的自衛権――日米両政府の思惑と現実」全国憲法研究会編『法律時報増刊・憲法改正問題』（日本評論社、2005）126-131頁
第3章
  第1節
* 「9条解釈論から診る――軌跡と到達点からの選択肢は」水島朝穂編『「改憲論」を診る』（法律文化社、2005）33-55頁
  第2節
* 「『戦争法制』と民主主義――私たちはどう対抗すべきか」『科学的社会主義』212号（社会主義協会、2015）12-17頁、「動き出した『安保法制』を考える――『学問』と『政治』の共振」『法律時報』88巻10号（日本評論社、2016年）46-51頁
  第3節
* 書き下ろし

第 2 部
第 1 章
 ＊「日米地位協定の立憲的統制——基地の提供・返還・管理の場面」栗城壽夫古稀記念『日独憲法学の創造力・下巻』（信山社、2003）485-510 頁
第 2 章
 第 1 節
 ＊「住民投票の拘束力——元名護市長に対する損害賠償請求訴訟について」『アーティクル』150 号（1998）13-19 頁
 第 2 節
 ＊「日米地位協定と自治体——普天間飛行場返還問題に関連して」『琉大法学』73 号（2005）7-48 頁
第 3 章
 第 1 節
 ＊「主権免除と基地問題——憲法学の立場から」『法律時報』72 巻 3 号（日本評論社、2000）28-34 頁
 第 2 節
 ＊「米軍司令官に対する民事裁判権——普天間爆音訴訟の論点」『琉大法学』74 号（2005）1-30 頁
 [附論 2]
 ＊「普天間爆音訴訟・控訴審判決を読む」『真織』3 号（2006）9-12 頁
 第 3 節
 ＊「第 3 次嘉手納基地爆音訴訟第 1 審判決」判評 711 号（2018）11-16 頁［判時 2362 号 157-162 頁］

第 3 部
第 1 章
 第 1 節
 ＊「沖縄戦『集団自決』検定意見をめぐる状況と憲法学」『法律時報』80 巻 1 号（日本評論社、2008）1-3 頁
 第 2 節
 ＊「第 8 章　表現・歴史・民主政——教科書検定と沖縄の『民意』」井端正幸・渡名喜庸安・仲山忠克編『憲法と沖縄を問う』（法律文化社、2010）75-84 頁
 [附論 3]
 ＊「沖縄戦『集団自決』裁判」井端他・前掲［憲法と沖縄を問う］85 頁

第 2 章
  * 「民主主義の『質』と憲法学——市民の直接行動の位置づけをめぐって」ホセ・ヨンパルト他編『法の理論 27』(成文堂、2008) 29-51 頁
  [附論 4]
  * 「民主主義における『民意』と『討議』——高橋文彦教授のコメントへの応答」ホセ・ヨンパルト他編『法の理論 28』(成文堂、2009) 203-207 頁

第 3 章
  * 「表現行為に対する刑事法の適用とその合憲性」『関西大学法学論集』67 巻 6 号 (2018) 41-73 頁
  [附論 5]
  *書き下ろし
  [附論 6]
  * 「亀裂の回廊 (3)——主権・国家を問う」『沖縄タイムス』2013 年 5 月 1 日

終章
  * 「辺野古が問う平和主義——民主主義と法治主義の『質』を問う」石坂悦男編『市民的自由とメディアの現在』(法政大学出版局、2010) 61-83 頁
  [附論 7]
  * 「自衛隊派遣と『官庁間協力』論批判」『けーし風』第 55 号 (2007) 60-61 頁

索　引

アルファベット

SACO　57, 73, 102, 189, 199, 200, 217, 218, 219, 220, 231, 232, 234, 235, 236, 250, 404, 405, 411, 412, 413

あ行

アーニーパイル劇場事件　181
アーミテージ報告　86
「悪徳の栄え」事件　380
芦別事件　140
厚木基地　184, 185, 298, 300, 301, 303, 304, 306, 415, 416, 418
跡地利用推進法　189, 250
泡瀬通信施設　183
安保再定義　36, 38, 100, 101, 102
安保闘争　98
安保法制　i, 23, 93, 118, 120, 121, 122, 123, 124, 125, 126, 129, 130, 134, 136, 151, 156, 157, 161, 162, 163, 164, 166, 167, 168, 169
家永教科書訴訟　323
「違憲・合法」論　175
萎縮効果　382, 383, 384, 385, 388
一国平和主義　70
一体化論　87, 108, 109, 120
イニシアティブ　202, 203
違法性相対説　137, 142, 143
違法性同一説　137
イラク人道支援特措法　165
岩国基地　299
内灘事件　98

訴えの利益　112
駅構内ビラ配布事件判決　385, 386, 387
恵庭事件　113
愛媛玉串料訴訟　375
エホバの証人剣道受講拒否事件　364
オウム真理教解散命令事件　363, 364
大阪空港訴訟　145, 263, 298, 307, 308
オール沖縄　398
沖縄県国民保護計画　66, 76
沖縄県代理署名拒否訴訟　113
沖縄戦　i, 47, 48, 77, 95, 132, 313, 314, 315, 316, 318, 322, 326, 327, 328, 329, 380, 399, 414
沖縄代理署名訴訟　401
沖縄に関する特別行動委員会　217, 404
沖縄ノート　329
オスプレイ　384, 398
オブライエン・テスト　366, 367, 368, 369, 373, 379
オフリミッツ　192, 193, 249
「思いやり」予算　118, 213
恩納通信所　188, 216, 249

か行

海外派遣　i, 23, 101, 109, 120, 130
海外派兵　62, 100, 101, 106, 109
解釈改憲　i, 2, 9, 10, 16, 79, 103, 118, 122, 125, 126, 162, 175, 428
海上ヘリポート　199, 200, 401, 405
外務省秘密漏えい事件　368, 369

433

核抜き本土並み　98
駆け付け警護　122
喝采（acclamatio）　336, 337
葛飾区政党ビラ配布事件　374, 385, 386, 387, 388
嘉手納基地　49, 73, 182, 250, 294, 297, 299, 302, 303, 306, 307, 308, 309, 417, 418, 420
嘉手納爆音訴訟　214, 250, 294
嘉手納ラプコン　249
環境影響評価　218, 221, 410
慣行説　354
慣習法上の自衛権　71, 90
関税定率法　383
関税法　383
間接的制約　362, 363, 364
間接的・付随的制約　362, 363, 365
完全放棄説　94
官庁間協力　410, 426, 427
議会制民主主義　205, 207, 321, 333, 334, 337, 339, 340, 348
帰結主義　68
危険への接近の法理　250, 417
キャンプ・シュワブ　65, 73, 200, 219, 222, 372, 405, 412
教科書検定　314, 315, 316, 317, 318, 319, 322, 323, 325, 326, 327, 328
共産党幹部宅盗聴事件　279, 281
行政代執行法　379
共通損害　145, 146, 307
共和国　14, 15, 18, 190
極東　35, 36, 43, 49, 173, 180, 186
起立斉唱拒否事件　363
緊急裁決　179

緊急対処事態　74, 75
近代戦争遂行能力説　104, 128
近代の道徳秩序　7
「禁反言」の原則　210
空港管理権　416
航空危険行為処罰法　232, 238, 245
軍雇用労働者解雇事件　270, 272
軍事警察権　192, 194
軍事情報に関する一般保全協定（GSOMIA）　56, 428
群馬バス事件　207
軍用地転用特別措置法　189, 250
警察官偽証工作損害賠償請求事件　278, 280
警察官職務執行法　139, 149
警察法　139, 149
警察力を超える実力説　94, 104
刑事特別法　56, 111, 112, 233, 238, 239, 240
結果不法説　137, 143, 209
検閲　324, 325
「見解」規制　359
言論プラス　360, 365, 369, 370
検察審査会法　147
現実主義　7, 60, 61, 62, 63, 68, 70
現象学　347, 353, 354
現象学的還元　355
原爆二法　150
憲法愛国主義　69, 317
憲法審査会　120, 125, 127, 163
憲法制定権力　1, 2, 4, 5, 8, 10, 13, 14, 15, 16, 17, 115, 125, 252, 253
憲法適合的解釈　368, 390
憲法伝来説　241

索　引

行為不法説　137, 143, 144, 209
公　開　46, 54, 91, 131, 182, 183, 186, 220, 252, 332, 333, 334, 336, 348, 350, 383, 409
公共用物　393
航空行政権　416
合憲限定解釈　264, 382, 389
公権力の行使　144, 149, 209, 266, 272, 276, 277, 279, 280, 284, 300, 416, 417
公権力発動要件欠如説　137, 138, 139, 140, 141, 143, 144, 156
高校生黒腕章事件　373
公職選挙法　152, 290, 365
構造的暴力　27
後方地域支援　33, 35, 38, 39, 40, 41, 43, 44, 45, 53, 108, 158, 167
公用物　393
合理的関連性の基準　325
国際協調主義　259
国際貢献論　100, 101
国際平和支援法　23, 124, 136
国際立憲主義　6, 83
国民内閣制論　340, 341, 342, 345, 346
国民保護計画　66, 67, 76
国民保護法　66, 67, 68, 70, 73, 74, 75, 78, 79, 130, 131, 132
国連軍　28, 48, 98, 100, 109, 110
国連憲章　100
ココム事件　138, 139
個人の尊重　6, 33
国家行政組織法　410, 427
国家3要素説　317
国家の裁判権免除　245, 251, 260, 261, 290, 418

国家無答責　258, 274
国旗焼却事件　370, 373
個別的自衛権　24, 35, 56, 62, 80, 81, 85, 87, 89, 90, 107, 109, 110, 127, 129, 159, 160, 167, 168
小松基地　298
ゴルフ場事件　187
根本規範　13

さ行

在外国民選挙権剥奪事件　152, 154, 161, 169
在宅投票制度廃止違憲訴訟　151, 154, 155, 161, 163, 168
再婚禁止期間違憲訴訟　153, 155, 161, 169
再婚禁止期間違憲判決　128
裁判を受ける権利　113, 257, 267
再編交付金　412
作用法　167, 168, 410, 427
猿払事件　325, 358, 361, 365, 367, 380
自衛権　1, 3, 8, 9, 17, 38, 57, 60, 61, 62, 70, 71, 72, 80, 81, 84, 85, 86, 87, 88, 89, 90, 91, 94, 95, 103, 104, 105, 106, 107, 109, 111, 122, 123, 127, 128, 129, 136, 158, 159, 160, 161, 162, 163, 167, 168, 255
自衛戦争　94, 103, 111
自衛隊イラク派遣訴訟　167
自衛隊法　23, 33, 34, 39, 44, 45, 56, 97, 101, 111, 113, 114, 124, 126, 136, 161, 175, 426, 427
自衛に必要な最小限度をこえる実力説　82

435

始源的憲法制定権力　2, 13
自己実現の価値　319
自己責任説　273, 274
自己統治の価値　319
自己保存型　121
私人間効力論　114
自然権　6, 89, 104, 121
自然主義　354
自然法論　13, 16
事前抑制禁止の原則　324
思想の自由市場論　319
自治体外交　224, 225, 227, 228, 229, 230, 231, 246
自治体の法令解釈権　229, 241, 244, 247
実質的放棄説　95
実証主義　13, 195, 196, 354
シビリアン・コントロール　26
社会学主義　354
社会学的代表概念　343
社会学的代表制　337, 338
社会的想像　7, 8
住基ネット　290
集団安全保障体制　5, 24
集団自決　313, 314, 315, 316, 318, 322, 323, 326, 328, 329, 330
集団的安全保障　85, 88, 108, 109
集団的自衛権　i, 3, 4, 17, 24, 35, 57, 60, 61, 62, 70, 71, 72, 80, 81, 84, 85, 86, 87, 88, 89, 91, 98, 107, 108, 109, 110, 118, 122, 123, 124, 126, 127, 128, 129, 136, 158, 159, 160, 161, 162, 163, 428
周辺事態法　23, 31, 32, 33, 34, 35, 38, 39, 41, 42, 43, 44, 47, 49, 51, 52, 53, 75, 102, 108, 121, 157, 158, 254
住民基本台帳法　290
重要影響事態　23, 130, 131, 157, 158
重要影響事態法　23, 130, 157, 158
主権回復の日　397
主権の相対化　254, 255, 260
主権免除　245, 249, 250, 251, 254, 255, 256, 257, 258, 259, 260, 261, 262, 263, 264, 308, 309, 418
「主題」による規制　359
受忍限度　307, 308, 415
商船隊　48, 132
象徴的表現　360, 363, 365, 366
承認説　354
情報保全隊　428
将来の給付の訴え　297, 307
職務行為基準説　137, 140, 141, 142, 144, 154, 156
職務上の法的義務　152, 153, 154, 155, 156, 161
処分違憲　358
ジラード事件　98
知る権利　80, 320, 321, 323
新ガイドライン　33, 34, 36, 38, 39, 40, 41, 46, 47, 49, 52, 53, 54, 84, 94, 102, 108, 130, 181
新カント派　331
信義誠実の原則　210
新固有権説　241
新自由主義　15, 313, 317
人道的介入　253
新「日米防衛協力の指針（ガイドライン）」　38, 102

索　引

新保守主義　313, 314, 322
心理学主義　354
砂川事件　98, 111, 113, 123, 127, 244
「滑りやすい坂」論　125
スラップ訴訟　397
制限免除主義　251, 259, 260, 262, 263
政治法（droit politique）　11, 16, 18
制定法主義　390
制度的保障説　241
絶対免除主義　251, 252, 258, 259, 261, 262
瀬名波通信施設　200
戦後レジームからの脱却　119
専守防衛　34
先制的自衛　71, 90
戦争違法化　2, 84
「戦争法」違憲訴訟　136
全農林警職法事件　389
全農林警職法判決　128
船舶検査活動　33, 41, 43, 102
相関関係説　137, 143, 144, 145, 209
捜索救助活動　33, 43, 45, 53, 157
相当の蓋然性の基準　325
象のオリ　178
象のオリ訴訟　402
組織法　168, 410, 427
楚辺通信所　178, 179, 182, 200
尊属殺重罰規定判決　128
存立危機事態　73, 76, 131

た行

代位責任説　273, 274
代行裁決　179
第三者行為論　303, 304, 420

第三者所有物没収事件判決　128
高嶋教科書訴訟　323
立川反戦ビラ事件　357, 371, 372, 374, 376, 377, 385, 386, 387
伊達判決　111
地方公務員海外派遣法　224
地方防衛局　179, 188
チャプルテペック協定　84
徴兵カード焼却事件　366, 373
直接的制約　360, 361, 362, 364, 365, 366, 371, 373
沈黙の自由　319, 320
帝国　2, 5, 14, 15, 16, 18, 26, 95, 348
適法的正義　125
適用違憲　263, 314, 316, 326, 328, 358, 370, 384, 390
適用上違憲　358, 359, 389
ドイツ補足協定　180, 190, 196
討議民主主義　348, 355
東京都公安条例事件　380
統治行為論　16, 112, 113, 115, 258, 299
道路交通法　365, 379, 382
道路法　379
討論　207, 220, 252, 332, 333, 336, 348, 350, 409, 411
都教組事件判決　128
特定秘密の保護に関する法律　56, 428
都立板橋高校事件　385, 386, 387, 388

な行

ナイ・レポート　38
長沼事件　111, 112, 164, 167
名護市民投票　119, 199, 220, 401, 404,

437

405, 406, 407, 411, 414, 423
名護市民投票裁判　220, 406, 407
那覇軍港　48, 51, 132, 184, 185, 218
那覇市軍用地訴訟　113
奈良民商事件　141
成田新法事件　325
ニカラグア事件　85
ニカラグア判決　89, 90
日米安全保障協議委員会（2プラス2）　55, 65
日米安全保障共同宣言　102, 181
日米安保条約　35, 36, 38, 39, 41, 42, 43, 49, 53, 71, 87, 89, 97, 98, 100, 107, 111, 113, 118, 120, 122, 158, 173, 177, 180, 183, 186, 249, 295, 302, 303, 304
日米安保条約6条に基づく刑事特別法　56
日米防衛協力のための指針（ガイドライン）　99
日米合同委員会　184, 189, 215, 223, 233, 236, 237, 238, 239, 249, 286, 292, 294, 299, 421
日米相互防衛援助協定等に伴う秘密保護法　56
日米地位協定　i, 46, 60, 78, 100, 102, 118, 173, 174, 176, 177, 180, 181, 183, 184, 185, 186, 188, 191, 192, 193, 194, 195, 202, 212, 213, 214, 215, 216, 217, 221, 222, 232, 233, 234, 235, 236, 237, 238, 239, 240, 241, 244, 245, 246, 247, 249, 250, 260, 262, 265, 266, 267, 268, 270, 285, 287, 288, 291, 292, 295, 296, 302, 303, 305, 306, 309, 402, 403, 404, 405, 417, 420, 421, 422, 424

日米地位協定の考え方　213, 238, 306
人間の安全保障　418, 419, 420
「任務遂行」型　122

は行

排他的使用権　191
博多駅事件　321
ハガティー事件　98
派生的憲法制定権力　2, 13, 125
八月革命　8
パッケージ論　59
パトカー追跡事件　139
パブリック・フォーラム　381, 382, 387, 388, 394
パブリック・フォーラム論　381
反射的利益論　146, 147, 148, 151
半代表概念　343, 344
半代表制　337, 338
判例実証主義　195, 196
判例変更　127, 128, 308
判例法主義　390
比較衡量論　325
引き下げ民主主義　134
必要不可欠な公共的利益の基準　375
非嫡出子相続分差別違憲決定　128
非武装中立　24, 27
百人切り裁判　330
百里基地訴訟　113, 114, 165
表現内容中立規制　369
表現の時・場所・方法に関する規制　360, 364
表現の内容規制　359, 362, 364, 366
表現の内容中立規制　359, 360, 362, 364

索　引

広島市暴走族追放条例事件　364
広島徴用工在外被爆者事件　150
ファントム機墜落事故　268, 269, 271, 281
武器使用　33, 35, 40, 41, 101, 120, 121, 122, 139, 194
武器等防護　122
福島判決　111
付随的制約　362, 363, 364, 365, 366, 368, 369, 370, 371, 373, 379, 385, 389
普天間基地　57, 184, 208, 245, 246, 298, 302, 303, 304, 305, 306, 384
普天間基地司令官訴訟　299
普天間基地爆音訴訟　265
普天間爆音訴訟　265, 290
普天間飛行場返還アクションプログラム　222, 223
武力攻撃事態　66, 67, 73, 74, 75, 76, 129, 130, 131
武力攻撃事態対処法　73, 74
武力攻撃予測事態　74, 75
武力行使　24, 26, 27, 33, 35, 39, 56, 71, 81, 83, 85, 87, 88, 106, 108, 109, 110, 118, 120, 121, 122, 130, 131, 156, 157, 158, 163, 164, 166, 167, 168, 255
武力の行使　32, 70, 84, 118, 121, 156, 158, 165
プレビシット　206
米軍再編　55, 57, 59, 60, 61, 62, 65, 68, 69, 70, 71, 72, 78, 79, 91, 120, 246, 411, 412, 413, 420, 424
米軍支援法　76
米軍ヘリ墜落事故　67, 78, 232, 247, 420

米軍用地特措法　178, 401, 403
米軍用地特別措置法　178, 181, 182, 186, 188
ヘイトスピーチ（憎悪表現）　120, 397
平和安全法制整備法　23, 124, 136
平和維持活動（PKO）　100, 101, 110, 122, 123
平和的生存権　28, 94, 112, 136, 164, 165, 166, 167, 168, 196, 211, 294, 408
平和のうちに生存する権利　112, 164, 166
ヘリパッド　332, 397
防衛施設局　179, 189, 201, 217, 221, 235, 240, 332, 406, 409
防衛省設置法　101, 409, 427
法実証主義　13
法的安定性　120, 125, 126, 127, 162, 168, 389
法律上の争訟　ii, 257, 300, 407
法令違憲　264, 390
北部訓練場　200, 218, 332
ホッブズ的秩序観　11
ホッブズのパラドックス　12
北方ジャーナル事件　305, 324, 380
ホモ・サケル　424
堀越事件判決　128

ま行

牧港補給地区　182
マッカーサー草案　94
マッカーサー・ノート　94
水俣病認定遅延訴訟　150
民事裁判権　245, 251, 265, 266, 267, 268, 269, 270, 290, 308, 419

439

民事特別法　250, 260, 265, 266, 267, 268, 271, 272, 286, 287, 288, 289, 291, 294, 417, 419
民主的平和（the Democratic Peace）　36
明白かつ現在の危険の基準　377
明文改憲　16, 72, 79, 134, 428
命令委任　343
モラル・パニック　134

や行

優越的地位　319, 380
ユートピア的合理主義　32, 174
横田基地　50, 56, 91, 264, 298, 299, 302, 303, 304, 305, 308
横田基地訴訟　250, 261, 262, 263, 298, 306, 416
横田基地対米請求訴訟　299, 418
よど号ハイジャック記事抹消事件　320, 325
読谷補助飛行場　200

ら行

リアリズム　2, 8, 9, 10, 11, 12, 13, 16, 18, 19, 29, 31, 32, 63, 173, 174
リコール　202, 203, 204
レフェレンダム　202, 203
レペタ事件　320

わ行

わったー市長を選ぼう会　220, 332, 409
湾岸戦争のトラウマ　124, 129

【著者紹介】

髙 作 正 博（たかさく・まさひろ）

1967 年　石川県生まれ
1990 年　明治大学政治経済学部経済学科卒業
1996 年　上智大学大学院法学研究科博士後期課程単位修得退学
日本学術振興会特別研究員 DC・PD、琉球大学法文学部専任講師・助教授、同大学院法務研究科准教授を経て、現在、関西大学法学部教授

〔主要著作・論文〕
『平和と人権の憲法学──「いま」を読み解く基礎理論』（法律文化社、2011 年）〈共著〉
『私たちがつくる社会──おとなになるための法教育』（法律文化社、2012 年）〈編〉
『徹底批判！　ここがおかしい集団的自衛権』（合同出版、2014 年）〈編著〉
「憲法からみたテロ対策特措法」山内敏弘編『有事法制を検証する』（法律文化社、2002 年）
「フランス法における『結社の自由』の制約原理──『特殊性の原理』の意義と射程」滝沢正先生古稀記念論文集『いのち、裁判と法──比較法の新たな潮流』（三省堂、2017 年）

米軍基地問題の基層と表層

2019 年 2 月 1 日　発行

著　者　髙　作　正　博

発行所　関 西 大 学 出 版 部
　　　　〒564-8680 大阪府吹田市山手町 3-3-35
　　　　電話 06-6368-1121　FAX 06-6389-5162

印刷所　協 和 印 刷 株 式 会 社
　　　　〒615-0052 京都市右京区西院清水町 13

Ⓒ 2019　Masahiro TAKASAKU　　　　　　　　　Printed in Japan

ISBN 978-4-87354-685-8　C3032　　　　落丁・乱丁はお取替えいたします。

JCOPY ＜出版者著作権管理機構 委託出版物＞
本書（誌）の無断複製は著作権法上での例外を除き禁じられています。複製される場合は、そのつど事前に、出版者著作権管理機構（電話 03-5244-5088、FAX 03-5244-5089、e-mail: info@jcopy.or.jp) の許諾を得てください。